多舛的生命

[美] 乔恩·卡巴金 著
童慧琦 高旭滨 译
仁虚法师 崇剑法师 陈德中 温宗堃 胡婷婷 审校

正念疗愈帮你
抚平压力、疼痛和创伤
（原书第2版）

FULL
CATASTROPHE
LIVING
(REVISED EDITION)

Using the Wisdom
of Your Body
and Mind to Face
Stress, Pain,
and Illness

图书在版编目（CIP）数据

多舛的生命：正念疗愈帮你抚平压力、疼痛和创伤（原书第 2 版）/（美）乔恩·卡巴金（Jon Kabat-Zinn）著；童慧琦，高旭滨译. —北京：机械工业出版社，2018.4（2024.6 重印）

书名原文：Full Catastrophe Living Using the Wisdom of Your Body and Mind to Face Stress, Pain, and Illness

ISBN 978-7-111-59496-3

I. 多… II. ① 乔… ② 童… ③ 高… III. 人生哲学 - 通俗读物 IV. B821-49

中国版本图书馆 CIP 数据核字（2018）第 052465 号

北京市版权局著作权合同登记　图字：01-2017-4240 号。

Jon Kabat-Zinn. Full Catastrophe Living: Using the Wisdom of Your Body and Mind to Face Stress, Pain, and Illness. Revised Edition.

Copyright © 1990, 2013 by Jon Kabat-Zinn.

Chinese (Simplified Characters only) Trade Paperback Copyright © 2018 by China Machine Press.

This edition arranged with BANTAM BOOKS through Big Apple Tuttle-Mori Agency, Inc. This edition is authorized for sale in the Chinese mainland (excluding Hong Kong SAR, Macao SAR and Taiwan).

No part of this book may be reproduced or transmitted in any form or by any means, electronic or mechanical, including photocopying, recording or any information storage and retrieval system, without permission, in writing, from the publisher.

All rights reserved.

本书中文简体字版由 Bantam Books 通过 Big Apple Tuttle-Mori Agency, Inc. 授权机械工业出版社在中国大陆地区（不包括香港、澳门特别行政区及台湾地区）独家出版发行。未经出版者书面许可，不得以任何方式抄袭、复制或节录本书中的任何部分。

多舛的生命

正念疗愈帮你抚平压力、疼痛和创伤（原书第 2 版）

出版发行：机械工业出版社（北京市西城区百万庄大街22号　邮政编码：100037）	
责任编辑：王钦福	责任校对：殷　虹
印　　刷：三河市宏达印刷有限公司	版　次：2024 年 6 月第 1 版第 18 次印刷
开　　本：170mm×230mm　1/16	印　张：37
书　　号：ISBN 978-7-111-59496-3	定　价：159.00 元

客服电话：(010) 88361066　68326294

版权所有·侵权必究
封底无防伪标均为盗版

... Praise ...

赞誉

奇异的宝藏，无边的实践智慧，善良之心和革命性的科学，这本书改变了医学、科学和心理学。

——杰克·康菲尔德（Jack Kornfield），
《踏上心灵幽径》作者

以美丽和慈悲的睿智，乔恩·卡巴金向我们展示了如何培育正念觉知，如何在升起的阻碍中滋养觉知，并能够品鉴其成果。在更新的最新证据下，我们清晰地看到循证整合医学的非凡转化，这是这本著作所带给整个世界的。本书的第 1 版是 20 世纪末医学的转折点，而这一版则将鼓舞新世纪的崭新一代。这是不同凡响的成就。

——马克·威廉姆斯（Mark Williams），哲学博士，
牛津大学临床心理学教授

《多舛的生命》对任何人都有益，是全然生活在当下的综合指南，这部鸿篇巨制，初版于 1990 年，今天已经完全更新，详尽描述了现代研究，联系到紧迫的全球性困境，记录了正念在维护健康、教育以及工作场所的应用成果。在向普通人的生

活和主要社会机构推广正念的力量方面，乔恩·卡巴金超越了这个星球上的任何个体，这本书令人信服地讲述了这一丰碑式的故事。

——理查德·戴维森（Richard J. Davidson），哲学博士，
威斯康星麦迪逊大学健康心智研究中心创办人与主任

《多舛的生命》是一部传世经典著作，是正念世界之门的开启者。第2版在历史性的语境下以压力科学的前沿观点，智慧地指引雅致的正念生活。

——伊丽萨·艾佩尔（Elissa Epel），哲学博士，
加利福尼亚大学旧金山分校精神病学系教授，压力科学家

我认识的每一位正念教师都认为这本书不可替代，即使在有了数年教学经验后依然经常参阅。即使是正念刚刚起步的外行读者也很容易上手。对于尚未实际参加八周正念减压课程的人们而言，这本书也是极具价值的转化生活的工具。

——萨拉·拉扎尔（Sara Lazar），哲学博士，
麻省总医院和哈佛医学院

《多舛的生命》是正念、科学和实践的佳作，乔恩·卡巴金用精准但又诗意的语言把参与性医学的指南呈现在我们面前：积极和全然参与，担当起自身健康和福祉的职责，以我们已然具足的内在资源去学习、成长和疗愈。诚然是生活和疗愈的崭新范式。

——巴塞尔·范德考克（Bessel van der Kolk），医学博士，
JRI 创伤中心医学主任，国家复合创伤治疗网联合主任，
波士顿大学医学院精神病学教授

这本书是伟大的礼物，在我受伤之后走近它，就像这周我这么做来着，也将是我一生所做。从中我找到了希望每天都要做的练习。感谢乔

恩以清晰和爱的笔触来撰写，鼓舞所有阅读者，大家都感到是对自己说的话，让其照亮了自己的旅途。

——阿图罗·贝加尔（Arturo Bejar），脸书工程部主任

在我刚满20岁时首次读到《多舛的生命》，它改变了我的生活。我学习了正念，学习了如何发展内在的平静和心智的明晰，最为重要的是我了解了疼痛与痛苦之间的差异。这使得我成为把正念带到企业世界的先锋者之一。作为个人而言，乔恩·卡巴金充满智慧和慈悲，是善巧的教师，是我的英雄！

——陈一鸣（Chade-Meng Tan），谷歌知名"开心一哥"，
《硅谷最受欢迎的情商课》作者

在100年或500年后回望，我们将更能充分理解乔恩·卡巴金的生命和工作在当今世界所激起的无可估量的涟漪。

——萨奇·桑托瑞利（Saki F. Santorelli），教育学博士，
医学教授，医学、健保及社会正念中心执行主任

乔恩·卡巴金的影响惠及世界范围的千万人，通过正念冥想对生活的转化获得了内在的宁静和喜悦，真是史诗般的奇迹。《多舛的生命》则会告诉你怎样做到。

——欧宁胥（Dean Ornish），医学博士，预防医学研究所创办人、
所长，加利福尼亚大学旧金山分校临床医学教授

神经科学正在告诉我们，积极体验可以改变大脑结构，并由此改善躯体健康。《多舛的生命》通俗易懂，是利用正念的力量增进大脑和身体健康的实用指南。

——布鲁斯·麦克埃文（Bruce McEwen），哲学博士，
阿尔弗雷德·米尔斯基教授，
洛克菲勒大学哈罗德和玛格丽特·米利肯神经内分泌实验室主任

Preface

中文版序

亲爱的中国读者：

　　作为一个美国人，我对中国的文化和智慧传承充满了深切的敬意。所以，从一开始，我就希望你们了知，这本书里所描述的、作为正念减压课程基础的正念练习，如今，在我的国家成了优质医学的一部分，而在你们的文化中则有着比美国文化更加悠久的历史！而且，它们的价值继续被强大的科学实证——它们对人类健康和福祉的影响之科学实证，以及对产生这些影响的生物性通路包括大脑、基因和端粒相关的寿命之科学实证所支持。

　　我们的文化只有四百多年，而你们的则已有几千年之久。正念，作为一种存在之道，以及一种正式的冥想练习，深深地根植于中国的传统智慧中。我们的星球演变到这个节点上，我把正念视为中国对人类的一份普适的馈赠。正念至少可以回溯到禅宗三祖僧璨和唐朝惠能的智慧以及李白的诗，甚至可以更加久远，与老子和庄子的教诲一脉相承。然而，这份智慧的精髓超越了任何宗教或信仰体系或时代。它是真正普适的，是人性所共享的潜力。如果你投入到对正念的培育中，它可能让你获益良多。

因而，我很高兴与你们分享我对正念和正念减压的热情。我希望这本书以及正念的培育会让你直接受益。它能够帮助你应对日常生活中的压力，应对在这个急遽变化的时代，我们所面临的那些不可避免的困难和挑战。它也可以用于面对不可避免的衰老的挑战，包括面对慢性疼痛以及慢性疾病。

愿正念作为存在之道，以及冥想练习，触及你，足以让你找到切实的方法，去把它带到每天的生活中，以减轻压力，提高生命品质。

致以温暖美好的祝福！

乔恩·卡巴金
2018年1月29日

··· The Translator's Words ···

译者序

2011年被普遍认为是当代西方正念开始进入中国主流社会的一个分水岭。那一年的11月，在世界范围内享有盛誉的正念减压课程的创始人乔恩·卡巴金博士来到中国。在这一次两个多星期的中国之行中，他在北京的首都师范大学、苏州的西园寺和上海的复旦大学上海医学院附属华山医院进行了演讲和交流。他也在北京为中国心理学会临床与咨询分会，在上海为华山医院带领了两天的专业人员的正念培训。在中国大地上，第一次，有数百人体验到了正念减压课程的精髓。

他来到中国的梦想，是想重新联结当代正念在中国的古老根源。他还分享了在年轻时代作为麻省理工学院的科学家和冥想践行者，这份文化根源中深邃的智慧和修行对他深深的触动。他在首都师范大学的演讲中表达了这份情感，他对着数百名听众说："正念，是根植于中国文化的瑰宝，它流淌在你们的血液中，铭刻在你们的骨子里。"

《多舛的生命：正念疗愈帮你抚平压力、疼痛和创伤》是乔恩·卡巴金的第一部著作，初版于1990年，修订再版于

2013年。这部著作已经在全球范围内成为有关正念及正念减压课程的经典书籍。它详细描述了正念减压课程的方方面面，及其在健保、医学、心理学、神经科学等领域中的应用。它同时还有正念冥想练习的音频指导，在早年地面课程还不是很多的时候，这本书，结合这些音频，成了正念减压八周课程地面课程的替代。自初版以来，本书在国际上成了一本畅销书，触及全世界数百万人的生命，它也将继续影响着人们的生活。本书的文字平实易懂，能够被初涉正念的人们所理解。现在，我们很高兴能够把这部简体中译本呈现给中国的读者。

在翻译过程中，我们花费了很多时间，慎重地讨论了"mindfulness"一词在中文中最合适的翻译。原本 mindfulness 出自巴利文的 Sati，在19世纪被翻译成英文的 mindfulness，而早在4世纪末，Sati 一词即被翻译成中文的"念"或"正念"。从很大程度上来说，我们只需从巴利文原文来翻译即可，因为英文本身就是从巴利文而来的。我们对近年来相关学术会议、专业期刊等也做了一个检索和回顾，发现几乎所有中国的专业机构的学术会议，如中国心理学会临床与咨询分会主办的正念冥想学术研讨会，上海医学会行为医学分会正念治疗组所主办的正念学术会议，大多数中文医学和科学杂志，以及出版社的相关书籍，都使用"正念"一词。这个翻译，反映了这样一个事实：那就是在现代，正念既可以作为一种正式的冥想练习，也可以作为一种生活之道，它的根源在中国可以追溯到至少1500多年前中国禅宗的智慧。正念的实质，彼时和当今，是普适的，因而它超越了任何一种分类，就如同唐朝禅宗非二元智慧中所教授的那般。正念在当代更强调其普适的价值，它不是一个信仰系统、一门哲学，或者任何一种教义。它是一种存在之道。具体而言，它是一种与万事万物的相处之道，无论它们令我们欢喜还是烦恼或者无聊。因而，正念触及并增强了普适的人类的能力，让我们可以持续一生地学习、成长、疗愈和转化，从那个你真切地开始练习的瞬间开始，无论你在哪里，也无论你的处境如何。正念一词既蕴含了它的佛学根源，同时也传达了现代生活主流社会的正念践行，因为如今它被医学、心理学、神经科学等所研究。

正念减压及其他衍生于正念减压的以正念为基的课程，如正念认知疗法、正念分娩和养育等在面对多元文化和宗教背景中如何使用正念这一词时，都持谨慎和敏感的态度。这些课程都以一种无缝罅的、综合的方式来使用这个用语，既确认和涵盖了古老智慧传承之根源，也包括压力生理学、神经科学、心理学等现代科学，是古老智慧传承与实证科学的一种交汇。

有时，我们也会看到，"mindfulness"被翻译成"静观"。这个选择通常基于授课者及参与者的反馈，即"正念"一词带有佛学意味，因而成为分享和练习正念的妨碍。虽然在全球范围内，华人正念减压导师们被鼓励去采用与所在地区及亚文化框架相适宜的用语，以减少正念及正念减压课程在分享、助人、传播方面可能遇到的妨碍，我们觉得基于本书的精神，并和卡巴金博士与中国禅宗非二元传承的深厚联结保持一致，加上出于正念一词是中国主流科学与专业领域的首选，也已经被中国大陆的普罗大众所熟悉等方面的考量，我们在主要面向中国内地读者的《多舛的生命：正念疗愈帮你抚平压力、疼痛和创伤》（原书第2版）翻译中选择正念作为"mindfulness"的唯一翻译。这也是向智慧传承的回归。

自2011年11月到2016年12月，麻省大学医学院医学、健保和社会正念中心完成了在中国，也是亚洲地区的第一轮和唯一一轮完整的正念减压师资培训。至今，中国内地、港台及美洲地区共有几十名华语正念减压导师在各地开始带领正念减压工作坊和八周课程。

翻译过程本身就是一份正念实践，如同正念一样，是与生命的一场相恋。这本书伴随着我们走过了几个春夏秋冬。最后，我们诚挚感谢参与审校的正念同道：仁虚法师、崇剑法师、陈德中、温宗堃、胡婷婷，感谢刘星辰参与文稿整理。感谢郭海峰、杭凯等正念减压导师对译文的反馈和建议。这本重要著作的简体中文版的问世与他们的付出是分不开的。译文中的瑕疵和不足,是我们译者的责任,恳请给予我们反馈,以便我们改进。

     童慧琦 加州健康研究院,正念学院
高旭滨 陆军军医大学第二附属医院全军心血管病研究所

··· Foreword ···

新旧版推荐序

　　本书具有很高的可读性和实用性，可以在很多方面对人有所裨益。我相信有很多人可以从中获益。在阅读中，你会发现，正念是用以应对我们日常生活的。可以说，本书是一扇门，它同时（从世界那边）向着法和（从法那边）向着世界敞开着。当法能够切实地关照到生活中的问题时，它才是真正的法。这正是我对本书最深的赞叹之处。我感谢作者写就了这本书。

一行禅师于法国梅村　1989 年

　　在过去的 25 年间，正如无数的人所发现的那样，正念是平和与喜悦的最可靠的源泉。任何人都可以这样做。而且愈来愈明确地，不仅仅我们个人的健康和福祉，而且，我们作为一个文明和星球的传承，都有赖于它。本书是对我们每一个人的邀约——（它）要我们觉醒。而且，比起过往任何时刻，今天更需要我们去细致地品味我们所被赠予的每一个瞬间。

一行禅师于法国梅村　2013 年

··· Contents ···

目录

赞誉

中文版序

译者序

新旧版推荐序

第 2 版前言

前言

正念练习
加以注意

第 1 章　此刻，你唯一的拥有　/ 2
第 2 章　正念练习的基础：态度和承诺　/ 16
第 3 章　呼吸的力量：疗愈过程中不起眼的同盟　/ 34
第 4 章　坐姿冥想：滋养存在　/ 48
第 5 章　安住于你的身体中：身体扫描　/ 67
第 6 章　培育力量、平衡及灵活性：瑜伽是冥想　/ 87
第 7 章　正念行走　/ 110
第 8 章　一日正念　/ 118
第 9 章　真正做你在做的：日常生活中的正念　/ 131
第 10 章　开始练习　/ 139

崭新的范式
健康与疾病
的全新思考
方式

第 11 章　介绍新范式 / 150
第 12 章　整体性一瞥，割裂的错觉 / 155
第 13 章　疗愈 / 171
第 14 章　医生、患者和人们：朝向统一的疾病和
　　　　　健康观念 / 192
第 15 章　精神和躯体：信念、态度、想法和情绪
　　　　　治病亦致病的证据 / 211
第 16 章　连接与相互关联 / 233

压力

第 17 章　压力 / 248
第 18 章　变化：唯一的确定 / 257
第 19 章　卡在压力反应中 / 264
第 20 章　用回应替代对压力反应 / 289

应用
全然拥抱
苦难

第 21 章　与症状工作：聆听你的身体 / 302
第 22 章　与躯体疼痛工作：你的疼痛不是你 / 309
第 23 章　更多有关疼痛 / 331
第 24 章　与情感痛苦工作：你的苦难不是你……
　　　　　但有很多你可以做的，以疗愈它 / 353
第 25 章　与恐惧、惊恐和焦虑工作 / 370
第 26 章　时间和时间压力 / 389
第 27 章　睡眠和睡眠压力 / 406

第 28 章　来自人的压力　　/ 413
第 29 章　角色的压力　　　/ 428
第 30 章　来自工作的压力　/ 434
第 31 章　来自食物的压力　/ 446
第 32 章　来自世界的压力　/ 465

觉知之道

第 33 章　新的开端　　　　　　/ 488
第 34 章　坚持正式练习　　　　/ 497
第 35 章　保持非正式正念练习　/ 506
第 36 章　觉知之道　　　　　　/ 511

跋　　　／517
致谢　　／522
附录　　／526
参考文献　／530

··· Introduction to the Second Edition ···

第2版前言

欢迎来到本书新版。在第1版出版25年之后，我首次想到要修订此书。由于在第一次写成此书之后已经过去了这么多年，我有意要做些更新。更重要的，可能还在于对冥想练习的指导语，以及对基于正念的、对待生活和苦难的方法之描述加以完善和深化。更新是必要的，因为在这段时间里，有关正念及其对健康和幸福之效用的科学研究有了长足的发展。然而，在重温这些文字的过程中，我沉浸得愈深，就愈发觉得需要在根本上保留本书（所涵盖的）基本信息和内容的原貌，而不只是在（某些）适当的地方，对其加以拓展和深化。诚然，对正念的效用及其产生效用的科学证据激增，（这本身）深具诱惑力。但我还是不愿看到把（这些）与正念减压所提供的内在的探险和所具有的潜力本末倒置。毕竟，本书保持着原初的本意，它是一种常识化的、实用的指导，用以培育正念，培育其对人性所秉持的、深切的乐观和转化力之观点。

对我个人而言，当我首次接触到正念练习时，就为它对我生命的滋养而感到惊喜和震撼。在过去40多年间，那份感觉丝毫未减。它（反而）变得更加深厚、更为牢靠，如同一段长久而值得信赖的友谊，既愈苦弥坚，同时也令人深深的谦卑。

当我在写作本书初版时，编辑曾提出把"*catastrophe*"（灾难）一词用在书名中并不明智。他担心这可能会在一开始就令很多潜在的读者反感、望而却步。所以，我绞尽脑汁，想要找到一个不同的书名。我想到并摒弃了不下一打（书名）。其中，列在很前面的有"*Paying Attention*: *The Healing Power of Mindfulness*"（关注：正念疗愈力）。诚然，该书名替我传达了本书的要意。但是"*Full Catastrophe Living*"（直译是"全然灾难的生活"）⊖，这个书名不断地浮现在我的脑际，挥之不去。

最终，它还算过得去。直到今天，还有人跑来告诉我，这本书挽救了他们的，抑或是他们亲人或朋友的人生。最近，我在麻省剑桥参加的一次正念教育大会上出现了这样的情景。一周之后，同样的情景在英国切斯特的正念会议上又一次出现。当人们与我交流这本书对他们生活的影响时，我总是竭力地想去全然理解这对他们的意义。我总是被深深地感动，难以言表。有时候，一些故事不忍卒闻，把他们引向本书的苦难是那么辛酸，令人难以想象。不过，这恰恰是它的本意，去触及我们内心深处的、一些非常特别的东西，触及我们拥抱事情真相的能力，每每当这些真相看似全然不可能的时候，以一种疗愈和深具转化力的方式，去面对人类处境的全然的灾难。曾经为公共电视《疗愈和心灵》（*Healing and the Mind*）系列摄制了我们课程的比尔·莫耶斯（Bill Moyers）告诉我，在报道1991年奥克兰大火期间，也就是本书出版一年之后，他看见一个男子在房子被烧毁之后，臂下紧紧地夹着这本书。而不知何故，纽约人似乎立马就理会了这个书名。

这样的回应证实了我在减压门诊初始，看到正念练习在病人身上发挥作用时的感觉，很多人被健保系统所遗漏，哪怕有好转，也未能从他

⊖ 本书书名中将其译为"多舛的生命"。——编者注

们所接受的对慢性状况的各种治疗中全然地好转㊀。非常清晰的是，正念的培育中有着可以令人疗愈、转化的东西，它可以令我们重新焕发生机。并非以某种浪漫的"天空中掉馅饼"似的方式，而只是纯粹出于人类的本性美德。引用美国心理学之父威廉·詹姆斯（William James）所言，"……我们都有着未曾梦想过的生命之源泉可供我们汲取"。

如同地底下的水，或者大量的油矿，或者深埋在地球岩石中的矿藏，此处我们所论及的是我们内在深处的资源，是我们人类所固有的，这些资源可以被触及和利用，可以脱颖而出，诸如我们终身学习、成长、疗愈和转化自身的能力。这样的转化将如何发生呢？它直接来源于我们采取一种更加宽广的视角的能力，去领悟到我们自身实际上要远远大于我们的所思。它直接来自于我们认识和拥有一种全方位的存在，认识和拥有我们是谁以及我们实际上是谁。这些与生俱来的内在资源，可以经由我们自己发现并汲取的资源，一切都有赖于我们体现觉知的能力，以及我们培育与那种觉知的关系的能力。我们经由一种特别的、加以关注的方式来获得这种发现和培育：有目的地、在此刻当下地以及非评判地。

在科学的正念存在之前的很长一段时间里，我从对冥想的切身体验中，对存在的这个方面已然熟悉。即使科学的正念从未涌现，冥想对我依旧是重要的。这样的冥想练习足于它们自身：它们本身极具说服力的逻辑、它们本具的实证效度，以及自身的智慧。这些智慧只能经由人一生中在一段时间里切实地、带着目的和有意图地培育才能从内在里被领会到。本书和它所描述的正念减压课程则提供了一种框架，为探索通常不熟悉的，有时甚至是困难的领域提供了具有一定清晰度的、平和的指导。在附录中，你可能找到其他可能有用的书单。如果你选择将此领

㊀ 该门诊的设立，为医院提供了某种安全网络，可以承接住那些从（医疗体系）的裂缝中坠落的人，并挑战他们去为自己做些什么，作为他们的医生和健保团队为他们所做的所有一切的补充。如今这些裂缝变得更像是裂口了。对我们的健保（事实上是疾病看护）系统的针砭，以及对以病人为中心的、基于心身和整合方法的倡导，请参见 2013 年美国有线电视新闻网（CNN）的纪录片《逃离火灾》(Escape Fire)。

域的旅程作为终生之旅，那么这份书单将为你提供丰富多样的、持续的支持和滋养。你因此得以从该领域所提供的多个角度、机会和挑战中受益。它确实是一种终生的旅程和探险，需要"饱满地"去体验，或者我应该说，"清醒地"去体验。

没有一幅地图能够详尽地描述一个领地，最终它需要被体验，我们方能够了解它、探索它，并从它独特的馈赠中获益。它须得被占据，或至少，一再地被造访，我们因此可以为我们自己，直接地、第一手地去体验它。

以正念为例，那份直接体验丝毫不亚于每时每刻所展开的、伟大的生之探险。从现在开始，就在你已经在的地方，无论你身处何处，无论你的处境有多么艰难和富有挑战。如同在减压门诊中第一次见到病人时，我们时常说的那样。

……依我们看来，无论是哪里不对劲，只要你还在呼吸，你身上安好的地方就要比不对劲的地方多。在接下来的八个星期里，我们将经由注意力把能量倾注在你身上安好的地方——我们从未留意或者想当然，或者未能在自身上完满地发展它，而让其他的医疗中心和健保团队来关照你"不对劲"的地方，并看看会发生些什么。

从这种意义上来说，正念，特别是本书所描述的正念减压课程，是一种对你自己的身体、头脑、心灵和生活变得更加熟悉的邀请——经由一种崭新的，更加系统、更具爱意的方式去加以关注，并由此发现你自己生活中未曾注意到的或出于某些原因，至今都遭到忽视的重要方面。

以崭新的方式去加以关注是一件非常健康的、具有潜在疗愈性的事情。虽然你会看到，它其实并非关乎行动，或者到达别处。它更多的是关乎存在，关乎允许你自己做自己，并发现这种方法所蕴含的丰满和巨大的潜力。有趣的是，该八周正念减压课程实际上只是一个开始，一个崭新的开始。真正的探险一直是你整个的生命。从某种意义上来说，正念减压只是一个中途站，也希望是一个发射台，可以让你进入到与事物本相之间的一种崭新的相处方式中。正念的练习有可能成为你的一个终生的陪伴和同盟。而且，无论你是否意识到，当你开始进行正念练习的时候，你同时也加入了一个世界范畴的社区。在该社区中，人们的内心同样受到这种存在之道的感召，受到这种与生命和世界交汇之道的吸引。

最重要的，本书是经由练习来培育正念的。这需要极大的决心，同时又需要最温柔的碰触和全然投入。本书中我们所要谈及的一切都旨在支持你的参与和投入。

事实表明，这本书及其所描述的减压门诊的工作——正念减压，与其他很多人的努力一起，对在医学、健保和心理学领域中开辟一个崭新的领域极其有帮助；同样，它们对正在成长中的正念科学及其在生物学、心理学和社会性联结等每个层面上所具有的健康和安适的效用也极有帮助。同时，正念也越来越多地影响着教育、法律、商业、技术、领导力、运动、经济，甚至政治、政策和政府等诸多领域。这是一个激动人心、充满希望的进展，因为它具有疗愈这个世界的潜力。

2005年，在科学和医学文献中，只有100多篇有关正念及其临床应用的文章。而到了2013年，则有超过1500篇。另外，还有针对该主题的、不断增加的书籍。甚至还有一本叫《正念》（*Mindfulness*）的科学期刊。其他的科学期刊也争相出版有关正念的专刊或专门章节。事实上，对正念和它在健康与幸福方面的临床应用及其可能的作用机理的专业兴趣是如此之高，以至于此领域的研究呈现指数级的增长。而且，这些科学发现以及它们对我们的健康的含义，以及对身心联结、压力、疼痛和疾病的理解显得日益奇妙。

不过，比起去理解正念培育对我们产生影响的可能的心理机制和神经通路（虽然它们可能极其有意思），本书第 2 版更多地关乎我们把握生命和生活处境的能力，关乎对自身怀有极大的温柔和善意，并找寻到尊重我们自身各种可能性的方法。这种可能性可以令我们过上理智的、满足的、有意义的生活。诚然，正念练习不仅极有可能带来大脑某些区域有益的变化，而且还可以给大脑本身结构和它的联结带来有益的改变，我们还将论及其他潜在的生物性收益，还是希望我们中没有人会只是为了生成彩色脑扫描图而去培育正念。这些可能的收益会自行照顾好自己，会经由正念练习自然地彰显。如果你选择在你的生活中去追寻正念，那么我们培育正念的动机需要更加地根本：可能是去过一份更加整合和满意的生活，更加健康，可能还有更加幸福和智慧。其他的动机还可能包括去有效地、慈悲地面临和应对我们自身与他人的苦难，及我们生活中的压力、疼痛和疾病（就是我在此所指的人类处境的全然灾难），并且去成为全然整合的、深具情商的存在。这样的存在是我们所本具的，但有时我们会与之失去接触并脱离它。

在我的冥想练习过程中，当我在这个世界上做着我的这份工作的过程中，我认识到：正念的培育是一种全然的行为，是一种理智的、自我慈悲的，最终则是一份全然的爱的行为。如你将要看到的，它涉及你的意愿：去沉浸到自我中，去生活在此刻，有些时候则是停下来而纯粹地去存在，而不被无止境的行动所裹挟以至于忘了谁在做这一切，以及为什么去做。它关乎不把我们的念头误作真相，不至于轻易地被卷入到情感的风暴中，这些风暴通常会加剧我们自身和他人的痛苦。这种对待生活的方式确实在每个层面上都是全然的爱。如同我们将要看到的，其中的美在于，除了加以关注，保持清醒和觉察，你不需要去做任何事。存在的这些方面已然就是你，以及你是什么。

虽然冥想练习更多的是存在而非行动，它看上去也如同是一个重要的任务，而事实也确实如此。毕竟，如我们将要看到的，我们需要留出时间去练习，而那确实需要一些行动，以及意图和约束。在接受学员进入正念减压课程之前，我们有时会这样说：

你不必去喜欢每日里冥想练习的日程安排，你只是去做（当你报名时就同意的那份有约束的日程，并尽你所能去做）。然后，在八周课程结束的时候，你可以告诉我们这是不是浪费时间。而在这期间，哪怕你的头脑不停地告诉你那是"愚蠢的"或者是"浪费时间"，请照旧练习，并且尽可能全心全意地去练习，仿佛你的生命有赖于它。因为确实如此，我们的生命以比你想象中更多的方式仰赖于它。

世界上最负盛名、最具影响力的科学杂志之一——《科学》最近的一个头条标题为《一颗散乱的心是一颗不幸福的心》（*A Wandering Mind Is an Unhappy Mind*），这是文章的第一段：

与其他动物不同，人类花费大量的时间去考虑并非发生在他们身边的事情，去思忖发生在过去或者可能发生在将来或者永远都不会发生的事情。确实，"刺激—独立的想法"或者"心念散乱"似乎是头脑的默认运作模式。诚然，这种能力在进化上是一个了不起的成就，它让人们得以去学习、推理和规划，但它也有可能带来情感上的代价。很多哲学和宗教传统教诲我们：要经由生活在此刻中，去找到幸福，而修行者则接受训练去抵抗心念的散乱，并去"存在于此时此地"。这些传统提示"一颗散乱的心是一颗不幸福的心"。他们说的对吗？[⊖]

哈佛的研究人员得出结论，正如标题本身所揭示的那样，那些强调此时此刻的力量以及如何去培育它的古老传承确实道中了什么。

该研究的发现对我们所有人都有着有趣的、具有深刻潜力的影

⊖ Killingsworth MA, Gilbert DT. A Wandering Mind Is an Unhappy Mind. *Science*. 2010; 330: 932.

响。这是一个针对日常生活中的幸福所进行的最大规模的研究。简单地说，研究人员研发了一个苹果手机应用软件，在几千人中随机取样，询问他们的幸福感，询问在那个特定的时刻他们在做什么，以及心念的散乱（"你是否在想着正在做的事情之外的事情呢？"），根据该研究的作者之一，马修·克林斯伍斯（Matthew Killingsworth）所言，结果是人们的心念大约在一半的时间里是散乱的，特别是当它卷入消极或者中性的思维中时，心念的散乱似乎与人们感觉不那么幸福有关。他的结论是："无论人们在做什么，比起心念集中的时候，心念散乱时他们要不幸福得多，"以及，"如同我们关注我们的身体在做什么那样，我们至少应该对我们的头脑在哪里加以同样的关注，但对我们大多数人来说，对念头的关注并未被纳入我们的日常规划中……我们需要去问：'今天我将对我的心念做什么？'"⊖

如你将看到的那样，在每时每刻对心念中有什么保持觉察，以及当我们这样做的时候我们的体验又如何得到转化，正是正念练习、正念减压和这本书所要涉及的一切。我须在此强调并以此为据：正念并非强迫你的心念不再散乱。那会让你伤透脑筋。它更在于当心念散乱的时候，如何尽力对此保持觉察，并尽量温和地把注意力重新导向在那个瞬间、在此时此刻正在展开的生命中，重新导向对你来说最突出、最重要的事情上。

如同别的任何技能一样，正念可以经由练习来加以发展。你也可以把它当作是肌肉。当你使用正念之肌的时候，它既会变得强壮，也会变得更加的柔韧和富有弹性。如同肌肉一样，当你与一定量的抵抗力工作，去挑战它并因此帮助它变得更加强壮的时候，也正是它成长得最好的时候。从这个角度来说，我们的身体、头脑以及日常生活中的压力自然为我们提供了足够的抵抗力去工作。确实，你可以说它们正好为我们提供了适当的条件，让我们来发展出内在的能力，去了解我们自己的心念，

⊖ *Harvard Business Review*. Jan-Feb 2012: 88.

并塑造它，使它能够与生活中关系最为密切和重要的事情共存。如此，去发现幸福，甚至是幸福的新维度，而无须去改变别的任何事情。

像这样应用新出现的消费者技术来实时地在大量的人群中采样的研究，如今正在科学地、严谨地开展着，这些研究得以在顶级科学杂志上发表，这本身显示着心智科学（science of the mind）进入了一个崭新的时代。在某个特定的时刻，比起我们正在做什么，去认识到头脑中有些什么对我们的健康感具有更大的影响，这对理解我们自身的人性，以及塑造我们对健康和真切幸福的理解都蕴含着重要的意义。而这样的一份塑造是以实际又极具个人化的甚至亲密的方式来进行的。当然，这是于我们自身的亲密。这是正念以及经由正念减压来培育正念的本质。

科学的诸多分支，从基因组学、蛋白质组学、表观遗传学到神经科学，正在以新的、不容置疑的方式揭示着：世界和我们与之相处的那种关系会在每一个层面上对我们的存在，包括我们的基因和染色体、我们的细胞和组织、我们大脑里的特定区域以及联结这些区域的神经网络，还有我们的思维、情感和社会性网络，带来重要而有意义的影响。我们生命中的这些动态因素，还有别的诸多因素，是彼此相连的。它们一起构建了我们，并决定着我们发展出全部能力的自由度，这种能力永远是未知的，又可以永远无限地趋近。

"作为人"对我们每个人意味着什么，以及哈佛研究人员所提出的问题，"今天我将对我的心念做什么"是正念作为一种存在方式的核心。在这里，我还将稍微把问题修改一下，我们也可以把"此时，我的头脑怎么样"这一问题拓展一下来问："此时，我们的心怎么样？"我们甚至不必单单地去问及思绪，因为我们也有能力去感觉到我们的头脑、我们的内心和我们的身体在此刻是怎么样的。这种感觉，这种了知，是另一种理解的方式，超越了单纯的、以思维为基础的了知。它有一个英文词：*awareness*（觉知）。运用这种内在的理解力，我们可以以一种深邃的、释然的方式去探索、去寻求及理解究竟什么是适合我们的。

培育正念，要求我们对此刻加以关注，安住其中，并在这个过程中对我们的所见、所感、所学、所知善加利用。如你将看到的，我对正念的操作性是经由有目的的、对此时此刻的、非评判的注意所出现的觉知。觉知并非思考。它是智力的一种补充形式、一种了知的方式。它比起思考，至少同样的美妙和有力。而且，我们可以把思考抱持在觉知中，而这样可以给予我们的思考及其内容以一种全新的视角。正如我们的思考可以被完善和发展，我们对觉知的触及也可以被完善和发展。虽然，我们知道这是一种通则，我们却在如何去做，甚至在这样做的可能性方面所受到的教育极其稀缺。它可以经由练习我们专注和明察的能力来加以发展。

而且，当我们提到正念的时候，记住：我们同样也意味着"诚心"（heartfulness），这一点非常重要。事实上，在亚洲语言中，"头脑"和"心"的用词通常是相同的。因此，当你碰到或使用"正念"这个词，而没有听见或感受到"诚心"这个词的时候，你非常有可能错过了它的实质。正念不仅仅是一个概念或一个好主意，它还是一种存在之道。而它的同义词——觉知，则是一种大于思考的了知，在选择如何与出现在我们的头脑和心灵、身体和生活中的一切相处的时候，它可以给予我们更多的选择。它是一种大于概念的了知。它更接近于智慧，以及智慧的视角所提供的自由。

如你将要进一步看到的，对于正念培育来说，对此刻我们的思维和情绪加以注意只是更大的图景中的一个部分。但它是极其重要的一部分。最近，由加州大学旧金山分校的伊丽萨·艾佩尔（Elissa Epel）和伊丽莎白·布莱克伯恩（Elizabeth Blackburn，她因发现了抗衰老的端粒酶而分享了2009年的诺贝尔奖）及同事发现我们的思维和情绪，特别是高压力下的思维，包括对未来的担忧或者对过去的强迫性的穷思竭虑似乎会影响衰老的速度，而这种影响会一直达到细胞和端粒的水平。端粒是染色体顶端一些特别的 DNA 的重复序列，对细胞的分化极其重要。当我们随着时间衰老的时候，它会缩短。她们和同事发现在慢性压力下，端粒的缩短会变得迅速得多。但他们也表示，我们如何看待压力在端粒的降解和缩短的速度上会带来不同，而且是好几年的差异。重要的是，这意味着我们无须去让压力源消失。事实上，我们生活中的某些压力源是不会消失的。但研究发现，我们可以改变我们的态度，因而改变我们与环境的关系，这样可以在我们的健康安适以及我们的寿命上带来不同。

迄今为止的证据提示，较长的端粒与你此刻多么在场（"在过去一周里，是否有些瞬间里你全然聚焦或投入于你在那个瞬间里所做的事情上？"）的评分以及在过去一周里你的心念有多么散乱的评分（"不想处在此刻你所在的地方或不想做正在做的事情上"）之间的差异相关。研究人员把这两个问题评分之间的差异暂时称为"觉知状态"，它与正念非常相关。

另外一些研究则并非着眼于端粒的长度，而着眼于端粒酶。这些研究提示，我们的思维，尤其当我们把处境看作是威胁到我们的安适的时候，无论它们是否真的如此，可以一直影响到这个特定的分子的水平，在循环血液中的免疫细胞中可以检测到这个分子。端粒酶显然在我们的健康程度和我们可以活多久中扮演着一个重要的角色。该研究的含义可能会促使我们更加清醒，从长远来看，需要带着更大的意向和智慧，去面对生活中的压力，以及在如何塑造与压力的关系上给予更多的关注。

这本书有关你和你的生命。它关乎你的心灵和身体，关乎你如何才能切实地学会与这两者更加智慧地相处。它是去尝试正念练习并在日常生活加以应用的一份邀约。我主要是为我们的病人以及与他们相似的在任何地方的人们而写的，换句话来说，它是为普通人写的。而我所指的普通人，就是你和我，任何人、每一个人。当我们把有关我们的艰辛和成就的叙事放到一边，而触及活着的本质，触及生活抛给我们的艰巨性的时候，我们都只是普通人，需要尽力地去应对这份艰巨性。我并非只指我们生活中困难的、不想要的东西，我指的是呈现的所有东西，好的、坏的、丑陋的。

美好是巨大的，对我来说，巨大到足以应对坏的和丑陋的，困难的和不可能的，而且这份美好并不仅仅呈现于外，也见于内心。正念练习包括发现、认识并使用我们作为人原本已然安好的、已然美丽的、已然完整的禀赋，并从中汲取滋养，去生活，仿佛我们与所呈现的一切（无论那是什么）之间的关系确实有那么重要。

年复一年地，我愈发地认识到正念在本质上是关乎关系的，换句话来说，我们与一切事物的关系如何，包括我们自己的心灵和身体、我们自己的思维和情感、我们的过去，是什么促成我们呼吸着进入到这个瞬间，以及我们何以学会带着对自身和他人的诚心和善意，带着智慧去学着进入到生活的方方面面。这并不容易。事实上，这恰恰是世界上最艰巨的功课。有时候，它是艰难、麻烦的，就如同生活是艰难而麻烦的那样。但请停驻片刻，并反思一下另外一种可能。不去全然地拥抱和安住于只在此刻可以体验的生活又意味着什么呢？在那里可能会有多少失落、哀伤和痛苦呢？

让我们回到那个苹果手机应用软件有关幸福的研究上，在我们踏上正念和正念减压之旅之际，哈佛的研究人员有一些相关的事情可说：

"我们知道，当人们受到恰到好处的挑战的时候，当他们尝试去达成困难但并非不可能的目标的时候，他们是最幸福的。挑战和威胁不是同一码事。受到挑战时，人们会像花一般绽放；而受到威胁时，会凋谢。"

正念减压是极具挑战的。从很多方面来说，带着对正在发生的一切的那种开阔的视角，处于当下，对人类来说可能是世界上最艰巨的功课。与此同时，它也具有无限的可行性，正如世界上已经有这么多参加过正念减压课程的，并在之后年复一年把继续练习和培育正念作为日常生活的一部分的人们所展示的那样。如你将看到的，培育更大的正念也给了我们新方法，去与我们觉得威胁到我们的事物共处，并学会更加智慧地去应对感受到的威胁，而不是自动化地反应并导致潜在的不健康后果：

"如果我想预测你的幸福，而我只能了解有关你的唯一的一件事情，那么，我不想知道你的性别、宗教、健康或收入。我想知道你的社会网络、你的朋友和家人，以及你与他们联结的牢固性。"

我们已经知道这些联结的强度与总体的健康和安适有着很高的关联。随着正念的生发，它们会变得越发的深厚和强大。那是因为，如我们所看到的，正念是关乎关系性和关系的——与你自己和他人。

"我们想象会有那么一两件大事情会对（我们的幸福）产生深远的影响。但是幸福却看似是上百件小事情的总和……小事情是重要的。"

小事情不仅仅是重要的，小事情其实并非那么小，它其实是巨大的。在你的观点、态度，以及你尽力临在（to be present）的努力当中，所有微小的转变，都可以对你的身心、对世界带来巨大的影响。

在任何时刻里，哪怕是最微小的正念的展现都有可能带来一种具有巨大转化力的直觉或者领悟。倘若得到恒常的滋养，那么，那些新鲜的、更为正念的努力常常会成长为一种崭新的、更具活力和更加稳定的存在方式。

那我们能够做哪些小事情，去提升我们的快乐和安适呢？根据幸福研究的作者之一——丹·吉尔伯特（Dan Gilbert）所言：

"主要的事情是对一些简单的行动做出承诺，冥想、锻炼、得到充足的睡眠，并实践利他……以及滋养你的社会关系。"

如我前面所说，若冥想确实是一种全然的爱的话，那么冥想本身也是善意和接纳的、最基本的、利他的姿态，从你自身开始，但并不止于自身！

* * * *

自本书初版以来，世界发生了巨大的、不可思议的变化。可能比起从前，在过去的 25 年间出现的变化从未如此巨大过。单单想想手提电脑、智能电话、因特网、谷歌、脸书、推特，对资讯和人无处不在的、无线的接近方式，想想这个不断扩展着的数字化革命对我们所做的几乎一切事情的影响，生活节奏的加快，我们每周 7 天每天 24 小时的生活方式，更不用说在这段时间里全球范围内巨大的社会、经济和政治的变化。当今，加速的、瞬息万变的急遽变化并不太可能会减缓。它的影响会更多地被体验到，并且愈发的不可避免。你可以说科学和技术的革命（以及它对我们生活的影响）才刚刚开始。除了别的我们要应对的压力之外，对这些变化的适应在接下来的几十年里只会增长。

我们被各种方式拉扯着脱离自身，并忽略了什么是最重要的，而本书及其所描述的正念减压课程旨在提供一种有效的制衡。我们很容易就陷入须做之事的紧迫感中，陷入我们的头脑中，陷入我们认为重要的事情中，于是很容易就落入一种慢性的紧张、焦虑和持久的分心状态中。这种状态持续地驱使着我们的生活，并很容易就成为一种默认的运作模式，即我们的自动导航。当我们面对自己或者所爱之人的严重医疗状况、慢性疼痛或慢性疾病的时候，我们的压力会加剧。正念比以往任何时候都与我们更为相关，它可以是一种有效、可靠的制衡，来增强我们的健康和安适，甚至我们的理智本身。

我们受惠于每时每刻里的联结，可以在任何时间、任何地点与任何人保持接触。然而，具有讽刺意味的是，我们可能会发现，与我们自身以及生活的内在景观的接触却变得前所未有的困难。而且，我们可能觉得与我们自身保持接触的时间减少了，虽然我们每个人每天依旧拥有24小时。只是因为我们用那么多行动充斥了这些时间，以至于我们很少有时间去存在，或者喘口气，在实际上和象征意义上都如此，更不用说花点时间去了解我们在做什么以及为什么这样做。

本书的第1章被称为"此刻，你唯一的拥有"。这是一个不容置疑的对事实的陈述。无论这个世界将变得如何"数字化"，这对我们所有人来说都将是真实的。然而，有那么多的时间，我们与当下的丰盛失之交臂，与安住于当下所带来的那份更大的觉知及其对下一时刻的塑造失之交臂。因此，倘若我们可以保持觉知，它通常会以我们无法预期的方式塑造未来，以及生活和关系的品质。

能够影响我们未来的唯一方法是去拥有当下，无论当下如何。如果我们带着全然的觉知去安住于当下，由于我们在此刻的存在，下一时刻就会很不一样。这样，我们就可能去发现富有想象力的方法，去全然地过上确实属于我们的生活。

我们是否既能够体验到喜悦和满足，也能够体验到苦难？是否能够与风暴更坦然地相处？是否可以尝到幸福的自在，甚至是真切的幸福？这正是要害所在。这是当下的礼物，被抱持于觉知中，非评判地，带着一点善意。

* * *

在我们一起踏上这次探索之前，你可能有兴趣了解一些近期的有关正念减压的研究。这些研究显示了极为有趣且乐观的结果。虽然，如我们所说，正念具有它本身内在的逻辑和诗意，并提供了很多具有说服力的理由让你去把它融入你的生活中，并系统地去培育它。如果需要的话，下面所列出的，以及书中其他地方所阐述的那些科学发现可能会提供额外的动力，让你带着与我们的病人所常拥有的承诺和决心去跟随正念减压的课程表进行练习。

- 麻省总医院和哈佛大学的研究人员发现，使用功能性核磁共振脑扫描技术，八周的正念减压课程使得大脑中学习和记忆、情感调节、自我感和换位思考相关的区域增厚。他们还发现，在大脑深处的一个负责评估和应对所感觉到的威胁的杏仁核在正念减压之后变薄了，而变薄的程度与感觉到的压力量表上的改善相关⊖。这些初步的研究显示，至少在大脑的一些特定区域，会经由结构重组，对正念冥想产生回应，这是神经可塑性现象的一个例子。他们还发现，那些对我们的幸福和生活质量相关的重要功能，譬如换位思考、注意力调节、学习和记忆、情感调节和威胁评估，可以受到正念减压培训的积极影响。

- 多伦多大学的研究人员，也使用功能性核磁共振，发现完成正念减压课程的人们，其与当下体验相关的大脑网络中的神经元活动增加，而与自身过往经历相关的大脑网络神经元活动则减弱（被称为"叙述性网络"，因为它常常与"我们认为自己是谁"这样的故事相关）。散乱的心念与后一个网络的关联最为密切，心念散乱就是我们刚刚所看到的那个特质，它在当下我们是否真正幸福中扮演着如此重要的角色。该研究还显示正念减压可以消除这两种通常有串联

⊖ Hölzel BK, Carmody J, Vangel M, Congleton C, Yerramsetti SM, Gard T, Lazar SW. Mindfulness practice leads to increases in regional brain gray matter density. *Psychiatry Research: Neuroimaging*. 2010. doi:10.1016/j.psychresns.2010.08.006.
Hölzel BK, Carmody J, Evans KC, Hoge EA, Dusek JA, Morgan L, Pitman R, Lazar SW. Stress reduction correlates with structural changes in the amygdala. *Social Cognitive and Affective Neurosciences Advances*. 2010; 5 (1): 11–17.

功能的自我觉知（self-awareness）之间的联结⊖。这些发现意味着，当我们学着以一种具身体现（embodied）的方式去安住于当下的时候，我们可以学习不被自身叙事的戏剧所裹挟，或者，不会因此迷失在散乱的心念中，而当我们真的这样迷失的时候，也可以认识到正在发生什么，并把注意力带回到当下最突出和重要的事情上来。他们还建议：对心念散乱非评判性的觉察，而无须去做任何改变，可能就是通往更大快乐和幸福之门。这些发现不仅对那些情感障碍（包括焦虑和抑郁）患者，也对我们都有着重要的含义。它们也为心理学家们所说的"自我"提供了进一步的澄清。区分这两种大脑网络（一个有着持续的有关"我的故事"，一个则没有），并显示它们是如何一起工作，而正念又是如何影响这两者关系的，这可以揭示一些奥秘："我们是谁""我们认为自己是谁"以及"至少在有些时候，我们如何基于自我了解而以一个整合的个体来生活和运作"。

- 在威斯康星大学进行的一项研究中，在一组健康志愿者中进行正念减压培训，研究发现正念减压培训减轻了心理压力（由在一组不认识的情感中立的人面前发言所致）对由实验室里引发的、造成皮肤水泡的炎症过程的作用。该研究首次应用设计严谨的对照组（健康强化项目），该组除了正念练习之外，其他各方面与正念减压组完全匹配。在正念减压及健康强化项目之后，有关心理压力和躯体症状方面的改变的所有自评量表都没有区别。不过，接受正念减压培训小组的人比起健康强化小组的人，水泡的大小都要小。而且，那些花更多时间进行正念练习的人要比花时间较少的人在心理压力对炎症（水泡大小）的作用上有着更大的缓冲作

⊖ Farb NAS, Segal ZV, Mayberg H, Bean J, McKeon D, Fatima Z, Anderson AK. Attending to the present: mindfulness meditation reveals distinct neural modes of selfreference. *Social Cognitive and Affective Neuroscience*. 2007; 2: 313–322.

用㊀。研究者把这些神经性炎症与我们之前研究过的银屑病——另一种神经性炎症联系起来。在本书第13章中所描述的，那些在接受紫外光治疗的同时进行冥想的患者的银屑病愈合速度是只接受光疗而不做冥想的患者的4倍。㊁

- 我们与威斯康星大学同一个研究小组合作研究了在公司里健康但有压力的员工，而非医疗病人进行正念减压培训的效果。我们发现，在参加正念减压课程的人员中，与情绪表达（在前额叶大脑皮层中）有关的特定大脑区域的电活动有了转换（从右侧转为左侧）。这提示，比起对照组，冥想者对诸如焦虑和沮丧等情绪的应对更为有效，从某种角度来说我们可以认为是更具情感智商。这些对照组成员在同一实验室接受了与正念减压组相同时间的测试，并等待在研究结束后接受正念减压培训。在课程结束四个月之后，正念减压组从右到左的大脑功能的转换依旧明显。该研究还发现，在八周课程结束后，两组员工都接受了流感疫苗的注射，在接下来的几周里，比起对照组，正念减压组人员免疫系统中的抗体反应强度明显较强。在对照组中则没有发现这样的关系。㊂该研究首次显示，人额叶两侧之间的活动比例、情感风格的特征、一个被认为在成年人中相对比较固定和不可变的"设定点"可以在短短八周的正念减压课程之后有显著改变。这也是第一个显示免疫变化的正念减压研究。

㊀ Rosenkranz MA, Davidson RJ, MacCoon DG, Sheridan JF, Kalin NH, Lutz A. A comparison of mindfulness-based stress reduction and an active control in modulation of neurogenic inflammation. *Brain, Behavior, and Immunity*. 2013; 27: 174–184.

㊁ Kabat-Zinn J, Wheeler E, Light T, Skillings A, Scharf M, Cropley TC, Hosmer D, Bernhard J. Influence of a mindfulness-based stress reduction intervention on rates of skin clearing in patients with moderate to severe psoriasis undergoing phototherapy (UVB) and photochemotherapy (PUVA). *Psychosomatic Medicine*. 1998; 60: 625–632.

㊂ Davidson RJ, Kabat-Zinn J, Schumacher J, Rosenkranz MA, Muller D, Santorelli SF, Urbanowski R, Harrington A, Bonus K, Sheridan JF. Alterations in brain and immune function produced by mindfulness meditation, *Psychosomatic Medicine*. 2003; 65: 564–570.

- 在加州大学洛杉矶分校和卡内基-梅隆大学所进行的研究显示：参加正念减压的人员的孤独感得到了切实的减轻。而孤独感是健康问题的一个主要风险，在老年人中尤其如此。该研究是在55～85岁的成年人中进行的，研究显示除了孤独感减轻之外，从外周循环血样对免疫细胞的测评中，发现该课程还减少了与炎症相关基因的表达。它同时还导致了一个叫 C-反应性蛋白的炎症指示物的降低。这些发现具有潜在的重要性，因为炎症越来越多地被认为是癌症、心血管疾病和阿尔茨海默病的核心元素，⊖同时也因为诸多特地为针对社会性疏离和减轻孤独感而设计的课程都以失败告终。

总的来说，正念不仅仅是一个好主意或漂亮的哲学。如果它要对我们具有任何价值的话，在不强迫或紧张的前提下，需要我们在任何一种程度上，在每天的生活中把它具身体现出来。换句话来说，带着一份柔和的碰触，从而来滋养自我接纳、善意和自我慈悲。正念冥想正愈发地成为美国和世界景观的一个组成部分。正是带着这样一份认识，以及在这样的框架和精神下，我欢迎你来到这本书的修订版。

愿你的正念练习生长、开花，并在每时每刻、每一天里滋养你的生命。

乔恩·卡巴金（Jon Kabat-Zinn）
2013年5月28日

⊖ Creswell JD, Irwin MR, Burklund LJ, Lieberman MD, Arevalo JMG, Ma J, Breen EC, Cole SW. Mindfulness-Based Stress Reduction training reduces loneliness and proinflammatory gene expression in older adults: A small randomized controlled trial. *Brain, Behavior, and Immunity*. 2012; 26: 1095–1101.

... Introduction ...

前言

　　本书是一份邀约：邀请读者踏上一段自我发展、自我发现、学习和疗愈的旅程。它来自34年来超过两万人的临床经验。这些人经由参加位于麻省伍斯特（Worcester）麻省大学医学中心的一个八周的正念减压课程（Mindfulness-Based Stress Reduction, MBSR）而开始了他们一生的旅程。在我此刻落笔之际，在美国和世界各地的医院、医学中心和门诊共有720多个以正念减压为模型的课程。全世界成千上万的人参加了这些课程。

　　门诊自1979年创立以来，正念减压作为医学、精神病学和心理学领域中的一种崭新的、正在成长的运动（其最好的称谓是参与性医学）做出了确凿的贡献。以正念为基的课程为人们提供了一个机会，除了他们在接受可能的医疗照顾之外，还可以把正念课程作为一个补充，让他们得以更加饱满地参与到朝向更高水准之健康和幸福的运动中。他们自然可以从决定接受这个挑战的时刻开始：具体来说，去为他们自己做一些在这个星球上没有别的人能够为他们做的事情。

1979年，正念减压是行为医学或者更宽泛地来说是身心和整合医学该新兴医学分支中的一种新的临床课程。身心医学认为心理和情绪因素，我们的思考和行为的方式，可以影响我们的身体健康以及我们从疾病和损伤中康复的能力、生活品质和满足感，即使在面对慢性疾病、慢性疼痛和普遍的高压生活方式时。

这样的取向，在1979年的时候尚属激进，而如今已经在医学领域中成为共识。因此，值此之际，我们可以概括地说，正念减压是健全的医学实践中的又一个方面。在当今，就如我们所见，对正念减压的科学实证越来越强大，这也支持着它的应用和价值。在本书首版之际，情形并非如此。新版本对支持正念为基的课程及其对压力的减轻、症状的调节、情绪的平衡等不同方法的有效性，以及它对大脑和免疫系统效用的一些突出的科学证据做了总结。新版也在某些地方触及了正念减压的培训，正念培训已经成为优良的医学实践和有效的医学教育的一部分。

这些踏上正念减压这条自我发展、自我发现、学习和疗愈之途的人，想努力地重获对健康的掌控，并获致最起码的心灵上的宁静。他们由医生转介而来，或者，如今也有越来越多的人自己找来，他们有着各种生活问题、医疗问题，从头痛、高血压、背痛到心脏疾病、癌症、艾滋病和焦虑。他们或年长或年轻或是正当年。他们在减压门诊中所学到的是如何照顾好他们自己，并非是去取代医学治疗，而是作为对它极为重要的补充。

多年来，无数的人问及他们如何才能学到我们的病人在此八周课程中所学到的一切。该课程是有觉知生活之艺术的一个高强度的、自我指导的培训课程。本书首先就是对那些垂询的回应。它旨在为任何正在寻求超越他的局限，并朝向更高的健康和幸福自在迈进的人，无论是健康的还是患病的，也无论身处压力还是疼痛，提供切实的指南。

正念减压基于严格的、系统的正念培训，而正念是始于亚洲佛学传统的一种静观的方式。简单地说，正念是每时每刻里的、非评判性的觉知。正念是经由有目的地对那些平日里我们通常不会加以注意的事物的关注而培育起来的。它是一种在我们的生活中系统性地发展出来的新的媒介、掌控和智慧的方法，它建立在我们关注、觉知、领悟，以及以特定的方式加以关注时所自然涌现的慈悲等这些内在的能力上。

减压门诊并非一种救援性服务，人们并非只是被动地接受支持和治疗性的建议。相反，正念减压课程是一种积极学习的工具，人们可以在他们已有优势的基础上，去为自己做一些事情，在身体上和心理上来改善他们自身的健康和自在幸福。

如我们所见，在这个学习过程中，我们从一开始就假设：只要你还在呼吸，无论此刻你病得有多重或感觉有多么绝望，你身上对劲的地方要比不对劲的地方多。但如果你希望启动你成长和疗愈的内在能力，在一个新的层面上把握自己的生活，那么需要你付出一定的努力和精力。我们非常坦诚地告诉你：参加减压课程本身可以给人压力。对此，我有时会如此解释，有些时候我们需要点燃一个火种以便去扑灭另一个。没有什么药物可以让你对压力或疼痛产生免疫，也没有药物会神奇地解决你生活中的问题或者提升疗愈效果。这需要你有意识地朝着疗愈的方向、内在的平静和幸福做出努力。这意味着需要去学着与令你痛苦的那份压力和疼痛共处。

如今，我们生活中的压力是如此的巨大，它隐藏在我们的生活中，越来越多的人都特意地做出决定，要去更好地理解它，并寻找到富有想象力和创意的方法来改变与它的关系。尤其相关的是，压力的有些方面是难以被完全掌控的，但我们可以与它们以不同的方式共存，去学着把它带到哪怕是瞬间的平衡中，并将之整合到一种更健康的生活方式、更宏大的策略中。那些选择了以这种方式与压力共处的人认识到：等待别人来改善事态是徒劳无益的。如果在平常生活的压力之外，你还遭受着慢性疾患或者残疾所带来的额外压力的话，那么，这样一份个人的承诺显得格外重要。

压力问题并不会向简单的答案或快速的修理让步。从根本上来说，压力是生活自然的一部分，我们无以逃遁，就如同我们无以从人类处境本身逃遁一样。然而，有些人会为了回避压力而筑起高墙，拒绝体验生活；另一些人则试图用这样或那样的方法麻痹自己以逃避压力。自然，去回避经历不必要的痛苦和艰辛是明智的，我们自然需要时不时地与麻烦保持距离。但是，倘若逃避和回避成为我们应对问题的习惯性方法的话，问题只会成倍地增加。它们不会神奇地消失。当我们想要屏蔽问题、从中逃离，或者就是变得麻木的时候，那些消失的或是被掩盖起来的部分，恰是我们继续学习、成长、改变和疗愈的力量。当我们正视问题的时候，去面对它们通常是克服问题的唯一方法。

面对困难，有效地去解决问题，并获致内在的宁静及和谐是一种艺术。当我们能够启动内在资源去艺术地面对问题时，我们可以引导自己，去使用问题带来的压力本身来推促我们去体验这些问题，就如同水手可以把帆调整到最佳的位置，可以最好地应用风力，去推动船只。你不能朝着风驶去，而倘若你只知道风在你背后时如何航行的话，你只会随风飘行。但如果你知道如何去使用风力，并有足够耐心的话，有时你就可以到达你想去的地方。你依旧拥有着掌控（权）。

如果你希望借自己的问题之力去推动自己的话，你需要谐调地投入，就如同水手与船、水、风、他的行程之间保持谐调一样。你需要学习如何在任何一种压力处境中把持自己，而不仅仅是在阳光明媚、风向顺意的时候。

我们都承认没有一个人能控制天气。好水手会仔细地研究它，并尊重它的力量。他们会尽量回避风暴，但一旦碰上，他们知道何时该收帆，用板条压住舱口，抛锚，让局势平息下来，控制可以控制的，并把其余的放下。人们需要在各种气候中训练、实践并利用很多第一手的经验来发展出这些技能。这样当你需要它们的时候，它们会为你工作。在面对生活中的各种"气候条件"时，有效地去发展技能和灵活性就是我们所说的有意识生活的艺术。

在应对问题和压力时，控制是一个核心问题。世界上有各种力量在运作着，但完全超出我们的掌控。有些我们以为是在我们的掌控中，而实际上并非如此。我们影响环境的能力在很大程度上有赖于我们如何看待事物。我们对自己、对自身能力的看法以及我们如何看待世界和世界上各种力量的作用都会影响到我们认为什么是可能的。我们如何看待事物会影响到我们会投入多少精力去做事情，以及选择把所拥有的精力投注到哪里。

譬如，当你被生活中的压力完全淹没的时候，你会看到你的努力是无效的，很容易就会陷入抑郁性的穷思竭虑模式中去。在这种状态中，你的那些未经检验的思维过程会导致越来越持久的无能感、抑郁和无助感。似乎一切都无法掌控或值得去掌控。相反，如果你看到的世界是具有威胁性的，但只是有可能会将你淹没的话，那么，不安和焦虑的感觉，而非抑郁可能会占主导，不停地去担心所有那些你认为有威胁性的事物可能会威胁到你的掌控感和幸福感。这些可能是真实的，也可能是想象出来的；但无论是哪种情况，对你所感受到的压力，以及它对你生活的影响都是一样的。

感觉受到威胁会很容易导致愤怒和敌意，并从中滋生出攻击性行为。这些都受到保护自己的立场、保持对事情的掌控感那份很深的本能的驱动。当事情似乎"在掌控中"的时候，我们可能会感觉到片刻的满足。但当它们又一次失控的时候，或者哪怕只是貌似会失去控制时，我们深刻的不安全感就会爆发。在这样的时刻，我们的行为甚至会是自我破坏性的或者是对他人有害的。而我们内心里感觉到的绝非满足或平静。

如果你有慢性疾病或残疾，令你无法去做你曾经常做的事情，那么整个的掌控感都会灰飞烟灭。如果你的状况造成了躯体性的疼痛，而它又对医学治疗没有很好的回应的话，你了解到你的状况似乎超乎了医生的掌控，那么你所感到的痛苦可能会因这份情绪上的混乱而加剧。

而且，我们对掌控感的担忧很少局限于生活中的主要问题。一些最大的压力实际上来自于我们对那些最细微的、最不重要的事件的反应，它们以这样或那样的方式威胁到我们的掌控感：当我们有些重要的地方要去的时候，车坏了；你的孩子们在几分钟的时间里，第10次拒绝听你的话；或者是超市结账处等候的长队。

真的难以找到某个单词或者短语来真正刻画出可以带给我们压力和痛苦的，会增强我们深层的恐惧、不安和失控感的生活体验的全部。如果我们去列一个清单，它自然会包括我们自身的脆弱性、我们的伤痛（无论那是什么），还有我们的死亡。它可能也包括我们集体性的、残酷和暴力的能力，以及在很庞大的水平上时时驱动着我们和世界的无知、贪婪、妄念和欺骗。我们将以什么来称呼我们的脆弱和不足感，我们的局限、弱点和怪癖，我们可能需要与之共处的疾病、损伤和残疾，我们感觉到的挫折和失败或者对未来的忧虑，我们遭受或惧怕的不公平和剥削，或早或迟地失去我们所爱的人以及失去我们本身这一切的生活体验的总和呢？它需要的是一个比喻，不感伤的，同时也可以传达一种理解：生活并不因为我们感到恐惧和痛苦而成为活生生的灾难，它也需要传达快乐与痛苦同存、希望与绝望比肩、平静与激越相宜、爱恨交织、健康和疾病共舞。

在斟酌着去描述人类处境的一些方面时，是减压门诊中的病人，事实上也是我们中大多数人所迟早会需要面对、妥协，或者超越的，我不断地回到根据尼科斯·卡赞扎基斯（Nikos Kazantzakis）的小说《希腊人左巴》(Zorba the Greek)所拍的电影。左巴的年轻伙伴（艾伦·贝兹，Alan Bates）在某个时分转过身来，向左巴问询道："左巴，你曾经结过婚吗？"左巴（由出色的安东尼·奎因扮演）低吼地回答道（意译）："我难道不是一个男人吗？我当然结过婚。妻子、房子、孩子……全然的灾难！"

这并非什么哀叹，结婚或者养育孩子也绝非一场灾难。左巴的回复中包含着对生活的丰富性、它所有的不可避免的困境、哀愁、创伤、悲剧和讽刺的最高的理会。他的方式是去与全然的灾难"共舞"，去庆祝生活，与生活一起欢笑，去自嘲，哪怕在个人的挫折和失败面前。这样做的时候，他永远不会耽于消沉，永远不会被世界或者自己的很多弱点最终击败。

任何知道这本书的人，都可以想象，对他的妻子和孩子们来说，与左巴一起生活本身也可能挺像是"全然的灾难"。这个受众人景仰的英雄，常常会在他醒着的时候，留下一些秘密伤害的迹象。然而，当第一次听说这个故事后，我就觉得"全然的灾难"这个短语捕捉到了有关人类灵性能力的、积极的东西：人类可以抓住生活中最困难的，并在其中寻找到力量和智慧的成长空间。对我来说，面对全然的灾难意味着在我们身上寻找到最深厚、最美好、最终也是最人性的层面，并与之坦然相处。在这个星球上，没有一个人不拥有着自己的"全然的灾难"的版本。此处灾难并不意味着灾害。相反，它意指人生经验的酸楚和浩瀚。它包括危机和灾难，那些不可想象和不可接受的。它也包括那些小事情上的差错，而这些差错会累积起来。这个词语提醒我们生活永远在流淌中，我们认为是永恒的每一件事，其实都是暂时的，并时时都在变化着。这包括我们的想法、见解、关系、工作、财产、作品、身体，一切。

在本书中，我们将学习和实践去拥抱全然灾难的艺术。我们这样做是为了不让生活的风暴破坏或者掠夺我们的力量和希望，而是让它来教导我们，如何在这个充满变动，有时是充满巨大伤痛的世界里，去生活、成长和疗愈，生活的风暴会令我们更加坚强。这份艺术包括学习去以新的方法看待我们自己和世界，学着以新的方法与我们的身体、想法、情感和观念相处，学着去更多地笑对万物，包括我们自身，尽我们所能去练习发现和维护我们的平衡。

在我们这个时代，全然的灾难随处可见。浏览晨报就会对无止境的人类的苦难和世间的悲剧印象深刻，很多是由某个人或某群人加诸于其他人的。如果你专注地聆听电台或电视新闻节目，你可能会发现自己每日里都遭受着人类暴行和悲剧的沉重弹幕的图像攻击，可怕而令人心碎。每日里由优雅的新闻记者以就事论事的语调播报着，仿佛叙利亚、阿富汗、伊拉克、达尔富尔、中非、津巴布韦、南非、利比亚、埃及、柬埔寨、萨尔瓦多、北爱尔兰、智利、尼加拉瓜、玻利维亚、埃塞俄比亚、菲律宾、加沙地带或耶路撒冷或巴黎或波士顿或图桑、奥罗拉（科罗拉多州城市）或牛顿（大波士顿地区的城市）人民的苦难和死亡，无论是这个单子上的哪一个社区，令人难受的是，这个单子似乎是无止境的，只是以播报地方气象预报的气候现状那样，被同样就事论事地播报着，仿佛就是天气预报的一部分，而对两者是如何凑到一起的则没有丝毫的理会。哪怕我们既不读报也不收听或收看新闻，我们离全然灾难的生活也并不遥远。我们在工作中和在家里所感受到的压力，我们所碰到的问题，感受到的沮丧，为了在这个节奏愈发急速的世界里保持头脑冷静所需的平衡和挣扎，都是这全然灾难生活的一部分。我们可以把左巴的名单扩充，不仅仅包括妻子或丈夫、房子和孩子，也包括工作、支付账单、父母、情人、姻亲、死亡、丧失、贫穷、疾病、损伤、不公、愤怒、内疚、不诚实、困惑，等等。我们生活中的压力性处境以及对它们的反应这个单子非常长。随着新的、出乎意料的、需要我们以不同方式应对的事件的持续出现，这个单子在不断地变化着。

在医院里工作的人，无一不被每日里所碰到的全然灾难的无穷无尽的变化而触动。每个到减压门诊来的人，都有着他自身独特的版本，就如同在医院里工作的人一样。虽然人们因为特定的医疗问题，包括心脏病、癌症、肺病、高血压、头痛、慢性疼痛、癫痫、睡眠障碍、焦虑和惊恐发作、压力相关的消化问题、皮肤病、声音问题和别的很多疾病而被转介到正念减压门诊来接受培训，这些诊断标签并不表明他们是谁，更多地恰恰掩饰了他们是谁。全然的灾难就在过去和现今的经历和关系、希望和忧惧，以及他们对自己身上正发生着什么的看法所交织成的复杂的网络中。每一个人，毫无例外地，有着独特的故事，这些故事让个体对他的生活、疾病、疼痛的看法，他认为的可能性提供了意义和连续性。

这样的故事通常令人心碎。病人来的时候，觉得不仅仅他们的身体，还有他们的生活都失去了控制，这并非罕见。他们被恐惧和担忧所淹没，而这些通常由糟糕的家庭关系和家族史，还有巨大的丧失感所造成或者加剧。我们聆听身体和情感上的苦难，对医疗体系的失望，被愤怒和内疚所淹没的凄美故事。有时，由于被童年时期的遭遇所打击，他们极端地缺乏自信和自尊。我们常常会看到那些身心遭受虐待而感到挫败的人。

来到减压门诊的很多人，在经年的医学治疗之后，他们的躯体状况并没有很多的改善。很多人甚至不知道应该再去哪里寻求帮助，来到减压门诊是最后一招。他们常常怀着疑问，但愿意去做任何事情以获得一丝解脱。

然而，当他们在课程开始的几个星期之后，大多数人都迈出了重要的一步，他们与他们的身心和他们的问题的关系有了转化。一个星期连着一个星期，他们的脸上和身体上都有着可以觉察到的不同。到第八个星期，课程将要结束的时候，哪怕是最漫不经心的观察者都可以注意到他们的微笑和更加放松的身体。虽然原本他们转介到这里是为了学习如何放松，并更好地应对压力，显然他们所学到的要多得多。多年来的结果研究，以及参加者的分享报告，都显示出他们离开门诊时，不仅仅躯体症状减少、减轻了，而且他们拥有了更大的自信、乐观和确定。对他们自己、他们的局限和残障，他们更具耐心、更加接纳。他们对应对躯体和情感的疼痛以及生活的其他方面的能力有了更大的信心。他们的焦虑、抑郁和愤怒也都减轻了。哪怕对曾经令他们晕头转向、失去掌控的压力性处境，他们也感到有了更多的把握。总的来说，他们在应对生活的"全然灾难"、整个的生活经历，包括有些情况下即将来临的死亡时，都更加善巧了。

有一个来参加课程的男子因为心脏病发作而被迫退休。40年来，他拥有一个非常大的公司并就住在它边上。在这40年里，如他所描述的，他每天工作，从不休假。他热爱他的工作。他在心导管插管（冠心病的一种诊断性操作）、血管成形术（扩张冠状血管狭窄的操作）、参加了一个心脏康复课程之后，由他的心脏科医生转诊过来。当我在候诊室里走过他面前时，看到他脸上彻底的绝望和迷茫。他几乎要流泪的样子。他在等我的同事萨奇·桑托瑞利（Saki Santorelli）见他。但他的悲伤是如此明显，我就在那里坐了下来，与他攀谈起来。他半对着我，半对着空气，说他不想活了，他不知道他来减压门诊做什么，他的生活已然结束了，它已经没有了意义，他无法从任何事情中获得愉悦，哪怕是他的妻子和孩子，也不再有欲望去做别的任何事情。

八个星期之后，同一个男人的眼睛里闪动着不容置疑的火花。当我在正念减压课程结束后再见他时，他告诉我：他的工作消耗了他整个的生活，他没有意识到错过了什么，而在这个过程中，他几乎搭上了命。他接着说，他意识到在他的孩子们成长的过程中，他从未告诉过他们他爱他们，但如今在他还有机会的时候，他要开始去这样做了。他对生活充满了希望和热情，并且第一次，他开始想到出售他的生意。在离开的时候，他给了我一个大大的拥抱，可能这是他给予另一个男人的、第一个这样的拥抱。

这个男人依旧有着课程开始时同等程度的心脏病，在那个时候，他把自己当作病人。他是一个抑郁的心脏病患者。在八个星期里，他变得更加健康和快乐了。他对生活充满了热情，虽然他依旧有心脏病，在他的生活中依旧有着一大堆的问题。在他的心里，他完成了从把自己当作一个心脏病人到又一次把自己当作一个完整的人的转变。

在这期间究竟发生了什么以致带来了这样的转化？我们无法确定。这当中有很多不同的因素。但在这段时间里，他确实参加了正念减压课程，而且他很认真地对待。我的头脑里曾经冒出他会在第一个星期后掉队的念头，除了别的因素外，到医院来有50英里（约80千米）的路程，当一个人抑郁的时候，这是很难做到的。但他留下来了，并完成了我们挑战他要去做的事情，即便在开始时，他并不知道这会怎样才能帮助到他。

另一个男人，70岁出头，来到诊所的时候，有着严重的脚痛。第一次他是坐着轮椅来上课的。每次，都是他的妻子陪着他来。他上课，她则在外面等两个半小时。第一堂课上，他说脚痛是如此糟糕以至于他直想砍掉他的脚。他无法看到冥想会如何帮助到他，但是事情是如此糟糕，他愿意尝试任何事情。每个人听了都为之动容。

在这第一堂课上，一定有什么东西深深地触动了他，因为在接下来的几个星期里，这个男人显示出了卓著的决心去与他的疼痛较量。第二堂课的时候，他挂着双拐来了，没有坐轮椅。之后，他只用了一根拐杖。我们在每一个星期里看着他，从轮椅到双拐，再到拐杖的这份转变对我们大家来说太具有说服力了。他说，最终他的疼痛并没有很多改变，但他对疼痛的态度有了很大的改变。他说，当他开始冥想之后，这份疼痛变得比较可以忍受了。课程结束时，他的脚已经不再是一个太大的问题了。当八个星期过去的时候，他的妻子确认他快乐多了，并且更加活跃。

我又想起一个年轻医生的故事，这是又一个如何拥抱全然灾难的故事。她因为高血压和极端的焦虑而来到这个课程。她正在经历生活的困难时期。据她的描述,这段时期充满了愤怒、抑郁和自我破坏的倾向。她从外州搬到这里来完成住院医师的培训。她感到孤独和耗竭。她的医生敦促她试试正念减压,说:"这无伤大雅。"但她对一个实际上"不对你做什么"的课程充满了鄙视和疑惑。而它还包括冥想,这让事情变得更加糟糕。她没有在预定的第一堂课上露面。之后,凯斯·布拉迪(Kathy Brady),诊所的一个秘书,几年前作为患者参加过课程,打了电话给她,询问个中缘由。凯斯在电话上是那么和善,充满了关切。这个医生后来和我说在第二天傍晚她有点难为情地混进了另一个班。

作为工作的一部分,这个年轻的医生经常需要乘医学中心的直升机到事故地点,把受重伤的病人带回医院。她恨直升机,它令她恐惧,而且坐在上面时,她总会觉得恶心。但当八个星期的减压门诊课程完成时,她能够坐在直升机里,而不觉得恶心了。她依旧强烈地痛恨它,但她能够忍受它并完成她的工作。她的血压降低到一定程度,她自己也停了药,想看看血压是否会保持这样低(医生们这样做却不会受到责备),它确实保持住了。这个时候,正值住院医师培训的最后几个月,很多时间里她感到精疲力竭。除此之外,她在情感上依旧非常敏感、反应性很强。但现在,她对自己起伏变化的身心状态更有觉察了。她决定再次参加该课程,因为她觉得第一次她刚开始投入的时候,课程就结束了。她又参加了课程,并在几年之后依旧保持着冥想的习惯。

这个医生在减压门诊里的经历也令她对所有病人,特别是她自己的病人生出一份新的尊敬。在上课的每个星期里,她都带着自身问题,以一个病人的角色,而非她通常的"医生"角色与其他病人在一起。每个星期里,她与他们做着同样的事。她聆听他们分享冥想练习的体验,她看着他们在每一个星期里变化着。她说她惊讶地发现有些人经历着那么多的痛苦,而只要一点点鼓励和训练,他们就能为自己做些事情。她也开始尊重冥想的价值,那种除非"对人们做些什么"才能帮到他们的看法向她的亲眼所见让了步。事实上,她开始把自己与班上的其他人一视同仁，她能做的，他们也能做；他们能做的，她也能做。在减压门诊中，类似于这三个人所体验到的转化发生得非常频繁。它们通常成为患者生活中的重大转折点，因为他们拓展了他们所能考虑到的可能性的范畴。

通常，人们离开课程的时候，会为他们的进步而感谢我们。但实际上，他们的进步全都归功于他们自身的努力。他们真正感谢我们的，是我们为他们所提供的机会，令他们能够接触到自身内在的力量和资源，并相信他们自己，从不言弃。他们真正感激我们的，还有我们教给他们的、令这种转化成为可能的工具。

我们很高兴地告诉他们，要完成这个课程，他们必须不放弃自己，无论处境是否愉快，无论事情是否进展如愿，无论事情是否在他们的把握中，他们必须愿意去面对生活的全然灾难，并利用这些体验以及他们自己的想法和情感作为原材料来疗愈自身。当他们开始的时候，通常的想法是该课程可能或可以或者不会为他们做什么。但他们发现，他们可以为自己做一些重要的事情，而这些事情是这个星球上的其他人无法为你做到的。

在上面的例子中，每个人都接受了我们向他们展示的挑战——生活，并视每一个瞬间都是重要的，每一个瞬间都是有价值的，并可以与之工作，哪怕那是一个痛苦的瞬间、忧伤的瞬间、绝望的瞬间或者恐惧的瞬间。最重要的是，这份"工作"包括对每个瞬间里的觉知进行规律的、自律的培育，或者正念（全然"拥有"和"安住"于每个瞬间里自身的体验，无论是好的、坏的或是丑陋的），这是全然灾难的生活的实质。

我们每个人都拥有正念的能力。它涉及培育我们对此时此刻加以关注的能力，让我们搁置评判，或者至少，让我们对评判是如何常常在我们身上发生的保持觉察。正念的培育，对减压门诊的人来说，在他们所体验到的改变中起着核心的作用。对这个转化过程的一种理解，是把正念当作一个棱镜,把心念的那些散乱的、反射性的能量聚焦成一股持续的能量源泉,用于生活、解决问题和疗愈。

当我们对外在的世界和内在的体验做出自动化的、无意识的反应时,我们惯常地、不知情地浪费了巨大的能量。培育正念意味着学着去触及并聚焦我们自己所浪费的能量。这样做的时候,我们学着去让自己足够安静,进入并沉浸到长时间的深深的自在和放松中,感觉到作为一个人的完好和整合。品尝、安住于这份自我整体感对身心有着滋养和修复的作用。同时,它也令我们更容易、更清晰地看到我们实际的生活方式,并因此做出改变以增强我们的健康和生活品质。另外,在压力处境中,或者当我们感觉受到威胁或无助的时候,它有助于我们更有效地疏导能量。这个能量来自我们内在,因此我们总能触及它,并有智慧地使用它。特别要指出的是,我们可以通过培训和个人的练习来培育它。

正念的培育可以让你发现自己身上更深层的自在、平静、明晰和洞见。仿佛你踏上了一块崭新的领地,你之前对它并不知晓或者只有隐约的猜测,这个新领地是一个真正的源泉,它包含着自我理解和疗愈的正能量。而且,去熟悉你自身的这块领地、学会更频繁地安住其中也很容易。在任何时刻里,引领着你的那条道路都不会超过你的身心和你的呼吸。这份纯粹的存在、觉醒永远向你敞开。它永远都在这里,独立于你的问题之外。无论你面对的是心脏病还是癌症,抑或是疼痛或者充满压力的生活,它的能量都会对你有着极其巨大的价值。

* * * *

对正念的系统培育被称为佛学禅修的心要。在过去 2600 多年来,在很多亚洲国家,在寺院和世俗生活中都得到了欣欣向荣的发展。在 20 世纪六七十年代,这样的冥想练习开始在世界上广为传播。部分原因在于过去的几十年里,大量的佛僧和老师游行到西方;部分原因则是年轻的西方人去亚洲，在寺庙里学习和练习冥想，然后在西方成为老师；也有一部分禅师和其他冥想老师被西方国家对冥想练习的高度兴趣所吸引，而来到西方访问和教学。在过去30年里，这个趋势变得愈发的强劲。

虽然，一直到最近，正念冥想的教学和实践大多是在佛学的框架下展开的，但它的精髓是并且将永远是普适的。在当今时代，在全球范围内，它正在寻找进入主流社会的方法，如今则是以一个指数级增长的速度在进行着。考虑到世界的现状，那是一件非常美好的事情。无论是在实际上还是比喻上，你都可以说世界对它充满了饥渴。在第32章里，当我们检视一下我们所谓的世界性压力时，我们会对此主题展开进一步的探讨。

从根本上来说，正念就是一种加以注意的特别的方法以及随之而来的觉知。它是秉持着自我探索和自我理解的精神，深深地去看见自己的方法。为此，它可以被学习和练习，就如同世界上的正念为基础的课程中所做的那样，无须诉诸亚洲文化或者佛学权威来丰富它或者认证它。正念立足于自身，是一个自我理解和疗愈的强有力的媒介。事实上，正念减压和所有其他以正念为基础的课程，譬如正念认知疗法等的主要优点之一就是它们不依赖于任何信仰系统或者思想体系。因而，它们潜在的益处可以为所有人所触及，并亲自去验证。但是，正念来自佛教绝非偶然，佛教最重要的考量就在于破除执迷，从痛苦中获得解脱。在本书的结语部分，我们还会触及这种结合的后果。

* * *

本书的设计旨在为读者提供在减压门诊参加正念减压培训课程的病人所接触到的所有内容。它是一个手册，可以帮助你发展出自己的冥想练习，学习如何在你自己的生活中，运用正念来提升健康和疗愈。

第一部分，"正念练习"描述了正念减压课程中发生些什么，以及参加人员的体验。它对我们在诊所使用的主要的冥想练习加以指导，并对如何在每日里切实地使用它们，以及如何把正念融入日常活动中给出了明确而且容易跟随的指导。它也提供了一份具体的八个星期的练习日程安排。这样，如果你想的话，你可以跟随我们的病人所经过的完全一样的正念减压课程，当你在阅读本书其他部分的时候，可以强化和深入你的正念练习体验。这是我们建议你进行的方法。

第二部分崭新的"范式"中对医学、心理学和神经科学领域的最新研究，以及正念练习如何与身心健康相关的背景知识提供了一个简明的介绍。基于"完整"和"万物休戚相关"的理念，基于科学和医学对心、对健康及整个疗愈过程的关系的理解，该部分发展出了一个整体的"健康哲学"。

第三部分就被简单地称为"压力"，讨论了什么是压力，以及我们对压力的觉察和理解何以能够帮助我们认识到它，并让我们在社会越发复杂、节奏越发快、疲于奔命的时代里，更加妥善地应对压力。它包括一个对压力处境了了分明的觉知的价值，以便更有效地探索和应对压力，减少它们对我们带来的耗损，尽我们所能优化自身的幸福和健康。

第四部分"应用"，对如何在给人们带来严重痛苦的特定领域中（包括医疗问题、躯体和情感上的痛苦、焦虑和惊恐、时间压力、关系、工作、食物以及更大的世界性事件）应用正念提供了详尽的信息和指南。

在最后一部分"觉知之道"，也就是第五部分中，在你对基础有了一些了解并开始练习之后，对如何去保持正念练习的动力，以及如何有效地把正念融入日常生活的方方面面，提供了一些实用的建议。它也包含了如何去找到团体一起练习，以及那些鼓励冥想练习的医院和社区机构。附录则包含了几份觉知日历，大量的阅读资料单用以支持你持续地练习，加深对正念的理解，还有一个简短的有用的资源和网站的单子。

如果你想经由全身心投入到正念减压课程转化你与压力、疼痛和慢性疾病的关系，无论是在八周时间里，还是你自己设计的另一个日程安排中，我鼓励你在通读本书时，同时一起使用系统的正念冥想练习指导语音频（网上有许多可供下载或在线播放），我课堂里的病人进行正式正念练习时候也会用到。当第一次踏上每日冥想的旅程时，几乎每个人都会觉得聆听老师指导语的录音，让它在早期带领着你显得容易一些，一直到他们从内在掌握了它，而不再需要跟随指导语，无论它们有多么的清晰和详细。这些指导语是正念减压课程和学习曲线的一个关键因素。它们会显著增加给正式冥想练习以一个公平尝试的概率，在八周的每一天里坚持聆听它们会增加你与正念的核心联结的概率。自然，当你一旦理解了，无论什么时候你感觉需要它了，你永远可以自己练习，无须指导语，我的很多病人就是这样做的。我还从很多人那里听说，在他们完成八周正念减压课程之后很长时间，他们还继续常规地使用指导语音频。而我总是被他们对练习持久的承诺，被各种不同的练习如何触及和转化了他们的生命的故事深深地打动。

　　但无论你是否使用指导语音频，任何人，如果对在麻省大学减压门诊或者正念减压课程的大多数参加者所体验到的、重要的转变感兴趣的话，无论是在何处，只要有很好的教导的话，都应该理解：参加课程的医疗患者和其他人都对他们自己做出了郑重的承诺，就如书中所描述的那样，几乎每天都要投入到正式的正念练习中。抽出时间投入到正念减压课案中，这种方式从一开始就涉及一个重大的生活方式的改变。我们的病人被要求在八周时间里，每天跟着指导语音频练习45分钟，每周六天。从随访研究来看，我们知道他们中的大多数人在八周结束之后依旧继续自己练习。对很多人，正念很快就变成了一种存在的方式、一种生活的方式。

　　当你踏上自我发展、自我发现、自我疗愈以及与这全然灾难相处的旅程时，你所需要记住的就是在此时搁置你的评判，包括可能对某个想要的结果的强大执着,无论它可能多么的有价值、多么的吸引人和重要,只是承诺以一种自律的方式去练习,当你沿途进行下去的时候,观察正在发生着什么。你将学习到的,主要来自你的内心,来自你对生命在每个时刻里展开的体验,而非来自外在的某个权威、老师或者信仰系统。我们的哲学是,你是你自己的生活、你的身体、你的心灵的世界级专家。或者至少,如果你仔细观察的话,你正处在成为这个专家的最佳位置上。冥想的一部分探险在于把自己当作实验室,去发现你是谁,你能够做什么。正如纽约扬基队的传奇接球手尤吉·贝拉(Yogi Berra)以他独特、迷人而离奇的方式所言:"只需注视,你就可以观察到很多。"

正念练习
加以注意

———

> 哦，我有过属于我的时刻，如果我能够从头再来，我想拥有更多。事实上，我别无他求。就那些瞬间，一个接着一个，而不是每天都提前活好几年。
>
> ——纳丁·斯泰尔（Nadine Stair），85岁
> 路易斯维尔（Louisville），肯塔基

Chapter 1 第 1 章

此刻，你唯一的拥有

当我环顾着减压门诊中这30来人的新班级时，为我们将要一起投入去做的，我感到有些神奇。我猜想，在某种程度上他们都在纳闷，在这样一个早晨，在这间充斥着陌生人的房间里，究竟要做什么。我看到爱德华明亮而和善的脸，思忖着每日里他面对着什么。他是一个34岁的保险公司主管，艾滋病患者。我看到彼得，一个47岁的商人，在18个月前心脏病发作，来到这里学习如何放轻松些，以免再一次发作。坐在彼得边上的是比佛来，开朗、愉快、健谈，她边上则坐着她的丈夫。比佛来的生活在42岁时发生了剧变，她的脑血管瘤破裂，她不能确定她真实的自我还剩多少。还有玛吉，44岁，由疼痛门诊转诊过来。她曾是一个肿瘤科的护士，直到几年前，她在试图防止一个病人跌倒时，损伤了自己的背和双膝。如今她承受着很大的疼痛，以至于不能工作，必须拄着拐杖，才能费劲地走路。她已经做了一侧膝盖的手术，而今，除了这一

切之外，她还面临着腹部肿块的手术。她的医生直到手术时才能确定那是什么。她原本就已经受到严重损伤的打击，亟须恢复。她觉得自己如同上了弦的发条，即使最细微的事情也能令她爆发。

玛吉边上是亚瑟，56岁，是一个警察，患有严重的偏头痛和频繁的惊恐发作。他边上则是玛格丽特，75岁，一个退休了的学校老师，有睡眠问题。她的另一边则是一个法裔加拿大籍的卡车司机菲尔。菲尔也是由疼痛门诊转介而来的。他在提起一个运货板的时候伤到了自己，因为慢性的腰痛而休着伤残假。他不能再继续开卡车了，需要学习如何去更好地应对这份疼痛，并看看他还能做什么别的工作来养家，他家中有四个小孩子。

菲尔边上是罗杰，一个30岁的木匠，在工作中伤到了背，也在疼痛之中。据他的妻子说，他几年来一直在滥用止疼药。她则在另一个班报了名。她毫不讳言，罗杰是她主要的压力来源。她已经受够了他，很确定他们会离婚。我很好奇，在我望着他的时候，他的生活会把他带往何处，他是否能够去做那些该做的事情，让生活平稳下来。

海克特就坐在我的对面。过去很多年里，他在波多黎各参加职业摔跤。今天他来到这里是因为他难以控制自己的脾气，而其后果是暴力性发作和胸痛。他硕大的外形在这房间里显得颇有气势。

他们的医生把他们送到这里来减压，而我们邀请他们在接下来的八周里每周一个早晨一起到医疗中心来参加这个课程。究竟是为了什么？当我环顾整个房间时，我自问道。他们和我一样，也都还并不知道。但在这样一个早晨，这个房间里的那份集体性的苦难是如此巨大。这实在是那些在生活的全然灾难中身心都备受煎熬的人们的集会。

在上课开始前的那份好奇中，我惊叹于我们会如此大胆地邀请这些人，踏上这段征程。我自忖着：我们能为今天早晨聚集在这里的人们，以及这周里不同班上的其他120个要开始正念减压课程的人做些什么呢？这些人有年轻的，也有年老的，单身的、结了婚的或离异的，上班的，或退休的或病休的，有医疗救助的及富裕的人。我们能够带来多大的影响呢，哪怕仅仅是一个人的生活？在短短的八周时间里，我们又能为所有这些人做些什么呢？

这个工作的有趣之处是我们并没有真的去为他们做任何事。如果我们尝试那样做的话，我觉得我们会输得很惨。相反，我们邀请他们来让他们为自己做些崭新的事情，亦即带着意图在每时每刻里与生活做实验。当我跟一个记者谈话的时候，她说道："哦，你是指为了此刻而活。"我说："不，不是那样的。那听上去有点像是享乐。我指的是活在此刻。"

减压门诊里所进行着的工作似乎很简单，以至于除非你亲身投入，否则很难能够对它产生真切的理解。我们从人们当下的生活入手，无论他们身处何处。如果他们已经准备妥当，并且愿意参与到与自己和对自己做一些工作中，那么我们就愿意与他们工作。我们从不会放弃任何人，哪怕有时他们感觉沮丧、退步，或者他们自己看起来正在经历"失败"。我们把每一个时刻都当作一个崭新的开始、一个重新开始的机会，我们可以与之谐调、重新联结。

从某种意义上来说，我们的工作就是让人们去饱满地生活在每一个时刻，并为他们提供一些工具，让他们能够系统地去这样做。我们介绍一些他们可以用来聆听自己的身心，并开始更多地相信自身体验的方法。我们真正向人们提供的是一种存在之道，一种看待困难的方式，一种与全然灾难和解、把生活变得更快乐、更丰富的方法，以及一种更有掌控的感觉。我们把这种方法称作觉知之道或者正念之道。当人们在这个早晨聚集在减压门诊，踏上这段正念减压之旅的时候，就会遇见这样一种新的存在和观察的方式。当我们踏上自己的正念和疗愈的探索之路之际，我们还会有机会与他们和其他人相遇。

假如你看一看我们医院里的这种课程的话，你很有可能会看见我们正闭着眼睛，安静地坐着，或者一动不动地躺在地板上。这样持续的时间可以从 10 分钟到 45 分钟不等。

对旁观者来说，这可能看上去即使不疯狂，也有点奇怪。似乎什么都没有发生。从某种角度来看确实如此。但这是一份非常丰富和复杂的"什么都没发生"。你看到的这些人并非仅仅在做白日梦打发时间或者睡觉。你无法看到他们正在做什么，但他们正努力地工作。他们正在练习无为。他们正积极地调和每一个时刻，努力保持清醒，努力保持从一个瞬间到下一个瞬间的觉知。他们正在练习正念。

另一种说法是他们正在"练习存在"。就这一次，他们有目的地停止了生活中所在做的事情，在当下放松，不去试图用各种东西把当下填满。无论他们的头脑里有什么或者他们的身体感觉如何，他们正在有目的地让身心在此刻得到安顿。他们正在调和生活的基本体验。他们只是让自己与此刻如其所是地共处，而非尝试着去做任何改变。

为了获得减压门诊的优先录取，每个人要答应并做出一个重大的个人承诺，每天花些时间练习"只是存在"。基本的理念是要在生活所浸淫的这个不停行动的海洋里，创造出一个存在的岛屿，创造出一个我们允许停止一切行动的时间。

学习如何把你所有的行动搁置，而转换为存在模式，如何留时间给自己，如何慢下来，并滋养你身上的那份宁静和自我接纳，学习去观察在每一个瞬间里头脑里有些什么，如何去观察念头，如何把它们放下而不至于被它们纠结和驱使，如何创造空间，以新的方式去看待老问题，去觉察到事物的休戚相关，这是正念的一些功课。这样的学习包括转向并安住于存在的时刻，并纯粹地培育觉知。

你练习得越是有系统，越是有规律，正念的力量就会越多，并会更多地为你效劳。本书旨在为这个过程提供一份指南，就如同每周的课程是那些被医生敦促着来到减压门诊的病人的指南。

如你所知,一张地图并不等同于它所描绘的领地。同样地,你也不能将阅读本书误以为是旅途本身。那段旅途需要经由你在生活中培育正念去活出来。

如果你稍微想一想,难道不是这样吗?谁有可能为你做这样的事情呢?你的医生?你的亲友?无论别人有多么想要帮助你,能够帮到你的,最终还是自己的努力,迈向更好水平的健康和幸福。终究,没有人替你生活,没有人对你的关照可以或应该取代你给予自身的关照。

从这种角度来看,培养正念与吃东西这个过程并无二致。提议让别人替你吃是荒唐的。当你去餐馆的时候,你吃的并不是菜单,把菜单误认为食物,单听侍者对食物的描述也无法滋养你。你须得真切地吃到食物,它才能滋养你。同样,你需要真正地去练习正念,我是指在你自己的生活中有系统地去培育它,以有所收益并理解到它何以如此有价值。

如果你从网上下载了冥想指导语来支持你练习的努力,你就需要去使用它们。录音可以经年无人问津,它们其实也并不神奇,仅仅时不时地听听它们虽然能令人放松,但不会对你有多大裨益。要从这份功课中获得深层的益处,你需要跟着指导语练习,如同我们对病人说的那样,不仅仅只是听听而已。倘若真有什么神奇之处,那一定是在你身上,而非在任何特定的练习中。

一直到最近,冥想这个词会让很多人扬起眉毛,激起神秘主义或者江湖骗术的想法。一部分原因在于,人们并不理解冥想其实是关乎注意力的。如今这已经广为人知。而由于每个人都需要用到注意力,至少偶尔地,冥想并不如我们曾认为的那般,跟我们的生活体验不相干或者无关紧要。

然而,当我们对自己的心智究竟是如何运作的开始稍加注意的时候,当我们开始冥想的时候，我们很可能会发现在大多数时间里，我们的心念更多的是在过去或者未来中，而不在当下。这是我们都体验到的普遍的、散乱不定的心念，哈佛的幸福手机应用研究中就对此进行了探究。结果之一是，在任何一个时刻，我们可能对正在发生的一切只有部分的觉知。我们会错过很多时刻，因为我们没有全然为它们而在。不仅在冥想的时候如此。无觉知的状态可以在任何时刻占据我们的头脑；结果是，它可以影响到我们所做的一切。我们可能会发现，在大多数时间里，我们其实处在自动导航状态，机械性地运作，对我们正在做的或体验到的并没有全然地觉知。就好像有很多时间我们并没有真正在家，或者换种说法，我们只是半醒着。

下一回你开车的时候，不妨自己验证一下，看看这个描述对你的心念是否适用。我们开车到某个地方，却对沿途的一切很少或者没有什么觉察，这是极其常见的体验。路上大多数时间，你可能处在自动导航状态中，并没有全然在那里，但却有望足以让你安全、无惊险地驾驶。

即使你刻意地想要集中在某个特定的任务上，无论是驾驶还是其他，你可能会发现要长时间地处在当下是有些困难的。通常，我们的注意力很容易分心。心念倾向于飘移。它会飘向念头和遐想。

我们的想法有着压倒性的力量，尤其是在危机或者情绪波动的时候，它们常常会妨碍我们对当下的觉知。即使是在相对放松的时候，如开车时，当想法启动的时候，它们也会带走我们的感知，我们会发现自己正注视着沿途的某个东西，而实际上我们早该把注意力收回来放到眼前的路上。在那个瞬间，我们实际上并没有在驾驶，我们在自动导航中。思考的头脑被一个感官印象所"抓住"并掳走了，一个景致、一个声音，吸引它的某个东西。它回到牛群或拖车或抓住我们注意力的任何东西上。结果在那个时刻里，无论我们的注意力被"抓住"多久，我们实际上"迷失"在了我们的想法中，并对其他的感官印象毫无觉察。

相似的事情在大多数时间里上演着，无论我们在做什么，难道不是这样吗？尝试去观察一下，你对当下此刻的觉知是多么轻易地就被你的想法所带走，无论你发现自己身处何处，无论处境如何。留意一下，在一天当中你有多少时间是在瞻前顾后的。结果可能会令你感到震惊。

如果你实施一下如下的试验，你可以自己体验到思考的头脑对你的拉力。闭上眼睛，背部挺直而不僵硬地坐着，并觉察到你的呼吸。不必控制呼吸，让它自然地发生，并觉察它，感觉一下你此刻的感受，观察气息的出入。尝试以这种方式与你的呼吸同在三分钟。

如果，在某个时分，你认为这样坐着、观察气息的出入是愚蠢或者无聊的，告诉自己这仅仅是一个想法，是你的头脑所构造的一个评判。然后就把它放下，并把注意力重新带回到呼吸上来。如果这种感受非常强烈，尝试接下来的附加试验，有时，我们会给那些对观察呼吸感觉同样无聊的病人提出同样的建议：用一只手的拇指和食指，捏紧鼻子，闭上嘴，注意一下，需要多长时间可以让你觉得呼吸对你来说是非常有趣的！

当你对自己气息的进出观察了三分钟之后，反观一下你在这段时间里感觉如何，以及你的心念从你的呼吸上飘移了多少。如果你继续这样五分钟或十分钟，或者半小时、一个小时，你觉得会发生些什么呢？

对我们大多数人来说，我们的心念往往会散乱，迅速地从一个事物跳到另外一个事物上。这让我们难以长时间把注意力集中在呼吸上，除非我们训练自己去让我们的心念稳定和安静下来。这个小小的三分钟试验可以让你尝到冥想的滋味。它是有意图地观察身心，让你的体验在每一个瞬间里展开，并接受它们的真实本质。它并非要你拒绝你的想法，试图去钳制或压抑它们，或试图去调节任何东西，而只是对你的注意力加以集中和导向。

但倘若把冥想当作一个被动的过程，那也是不对的。协调你的注意力，并保持真实的平静和非反应性（non-reactive）需要大量的精力和努力。但是，此处的悖论在于正念并非尝试去到达哪里或者获得什么特别的感觉。相反，它允许你在你已经在的地方，并且对每个瞬间里的实际体验变得更为熟悉。所以，在这三分钟里，如果你没有感受到特别的放松或者这样做半个小时的想法对你来说不可思议的话，你无须担心。放松，那份更加坦然自在的感觉，会随着持续的练习自己到来。这个三分钟练习的目的只是让你去尝试一下专注于自己的呼吸，并注意到当你这样做的时候发生了什么。它并不是要你变得更加放松。当我们全心全意地去这样关注的时候，那份放松、淡定和幸福自然会随之而来。

如果在一天当中，你开始对每时每刻里的心念加以关注，正如苹果手机应用软件研究中所显示的，可能对你的生活质量极其重要，可能你会发现你把大量的时间和精力消耗在对回忆的执着上，迷失在遐想中，并对那些已经发生并过去了的事情追悔不已。你可能会发现，很多的或者越来越多的精力被消耗在对未来的期待、规划、担忧上，或者消耗在那些你希望发生，或者你不希望发生的事情上。

由于这份在大多数时间里发生着的内心的忙碌，我们有可能会与生活体验的很多琐细失之交臂或者低估了它的价值和意义。譬如，当你看着落日的时候，如果你的头脑里没有被各种念头所占据，而是赞叹、惊讶于天空中云朵的光影和色彩的交相辉映，那么你就是与它在一起的，接受它，真正地看到了它。接着，念头冒上来了，你可能发现自己在对同伴说着些什么，可能是有关落日的壮美或者它勾起的回忆。当你开口说话的刹那，那份对当下的直接体验被打破了。你已经被从太阳、天空和光影中抽离出去了。你被自己的想法以及表达它的冲动所攫获了，你的评论打破了静默。即使你什么都没说，在某种程度上，那些冒出来的念头或记忆，已经把你从当下的落日上带走了。这样，你实际上是在享受你头脑中的落日而非眼前正在发生的一切。你可能以为是在享受落日本身，但实际上你只是透过点缀的面纱，在享受由此刻的落日所激发起的对过往落日的想法或者其他的记忆。当这一切发生时，你可能并没有意识到。而且，这整个的情节可能只持续大约一个瞬间。接踵而来的事情会令它转瞬即逝。

很多时间里，处在这种半觉知的状态中，可能并无大碍。至少貌似如此。但是，你失去的比你意识到的要重要得多。如果你在几年的时间里，只处在这种半觉知的状态中，如果你习惯性地不能全然地沉浸在当下，而是匆忙地掠过，你可能会错过生命中最宝贵的体验，譬如与你爱的人，或者落日或者晨间清新空气的联结。

为什么呢？因为你"太忙碌"了，你的头脑被你认为当下重要的事情所拖累，以至于无法停顿下来，无法去聆听，无法去留意到周遭的事物。可能你太仓促了，以至于无法慢下来，太匆忙了，以至于无法了解到目光接触、触摸、安住于身体的重要性。当我们在此模式中运作的时候，我们可能食之无味、听而不闻、视而不见、触而无觉、言之无物。当然，以开车为例，当你或另一个人的头脑在某个错误的时刻开小差的话，可能即刻造成戏剧化的且不幸的后果。

因此，培育正念的价值并不仅仅在于从落日中获得更多。当无觉知主导着头脑的时候，我们所有的决定和行动都会受其影响。无觉知会让我们难以与身体、与身体的信号和信息保持接触。这样随之会给我们制造出很多的躯体问题，甚至我们都没有意识到自己正在制造这些问题。生活在一种慢性的无觉知状态中可以让我们错失生活中很多最美好和有意义的事物。结果，我们会比原本少了很多快乐。而且，以开车，或以酒精和物质滥用，或者工作狂为例，我们无觉知的倾向也有可能是致命的，或快或慢。

当你开始注意到心念的运作时，你可能会发现在表象之下，存在着大量的精神和情绪活动。这些不停歇的念头和情感会消耗你很多精力。它们可能会成为体验片刻静谧和满足的阻碍。

当头脑被不满足和无觉知所占据，更多时候我们并不愿意承认，我们很难感受到平静和放松。相反，我们会觉得分裂和身不由己。我们会想这想那，会想要这和想要那。而通常"这"和"那"是有冲突的。这种心智状态会严重地影响我们做事情的能力，甚至会影响到我们明察事态的能力。在这种情况下，我们可能并不知道我们的所思、所感和所为。更加糟糕的是，我们可能并不知道我们不知道什么。我们可能认为我们知道我们的所思、所感、所为以及正在发生的一切。但这最多是一份不完整的了知。事实上，我们受自己的喜恶所驱，而对念头和自我毁灭的行为而致的暴行全然无知。

雅典的苏格拉底说过"了知你自己"（认识你自己）这句著名的话。据说，他的一个学生对他说："苏格拉底，你到处说'了知你自己'，但你了知你自己吗？"据说，苏格拉底回道："不，但我对这个无知有所了知。"

当你开始踏上正念冥想练习之途时，你会对自己的无知有所了解。这并不是说，正念是所有生活问题的"答案"。而是说，生活的所有问题都可以透过更加清晰的心智之镜被看得更加清楚。单是对那个自认为无所不知的心念有所觉察本身就是一大步，让你学会如何透过你的见解，觉察到事物的本质。

处在自动模式中的一个结果，是我们往往会对生活和体验中一个很重要的层面，我们的身体，错过、忽略、滥用或者失控。我们可能对身体觉察甚少，在大多数时间里对它的感觉浑然不知。结果，我们可能对身体如何受环境、我们的行动，甚至我们的想法和情绪的影响毫不敏感。如果对这些联结毫无觉察，我们可能很容易发现身体失控了，但对此原因却浑然不知。如你在第 21 章中将会读到的那样，躯体症状是身体给我们的信号，得以让我们知道它运作的情况如何，以及它的需要。系统地对身体加以关注的结果是令我们与身体有更好的接触，我们会更好地协调它告诉我们的，并能够更好地去做出合适的回应。学着去聆听你的身体，这对改善你的健康和生活质量极其关键。

如果你对身体无觉察的话，即便如放松这样简单的事情都可能令人困扰，难以琢磨。日常生活的压力所带来的紧张往往会聚集在特定的肌肉群，譬如肩膀、下巴以及前额。为了释放这种紧张，你首先得知道它在那里。你需要去感受它。接着你需要知道如何去关闭自动导航系统，知道如何去掌控你的头脑和身体。如我们接下来会看到的，这包括把注意力聚焦于你的身体，体验来自肌肉的感觉，并向它们发出信号，让紧张感消散和释放。如果你足够正念，可以感觉到这些紧张，你可以在紧张正在积聚的同时去这样做。不必等身体达到某个极点，紧张得像木头一般。如果你听任它持续那么长时间的话，紧张感会变得如此根深蒂固，以至于你可能会忘记放松的滋味，你可能对再次放松感觉希望渺茫。

几年前，有一个越战老兵来到门诊，他患有背痛。他的到来高度概括了一种两难的处境。在测试他的肢体活动范围和灵活性的时候，我注意到他的身体很僵硬，哪怕我要他放松双腿，它们也如岩石般坚硬。自从在越南落入诱杀陷阱而受伤起，它们就这样了。当医生告诉他需要放松的时候，他回应道："医生，你告诉我去放松就如同告诉我去做个外科医生一样。"

关键是，告诉他去放松对他毫无用处。他知道他该更放松些。但他需要学会放松。他须得去体验在身心内在去放下的这个过程。当他开始冥想的时候，他能够学着去放松了。最终，他的腿部肌肉重新恢复了健康的肌张力。

当身心出错的时候，我们会自然地期待医学纠正它，通常它确实可以。但正如我们将要看到的那样，在任何一种医学治疗中，我们的积极配合都是至关重要的。对在医学上尚没有痊愈可能性的慢性疾病或状况，这一点尤其重要。在这种情况下，你的生活质量极大地有赖于你对自己身心状态的足够了解，足够好的了解有助于你在一定限度内优化你的健康，我们永远无法得知，究竟什么是可能的。无论你多大年龄，仔细聆听身体，以更好地了解身体，担当起培育疗愈和维持健康的内在资源的责任，这是你能做的、与医生和医学合作的最好方法。冥想练习就源于此。它给这样的努力带来力量和实质。它可以促发疗愈。

在正念减压中对冥想练习的第一次介绍总是能够给我们的病人带来惊讶。很多时候，人们抱着冥想就是做一些不同寻常的、神秘的、不普通的，至少是令人放松的事情的想法而来。为了让他们一开始就放下这些期待，我们给每人三颗葡萄干，我们一颗一颗地吃，并注意到每个时刻里我们正在做的和体验到的。当你看到我们是如何做的之后，你可能想亲自尝试一下。

首先，我们把注意力放到其中一颗葡萄干上，仔细地观察它，就好像我们从未见过它那样。我们在指尖感受它的质感，注意到它的颜色和表面。同时，我们也觉察到对葡萄干或一般食物所产生的想法。当我们注视着它的时候，我们留意到涌现上来的对葡萄干的喜欢或厌恶的想法和情绪。接着我们闻闻它，最终，带着觉知，我们把它带到唇边，觉察到手臂如何准确地把它放到那个位置，以及当身心期待着进食时候，唾液的分泌。过程持续着，我们把它送到口中，并开始慢慢地咀嚼，切实地体验一颗葡萄干的滋味。当我们觉得可以吞咽的时候，我们观察吞咽的冲动涌上来，所以哪怕是那份冲动也被有意识地觉察到。我们甚至可以想象，或者"感觉"，如今我们的身体增加了一颗葡萄干的重量。接着我们用另一颗葡萄干练习，这次不带任何指导语，换句话说，是在静默中吃。然后吃第三颗。

对这个练习的回应总体是非常积极的，即便那些不喜欢葡萄干的人也如此。人们分享道这种不同的吃法令他们感到满足。在他们的记忆中，这是第一次真正地尝到葡萄干的滋味，哪怕一颗葡萄干也令人感到心满意足。通常会有人联想到，如果我们总是这样吃的话，我们会吃得少一些，并对食物有更多的愉悦和满足的体验。有些人常常会评论道，在嘴里吃完一颗葡萄干之前，不由自主地想要去吃另一颗葡萄干时，他们能够抓住自己，并在那个瞬间里认识到，那正是他们平常的吃法。

由于我们很多人会把食物当作情绪安慰剂，特别是当我们感觉焦虑或抑郁或哪怕只是无聊的时候。这个小小的练习，让事情慢下来，并对我们正在做的事情加以细致的关注，显示出我们中很多人对食物的冲动有多么强大、无法控制和无助。当我们在做事情的时候，把觉知带到我们正在做的事情上来可以是简单、令人满意的，也会让我们更有掌控感。

事实上，当你以这种方式对事物加以注意的时候，你与事物的关系改变了。你看到更多，看得更加深刻和明晰。你可能会开始看到事物固有的秩序和事物之间的相互联系，而之前并不明显。譬如，你头脑里涌现的冲动与你不顾身体发送给你的信息而过度进食之间的关联。我们通常机械地看待事物以及做事，没有全然的觉知，而当你注意的时候，这份觉知开始呈现，你变得更加清醒。当你正念地进食的时候，你与食物保持着接触，因为你没有分心，或者至少分心较少。你的头脑没有在想别的事情，它正专注于进食。当你看着葡萄干的时候，你真正地看见了它。当你咀嚼它的时候，你真正地品尝着它的滋味。

当你在做事情的时候，知道你在做什么，是正念练习的关键。这种了知不是概念层面的了知，或者是大于概念层面的了知。它是觉知本身。这是你本自具足的能力。这就是我们把吃葡萄干这个练习称为"进食冥想"的原因。这可以让我们明白，冥想或者正念并没有什么特别不寻常或者神秘之处。它所需要的就是在每时每刻里对你的体验加以关注。这会直接地导致崭新的、在生活中去看见和存在的方式。因为当下，任何时候当它被认识和尊崇的时候，会显示出一种非常特殊的、奇妙的力量：这是我们所拥有的唯一的时刻。此刻是我们所要了解的一切，是我们需要观察、学习、行动、改变、疗愈、爱的唯一时刻。这是我们如此重视每时每刻里的觉知的原因。虽然我们可能需要经由练习，教会我们自己如何去拥有了知我们头脑的这种能力，这份努力本身就是结果。它令我们的体验更加生动，令我们的生活更加真实。

如你会在下一章节中所读到的那样，开始正念冥想练习时，有意地让你的生活保持简单，这将非常有益。你可以在一天里留出一些相对平和、安静的时分，你可以用来关注于生活的基本方面，诸如呼吸、你身体的感觉，以及你头脑里的思维流。用不了多久，你的这份正式的冥想练习，会渗透到你日常生活的其他方面，无论你在做什么，你会有意地对接下来的每个瞬间加以更多的关注。你可能发现你会自然而然地给自己更多的时间去关注生活，而不仅仅当你在"冥想"的时候。

我们要记得尽己所能地去练习正念，那意味着怀着对自己相当大的善意以及一些决心和自律，在所有醒着的时刻里，活在当下。我们可以练习正念地倒垃圾、正念地吃饭、正念地开车。我们可以练习在我们所遇到的起伏跌宕、我们身心的风暴、我们外在生活和内在生活的风暴中航行。我们学着去觉察自身的恐惧和痛苦，与此同时，去经由与自身更深厚的联结而泰然有力，经由洞察的智慧，去帮助我们穿透和超越恐惧和痛苦，并在自身的处境中安之若素，寻找到一些平和与希望。

在这里练习这个词有着特殊的用意。它并不意味着去预演或者完善某种技能，以让我们在某个时候派上用场。在冥想语境中，练习意味着"有意地处在当下"。冥想的方法和目的实际上是一样的。我们并非试着要到别处去，而只是在我们所在之处用工，并全然地临在（being here）。我们的冥想练习很可能会随着年岁而深入，但我们练习的目的并非让深入去发生。朝向更大的健康和幸福的旅途实在是一份自然的进展。如果我们愿意专注于当下，并记得我们只能活在当下，那么我们的觉知、领悟还有健康都会自然地成熟。

Chapter 2
第 2 章

正念练习的基础：态度和承诺

正念疗愈力量的培育远不止于机械地照搬某个秘诀或者某套指导语。没有一个真正的学习过程是那样的。只有当心灵处于开放和接纳状态中时，学习、洞见和改变才有可能发生。在练习正念时，你需要把全部的身心投入到这个过程中。你不能摆出静坐的姿势，想着什么事情即将奇迹般地发生或者播放一段录音，想着这段录音会为你"做些什么"。

当你在练习专注和存在于当下的时候，你所秉持的态度非常重要。这是一片土壤，你在这片土壤上培育一份能力，让心念平静、让身体放松，集中注意力，看得更加清晰。如果态度之土壤贫瘠，就是说，如果你对练习的能量和承诺低微，那么会难以持之以恒地去发展那份平静和放松。如果土壤被真切地污染了，就是说，如果你试图强迫自己去感到放松，强求"某事发生"，那么这块土壤将是不毛之地，你也将很快得出"冥想没有用"的结论。

在冥想觉知的培育中，需要我们对学习的过程有一个崭新的观点。由于我们头脑根深蒂固地认为我们了解自己需要什么并知道如何去获得，我们很容易就会陷入掌控事情的企图中，让事情以朝着我们想要的方式进展。但这种态度恰恰与觉知和疗愈的功课截然相反。觉知只是要求我们如实地观照事物。它不需要我们去改变什么。任何疗愈需要包容和接纳，需要转向联结与完整。如同你不能强迫自己去睡觉那样，所有这一切都无法被强迫。你须得营造出适合入睡的环境，然后你将它放下。对放松也同样如此。它无法经由强力意志去达成。那种努力只会制造紧张和沮丧。

如果你去练习冥想的时候，想着："这不会有用的，但我仍然会去做。"那么很有可能它将不会有多大益处。如果当你首次感觉到任何疼痛或者不适时，你对自己说："瞧，我知道我的疼痛不会消失，"或者"我知道我不能集中注意力"。而那会证实你的"它不会有用"的怀疑，于是你就放弃了。

如果你作为一个"忠实的信徒"来练习，确信这对你来说是一条正确的道路，正念就是"答案"，可能你也会很快感到失望。一旦你发现你依旧是同一个人，而且这份功课需要努力和持之以恒，而不是对冥想、放松或者正念的浪漫信念，你可能会发现你的热情大大地降低。

我们发现，在减压门诊中，那些带着怀疑但开放的态度而来的人会获得最好的效果。他们的态度是："我不知道这会不会对我有用，我有我的疑问，但我尽力去尝试，看看会有什么发生。"

因此，在很大程度上，我们带到正念练习中的态度将决定它对我们的长期价值。这就是为什么有意地培育特定的态度，可以有助于我们在冥想过程中有最大收益的原因。你的意图为一切可能奠定了基础。它们在每时每刻里提醒着你练习的首要原因。事实上，在心中保有这些特定的态度就是练习本身的一部分，可以引导你的能量，以让它们最有效地带入成长和疗愈的功课中。

有七个态度性的因素，构成了正念减压中所教授的正念练习的主要支柱。它们是：非评判、耐心、初心、信任、无争、接纳及放下。这些态度需要有意识地在练习中培育。它们并非各自独立，而是相互依存、相互影响的。当中的每一个态度既有赖于其他态度的培育，也会影响到其他态度的培育。培育其中任何一个都会很快地带动别的几个。由于这些态度一起构成了让你建立一个强大的正念练习的基础，在你遇到冥想练习本身之前，我们先把这些态度介绍给你，以让你在一开始就对它们熟悉起来。一旦你开始投入练习，此章节依旧值得重温，它会提醒你一些方法，让你继续浇灌态度之壤，令你的正念练习枝繁叶茂。

正念练习的基本态度

1. 非评判

在正念的培育中，需要你对自身的体验抱有一种不偏颇的见证。这个介绍允许我们如其所是地看到事物的样子，而不是透过失真的镜头和见解。如此，你需要对内在和外在的、川流不息的评判和惯性反应保持觉知。我们通常被裹挟其中，而正念则要求我们学着从中退后一步。当我们开始练习对自身内心活动加以注意时，我们普遍会发现这样一个事实，并深觉震惊，那就是：我们不停地对自身体验产生着评判。我们会给几乎所看到的一切贴上标签，加以分类，会对那些我们自认为有价值的体验做出反应。有些东西、有些人和有些事件被评判为是"好的"，因为出于某些原因它们让我们感觉良好。而另一些则会同样快地被贬低为"坏的"，因为它们让我们感觉糟糕。其余的会被列为"中性"，因为我们认为它们与我们没有太大关系。那些中性的东西、人或者事件几乎被完全摒弃于我们的意识之外。我们通常会发现它们实在无聊，无法让我们去关注。

这种给体验分类和评判的习惯将我们锁定于机械的反应中，我们对此缺乏觉知，甚至根本没有客观基础。这些评判倾向于主导我们的头脑，令我们难以发现内在的平静，或者培育对事物内在或外在的明察。我们的内心就好像是一个溜溜球，整天在"评判之线"上忽上忽下地蹿着。如果你对有关内心的这个描述心存怀疑，那就请观察一下，在十分钟的时间里，你在做事时，内心是如何充斥着喜恶的。

如果我们想找到应对生活压力的更有效的方法，那么首先要做的就是对这样的自动评判加以觉察，我们因此可以看透自己的偏见和恐惧，并把自己从它们的专制下解脱出来。

正念练习时，当这种评判性质的念头出现的时候，识别它，并有意地提醒自己采取一个更为宽广的视角，搁置评判以及采用一种中立的立场。尽你所能，只是去观察它，包括你对它的反应，这非常重要。当你发现你的内心在评判时，你不需要让它停止那样做。这不是一个明智的尝试。所需要的就是对它的发生保持觉察。不需要对评判加以评判，而把事情搞得愈发复杂。

举个例子，你练习观察呼吸，如前一章我们所做的，在接下来我们会做更多。在某个时间点上，你会发现你的内心在说"这很无聊"或者"这没什么用"或者"我做不到这些"等，这些都是评判。当它们从内心升起的时候，做到这些很重要：认识到它们是评判性的想法，并提醒自己练习中包括"搁置评判"，而只是去观照升起的一切，包括你自己的评判性想法，而不需要去追逐它们或者以任何一种方式付诸行动。然后乘着呼吸的波浪再一次回到全然的觉知。

2. 耐心

耐心是一种智慧。它表明我们理解并接受这样一个事实：有时候，事情会按照自己的时间展开。一个孩子为了帮助一只蛹转化成蝶而破开它的茧，但通常蝴蝶并不会因此获益。任何成年人都知道，蝴蝶只会在它该出现的时候出现，这是一个无法被催促的过程。

当我们练习正念的时候，我们要以同样的方式来培育身心的耐心。当我们发现内心不停地做着评判，或者感觉紧张、不安或害怕，或者在练习一段时间后，似乎没有什么积极的事情发生，我们需要有意识地提醒自己不需要对自己不耐心。我们要给自己空间来拥有这些体验。为什么呢？因为无论如何，我们都拥有它们呀！当它们涌现的时候，它们是我们当下的真实，它们是我们生命里此时此刻展开着的一部分。所以我们要如同对待蝴蝶那般对待自己。为什么要匆匆忙忙地从此刻赶到另一个"更好"的时刻呢？终究每一个时刻都是你生命中的那个时刻。

当你练习以这种方式自处的时候，我们必定会发现我们的内心有着它"自己的内心"。在第1章中，我们已经看到它最喜欢的活动之一就是漫游到过去或者未来，迷失在思虑中。它的有些想法是令人愉快的；另一些则是痛苦和令人焦虑的。在这两种情况中，思考给觉知施以强大的吸引力，遮蔽着它。很多时间里，想法会淹没我们对当下此刻的观察，导致我们与此刻失去联结。

当内心激越不安的时候，唤醒耐心这个品质将是非常有益的。它可以帮助我们接受心念飘移的倾向，提醒我们不要被它的行程所裹挟。练习耐心提醒我们不需要用活动或者更多的思考来填满我们的瞬间，以令其更加丰富。事实上，记住其对立面才是真相是有助的。保有耐心就是简单地对每个时刻全然开放，全然接受它，并了知：如同蝴蝶一般，事物会在它们自己的时间里展开。

3. 初心

此刻的丰富体验就是富饶的生活本身。多数时候，我们让自以为"知道"的想法或者信念妨碍了我们去看到事物的真相。我们倾向于对那些平凡之事想当然，无法理解平凡中所蕴含的非凡。要想看到此刻的丰富，我们需要培育"初心"，那是一个愿意看待万事万物都如初见的心念。

在我们投入到正式冥想练习（后面的章节将会描述）时，这个态度显得格外重要。无论我们要使用的特定练习是什么，是身体扫描、坐姿冥想抑或是瑜伽，每次练习的时候我们都应该怀着初心。这样，我们就不会带着来自于过往经验的期待。一颗开放的"初始者"之心可以令我们对新的可能保持接纳，防止我们故步自封、自认为比实际要知道得多。初心提醒着我们这个简单的真相：没有一个时刻是与别的时刻相同的，每一个时刻都独特，都包含着独特的可能性。

你可以把培育初心作为日常生活的一个试验。下一次，当你见到某个熟人时，问问自己是否在以新鲜的眼光看这个人，看到他的本真；抑或你仅仅看到你对他的看法的折射。在你的孩子、配偶、朋友、同事身上试试。如果你养狗或者猫的话，也可以在它们身上试试。当出现问题的时候，试试这样做。当你在户外大自然里的时候也可以试试。你能看见天空、星星、树木、水和石头吗？你能以一个清晰和纯净的头脑来看到它们的本真吗？抑或你只是在透过自己的想法、观点和情绪的面纱来看它们？

4. 信任

对自己和自己的情感发展出一种基本的信任是冥想训练整体的一部分。比起总是向外寻求指导，相信自己的直觉和权威要更好些，哪怕一路上你会犯些"错误"。在任何时候，如果你觉得有些事情不对劲，为什么不去尊崇你的感受呢？为什么你会去低估或者忽视它们，把它们当作是不确实的，只因为有个权威或者某群人有不同的想法或说法？在冥想练习的各个层面上，信任自己和自身所具的基本智慧和善良是非常重要的。这在瑜伽中也格外重要。练瑜伽做某个特定的伸展时，当你的身体告诉你停下来或者退一步的话，你应该尊崇自己的感受。如果你不去倾听，就有可能伤害到自己。

有些练习冥想的人会过度热衷于老师的名望和权威，反而不尊崇自己的感受和直觉。他们相信老师一定是一个更加智慧和近乎完美的人，所以他们觉得应该仿效他，不带疑问地按他说的去做，把他尊为完美智慧的典范。这种态度完全有悖于冥想的精神。冥想精神强调去做你自己，并理解"做你自己"意味着什么。无论是谁，任何人如果是在模仿别人，都是在朝着错误的方向前进。

要成为别人是不可能的。你唯一的希望是成为更好的你自己。这是练习冥想的首要原因。老师、书籍和录音和各种软件只可能是指导、路标和建议。诚然，当你想从别的地方学习的时候，保持开放和接纳很重要，但最终你还是要过自己的生活，过生活中的每一个时刻。在练习正念时，你在担当起做你自己，并学习倾听和信任自己的责任。你越多地对自身培育这种信任，你也会越容易地信任他人，并看到他们本质上的善良。

5. 不争

我们做每一件事情，几乎都是怀有目的的，是为了得到什么或者到达某处。但在冥想中，这种态度实际上可能是一种妨碍。那是因为冥想不同于其他一切人类活动。虽然它会需要付出大量的工作和某种特别的精力，但最终它是无为。除了做你自己外别无目标。具有讽刺意味的是，你已经是你了。这听上去是个悖论，还有点疯狂。但这种似是而非以及疯狂可能会引导你以一种新的方式看待自己，你可以少一点努力，而多一点自处。这来自于有意地培育"不争"这个态度。

譬如，如果你坐下来冥想，你想道："我将获得放松，或者领悟，或者控制我的疼痛或成为一个更好的人。"这样你便将一个"你应该在哪里"

的念头引入心念中，接踵而至的是"你现在并不好"这样的念头。"多么希望我更平静、更智慧、更努力工作、更加这样或者那样，希望我的心脏更健康或者我的膝盖更好些，那我就好。但此刻，我不好。"

这种态度会削弱正念的培育，而正念只是对所发生的一切加以关注。如果你感到紧张，就注意到那份紧张。如果你感到疼痛，就尽你所能与疼痛相处。如果你在批评你自己，那就观察评判性头脑的活动，只是观察。记着，我们只是让每一个时刻里所体验到的任何一切在这里存在，因为它已经在这里了。这份邀约只是带着觉知去拥抱它，抱持它。你不需要做任何事情。

人们抑或由他们的医生转介，抑或出于某些状况自己来到减压门诊。他们第一次来的时候，我们要他们确认在课程中想要达成的三个目标。接着，常常让他们吃惊的是，我们鼓励他们不需要在这八个星期里为目标而作任何进展。具体地来说，如果他们的一个目标是降低血压或者减缓疼痛或者焦虑，他们被指导不要试图去降低血压或者让疼痛或焦虑消失，而只是安住于当下，并仔细地跟随着冥想指导。

如你很快就将看到的那样，在冥想领域，达成目标的最好方法是从对结果的奋争中退后一步，并开始仔细地聚焦于如实看待和接纳每时每刻的事物本身。凭着耐心和规律的练习，你的目标会自己渐渐达成。这种水到渠成会变成你所邀请的、在你内心里展开的过程。

6. 接纳

接纳意味着看见事物此刻的本来面目。如果你头疼，接受你头疼。如果你体重过重，为什么不接受它，把它作为对此时身体的一种描述呢？无论它是一个癌症诊断抑还是得知某人去世的消息，我们迟早都得与事物达成共识，并接纳它。不过，要做到接纳，通常需要在我们经历了充满情感的否认和愤怒阶段之后。这些阶段是对事情接纳的一个自然的进程。它们都是疗愈过程的一部分。事实上，我对疗愈的操作性定义是：与事物如其所是的样子达成共识。

然而，从重大灾难中得到疗愈需要很长一段时间，可以在此先把它搁置一下。在日常生活中，我们通常需要浪费很多精力对事实加以否认和抵抗。当我们那样做的时候，我们在本质上是想强迫事态按照我们所喜欢的方式存在，而这只会制造更多的紧张。实际上，这会妨碍积极改变的发生。我们可能忙于否认、强迫和挣扎，以至于没有多少能量留下来用以疗愈和成长，而我们所拥有的所剩无几的东西，由于我们缺乏觉知和意图而消散了。

如果你超重并对自己的身体感觉不好，等到你的体重达到你觉得应该达到的那样之后，才开始喜欢你的身体和你自己，这并不好。在某个时刻，如果你不想陷入令人沮丧的恶性循环中的话，你可能认识到，在这个体重的时候，你依旧可以爱你自己，因为这是你能爱自己的唯一的时刻。记住，对任何事情来说，现在都是你唯一的拥有。在你真正改变之前，你得接纳自己。你选择这样做就成为一个自我慈悲与智慧的行动。

当你开始这样想的时候，减肥变得不那么重要了。它也变得更加容易了。通过有意地培育接纳，你正在为疗愈创造前提条件。

接纳并不意味着你须得喜欢一切事物或者对万事万物采取被动的态度，而放弃你的原则和价值观。它并不意味着你对事物满意，或者你甘于忍受事情"不得不"这样。它并不意味着你不应该打破自我破坏性的习惯，并不意味着放弃你想改变和成长的欲望，或者你应该忍受不公平，譬如，回避参与改变周围的世界，因为事情就是这样了，因此没有希望可言。它与被动的退缩毫不相干。我们所说的接受只意味着，或早或晚地，你已然学会愿意看见事物的真相。无论正发生着什么，这个态度为你在生活中采取合适的行动做了铺垫。当心念不被自以为是的评判和欲望或者恐惧和偏见所蒙蔽，当你对正在发生的事情有着清晰的看法的时候，你更有可能知道该做什么，内心非常笃定地去采取行动。

在冥想练习中，我们迎接每一个来临的时刻，全然地与之相处，以此来培育接纳。我们努力不把应该感觉或应该想到或应该看到的强加给我们的体验，而只是提醒我们自己去包容，对我们所感、所思、所见全然开放并接纳，因为它已经在这里了。如果我们把注意力集中于当下，有一件事情我们是确定的，那就是无论我们此刻关注什么，一切都会改变，这给我们提供了练习接纳的机会，无论在下一个时刻会呈现什么。显然，在培育接纳中蕴含着智慧。

7. 放下

据传在印度有一种特别聪明的抓猴子的方法。故事是这样的，猎人在一个椰子上挖一个洞，洞足够大，猴子可以把手放进去。他们在另一端钻两个略小的洞，穿一根铁丝，然后把椰子固定在树的根部。接着他们在椰子里塞进一根香蕉并躲起来。猴子跑下来，伸手抓住香蕉。这个洞的挖法非常聪明，空手可以伸进去，但是拳头出不来。若要自由的话，猴子只需放下香蕉。但似乎大多数猴子都不会放手。

通常我们的内心也会以很相似的方式被抓住，无论我们的智商有多高。出于这个原因，培育放下，或者不执着的态度，对冥想练习来说是很关键的。当我们开始关注内在体验的时候，我们很快就发现内心似乎想抓取某些念头、情感和处境。如果它们是令人愉悦的，我们会尝试延长这些想法、情感或者处境，令它们延伸，反反复复地咀嚼回味。相似的，我们试图摒弃和阻止很多想法、情感和体验，因为它们这样或者那样地令我们感觉不愉快、痛苦或害怕，而我们想要保护自己。

在冥想练习中，我们有意地把这种提升某种体验和拒绝别的体验的倾向放到一边。我们只是让体验如实呈现，并练习在每个时刻里观察它。"放下"是一种让事情任其自然并接纳事物本身的方法。当我们观察内心去抓取和推开的时候，我们可以提醒自己有目的地去放下那些冲动，并看看如果这样做的话，会发生什么。当我们发现自己在评判自己的体验时，我们可以放下这些评判性的念头。我们认识到它们，我们无须更久地去追逐它们。我们听任它们，这样做的时候，我们就把它们放下了。相似的，当有关过去和未来的想法涌上来的时候，我们将它们放下。我们只是观察，并安住于觉知中。

如果我们发现特别难以放下某事，因为它是如此牢固地抓着我们的心，我们不妨把注意力导向"抓住"的感觉上。"抓住"或"抓取"是"放下"的反面。我们可以成为"执着"的专家，无论它们是什么，它们给我们的生活带来怎样的结果，当我们终于放下时，在那些时刻里的感觉，以及它们可能的后果。愿意看到执着的种种方式，最终可以为我们展示出诸多相反的体验。所以无论我们是否能够"成功"地放下，如果我们愿意去看见，正念可以持续地给予我们以教诲。

放下并不是什么陌生的体验。每晚入睡的时候我们都在放下。我们躺在一个垫子上，关了灯，在安静之处，放下我们的身和心。如果你不能放下，你将无法入睡。

大多数人都体验过当我们上了床，而大脑却无法安静下来的时刻。这是压力增加的早期征兆。由于我们强有力的卷入，我们可能无法让自己从某些想法中释放出来。如果我们迫使自己去睡觉，那只会让事情更糟糕。所以如果你能够入睡，你已经是放下的专家。现在你只需要练习去把这个技能应用到醒着的时间里。

除了以上正念练习的七个基本态度之外，还有其他的一些心灵品质同样地可以开拓并深化正念在日常生活中的具身体现。这些包括培育不伤害、慷慨、感恩、忍耐、宽恕、慈悲、随喜及淡定等态度。在很多层面，它们与刚才所探索的七个态度并不是隔离的，它们会从中自然地呈现。同时，当我们专注于面临挑战处境自己的表现时，它们也会呈现出来。透过实验，这些态度所蕴含的力量很容易就会被发现，特别是在轻松自在、相对没有压力的时刻里。我们只是尽己所能把它们放在心里，并注意到与感恩、慷慨的冲动、善良的倾向保持接触有多困难，特别是对我们自己……换句话说，在关键时刻，对我们的信任、耐心、不争、慷慨、善良、随喜、淡定之缺乏保持正念。对不信任、无耐心、执着而非放下、伤害而非不伤害、自我为中心而非慷慨的那份正念，依然是正念。它来自于对正念的、非评判性觉知的有意培育，这样，慢慢地会出现一种转变，让我们一点一点地倾向于这些更为广阔的，甚至是更加高尚的品质。作为人类，这些品质早就已经安住于我们的内在了。用梭罗的著名的话来说，我们随后就可以留意到它们是如何"影响每一天的品质"的。⊖

承诺、自律和意图

有目的地培育"非评判""耐心""初心""信任""不争""接纳"及"放下"这些态度会极大地支持和加深你在后面的章节里所要碰到的冥想练习。

除了这些态度外，你还需要在练习中带入一种特定的能量或者动力。正念并不会因你觉得对事物多加觉察是个好主意而自己到来。在这过程中保持一个强大的自我工作的承诺以及足够的自律是发展强而有力的冥想练习和高度正念的关键。

在正念减压中，基本的原则是每个人都要练习。没有人只是顺便参加而不积极投入的。我们不接受观察者或者配偶，除非他们愿意如病人

⊖ "To affect the quality of the day, that is the highest of arts." Thoreau HD. *Walden*. New York: Modern Library; 1937:81.

一样练习正念。也就是说，每天45分钟，每周6天。医生、医学院学生、治疗师、护士和其他健康专业人员倘若把课程作为实习培训的一部分的话，也需要同意遵照与病人相同的日程安排来练习冥想。没有这种个人体验，他们就无法真正地去理解病人在经历什么，以及要与自己的身心工作需要付出多大的努力、花费多大的能量。

在这八周的正念减压课程里，我们要求病人承诺投入，与运动员的训练相似。为某个赛事培训的运动员并不仅仅在他感到想培训的时候才培训。譬如，只有天气好的时候，或者当别人能陪着他的时候或者有足够时间的时候。运动员有规律地训练，每天，不管晴雨，不管她感觉好坏，不管是否值得，或者是否在某个特定的日子。

我们鼓励病人去培养相似的态度。如已经提到的，从一开始，我们就告诉他们："你们不必喜欢它，你们只需要去做。当八个星期过去之后，你们再来告诉我们是否有用。目前坚持练习。"

对正念减压课程的病人来说，他们自身的苦难以及经由自己去做些什么来改善健康的可能性通常足以成为他们的动力，足以让他们投入一定的个人承诺，至少在我们对他们所要求的这八个星期里。对大多数人来说，参与这样密集的身心训练是一种新的体验。更不用说，这是有系统地在存在层面工作。这种训练要求他们在一定程度上围绕着课程重新安排他们的生活。参加减压门诊的课程，哪怕仅仅是在每天留出45分钟时间来投入到正式的冥想练习中，这份自律就立刻需要生活风格上的重大改变，更不用提要在日常生活带入越来越多的正念。

在任何一个人的生活中，这段时间都不会奇迹般地出现。你须得重新安排你的作息，你的优先事项，并规划你如何才能腾出时间来练习。这是在参加减压课程的短期内，可能增加一个人生活压力的原因之一。

在门诊教减压课程的老师们则把正念练习当作自身生活和个人成长的整体的一部分。因此，我们并没有要求病人去做一些自己不是常规做的事情。我们知道对他们的要求是什么，因为我们自己也做。我们清楚地知道在一个人的生活中留出时间来进行正念练习所需要付出的努力，我们也知道这般生活的价值。若想被考虑成为门诊的工作人员，他必须有多年的正念训练，而且每日里都有强大的冥想练习。被转诊到减压门诊来的人们意识到他们被要求做的并非"修补"，而是"高端训练"，以激活他们深层的内在资源去应对和疗愈。你可以把它当作是生活艺术的高端训练。作为正念减压的引导者，我们对练习的无声的承诺传达了我们的信念，那就是：我们邀请病人踏上的征途是一份真实的生活探险，是在八周的正念减压课程中我们可以一起投入的共同追求。这种参与到一份共同追求中的感觉会让每个人更容易保持每日练习的自律。然而，最终，我们对病人和自己的要求要多于每天的正式冥想练习，因为唯有当正念成为"存在之道"时，它的力量才可以被切实地应用起来。真正的正念练习是如何过好每时每刻的生活，无论我们在做什么，无论我们的境遇如何，甚至八周的正念减压也只是一个开始。我们看到，正念减压课程只是为我们未来的生活建立了一个平台。持续的培育和正念的具身体现就是那么重要。

若真想将正念融入生活，建议你在连续八周内，每天特地抽出一段时间来练习，至少一周六天。事实上，光是每天保留若干时间给自己，这本身就是非常巨大的和积极的转变。大部分时间里，我们的生活过于复杂，头脑过于忙碌不安，实在有必要腾出一段专属时间，维护与培育个人的正念练习，尤其是在初期。如果可以，试着在家里找到一个专属空间，让你感到格外舒适与自在的练习空间。

正式练习时，你需要保护自己免受干扰，心无旁骛。如此一来，你才能单纯地与自己同在，无须忙于做任何事或应付任何人。这样做确实不简单，若能落实，将对你很有帮助。对你承诺的一个衡量就是去看你是否在练习的时候能够去关闭所有的电子设备㊀。这个行为本身就是很了不起的放下。在这些时刻，你什么都不做，只安然地自处。一份美好的平静感将随之油然而生。

一旦下定决心要去好好练习，自律就会出现。努力于自己有兴趣的事情是容易的，但若执行过程中遇到阻碍或是效果未能立竿见影，你是否依旧能够持续地在你所选择的道路上努力，即可准确衡量你的承诺。在这阶段，意识清明的决心就派上用场了，练习的意图可以支撑你像运动员般地锻炼自己，不论喜不喜欢或方不方便。

当你决心已定并找出适当时间后，就会发现有规律的练习并没有想象中的那般困难。事实上，大部分人在若干生活层面已经相当自律了，例如：每天准备晚餐需要自律，早上起床去上班也需要自律。保留时间给自己当然也需要自律。没人会因此付钱给你，你注册参加一个正念减压课程时，也很少是因为你知道其他人都在这样做，因而感到一些社会压力便让自己也去坚持。你最好有其他练习动机，比如让自己能更加有效地应对压力，或让自己更健康、愉快、放松、自信或快乐，等等。最终，你必须下定决心，明白自己究竟为何要做出这样的承诺。

有些人对于把时间留给自己会有抗拒。例如，至少在美国，清教徒做事情的出发点若是为了自己，通常会有罪恶感。有人发现内在有一个小小的声音在告诉他们这样做是自私的，或是认为自己不配拥有属于自己的时间和精力。这通常来自于年幼时被告诫，"你要为别人而活，不可以为自己而活""帮助别人，别老想着自己"，等等。

㊀ 在此过程中，你可以通过正念觉察到关闭所有电子设备是有多困难，我们忍不住要去查看电子邮件、短信。你也可以通过正念觉察到我们是多么地依赖于这些设备，我们迫不及待地想要立刻回复他人的信息，和他人保持联系，我们紧紧地抓住我们的手机，似乎它是我们赖以生存的氧气一般。但是在这个过程中，我们逐渐失去了和自我的联系，无法安住在此刻，这些深层的自我联结，与我们身体、当下此刻的联结，在此时黯然消逝。

假如你真的觉得不配把时间留给自己，何不把这看成是正念练习的一部分呢？想想这种感觉是从哪儿来的？感觉背后的想法是什么？可以用接纳的态度来观察这些想法吗？这些想法是准确的吗？

即便你的信念认为帮助别人是最重要的，不过帮助的品质其实直接取决于你自身的平衡状态。花些时间在自己的乐器上"调音"，并为自己存储些能量实在不能说是自私。"明智"应该才是更贴切的描述。

令人高兴的是，一旦开始练习正念，大部分人很快就会发现，把时间留给自己既不自私亦不自恋。他们可以体会到两者的不同，这样的练习确实有助于提升他们的自尊、生活的品质与关系的品质。

我们建议每一位病人找到自己的最佳练习时段。我的最佳时段是在清晨，我喜欢早起一个小时练习静坐与瑜伽，我喜欢清晨的宁静。一早起来什么都不做，与我自己达成约定，只是单纯地安住于当下，与万事万物如其所是地同在，心灵开放而觉醒，远离网络和电子设备，无论它们有多强的吸引力。我知道这个时点电话不会响。我知道家人还在熟睡，因此冥想练习不会占用我们相处的时间。当孩子们都还小的时候，老幺经常可以随时敏感地觉察到家中有人在活动。有一段时间，我必须把正念练习的时间提早至清晨四点，以避免干扰。现在，他们都长大成人了，有时候会跟我一起静坐或做瑜伽。我从不敦促他们跟我一起练习，因为这就是爸爸每天做的事，他们对静坐或瑜伽有些概念，或有时跟我一起练习是再自然不过的了。

一早练习静坐或瑜伽对我接下来的一天总能产生积极的影响。一天开始的时候，我沉浸在宁静中，安住于觉知中，因此得以安住并滋养着那份存在的领域，以及培育某种程度的平和与专注。如此一来，我会在白天里更具正念也更放松，面对压力也更能清楚辨识并有效地去处理。练习瑜伽时，我专注于身体，伸展关节，感受肌肉，使整个身体充满生机与活力。我对自己的身体在那一天所处的状态以及我需要小心什么更加敏感，如我的后腰和颈部，如果早晨时它们特别僵硬或疼痛的话。

有些病人喜欢在早晨练习，但许多人不喜欢或无法如此。每个人可以自己试试，找到最适合自己练习的日程安排。不过，初期我们不建议在深夜练习，因为要在疲惫时保持练习所需要的警觉的专注力会比较困难。

在减压课程前几周，许多人发现练习身体扫描（参阅第 5 章）实在很放松，以至于要维持清醒是颇为费劲的，即便在白天练习也同样如此。如果我一早起来发现自己依旧迷迷糊糊，我会用冷水洗脸直到觉得自己真的醒了，因为我不想在迷迷糊糊的状态中练习，我要保持警觉。这看起来似乎有点极端，不过，那是因为我深刻明白进入正式练习前处于清醒状态的重要性。这有助于提醒自己，正念是全然的觉醒，在没有觉察或昏沉的状态下，是不可能培育正念的。因此我们主张尽所有的可能让自己保持清醒，甚至去冲个冷水澡，如果有必要的话。

你有多少动力来驱散昏沉的迷雾，决定了你正念练习的成果。昏沉时，你很难记得练习正念的重要性，也难以找到态度上的定位。疑惑、疲惫、忧郁与焦虑都是强而有力的心理状态，会在暗中逐渐破坏你规律练习的最好的意图。你可能很容易陷入其中，甚至毫无觉察。

此时，你对练习的承诺将产生最大的效用，这份承诺会让你持续地投入练习。而规律练习可以增强心理的稳定性与耐受力，即使当你处在巨大的压力之下，要去完成一些事情，或者发现你正在经历混乱、困惑、缺乏清明或拖延的状态。这些事实上是最富有成果的练习时间，不是去摆脱你的困惑或者感受，而是保持清醒并接纳它们。

* * * *

无论有什么样的医疗问题，来到减压门诊的大多数人都会告诉我们，他们来这里的真正目的是寻求心灵的平静。由于他们身心遭受着痛苦，这是一个可以理解的目标。然而，想要获致心灵的平静，他们需要为自己勾勒出心中的愿景，知道自己真正想要什么。而且，在面对内在或外在的困境、阻碍或挫折时，仍能将这份愿景保持鲜活。

以前，我总认为正念练习本身是如此的强大有力，只要投身于持续且有规律的练习，你自然会看到成长与改变。但是时间告诉我，某种个人的练习愿景也是必要的。愿景可以是这样的：如果你能够清晰地看到自身的心念如何限制了你成长的可能，即使是围绕着你的身体是否具有接纳和学着与此刻的局限工作的能力的，当你能够清晰地看到这些的时候，那么你会是怎么样的人或可能是谁。这可以成为一个愿景。这样的一份个人愿景或理想非常重要，可以在你处于低潮时，把你带回到持续练习的正途。

有些人的练习愿景是促进活力或健康，其他人则希望更放松、善良、平安、和谐、智慧。你的愿景对你而言必须是至关重要的，换言之，此愿景能让你成为最好的自己、让你拥有祥和平静、让你成为一个充分整合的人、完整的人。

成为圆满完整的人所要付出的代价，就是要全然投入，看清你与生俱来的圆满和完整性。而且，坚信在任何时刻都可以体现自身的圆满和完整。依我们看来，从你已经完美地是你自己的意义上来说，即使有些不完美，你已经就是完美的了。此刻就是打开你存在维度的最完美时刻，在觉知中具身体现你所本具的所有维度。卡尔·荣格（Carl Jung）这样说：“想要成为一个圆满完整的人，需要让自己全然豁出去，毫无保留。别无他法，没有更简单的方式，没有替代，没有妥协。"

你已然明了对正念练习最有助益的精神与态度，接下来就让我们一起好好探索各种正念练习本身吧。

Chapter 3

第 3 章

呼吸的力量：疗愈过程中不起眼的同盟

  诗人和科学家都了知，我们的机体跟随着一种古老的节律而跳动。律动是一切生命所固有的。从细菌纤毛的节奏到植物光合作用和呼吸的交替周期，到我们自己的身体及其生化过程的生物节奏。生物世界的这些节奏则蕴含在星球本身所具有的、一种更大的节奏中，潮汐的涨落、生物圈中碳、氮和氧的循环，日夜和四季的循环。当物质和能量在我们的身体和我们所谓的"环境"之间来回流动的时候，我们的身体就加入了星球的持续性交换。有人曾经计算过，平均每 7 年，身体的原子来来去去，被来自身体之外的其他原子所替换。这本身就令人遐想，如果在我生命的任何十年中我身体的实质少有雷同，那我是什么？

  物质和能量交换进行的一种方式是呼吸，每一次呼吸，我们体内的二氧化碳分子就与周围空气都在更新着。如果这个过程被打断超过几分钟，那么大脑会因缺氧而遭受不可逆的损害。当然，不呼吸，我们就会死亡。

  呼吸有一个非常重要的工作伙伴，即心脏。想一下吧：在我们整个生命中，这个奇妙的肌肉从未停止过泵动。在我们出生前它就开始跳动，在我们一生中，它一直跳动着，日复一日，年复一年，从无间歇。在我们死后，人工方法甚至还可以让它存活一些时间。

如同呼吸，心跳也是一种基本的生命节律。心脏把富含氧气的血液从肺经由动脉和小些的毛细血管泵送到全身细胞，提供它们运作所需的氧分。当红细胞释放氧分子，它们会携带上二氧化碳，那是所有活组织的主要废产品。二氧化碳随之经由静脉被输送回心脏，从那里被泵到肺部，在呼吸时，被释放到大气中。接下来的一次吸气又将携带着血红细胞的分子氧化，在心脏的又一次收缩中，富含氧的血红细胞被泵送到全身。这其实就是我们生命中的节律，是原初的海洋之律的内化，是我们身体中物质和能量的涨落。

从出生那个瞬间到死亡那个瞬间，我们呼吸着。呼吸的节律随着我们的活动量和情绪不同而不同。体力消耗或情绪不安会令呼吸加快，而睡眠或放松时会令呼吸放慢。你可以尝试着去察觉一下当你感到兴奋、愤怒、吃惊和放松时你的呼吸，注意它是可以改变的。有时，我们的呼吸非常有规律。另一些时候，它不规律，甚至很吃力。

对呼吸，我们可以做些有意的控制。如果我们想，我们可以屏息一会儿或自主地控制呼吸的速度和深度。

但无论快慢，是控制的还是自主的，呼吸在我们所有要经过的生命阶段，所有的体验中，日复一日，年复一年地进行着。

我们通常对此觉得理所当然。我们毫不关注呼吸，直到发生一些事情，妨碍到我们正常呼吸。除非我们开始冥想的时候，我们才会对呼吸加以关注。

呼吸在冥想和疗愈中扮演着极其重要的角色。虽然未经过冥想训练的人不把呼吸当回事，觉得它颇无趣，但实际上，呼吸是冥想工作中的一个同盟和老师，有着不可思议的力量。

在冥想中聚焦于身体和基本律动特别有成效，因为它们与活着的体验休戚相关。虽然从理论上来说我们可以聚焦于心跳而非呼吸，但呼吸更容易被觉察到。它是节律性的过程以及它在不断变化着这个事实让它变得弥足珍贵。当我们冥想时，注意力集中在呼吸上，我们从一开始就在学习去对变化感到舒适。我们了解到我们需要灵活。我们须得训练自己去关注一个过程，这个过程不仅仅循环着、流动着，而且会改变其节律，有时颇有戏剧性，以回应我们的情绪状态。

我们的呼吸还有一个附加的美德，在我们日常生活中它是一个非常方便的、支持着觉知力的过程。只需我们还活着，它就永远伴随着我们。我们出门时无法不带上它。无论我们在做什么，体验着什么，无论我们在哪里，它都在这里，可以被关注。调息可以把我们即刻带到此时此刻。它立马将我们的觉知"锚定"于身体，于一个基本的、有节律的、流动着的生命过程中。

有些人在焦虑时会有呼吸困难，他们开始呼吸得越来越快，越来越浅，导致过度换气，也即，得不到足够的氧气，呼出太多二氧化碳。这可以导致头晕，常常伴发着胸闷。

当你突然感到你好像得不到足够的空气，一阵令人淹没的恐惧或惊恐可能随之而来。当然当你惊恐时，会令控制你的呼吸更加困难。

经历过过度换气发作的人可能会认为是心脏病发作，有濒死感。实际上，最坏的可能是他们会晕过去，当然这也足够危险了。但是，当你觉得无法呼吸，这可以导致你惊恐，导致更强的、不能呼吸的感觉，昏过去是身体打破这个恶性循环的方法。

当你昏过去的时候，呼吸会自行恢复正常。如果你无法控制呼吸，你的身体和大脑会帮你做到，有时需要暂时地切断你的意识。

当过度换气的病人被送到减压门诊时,和其他人一道,他们被要求把聚焦于呼吸作为正式冥想练习的第一步。对很多人,哪怕是那个聚焦于呼吸的念头就会令他们焦虑;他们难以去"观"呼吸,更不用说去试图调节它。但是,倘若坚持,随着在冥想练习中对此愈发熟悉起来,大多数人会重拾对呼吸的信心。

一个37岁名叫格雷戈的消防员,在一年多过度换气发作以及不成功的焦虑药物治疗后,由他的精神科医生转诊而来。他的问题始于在一幢燃着的大楼里被烟呛到了。打那天起,每次他戴上面罩,进入燃着火的大楼时,他的呼吸就会变得快而浅,他会无法戴上面罩。有几次,因他觉得要心脏病发作了,他被从火灾现场送到医院急诊室。但诊断都是过度换气,当他被转诊到减压门诊的时候,他已经有一年无法进入燃烧着的大楼里了。

在第一堂课上,和所有人一样,格雷戈听了有关观息的基本方法的介绍。当他一开始聚焦于呼吸,感觉到它的进出时,他的焦虑就起来了。他迟疑着不跑出教室,想方设法坚持到课堂结束。那个星期,大概是出于绝望,无论有多么害怕和不适,他也强迫自己每天练习。

如你将要看到的,那第一周的身体扫描练习中有很多是集中于呼吸的,这对他就是折磨。每次当他要调节呼吸时,他会感到害怕,仿佛呼吸是一个敌人。他把它当作是一个不可靠的、有可能会失控的力量,已经让他无法工作了,也因此改变了他与其他消防员的关系,以及他对自己身为男人的看法。

在身体扫描中顽强地与呼吸工作了两周之后,他发现可以重新戴上面罩,冲进燃烧着的大楼里了。

后来,格雷戈在课堂中描述了这个戏剧性的改变是怎么来的。当他花时间去观息的时候,他对自己的呼吸愈发自信起来了。虽然开始时他毫无觉察,其实在做身体扫描时他在一点点地放松,当他觉得越来越放松的时候,他对呼吸的感觉开始有了变化。

当他把注意力在周身移动的时候,他只是观察着气息的出入,他开始了解呼吸的切实感受。同时,他也发现,他也不再那么纠结于有关呼吸的念头和恐惧中了。从他的直接经验中,他开始认识到呼吸并非他的敌人,并且,他可以用它来放松下来。

从在一天当中别的时间里练习对呼吸的觉察,到无论身在何处用同样的方法来变得更加平静,这对他来说并不牵强。有一天,他想在救火时尝试一下。他有几次跟着消防车出去了,但只能做些支持性的活动。当他戴上面罩的时候,他刻意地聚焦于呼吸,观察它,任其自然,戴上面罩时,接受面罩接触到脸时的感觉,就如同他在家里做身体扫描时,他需要接受呼吸以及任何其他的体验那般。他发现一切还都可以。

打那天起,格雷戈可以戴上面罩,进入燃烧着的楼里去,而不再惊恐或过度换气了。在他参加课程后的三年里,有几次,他在封闭、充满浓烟的地方感到被困在里面的恐惧。但当这发生时,他能够对恐惧保持觉察,放慢呼吸并保持头脑的平衡。自此,他再也没有过度换气发作了。

* * * *

开始把正念培育作为一种正式冥想练习最简单、最有效的方法就是把注意力集中于你的呼吸,然后看看当你想把注意力保持在那里时会发生些什么,并坚持超过三分钟,就如我们在第 1 章中做的那样。身体上有几个地方可以让我们集中注意力,去感受与呼吸相连的感觉。鼻孔自然是一处。当你从这里观息时,你可以集中于气息流经鼻孔时的感觉。另一个可以集中的地方是胸部的扩张和收缩,还有一处是腹部,在放松状态下,腹部会随着每次呼吸而动。

无论你选择何处,其理念就是要觉察到在那个特定地方伴随着呼吸的感觉,并在一个又一个瞬间里,把那些感觉保留在觉知的最前方。这样做的时候,我们感觉到气息出入鼻孔,感觉到与呼吸有关的肌肉和运动,感觉到腹部的鼓出和回缩。

注意你的呼吸就意味着注意呼吸。别无其他。它并不意味着你应该"使劲"或强力去呼吸,或试图让它变得更深,或改变它的模式或节律。最大的可能是在你毫不留意中,你的呼吸很顺畅地进入你的身体,已经有些年头了。没有必要因为你决定要注意它了,而试图去控制它。事实上,试图去控制会适得其反。对呼吸正念我们所要做的努力就是去注意每一口气息进出时的感觉。如果你想的话,你也可以觉察一下当气息逆转之时的感觉。

另一个人们常犯的错误是,当他们第一次听到有关呼吸的冥想指导语时,他们会认为那是我们在告诉他们去对呼吸加以思考。但这是绝对错误的。关注呼吸并不意味着你应该去对呼吸做出思考!相反,它意味着通过对与呼吸有关的感觉的体验,通过对那些呼吸感觉的改变的注意,来对你的呼吸加以觉察。

在正念减压中,我们通常关注于呼吸时腹部的感觉,而非鼻孔或者胸部。部分原因在于在练习的早期这样做特别的令人放松和平静。所有把对呼吸的特别应用作为工作的一部分的专业人员,譬如歌剧演员、风琴手、舞蹈者、演员和武术家,都知道腹式呼吸和"着陆"或者把觉知锚定在这个部位的价值。他们从第一手经验知道,如果呼吸来自腹部的话,我们会有更多的气息,并能更有效地调节它。

聚焦于腹式呼吸可以令人安静。如同当风吹来的时候,洋面可以起波涛,我们头脑里的"气候状况"也可以影响我们的呼吸之波。当外在或者内在的环境不平和的时候,我们的呼吸也往往会是反应性的和焦躁不安的。在海洋这个例子上,如果你往下走 10 或 20 英尺⊖,那里只有

⊖ 1 英尺 ≈ 0.3 米。

微小的波动；即使洋面是不安的，那里依旧是平静的。相似地，当我们聚焦于腹式呼吸的时候，我们是把注意力与远离头部的身体部位相谐调，因此远离了不安的思维之脑。它变得更加平静。因此，当你面对情感不安或者当头脑里充斥着太多东西的时候，与腹部的呼吸相谐调是重建内在平静和平衡的极具价值的方法。

在冥想中，呼吸可以作为注意力的一个可靠的、无处不在的锚。无论身体何处感觉到呼吸，对此感觉保持敏感可以让我们沉到头脑表面的焦躁之下，进入放松、平静和稳定的状态，而无须改变任何东西。头脑的表面可能依旧是焦躁不安的，就如同暴风雨中水面上的波浪和旋涡。但是，当你把觉知安住于呼吸的感觉中，哪怕只是一小会儿，我们就脱离了飓风，受到保护，免遭波浪的冲击及其制造的紧张效果。这是与你内在的平静潜能重新联结的特别有效的方法。它会增强你头脑的总体稳定性，即使在非常困难的时刻，当你最需要头脑的稳定和明晰的时候。

在任何时刻，当你与那份依然平静和稳定的头脑接触的时候，你的视角立即会改变。你可以从内在的平衡中更清楚地看待事物并采取行动，而不是被头脑的焦躁搅乱，这是聚焦于腹式呼吸之所以有用的一个原因。你的腹部实际上就是你身体重力的中心，远离大脑以及你思维头脑的风暴。因此，在一开始建立平静和觉知的时候，我们就与腹部"为友"。而事实上，我们真正地是在与觉知本身"为友"。我们与这份深层的能力亲近，这份能力是我们人类生命所固有的、无价的那个维度。我们在学着去安住于觉知中，并在每时每刻、每一个呼吸中都体现这份觉知。

在一天中的任何时候，当你开始以这种方式把注意力带到呼吸上的时候，这就成了一种冥想式的觉知。这是对当下保持敏感、谐调，把你导向身体及感觉上的有效方法。不仅仅当你在冥想的时候可以这样做，在过你的生活的时候你也可以这样做。

当你练习正念呼吸的时候，你可能会发现，闭上眼睛有助于加深注意力的集中。不过，并非总有必要在冥想时闭上眼睛。如果你决定睁着眼，不用凝聚你的视线，让它落在你前方或地板的表面上，保持稳定，但不用瞪视。把在如第 1 章中所描述的吃葡萄干时相同的敏感带到对呼吸的感觉上。换句话说，对每一个时刻里你所确切感觉到的保持正念。尽你最大可能，把注意力放在吸气和呼气的整个过程中。当你留意到心念散乱，已经完全不再关注呼吸时，就去留意一下那个瞬间头脑里有什么，然后温和而坚定地把它带回到腹部的呼吸上。

横膈膜呼吸

我们的很多病人发现，以某种特定的、可以放松腹部的方式呼吸很有收益。这种呼吸被称为横膈膜呼吸。你可能已经在这样呼吸了。如果还没有，当你聚焦于腹部，更多察觉到呼吸模式的时候，你可能会发现自己越来越多地这样呼吸，因为它比起胸式呼吸更为缓慢和深沉，胸式呼吸往往是快而浅的。如果你观察婴儿呼吸，你会明白横膈膜呼吸是在我们的婴儿期就开始了的。

横膈膜呼吸的更好的描述是腹式或肚子呼吸，因为所有呼吸模式都牵涉到横膈膜。去想象一下这种特定的呼吸，首先去了解空气是如何出入身体的可能有些帮助。

横膈膜是一块很大的、伞状的扁平肌肉，附着在胸部底部的四周。它把胸腔里的内脏（心、肺、大血管）与腹腔的内脏（胃、肝、小肠等）分隔开。当它收缩的时候，它会收紧向下牵拉（见图 3-1），因为它全部固着在胸廓的四周。这个向下的运动提高了胸腔的容量，而肺部就位于心脏的两侧。提高了的胸腔容积可以造成肺部内压的下降，而来自于体外的空气，则有着更高的压力，流进肺部以平衡压力。这是吸气。

横膈膜收缩后，它会经历一段放松期。当膈肌放松的时候，它变得松弛，并重新回到原先的、在胸部更高些的位置，如此减少了胸腔的容积。这提高了胸部的压力，迫使胸内的空气经由鼻子（或张着的嘴）出去。这是呼气。所以在所有呼吸中，当膈膜收缩和下降时，空气被吸进肺中。而当膈膜放松，重新回升时，空气被排出。

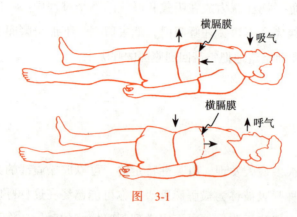

图 3-1

现在，假设当横膈膜收缩时组成你腹壁的肌肉是紧缩而非放松的。当横膈膜向下压着你的胃、肝脏和腹胸内的其他脏器时，它会遇到阻力，而无法下降很多。你的呼吸也往往会是浅的，往往会在胸部较高的部位。

腹式或横膈膜呼吸时，是要有意地尽量放松腹部。随之，当气息进入横膈膜由上向下推动着腹部内容物时，腹部微微地向外扩展。这个样子，横膈膜可以向下沉得多一些，吸气变得稍长些，肺部充盈着稍多一些空气。然后在呼吸时也排出稍多一些的空气。总体上，一个完整的呼吸循环将会变得更慢、更深些。

如果你不习惯放松腹部，可能会在开始尝试这样呼吸的时候，觉得受挫和困惑。如果你不强迫地坚持下去，很快它就会变得自然起来。婴儿呼吸的时候，他们并没有试图去放松肚子，它们已然放松。但当我们的身体发展出一定量的慢性紧张时，如我们变老的时候发生的那样，可能需要一些时间才能掌握放松肚子的方法。不过，它是一个绝对值得培育的技能。只要你时不时地对呼吸加以友善的关注，这种技能就会到来。

开始时，你可能发现仰躺着或在一张躺椅中伸展着身体，闭上眼睛，把一只手放在肚子上会有些帮助。注意你的手，感觉它随着气息的出入而动。当你吸气时，手起来；呼气时，手下落，那就对了。它无须是一种粗暴的或强制性的运动，也无须幅度很大。它会感觉像一只气球，吸气时缓和地扩张，呼气时缓和地瘪掉。如果你现在就感觉到了，很好。如果现在还没感觉到，那也没什么。当你继续练习与呼吸相谐调时，随着时间过去，它会自然地到来。切记你的肚子里并没有气球。那只是对此运动观想的方式。如果有任何东西与气球相似的话，那是你的肺，而它们在你的胸腔里！

＊　＊　＊　＊

　　当我们在几年后对几百个完成正念减压课程的人进行调研时，我们问他们从课程中学到的最重要的一样东西是什么，大多数人回答是"呼吸"。我觉得这个回答耐人寻味，因为在来到减压门诊之前很久，他们每个人都一直在呼吸。为什么他们原本就已经在做的呼吸，会突然之间变得如此重要，如此有价值呢？

　　答案是，一旦当你开始冥想，呼吸就不再仅仅是呼吸了。当我们开始有规律地注意呼吸时，我们与它的关系就发生了戏剧性的转变。如我们已经看到的，与它保持谐调，有助于我们凝聚分散的能量，让自己安住于中心。呼吸提醒我们要与身体保持谐调，并在那个时刻里，带着正念去面对其余的一切体验。

　　当我们对呼吸保持正念的时候，它会自动地帮助我们建立起身心两方面的、更大的平和。我们随之会对思维和情感拥有更大程度的平静和明察。我们看待事物可以更加清明，视角更为广阔，全都因为我们多了一点清醒，多了一点觉醒。在压力处境中，随着这份觉知，我们会感觉到拥有了一份更大的行动空间，拥有了更多的选项，以及选择有效与合适应对的自由，而不会感觉被淹没，被自身"膝跳反射"般的自动反应弄得失去了平衡。

当你开始投身到规律的练习中时，这一切都会随着对呼吸的简单关注而到来。另外，你会发现，你可以准确地把呼吸导入身体的不同部位。这样，可以穿透和安抚那些受过伤或在疼痛中的部位；与此同时，它也可以让头脑安静、平稳。

我们也可以用呼吸来完善我们的内在能力，安住于安静和专注一段时间。把一样东西交给心念去追踪，即呼吸，去取代通常占据它的各种事物，这可以提升专注力。无论什么情况，在冥想中与呼吸同在最终会导向深沉的宁静和觉知。仿佛呼吸本身蕴含着一种力量，我们可以纯粹地把自身交付给它，跟随它，如同它是一条道路。

当我们系统地把觉知带入呼吸，并保持一段时间，这种力量就被发现了。随之，那种呼吸是可以依赖的盟友的感觉得到了增强。我猜想这就是我们的病人常把呼吸当作课程中最重要的收获的最重要的原因。就在那口单纯、古老的气息中（我不会说："就在我们鼻子底下。"）躺着一份完全忽视了的、转化生命力量的源泉。我们所要做的，就是去使用它，来深化我们注意力的技能及耐心。

正是正念呼吸练习的这份单纯，赋予了它力量，将我们从占据着头脑的那份强迫性和习惯性掌控中解脱出来。瑜伽师们深谙此道，已有数个世纪之久了。呼吸是冥想练习的普遍基础。最终，随着持续的练习，我们会发现，其实在这个等式中最重要的元素并非呼吸，最重要的是觉知本身，它蕴含着转化的真正的力量。在培育我们沉浸于觉知中，并从具身体现的觉知来行动的能力中，呼吸只是注意力的极其有用的目标。但它确实拥有着我们所论及的所有独特的美德，以及别的很多美德，这让它成为注意力的一个非常特殊的目标，比起我们通常所给予它的，它值得我们给它更多的亲密和熟悉。加之，如我们的病人自己发现的那样，呼吸作为注意力的首要目标能够触发对觉知本身的重要性发现。呼吸就不再"仅仅"是呼吸了。被抱持在觉知中，它就被转化了，就如同其他一切事物一样。一切尽在我们与体验的关系如何。

有两种主要的正念呼吸练习。一种，如上述那样，涉及你正式地、自律地留出特定的时间，停下一切活动，摆出某种特定的姿势，然后沉浸于每一个瞬间吸气与呼气的觉知中。以这种方式规律练习，你自然地深化了把注意力持续地放在呼吸上一段时间的能力。这会在总体上提升你专注的能力。当心念变得更加集中和平静，对自己的念头及外在压力的反应性会减少。当你继续练习，随着与呼吸共处而来的平静会发展出自身的稳定，并变得更加有力和可靠。然后，无论你选择参与何种练习，无论你选择何种目标置于觉知舞台的中央，留出时间去冥想，就变成你留出时间来回归存在的更深层维度，变成一个内在平静和更新的时间。

第二种用呼吸来练习的方法是在一天中，时不时地对呼吸保持正念，甚至在一整天中，无论你在哪里，无论你在做什么。这样，冥想觉知之线，贯穿着随之而来的身体上的放松、情感上的平静以及领悟，会被编织进你日常生活的方方面面中。我们称之为"非正式冥想"练习。它至少与正式练习具有同等的价值，但倘若不与常规的正式冥想结合的话，它很容易被忽视并失去它安稳心态的能力。正式和非正式练习中对呼吸的使用彼此补充，彼此丰富。最好让它们一起工作。当然，第二种方法不用花费什么时间，只要"记得"。然后，真正的冥想练习就变成了生活本身，在觉知中展开着。

在冥想练习的各个层面上，正念呼吸都是核心。在坐姿冥想、身体扫描、瑜伽、正念行走这些正式冥想练习中，我们都会用到它。当我们练习在生活中发展出持续的觉知时，我们将可以在一整天当中使用它。如果你坚持，这一天很快就会到来，当你视呼吸为疗愈过程的一个熟悉的老友，以及强大的联盟，如同它真正重要那般，去过你的生活，一个瞬间连着一瞬间，一个呼吸连着一个呼吸。

> 练习1
>
> 1. 采取一个舒适的坐姿，仰躺着或者坐着。如果你是坐着的话，你的坐姿尽量体现着庄重，保持脊柱挺直，双肩下垂。
>
> 2. 如果感觉舒适，闭上眼睛。
>
> 3. 让注意力温和地落在你的腹部，仿佛你在丛林的空地上，撞见一只在一棵树桩上晒太阳的、害羞的动物。吸气时，感觉腹部微微隆起或扩张，呼气时，下落或回收。
>
> 4. 尽量保持聚焦于呼吸相关的各种感觉上，与每一个吸气的整个时间"在一起"，与每一个呼气的整个时间"在一起"，仿佛你在驾驭自己呼吸的波浪。
>
> 5. 每一次，当你注意到心念从呼吸上飘移了，留意是什么将你带走了，然后温和地把注意力带回腹部，带回与吸气和呼气相关的腹部感觉上。
>
> 6. 如果你的心念从呼吸上飘移一千次，那么你的"工作"就是当你留意到它已经不在呼吸上的那个时刻，单纯地留意一下心念上有什么，然后把注意力带回到呼吸上，每一次都如此，无论是什么占据了心念。尽最大努力，持续地安住于气息出入身体时带来的感受中，或者一再地回到呼吸上来。
>
> 7. 无论你觉得是否喜欢，每天在一个方便的时间里练习15分钟，一个星期后看看将这份自律的冥想练习整合进生活中的感觉如何。觉察每日里花些时间只是与你的呼吸在一起，而不去做任何别的事情是一种什么样的感觉。

练习 2

1. 在一天中不同的时间里,去关注你的呼吸,感觉腹部经历一次或者两次的起伏。

2. 在这些时刻,觉察你的念头和情绪,就是带着善意去观察它们,不用对它们或你自己作评判。

3. 与此同时,觉察你看待事物和感受自己的方式是否有任何变化。

4. 问你自己,并深深地看看,你对所涌现的情绪或念头的觉知是否竟然被情绪的感受或念头的内容所抓住。

··· Chapter 4 ···
第 4 章

坐姿冥想：滋养存在

在正念减压的第一堂课中，每个人都有机会谈一下他或她来参加课程的原因以及他或她希望从参与该课程中获得些什么。琳达描述到，她时常觉得脚后跟拖着一辆大卡车，开得要比她走得还快些。这个意象很多人都理解，它的生动令在场的人纷纷赞同地点头微笑。

"你觉得这辆卡车究竟是什么？"我问道。她回答说它是她的冲动、她的渴求（她超重很厉害）、她的欲望。简而言之，是她的头脑。她的头脑是那辆卡车。它总是跟在她身后，推搡着她，驱赶着她，令她难以休息，不得安宁。

我们已经提及，我们的行为和情感状态如何可以为头脑的喜恶、我们的嗜好和反感所驱使。当你仔细看一看，你的头脑不停地寻找着满足，规划着，以让事情能够如愿进展，企图得到你想要的或你认为你需要的，与此同时，试图回避那些你害怕的、你不想要发生的事情，这样说难道不是千真万确的吗？头脑的这种常玩把戏的一个结果是，我们不是往往会把须得去做的事情排满一天，然后忙忙碌碌地竭力想把它们都做完，而在做的过程中，并没有切实地去享受，因为我们被时间催逼着，太急迫，太匆忙了？我们有时被自己的日程安排、我们的责任、我们的角色所淹没，哪怕我们所做的一切都是重要的，哪怕这一切都是我们选择要做的。我们沉浸于一个不断行动的世界里。我们很少与正在做着这一切的那个人保持接触。或者，换句话说，与"存在"这个世界保持接触。

与存在重新保持接触并没有那么困难。我们只需要提醒自己要正念。正念的片刻是平和、静顿的片刻，哪怕那个片刻是在活动当中的。当你的整个生活都受行动所驱使，正式的冥想练习可以提供一个理智和稳固的庇护，可以用来重新恢复平衡和远见。它可以是停止所有一味冲动的方法，给你自己一些时间去沉浸于深层放松和幸福中，并记得你是谁。正式练习能够给你力量和自知，可以让你回到你所需要或者想做的事情，而让行动出自那个安然的存在。接着，至少有一定程度的耐心、内在静顿、明晰和头脑的平衡将会融入你的行动中，忙碌和压力会变得不那么繁重。事实上，当你完全跨出时钟的时间，并在无止境的当下安住，即使是简短的片刻，忙碌和压力就有可能完全消失。

冥想其实是无为。这是我所知道的唯一不牵涉到要到别处去，而强调在你已经所在的地方的人类努力。很多时间里，我们被行动、奋争、规划、应对和忙碌所裹挟，当我们停下来去感觉一下我们在哪里，开始时可能觉得有点异乎寻常。那并不令人吃惊，因为我们几乎从不会停顿下来，去直接观察头脑中发生着些什么。我们很少不带偏激地去观察头脑的反应和习气，它的忧惧和欲望。

允许自己与心念同在，并去舒适地感受它的丰富，这需要一些时间。这有点像第一次面对久别经年的老友。在开始的时候可能会有点尴尬，不再知道这个人是谁，不怎么知道如何与他相处。去重新建立联结，彼此重新互相熟悉，可能需要一点时间。

具有讽刺意味的是，虽然我们一直是有着头脑的，但似乎我们需要时不时地"被提醒"我们究竟是谁。如果我们不这样做，行动的动力会获得掌控，令我们按照它的议程而非我们自己的议程去生活，我们几乎成了机器人，而且是狂热的机器人。失去控制的行动会几十年地挟带着我们，甚至直到墓地，我们并不知道我们正在度过我们的生命，而我们只有一个个瞬间可活。

基于我们行动背后的所有动力，让我们记着此刻的珍贵似乎需要一些不同寻常的、甚至是戏剧性的步骤。这就是我们每日里留出特定的时间去做正式冥想练习的缘由。它是一种停顿的方法，一种"提醒"自己的方法，一种滋养我们的存在层面，带来改变的方法。

在生活中为存在、为无为而留出时间，开始时可能会觉得有点矫情。直到你真的开始进入其中时，它听上去就好像是又一件要做的事情。"现在，除了我原本已经有的生活责任和压力外，还要找出时间来冥想。"在某种层面上，这是无法回避的事实。

但一旦你看到滋养存在的那份迫切需要，一旦你看到面对生活的风暴，你需要平静你的内心和头脑，并寻找到内在平衡的时候，把留出练习的时间当成优先的承诺，并让其成为现实的自律便会自然地发展。留出时间来冥想会变得容易起来。毕竟，如果你发现它真的会滋养最深厚最美好的你，你当然会找到方法。你甚至会发现你自己想要冥想，并期待着正式练习的时间。

* * * *

我们把正式冥想练习的核心称为"坐姿冥想"或者就是"打坐"。如同呼吸一样，打坐对每个人来说都并不陌生。我们都坐，那没有什么特别的。但正念打坐却与平常打坐不同，如同正念呼吸与平常呼吸不同一样。这之间的差异，自然是你的觉知。

如第 2 章中所提议的,要练习打坐,需要我们留出特定的时间和空间去练习"无为"。我们有意识地去采取一个警醒而放松的身体姿势,感受到不需要移动就相对舒适。接着我们就在当下安住于平静的接纳中,而无须用任何事物来填补当下此刻。在你观察呼吸的各种练习中你已经尝试过这样做了。

采取一个直立、有尊严的姿势非常有益,你的头、颈和背呈一垂直线。这可以让呼吸自如、通畅。这也是我们要在内在培育的那份自我依赖、自我接纳和警觉的关注在身体上的对应。

通常,我们在椅子上或者地板上进行坐姿冥想。如果你选择椅子,那么要用一把直背的椅子,你的脚则平放在地板上。我们通常建议,如果可能,你在离开椅背一定距离的地方坐,这样你的脊柱自己支持着自己(见图 4-1a)。但如果需要的话,倚靠在椅子背上也可以。如果你选择坐在地板上,则要坐在一个厚实的垫子上,让你的臀部离地板 3~6 英寸高(把枕头折两三折也很好,或者为了这个特别的目的,你可以购买一个冥想垫,或者蒲团)。

如果我们想坐在地板上,有几种盘腿和屈膝的姿势可供选择。我用得最多的一个被称作"缅甸式"(见图 4-1b)。在这个姿势中,你把一个脚跟拉近身体,另一条腿则垂放在它前方。根据你的髋部、膝、踝的灵活度,你的膝可能或者不可能触及地板;当它们能触及地板的时候,感觉要稍微舒适些。有人会用屈膝的姿势,把垫子放置在两脚之间(见图 4-1c)或者用一个专门为此设计的凳子。

坐在地板上,能给你一种确定感,一种"扎根"或者"着陆"的感觉,在这种冥想姿势中你会觉得完全自我支持。但并不总是需要坐在地板上或者盘着腿来冥想。有些病人偏爱地板,但大多数都坐在直背椅子上。最终,重要的并不在于你坐在哪里,而是你努力的诚意。

无论你选择地板还是椅子,冥想练习中的坐姿非常重要。它可以是培育内在尊严、耐心、在场和自我接纳这些态度的外在支持。有关姿势需要你记住的重点是要保持背、颈和头尽量垂直，放松双肩，让双手舒适地摆放。我们通常把手放在膝头，如图4-1，或者把手放在大腿上，左手放在右手指的上方，两个大拇指则轻触。

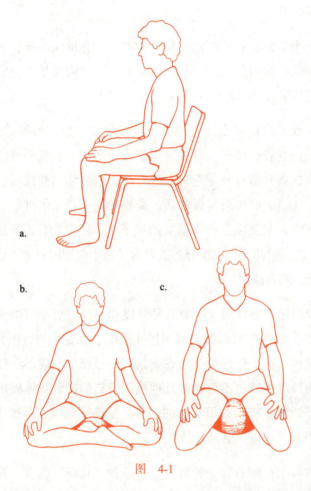

图 4-1

当摆好选择好的姿势，我们把注意力带到呼吸上。我们感觉它进来，感觉它出去。我们随着每一次呼吸，每一个时刻，安住于当下。它听上去很简单，而事实上它确实简单。全然觉察吸气，全然觉察呼气，就让呼吸发生，尽我们最大可能去观察它，感觉所有的感觉，无论是粗重的还是轻微的。

它简单但并不容易。你可能会在电视前，或者在旅途中坐在车子里，一坐就几小时而毫无想法。但如果你要坐在自己家里，除了观察呼吸、身体和念头之外，别无他事可做，既没有什么可供你娱乐，也没有什么地方可去，你发现的第一件事情可能就是注意到，至少一部分的你不想很长久地去这样做。

大概过了一分钟、两分钟或三四分钟后，身体或者头脑会受够了，并开始想要别的什么东西了，要么是换个别的姿势，要么就是去做完全不同的事情去了。这是不可避免的。这会发生在每个人身上，而不仅仅发生在新手身上。

恰恰是在这种时刻，自我觉察的工作变得格外的有趣和有成果。通常，每次心念动，则身体跟随着动。如果心念不安，则身体不安。如果心念想要喝点什么，身体就会去到水龙头或者冰箱。如果心念说："这很无聊。"在你知道之前，身体已然立起，并四处张望，寻找着下一件可以让头脑快活的事情去做，通常经由娱乐它或者分散它，因而你就脱离了原先想坚持冥想练习的意图。它也会反过来工作。如果身体感觉到些微的不适，它会变换姿势以便更舒适或者它会召唤头脑去找些别的事情去做。这样，真的会在你知道之前，你又会站起来。或者，你可能会发现长久地迷失在思维或白日梦中。

如果你真切地想要更加平和与放松，你可能会想问为什么你的头脑这么快就会对自己感到无聊，为什么你的身体会如此不安和不舒适。你可能纳闷，每当你有一个"空闲"的瞬间，在你把每个瞬间都填满的冲动背后究竟是什么？在你跳起来，开始做事或者娱乐的需求背后有什么？是什么驱使着身心去抗拒安静？

在冥想练习中，我们并不尝试着去回答这些问题。我们只是去观察起身的冲动或者进入头脑的想法和情绪。而且，我们温和但坚定地把注意力带回到腹部，带回到呼吸上，并继续去观察和感觉驾驭着呼吸之波，一个瞬间接着一个瞬间接着又一个瞬间，而不是去起身或者去做头脑规划要做的下一件事情。我们可能会在一瞬间里寻思头脑为什么会这样。或者，根本上，我们是在练习着接纳每一个瞬间的真相，而不去对它做出反应。这样，我们坐着，关注于呼吸的感觉，存在着，如那份已然了知的觉知。

基本的冥想指导

坐姿冥想的基本指导语非常简单。我们观察气息的出入。如同我们在第 1 章和第 3 章中所做的那样，当气息进入时，我们给予它全然的关注；当气息出去时，我们也给予它全然的关注。任何时候，当我们发现注意力被带到了别处，也无论它去了哪里，我们只需简单地留意到它，然后放下，温和地把注意力带回到呼吸上，带回到腹部的起起伏伏上。

如果你已经在这样尝试着，可能你已经注意到你的心念往四处飘荡。你可能答应自己无论发生什么都要把注意力集中在呼吸上，但过不了多久，毫无疑问地你会发现心念到了别处。它已然忘记了呼吸，它被别的什么所吸引。

当你打坐，每次对此变得有觉知的时候，我的建议是先很快地注意一下你的头脑里有什么或者是什么把心念带离了呼吸，然后就温和地把注意力带回到腹部，带回到呼吸，无论是什么将它拉走的。如果它离开呼吸一百次，那你就平静而温和地把它带回来一百次。

这样做着的时候，你是在训练你的头脑，去变得少一点自动的反应性，而变得更加的稳固。每一个瞬间都重要。每一个瞬间到来的时候，你迎接它的本真，而不会重此轻彼。这样子，你是在培育你集中心念的自然的能力。每当心念散乱的时候，你不厌其烦地把它带回到呼吸，专注力得以建立并深入，非常像反复举重可以练肌肉一样。与你自身心念的抵抗力一起工作（而非与其抗争）可以建立内在的力量。与此同时，你可能也会发展出耐心，并练习"非评判"。不要因为你的心念会飘移到别处，而与自己过不去。你只是单纯地、就事论事地把它带回到呼吸上，温和但坚定。

对身体的不舒适该做些什么

当你坐下来冥想的时候，你很快就会看到，几乎所有东西都可以把注意力带离你的呼吸。分心冲动的一大来源是你的身体。常规的，如果你以任何姿势坐上一段时间，身体都会变得不舒服。通常，我们会不停地变换着姿势以回应这份不舒适，对此，我们通常没有觉察。但当练习正式坐姿冥想的时候，在回应身体的不舒适时，去抵抗转换姿势的第一个冲动实际上是有用的。取而代之的，我们把注意力转向这些不适的感觉本身，并在心理上欢迎它们。

为什么呢？因为当它们进入我们觉知的瞬间，这些不适感成了我们当下此刻体验的一部分，因此它们本身也就成了关注和探询的有价值的对象。它们为我们提供了直接看待我们的自动反应的机会，也给了我们机会去看看当头脑失去平衡时会发生些什么，看待心念变得焦躁不安，迷失在思维流中，远离对呼吸的觉察这整个的过程。

这样，你膝部或背部的疼痛，肩部的紧张，都可以被纳入你觉察的视野中，只是去接纳它们，而不把它们作为不想要的而做出自动反应，并竭力去想让它们消失，也无须去把它们当作让你远离呼吸的分心的事情。这种态度，给了你另一种看待不舒适的方法。它们可能令你不舒服，但这些身体感觉如今成了潜在的老师和同盟，让你去了解自己。它们并非专注于呼吸的令人困扰的妨碍，它们其实可以帮助你发展专注力的力量、平静和觉察。

对这种灵活性的培育，得以让你欢迎到来的一切，并与之共存，而非坚持把注意力集中于一件事物上，如呼吸，这是正念冥想最有价值的特征之一。之所以这样，是因为如我们先前所提及的，在这里最重要的并非呼吸，而是觉知本身。而这份觉知可以是有关你的任何体验，而不仅仅是你的呼吸，因为它永远是同一份觉知，无论所选的注意力目标是什么。

在练习中，这意味着当我们尝试冥想，当不舒服的感觉出现的时候，我们需要做些努力去与这些感觉"共坐"，并不需要到疼痛的程度，但至少我们可以改变我们对它们的惯常反应。我们与它们共呼吸。我们把气息吸进去。我们向它们摆出迎宾毯，并在它们在场的情况下，试图去保持那份持续的、如如不动的觉知。接着（如果我们不得不如此），我们转动身体以减轻不适，但哪怕是那样，我们也要正念地去做，当我们移动身体的时候，带着每时每刻里的觉知去做。

这并不意味着冥想过程对身体产生的不舒适和疼痛的信息不重要。相反，如你将在第22、23章中读到的，我们认为疼痛和舒适非常重要，值得更为深入的探索。对疼痛和不舒适感最好的探索方法是当它们升起来的时候，欢迎它们，而不是因为我们不喜欢而去抗拒它们，想要让它们消失。与不舒适"共坐"，并把它作为此刻我们体验的一部分来接纳，哪怕我们不喜欢它，我们确实不喜欢，我们发现事实上是有可能去面对身体的不舒适的，并在觉知中如实地拥抱它。这是不适感或（甚至）疼痛如何可以成为你的老师并帮助你疗愈的一个例子。

对疼痛放松与放轻柔实际上有时可以减轻疼痛的强度。你练习得越多，你会发展出越多的、可以减轻疼痛的技能，或者至少可以对它更加透明，因而它对你生活品质的腐蚀会少一些。但是，无论在坐姿冥想中你是否体验到疼痛减轻，有意图地与你对不舒适或者任何涌现上来的不愉悦、不想要的反应性工作，将会帮助你发展出某种程度的心念平静、平衡和灵活性，这些品质在面临各种不同的挑战、高压的处境以及疼痛时都将被证实是有用的（见第二和第三部分）。

在冥想中如何与思维工作

除了身体上的不适和疼痛外，在冥想中还有无数别的事件可以把你的注意力带离你的呼吸。首要的一个是思维。就因为你决定在每个时刻里保持身体的静止，并观察你的呼吸，并不意味着你思考的头脑就会合作。并不会因为你觉得要冥想，它就会安静下来！恰恰相反。

当我们有意图地去注意呼吸时，会发生的是，我们很快就会意识到我们似乎沉浸于看似永不会停止的思维流中，它们自由自在地一个连着一个地来着。在第一周正念减压课程中，很多人在自己练习之后，发现并不仅仅是他们发现思维如湍流或瀑布一般穿过他们的头脑，完全在他们的掌控之外。他们欣慰地发现，课堂里每一个人都有着如此行事的头脑。头脑本来就是这样子的。

这个发现给减压门诊的很多人带来了一份启示。它变成了一份深刻学习体验的机会或者为这份体验提供了舞台，很多人宣称这是从正念培训中得到的最有价值的东西：他们并非他们的思维这个认识。这个发现意味着他们可以有意识地去选择不同的方式与他们的思维关联（或不关联），而在他们尚不了知这个简单的事实时，这些方式对他们是不可获得的。

在冥想练习的早期，思维活动不断把注意力从我们的首要任务上带离，即我们想要发展某种程度的平静和专注，与我们的呼吸同在。为了在冥想练习中建立持续性和动力，你需要不断地提醒自己一再地回到呼吸上，无论头脑从一个瞬间到下一个瞬间中会出现些什么。

在冥想中你所考虑的事情，对你来说可能是重要的，也可能是不重要的，但它们似乎有着自己的生命，就如我们已经看到的。如果你处在高压时期，头脑往往会执着于你的困境，你应该做什么或应该做了什么，你不应该做什么或不应该做了什么。在这样的时分，你的想法满带着焦虑和担忧。

在压力少一些的时候，穿过你头脑的想法在本质上可能不那么焦虑，但它们可以同样强大，可以把注意力从呼吸上带走。你可能会发现你在想着看过的一部电影，或者被一首萦绕在脑海里的歌所捕获。或者你可能在想着晚餐、工作、父母、孩子、他人、假期、健康、死亡、你需付的账单或别的种种事情。当你坐着的时候，这样或那样的思维会在脑子里川流不息，大多数在你的觉知水平之下，直到最终你意识到你没在观察呼吸了，甚至不知道在你觉察到之前，这已经持续了多久，也不知道是什么把你带到了现在的所思所想。

正是在这样的时刻，你可以对自己说："好，让我们在此刻重新回到呼吸，无论这些思维是什么，都把它们放下。但首先，让我认识一下，它们是切切实实的思维，是在我的觉知的视野中发生的事件。"提醒自己，放下想法并不意味着把它们赶走，这很有用。它只是意味着，当我们再次把呼吸的感觉放置到觉知视野舞台中心的时候，让思维如实呈现。在这样的时候，检查一下你的坐姿，如果你的身体开始松垮（通常无聊和自我分心开始的时候），再次坐直，这也很有用。

在冥想中，我们故意把我们所有的思维一视同仁。尽我们最大的努力，当它们涌现的时候，极为轻柔地去触及它们，无论思维的内容是什么，也无论它们带着怎样的情绪，我们随之有意识地把注意力重新放在呼吸上——注意力的首要焦点上。换句话来说，我们刻意地练习去放下每一个吸引我们注意力的想法，无论它们看上去是重要而充满悟性的，抑或无足轻重。我们仅仅把它们看作是思维，就好像是在觉知的视野中所发生着的独立的事件。我们留意到它们的内容和"情感基调"。换句话来说，在那个瞬间里，它们主导我们头脑的力量是强烈还是微弱。接着，无论它们在那个瞬间里对我们有多大的影响，也无论它们主要是愉快的还是不愉快的，我们都可以把它们放下，并刻意地再次集中于我们的呼吸上，集中于我们坐在这里时"安住于我们身体"的感觉。我们根据需要将此重复成百上千次，上百万次。而这将会是必需的。

重申一下，放下我们的思维并不意味着去压抑它们，这很重要。很多人听说了这个方法后，误认为冥想要求他们关闭他们的思维或者情感。不知何故，他们把指令听成如果他们在思考，那是"坏的"，在"好的冥想"中，应该极少有或没有思考。在冥想中，思考并不坏，甚至并不是不可取的。重要的是你是否觉察到冥想中的想法和情感，以及你与它们的关系如何。试图去压抑它们只会导致更大的紧张、无奈和更多的问题，而非冷静、洞察力、明晰与和平。

正念并不涉及把想法赶走或隔绝自己以求头脑能够平静下来。我们只是给它们留出空间，把它们作为想法来观察，听任它们，利用呼吸作为观察或提醒我们保持关注和冷静的锚或者"大本营"。记着对思维和情绪的那份觉知与对呼吸的那份觉知是同一个觉知，这可能有用。

当我们把这份导向放在正念培育上的时候，你会发现每一段正式的冥想练习都是不一样的。有时，你可能会觉得相对的冷静和放松，不受想法或强烈情绪的干扰。另一些时候，想法和情绪可以非常强烈，并重复出现，你能做的就是尽力地去观察它们，并尽可能地在想法和情绪之间，与你的呼吸同在。冥想并非如此关注有多少思考在发生着，也并不关注在每一个瞬间里，你能够在觉知的视野中为它留出多少空间。

* * * *

能够看到你的想法只是想法，它们并不是"你"或是"现实"，这会有多大的如释重负。譬如，如果你想在今天做完特定数目的事情，你并不认识到它是个想法，而是把它当作是"真相"，你随之就在那个瞬间里制造了一个现实，你真的相信那些事情必须在今天完成。

我们在第 1 章中碰到的彼得，他因为心脏病发作，想要预防下一次发作，来到正念减压培训。在某个晚上，当他发现在晚上十点的车道里，开着大头灯洗着车的时候，戏剧性地认识到了这一点。他猛然醒悟，他并不需要这样做。这是他整天忙于安排每一件他认为要做之事的不可避免的结果。当他认识到自己在做什么的时候，他也看到了他一直无法来质问"所有事情都必须在今日完成"这个原始信念的真实性，因为他完全被对它的相信所裹挟了。

如果你发现自己有相似的行为，有可能，你也会如彼得那样，会觉得受到驱使、紧张和焦虑，而并不知道为什么。因此，如果当你在冥想时，在这一天里有多少事情需要你去做的念头冒上来的时候，你须得对此当作"想法"去关注。不然的话，在你明白之前，你可能就已经站起来去做事情了，并没有意识到你决定停止打坐，只是因为有一个念头穿过你的头脑。

另一方面，当这样的念头升起时，如果你能够从它那里退后一步，去清清楚楚地看它，你就能够把事情做优先排序，并对究竟什么是需要做的做出明智的决定。你会知道在一天当中何时去停下来，当你在工作的时候，何时去歇息一下，这样你可以恢复精力，最有效地工作。因此，把你的想法当作是想法这个简单的举动，就可以把你从它们常能制造出来的歪曲的现实中释放出来，并让你在生活中得以看得更清晰，拥有更大的可以掌控的感觉，甚至更大的成效。

从"思考头脑"这个暴君脱离的这份释然，可以直接来自冥想练习本身。每天里，当我们花多一点的时间在"无为"上，安住于觉知中，观察气息以及身心的活动，又不被这些活动所裹挟的时候，我们正在一并培育着平静和正念。当头脑变得稳定，少一些被思维的内容所困住的时候，我们就增强了集中和平静心念的能力。每当一个念头升起时，当我们认识到念头就是念头，我们记录了它的内容，并明察它抓住我们的力量，以及内容的准确度的时候，我们在增强着正念之肌。每当我们将念头放下，并回到呼吸上，回到身体的感觉上的时候，我们增强着正念之肌。在这个过程中，我们会逐渐、更好地认识自己，不仅是我们想要怎么样，而是我们确实如此。这是我们内在智慧和慈悲的表达。

坐姿冥想中注意力的其他目标

通常，我们会在正念减压课程的第二堂课上介绍坐姿冥想。在第二周里，除了练习 45 分钟下一章节中会碰到的身体扫描外，大家还要每周练习 10 分钟坐姿冥想，作为回家作业。在接下来的几个星期里，我们会增加打坐的时间，一直到每次坐到 45 分钟。当我们这样做的时候，也会拓展在打坐时，我们邀请到觉知的视野中的，并去加以关注的一系列的体验。

在头几个星期里，我们就是观察气息的出入。你可以这样练习很长时间，而无法穷尽其丰富性。它会变得越来越深入。心念逐渐变得平静而柔软，而正念，那份每时每刻里的、非评判性的觉知，则变得越来越强大。

在冥想指导方面，诸如正念呼吸这样最简单的练习，可以和那些更为复杂的方法一样具有深厚的疗愈和解脱。有时候，大家会把复杂的方法错认为是更加"高级"的。与你的呼吸同在，比起关注你的内在和外在体验的其他方面，毫不逊色。在正念和智慧的培育中，一切都有着各自的位置和价值。在根本上，比起你所使用的"技术"或者你所关注的事物，重要的是你努力的质量和诚意，以及你觉察的深度。如果你真的在加以关注，那么任何东西都可以成为进入直接的、每一个当下的觉知之门。记住，在任何特定的练习中，无论你关注的主要对象是什么，觉知是同一份觉知。无论如何，在正念减压中，正念呼吸可以成为你将遇到的其他冥想练习的非常强大、有效的基础。因此，我们会一而再，再而三地回到它上面。

当正念减压课程在八周时间里展开的时候，在坐姿冥想中，我们会逐渐拓展注意力的视野，除了呼吸外，我们会一步一步地去包括进特定部位的身体感觉、对身体作为整体的感觉、声音，最后则是思维过程本身及我们的情感。有时，我们会把注意力只集中在一个主要目标上。另外一些时候，我们可能在一个练习期间按照秩序去涉及所有的目标，并以对涌现上来的无论什么加以觉察来作为结束，而不寻找特定的东西来关注，无论它是声音、念头或（甚至）是呼吸。这种练习的方式被称作"无拣择的觉知"或者"开放的存在"。当你安住在觉知中的时候，你可以只是单纯地与每个瞬间里所展开的一切同在，并接纳。它听上去简单，这种练习至少需要心念发展出的一定程度的稳定性，包括一份相对强大的平静和关注。如我们所看到的，心念的这些品质，最好能够经由选择一个目标，通常是呼吸，来加以培育，并在几个月甚至几年的时间里来与它工作。因此，在冥想练习的早期，有些人可能会从与呼吸和身体作为整体来工作以获得最大的益处。尤其当他们有多于八周的时间来完成正念减压课程的时候。你可以自己练习呼吸觉知，而不用 CD 或者音频软件作为指南。或者，你可以找到其他的冥想指导，它们可能会在你练习的这个阶段或者其他阶段帮助到你。不过，现在我们提议你按照本章末尾所描述的练习去修习。然后在第 10 章，以及第 34 和 35 章里，你会找到一个在八周时间里，来发展正式和非正式冥想练习的综合性的课程。正念减压课程就是用的这个日程安排。这样，我们在循序介绍的时候，所有的冥想练习都可以一个接着一个地发展和深化。很多人会用指导语音频以及这本书来自己完成整个八周的课程。我了知这个，因为我从他们那里听到这些，并在我的旅途中常会遇到他们。

当我们在第二堂课上，介绍坐姿冥想的时候，当人们还在去学着习惯"无为"，学着去安住于纯粹的存在中的时候，通常有很多身体的挪动、不安、睁眼和闭眼。对那些带有疼痛诊断或焦虑或注意缺陷多动障碍诊断的人们来说，或者对那些纯粹以行动为导向的人们来说，开始时，安坐不动貌似是不可能的。并不令人觉得惊讶地，他们常会想，他们会有太多的疼痛，或者太神经质，或者太无聊，以至于难以做到。但当他们在课程之间开始自己练习几个星期后，课堂上那份集体的静顿"振聋发聩"。虽然在那个时候，我们可以一次坐上二三十分钟。虽然当中有人带着疼痛、焦虑问题，还有那些一分钟都歇不下来的"拼命三郎"，课堂上很少有身体姿势的变换和不安。这些都明确地表明，他们确实在家里练习，并且正发展出与身体和头脑的静止的某种程度的亲密。

用不了多久，大多数人会发现，冥想其实可以令人振奋。有时候，它并不像是工作。它就是一种不费力的向那份存在的静止打开和释放，接纳每一个展开着的瞬间，安住于觉知中。

这些是真正完满的时刻，我们所有人都可以触及。它们从哪里来？没有哪里。它们一直在这里。每次，当你警觉而庄严地安坐，把注意力转向你的呼吸，无论多长，你在回归你自身的完满，确立你内在的身心平衡，与你的瞬间改变中的身心状态无关。透过头脑表面的焦躁，打坐让你轻安地进入到静止与平和中。它和明察与随缘、明察与放下一般容易，只须明察与随缘。

练习1

与呼吸相坐

1. 采取一个警醒、端庄的坐姿，持续练习对呼吸的觉知，至少每天一次，每次至少10分钟。

2. 每次当你意识到你的心念已经不在呼吸上的时候，就去注意一下你的头脑中有什么。接着，无论它是什么，就随它去，并再次把呼吸在腹部的感觉当作觉知视野的中心。

3. 随着时间过去，试着去延长坐的时间，直到你能够坐30分钟或更长。但请记住，当你真正处在当下此刻的时候，是没有时间的，钟点的时间并不重要，重要的是在每个时刻里，每次呼吸中，你尽最大的努力去注意你并驾驭你的呼吸之波的意愿。

练习 2

呼吸，把呼吸和身体作为一个整体

1. 当你觉得你的练习变得强大，你可以把注意力在呼吸上保持一段时间的时候，尝试把你"围绕"呼吸、"围绕"腹部觉知的视野拓展，去包括进你的身体作为一个整体，坐着、呼吸着的感觉。

2. 保持对身体坐着、呼吸着的这份觉知。当心念飘移的时候，注意一下你的头脑上有什么，然后温和地把它带回到对坐着和呼吸着的觉知上来。

练习 3

声音

1. 如果你想的话，试着在正式练习的时候，把声音作为你觉知视野的中心。这并不意味着追寻声音，而只是去聆听能够听到的，每一个时刻，对你所听到的不加评判或思考，就是把声音当作声音去听。想象头脑是一个"声音的镜子"，单纯地反射着听觉领域中涌现出来的一切，无论是什么。你也可以试验去聆听静默之声，以及声音与声音之间的静默。

2. 你也可以用音乐来这样练习，聆听每个音符的升起，也可以尽力聆听音符之间的空隙。试着在吸气的时候把声音吸进你的身体，在呼气的时候把它们呼出去。想象你的身体对声音来说是通透的，声音可以经由你皮肤的毛孔出入你的身体。想象声音能够被你在骨子里"听到"和感受到。这样感觉如何?

练习 4

想法和情感

1. 当你的注意力相对稳定地停留在呼吸上的时候,试着去把你的焦点转到思维过程本身。让呼吸的感觉退到背景中,而让思维过程本身进入到前景中,把它放置于觉知视野的舞台中央,观察念头的升起和过去,就如同天空中的云彩或者如同在水上写字,让头脑如同"思维镜子"那般运作,只是去反射和记录来来去去的一切,无论它们是什么。

2. 看看你是否能够把念头当作是觉知视野中的独立事件,升起,可能会逗留一会儿,然后消失。

3. 尽你最大的可能,注意到它们的内容,以及它们所带的情感,如果可能,不要被拉着去想深究,或者想下一个念头,只要保持这个"框架",并透过它来观察思维的过程。

4. 注意单个的念头并不会持续很长。它是无常的。如果它来,它也会去。对这份观察保持觉知,并让它的重要性在你的觉知中停留一下是有益的。

5. 注意有些念头如何不断地回来。

6. 对那些集中于或受指代名词,特别是我(I)、我(me)或我的(mine),这些想法所驱使的念头加以注意,可能会特别具有指导意义,仔细地观察那些念头的内容可能有多么的自我中心。当你只是把这些念头当作觉知视野中的想法,而不把它们个人化的时候,你与那些念头的关系是怎样的呢?当你以这种不带评判的方式去观察它们的时候,你对它们感觉如何？是否从中可以学习到一些什么呢？

7. 当你的头脑创造出一个"自我"，而这个自我被你的生活是如何的好或者如何的糟糕而占据的时候，请留意这些瞬间。

8. 留意有关过去和将来的那些念头。

9. 留意那些有关贪婪、缺乏、抓取或攀附的念头。

10. 留意那些有关愤怒、不喜、憎恨、厌恶或拒绝的念头。

11. 留意情感和心境的来来去去。

12. 留意与不同的思维内容相关联的是什么情感和心境。

13. 如果你在这一切中迷失，只要回到你的呼吸上，直到注意力重新稳定下来。然后，如果你愿意的话，重新把思维当作注意力的主要目标。记住，这并非是邀请你去制造想法，而只是当想法升起时，邀请你的注意力去关注它们，关注它们如何在脑际逗留，然后消失在知觉的视野中。

这个练习需要一定程度稳定的注意力。在早期练习阶段，练习时间相对短一些，可能是最好的。但是，哪怕是对思维过程的两三分钟正念也可以极具价值。

练习 5

无拣择的觉知

只是坐着。不要固着于任何东西，不要寻找任何东西。无论进入觉知视野的是什么，练习全然开放、接纳，让一切来来去去、观察、见证，在静顿中关注。允许自己是那份非概念化的了知（以及不知），这是觉知所本来就具有的（本自具足的）。

Chapter 5
第 5 章

安住于你的身体中：身体扫描

  我们可以全然地关注自己身体的形象，与此同时，又可以全然地与之失去接触，这令我感到惊奇。我们与别人身体的关系同样如此。作为一个社会中的个体，我们似乎在总体上对身体，特别是对身体的形象，过于关注。从汽车、智能手机到啤酒等一切物品的销售广告中都用到身体。为什么？因为广告商欲从人们在特定的年龄阶段对特定身体形象的认同中获利。魅力男人和性感女人的形象会让观众产生一种想法，让自己拥有特定的样子，从而感觉到特殊，或更好、更年轻、更幸福。

  我们对自身外貌的过度关注来自于对自己身体的深层不安感。我们很多人为了这样那样的原因，在成长的过程中觉得笨拙和没有吸引力，并不喜欢自己的身体。通常由于某个人拥有一种特别理想的"外表"，而我们没有，可能在青少年时期，这样的过度关注达到一个"登峰造极"的地步。因此，如果我们看上去不是某个特定的样子，我们就会穷思竭虑，想想自己可以去做些什么，可以看上去是那个样子或者去对没有看上去是那个样子做出补偿，或者对不可能"是对的"而感到绝望。对很多人，在生命的某一点上，他们身体的样子被提高到社会重要性的极端，导致某种不足感，并被对自己长相的看法而困扰。在另一个极端，则是那些看上去长得"对的"人。结果，他们常常自我陶醉，或者为他们所得到的各种各样的关注所淹没。

人们迟早会克服这样的过度关注，但根子上对身体的不安全感可以持续下去。很多成年人心底里觉得他们的身体太胖、太矮、太高、太老或太"丑"了，似乎理应有某种完美的模样存在。悲哀的是，我们可能永远都不会对身体的样子感觉到完全的舒适，去全然地安住其中。这可能带来"抚摸"和"被抚摸"的问题，因而导致亲密感上的问题。当我们变老的时候，这份不安适的感觉会与我们对身体衰老（身体不可避免地失去它年轻的样貌和品质）的那份觉知混杂在一起。

你难以改变对身体所可能拥有的那份深层的感受，除非你去改变真切体验身体变化的方式。这些感受首先根植于一份局限的、看待身体的方式。我们对身体的看法可以极大地限制我们允许自己去体验到的情感范畴。

当我们把能量投注到对身体的真切体验，而拒绝纠结于对它的评判性想法中时，我们对身体以及对自身整体的看法都会发生戏剧性的变化。首先，它在做的一切都令人惊叹！它会行走、讲话、站起来及取东西；它会对距离做出判断，会消化食物，并经由触摸了知物体。我们通常把这些能力完全视为理所应当，直到我们受了伤、生了病，我们都不会感恩身体所能做的一切。那时，我们才会意识到能够做那些我们再也不能做的事情是多么的好啊。

所以，当我们认定我们的身体过于这样或那样的时候，难道我们不应该去更好地触及和拥有一个身体本身（无论它看上去或感觉如何）是多么的美妙吗？

这样做的方法是，去与你的身体达成谐调，并不带评判地对它保持正念。在坐姿冥想中，经由正念呼吸，你已经开始了这个过程。当你把注意力放在腹部，感受腹部的运动，或者当你把注意力放在鼻端，感觉气息的出入时，你正在与身体所产生的关乎生命本身的感觉相谐调。当你与它们相谐调的时候，在那个刹那，你正重新拥有生命，以及你的身体，令你自己更加真实、更具有活力。当生活展开的时候，在一个刹那一个刹那的觉知中，你就实时地活着。你为它在场、与它同在、安住于它。你的体验得到了具身体现。

身体扫描

正念减压中一个非常强大的冥想练习是身体扫描，用以帮助重建身心的关系。在身体扫描中，我们对身体加以全面而细致的关注，它是一个有效地同时发展专注力和注意力的灵活性的方法。最常见的练习方法是仰卧着，把注意力从身体的不同部位作系统性的移动。

我们从左脚的脚趾头开始，并缓慢地把注意力从脚的不同部位，移至左腿，让全然的觉知在每一个部位都逗留片刻。这意味着转向我们所可能碰到的所有的感觉（包括麻木或感觉的缺失），无论对那个部位有什么样的体验，我们转向那份觉知并安住其中。对某个特定部位的聚焦通常与有意地朝那个部位吸气和呼气连接起来。当我们做到左侧的髋骨和骨盆的时候，我们把注意力转向右脚的脚趾头，然后缓慢地把注意力向上移到右腿，到右髋骨，并回到骨盆。从这里，我们向上经由躯干、后腰及腹部、腰的上方及胸部、肩胛、腋窝以及肩膀。

从这里开始，我们把注意力导向双手手指和拇指的所有感觉（通常是双手和双臂同时进行），接着是手掌以及手背，然后依次是手腕、前臂和上臂，接着回到肩膀。随后我们进入脖子和喉咙，最后是脸所有的部位，头的后方，以及上方。

最后经由我们向头顶上想象中的"洞"呼吸，仿佛我们是有着喷气孔的鲸鱼一般。我们让呼吸流遍全身，从头顶经由这个洞到脚掌，然后经由脚掌到头顶呼出。有时，我们把整个身体的皮肤抱持在觉知中，并想象或者感觉它在呼吸。

当我们做完身体扫描时，可能觉得整个身体都好像散落了或者变得透明了，身体的实质仿佛以某种方式被抹去了。感觉好像除了呼吸跨越了身体所有的界限、在自由流淌之外，别无他物。我们并非想努力"达成"这样的体验。因为秉持无为的精神，我们并没有在努力去获得任何东西，去达成任何一种"存在状态"。我们只是按所描述的那样，把觉知带到身体时，只是对每个刹那的体验加以注意。在觉知中，我们所拥有的每一个刹那、每一个体验都是特殊的，即使是那些比较困难和令人难以忍受的也如此。因此没有任何必要去获致任何东西。我们练习得越多，这一点就变得越发的明晰。

当完成身体扫描时，我们让自己处于静默以及止静中。此刻，这一份觉知可能已然超越了身体。过了一会儿，当我们觉得准备好了的时候，我们重新回到身体，回到身体作为一个整体的感觉上。或许，我们可以再一次与身体的实在感接触。接着，我们温和而缓慢地，带着意图去移动手脚。当我们这样做的时候，去体验任何升起的感觉。在睁开眼睛前，我们也可以按摩一下脸，并左右晃动一下身体。最后，回到坐姿，并保持一会儿，接着站起来，转换到接下来一天中别的任何事情上去。

扫描身体的意图是在无限的当下，去尽力、确实地感受并安住于你所聚焦的每一个部位，并在那里逗留。你向每一个部位吸进气息，接着从那里呼出气息，如此几遍，然后将它放下，注意力则继续转到下一个部位。当你放下在任何部位所发现的感觉，或是放下与那个身体部位有关的任何念头和意象，那个部位的肌肉也就被确实地放下了，可能累积在那里的紧张感得到了延伸并释放。如果你能够感觉或者想象，在每一次呼气的时候，身体的紧张感及相关的疲惫感流出去，而在每一次吸气时，你在吸进活力、能量和开放，那会是有所裨益的。

在正念减压课程中，我们至少在头四个星期里高强度地练习身体扫描。它是我们的门诊病人所投入的第一个会持续一段时间的正式的正念练习。随着对呼吸的觉知，它也为随后他们将要与之工作的所有其他的冥想练习提供了基础，包括坐姿冥想。正是在身体扫描中，我们的病人首先学会了集中注意力一段时间。这是他们第一个系统投入的练习，以滋养和发展出心智更大的稳定性（专注力）、平静和正念。对很多人来说，是身体扫描第一次催发了在冥想练习中他们所感受到的那份自在和时光无限的体验。根据第10章所列出的进度表，身体扫描是任何人冥想练习的好开端。对遭受慢性疼痛或其他身体状况之苦，而在很多时间里都需要躺着的人来说，它显得格外有价值。

在课程的头两周里，病人使用身体扫描冥想的音频，做指导下的正念练习。每天练习身体扫描至少一次，每周六天。那意味着每天45分钟慢慢地扫描整个身体。在接下来的两个星期里，他们则隔天做身体扫描。如果他们能够做躺式瑜伽的话，他们交替着做。如果他们无法做躺式瑜伽，那么他们依旧继续每天做身体扫描。日复一日，他们使用同样的冥想指导语音频，身体扫描也是相同的身体扫描。当然，这个中的挑战是，你如何对它怀着初心，让每一次都仿佛是第一次面对你的身体。那意味着在每一个时刻里如此，并放下你所有的期望和预设，包括你对昨天练习的记忆。当你每一次练习的时候，即使指导语总是相同的，你的冥想却是不一样的。每次你做练习，你也是不一样的。

在正念减压课程的头几个星期里开始使用身体扫描有几个原因。首先，它是躺着做的。比起直立坐着45分钟要更加舒适。特别是在开始时，很多人觉得躺着易于放下和深度地放松。有时，当我指导做身体扫描的时候，我甚至会提议，跟随莎士比亚话语，去让我们的"过于坚实的肉体……融解、融化、分解成一颗露珠"。

另外，倘若你能够发展出一种能力，可以把注意力系统地放到你想要放到的任何身体部位，并有目的地把能量以诸如专注、良善、友好及接纳等各种形式带到那些部位时，疗愈的内在功课将得到极大的增强。这需要对身体具有一定程度的敏感性，以及对不同部位你可能体验到的不同感觉的亲密性。配合着呼吸，身体扫描是发展和完善这份敏感、亲密感以及友善的一个完美的工具。在我们的正念减压课堂中，对相当一部分参与者，身体扫描为他们提供了对身体的第一次积极的体验，而他们拥有这个身体已经很多很多年了。

与此同时，练习身体扫描无异于培育每时每刻里的非评判性觉知。如果我们依靠外来的指导来做练习，那么，每一次当我们留意到分心的时候，我们就可以把它带到那部分身体上来，就如同在坐姿冥想中把注意力带回到呼吸上来一样。如果你是听着身体扫描的指导语音频做练习的话，当你意识到分心了的时候，你可以把注意力带回到指导语所指的身体部位。

有规律地练习身体扫描一段时间后，你会留意到你的身体在每次练习时并不是一样的。你开始觉察到身体在不停地变化着。譬如，即使是你脚趾头的感觉在每次练习中都可能是不一样的，或甚至在每一个刹那都是不一样的。你听进去的指导语可能每次也是不一样的。很多人即使每天都练习，在好几个星期过去后才听到某些内容。这样的认识可以告诉人们很多他们对自己的身体感觉如何。

很多年前，在医院早期的正念减压课程中，玛丽在课程的头四个星期里非常虔诚地每天做身体扫描。四个星期之后，她在课堂里分享，她做得还可以，直到做到她的脖子和头。她汇报道每次做到这个部位的时候，她都会觉得被"堵住"了，而无法越过她的脖子到达头顶。我建议她或许可以试试想象她的注意力和气息能够从她的肩膀流出、围绕着被堵住的部位。那一周，她来看我，与我讨论发生了什么。

她又试了一遍身体扫描，意图让气息围绕着脖子中被堵住的部位。不过，当她扫描过盆腔部位的时候，她第一次听到生殖器这个词。听到这个词，立即激起了一次经历的闪回，玛丽意识到她自9岁起就压抑了它。它重新唤起了在她5~9岁之间频繁地遭受她父亲性骚扰的那段记忆。她9岁那年，她的父亲在起居室里因心脏病发作而死亡时，她在场。她对我重述它的时候，她说（那个小女孩）不知道该做什么。很容易去想象一下一个孩子对折磨者的那份无助所感到的宽慰，以及对父亲的关切之间的左右为难的矛盾情感。她什么都没做。

闪回以她母亲下楼来，看到她丈夫死了，而玛丽蜷缩在一角结束。她的母亲把她父亲的死归咎于她，因为她没有呼喊求助，并在狂怒中操起扫把猛击她的头和脖子。

这整段的经历，包括4年孩童期的性虐待史，被压抑了50多年，而在5年多的心理治疗中都未曾浮现。但在身体扫描中，堵塞感和几十年前她所遭到的殴打之间的联系是显而易见的。我们无法不感叹这个年轻女孩子把无法应对的事物压抑下去的那份力量。她长大了，并在一个挺幸福的婚姻中抚养了五个孩子。但她的身体在这些年来遭受着几个慢性问题，而且每况愈下，这包括高血压、冠心病、溃疡、关节炎、红斑狼疮，以及反复的尿路感染。当她在54岁来到减压门诊的时候，她的医疗记录有四英尺（约1米）厚。在这份记录中，医生用一个两位数的数码系统来提及她的各种医疗问题。她被转介到减压门诊来学习控制她的血压。药物并不能很好地调节它，部分原因在于她对大多数药物过敏。去年，她接受了一个堵塞了的冠状动脉的搭桥手术。其他几根冠状动脉也堵住了，但被认为无法手术。她与她的丈夫（一个当地的电机合同工），也有高血压，一起来参加正念减压课程。那时，她最大的主诉是无法很好地睡觉，在午夜里会长时间地醒着。

当她完成课程的时候，玛丽汇报她已经能够常规地睡整觉了（见图 5-1），她的血压从 165/105 降到了 110/70（见图 5-2），而且她的背部和肩部的疼痛也显著地减轻了（见图 5-3a 和 b）。同时，在两个月前她所抱怨的躯体症状也剧减，而导致她痛苦的情绪症状增加了。这是闪回体验所导致的情绪的大量抒发所致。为了应对，她把心理治疗从每周一次增加到每周两次。与此同时，她继续练习身体扫描。在课程结束后，她参加了两个月后的随访。那时，她在那段时间里所抱怨的各种情绪症状也已经大大减少，这是经由对情感的述说和修通的结果。她的脖子、肩和背痛也都进一步减轻了（见图 5-3c）。

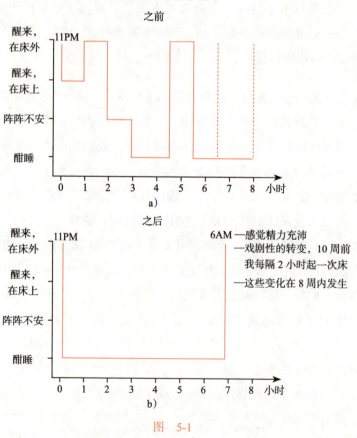

图 5-1

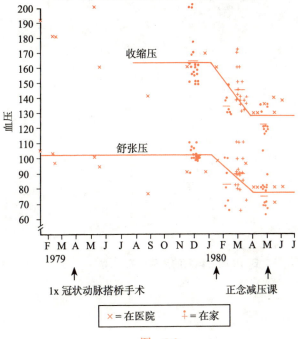

图 5-2

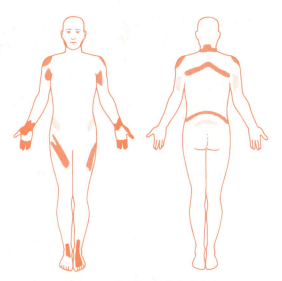

A. 课程开始时玛丽的疼痛分布

实心 = 剧痛
阴影 = 中等疼痛
小点 = 隐痛

a)

图 5-3

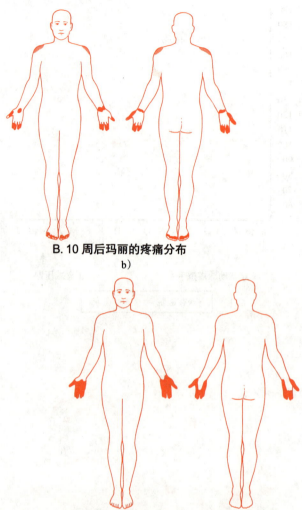

B. 10 周后玛丽的疼痛分布
b)

C. 项目结束 2 个月后的随访中，玛丽的疼痛分布
c)

图 5-3（续）

　　玛丽在小组中一直极其害羞。在第一堂课上，当轮到她时，她确确实实地难以说出自己的名字。在接下来的几年里，她保持着常规的冥想练习，主要是身体扫描。她好多次回到正念减压课程的第一堂课，与刚开始课程的人们交谈，告诉他们它如何帮助了她，并建议他们规律地练

习。她得体地回答问题，并为新发现的、在众人面前讲话的能力感叹。她有点紧张，但她想与他人分享她的一些经验。她的发现引导着她加入了一个乱伦幸存者小组，在那里，她得以与其他有着相似经历的人分享她的情感。

在接下来的几年间，玛丽因为心脏病或是红斑狼疮经常住院。似乎她总是去医院做检查，结果不得不在那里住上几个星期，而又没有人能够告诉她何时可以回家。至少有一次，她的脸肿得比平常大两倍。几乎没人能够认出她来。

经历着这一切的时候，玛丽得以保持一份令人赞叹的接纳和平静。她觉得她似乎总得持续地用到她的冥想培训，以应对她每况愈下的健康问题。她运用冥想练习以控制血压，还有她须得经受的、各种压力很大的程序，这令照顾她的医生感到惊讶。有时候，在一个检查之前，医生会说："玛丽，这可能有点痛，你最好做你的冥想吧。"

我得知在6月的某个星期六的凌晨她去世了，那是一个我们整日练习的一天（详见第8章）。一听到这个消息，我就去了她的病房，默默地向她献上我的告别、爱和敬意。一个星期之前，在我们的交谈中，她说她很久之前就已经知道自己时日不多了，而她带着一份令她自己都惊讶的平静来接近它。她知道她的苦痛很快就会结束了，但她表达了遗憾，没能在医院外再拥有哪怕几年的短暂时光，去恣意享受如她所说的，"新发现的那个解脱了的、觉知的我"。我们把那一整天的课程都献给了玛丽，以作纪念。在减压门诊的那些老前辈都认识她，并至今怀念她。她的很多医生都参加了她的葬礼，毫不掩饰地潸然泪下。她教给我们每一个人生活中究竟什么是重要的。

很多年来，我们在诊所里见到了好几个严重医疗问题患者，有着相似的、在孩提时反复遭受性和躯体虐待的故事。这自然提示了此类被压抑的童年期创伤（当压抑和否认是幸存儿童的唯一可得的应对机制）与将来躯体疾病之间的关联。对心理创伤体验的这份保留和隔绝势必给身体带来巨大的压力，而这些压力，随着时间过去，可以危害到身体的健康。如我们将要看到的，可能有很多种机制导致这种情况的发生。

玛丽是在1980年参加正念减压课程的。那一年，正好创伤后应激障碍诊断被发明并收入第三版的《精神疾病诊断及统计手册》(*Diagnostic and Statistical Manual of Mental Disorders*) 中。该手册是精神卫生专业人员所用的重要手册，并会定期地被更新和改写。然而，理解创伤后应激障碍，理解儿童期及成人期创伤在生物、神经和心理上的影响的高质量研究花了很多年的时间。今天我们所了解的在20世纪80年代的早期和中期并不广为人知。如玛丽那般的情况并未被认识，相对于现在，当时的治疗也是非常的初步，尚未发展好。如今，正念练习被作为治疗的一部分，被越来越多地应用到儿童期和成年期创伤后应激障碍中。

玛丽在身体扫描中的经历并不意味着每个人练习身体扫描时都会有对被压抑的往事的闪回。这样的体验是罕见的。人们发现身体扫描有益，因为它重新联结了有意识的大脑与身体的感觉。经由常规练习，人们通常觉得与身体的各个部位有了从未曾感觉过或想到过的、更加紧密的接触。他们同时觉得更加放松，更能安适地在身体中。总而言之，身体扫描可以帮助我们与我们的身体为友，以恰当或者说是智慧的关注来滋养它，并更加饱满地生活。

练习身体扫描的早先挑战

有些人在刚开始练习身体扫描的时候，难以感受到脚趾或者身体的其他部位。另一些人，特别是有慢性疼痛的人，可能在一开始就被疼痛所淹没，以至于他们难以把注意力集中在身体的其他任何部位。还有些人发现无论他们做什么，都会睡着。当他们感觉越来越放松的时候，他们难以保持觉知，就会打瞌睡。

这些体验，如果真的出现在你身上，都能提供关乎你身心的重要信息。如果你准备好与之工作，并且，无论涌现什么都接纳它，并把它作为一个温和关注的对象的话，那它们都不是严重的妨碍。无论它是什么，当我们把自己交出去，进入到更深的正念练习中的时候，它都可以教会我们一些重要的事情。记住，无论呈现的真相是什么，如果我们能够带着善意去把它抱持在觉知中时，它都会成为此刻的课程。现在我们来更仔细地看看如何这样做。

当你毫无感觉或者在疼痛中的时候，如何使用身体扫描

当你练习身体扫描的时候，你被邀请和鼓励去把注意力逐一投入到身体的各个部位，并去感受在每个部位的任何感觉。譬如，如果你去关注脚趾头，而你毫无感觉的话，那么，"什么都没有感觉到"就是在那个特定的时刻里你的体验。那并无好坏，仅仅是在那个时刻里你的体验。所以我们留意它，接纳它，并继续往下做。并不需要去动脚趾头以激发起这个部位的感觉，以便去感觉它，虽然在开始时，那样做也是可以的。

如果你身体的某个特定部位有问题或者疼痛的话，身体扫描特别强有力。以慢性下背部疼痛为例。比方说，如果你是仰躺着来做身体扫描的话，经由轻微的姿势改变并不能缓解你的疼痛。你照旧从觉察你的呼吸开始，然后尝试着把注意力带到你的左脚，向脚趾头吸气、呼气。但你下背部的疼痛持续地把你的注意力带到那个部位，并让你难以把注意力集中在脚趾或者其他任何部位。你就持续地回到你的下背部，回到疼痛。

当这种情况发生时，一种做法是不断地把注意力带回到脚趾，而每次当你的背抓住你的注意力的时候，把呼吸重新导向那个部位。你继续有系统地把注意力在整个左腿向上移动，然后是右腿、骨盆，与此同时，对各个部位的各种感觉以及觉察到的任何念头和情绪细细地加以关注，

无论其内容是什么。当然，思维的内容可能很多是关乎下背部及它的感觉的。这样，当你观照了整个骨盆，接近有问题的部位时，你可以尽量地尝试保持开放和接纳，当注意力移进该部位的时候，去准确地感知，就如同你对之前所有部位做的那样。

现在，再一次，尽力地从背部吸气和呼气。与此同时，觉察涌现的任何念头和情绪。把注意力在这个部位集中一段时间，直到当你觉得准备好的时候，你有意地把下背放下，并把注意力移向背的上部，以及胸部。这样，你在练习把注意力移遍整个具有最大强度的部位，当它轮到你去关注的时候，以你最大的可能，全然地体验它。这个中的邀约永远是温柔的自处，而不要逼迫自己去突破此刻或者你直觉的限度。你依旧允许自己对那个部位所可能呈现的感觉保持好奇和开放，它们所有的强度，观察它们，与它们共呼吸，然后，当你继续下去的时候，把它们放下。

身体扫描中如出现疼痛，另一个与之工作的方法是把最强有力的注意力带到那个部位。当某个部位的疼痛是如此强烈，以至于你无法把注意力集中于不同部位的时候，这是最好的策略。你只是向疼痛本身吸进气息和呼出气息，而不需要扫描。试着去想象一下入息穿透组织直到它被完全吸收。想象出息是一个渠道，把任何疼痛、毒素及"不适"（只要它愿意或者能够屈服）经由该部位向外释放。当你这样做的时候，你持续对每一个刹那，每一次呼吸加以关注，留意到哪怕是你身体最成问题的部位，你所关注的身体感觉也是瞬息万变的。你可能留意到感觉的强度也会变化。如果它减轻了一点的话，你可以尝试如上面所描述的那样，让注意力回到脚趾头，扫描整个身体。你将在第 22 和 23 章中，找到有关如何应用正念与疼痛工作进一步的建议。

身体扫描作为一个纯净过程

在我发展出正念减压版本的身体扫描时，有一个给了我影响的人。

在他成为冥想导师前，是一个航空工程师。他喜欢把他教授身体扫描的方法，比喻成是身体的"逐区提纯"。逐区提纯是经由移动一个金属锭长短的圆炉来提纯某些金属的一种工业性技术。热会把在圆炉圈中的那个区域液化，杂质在液态时浓缩。当融化了的金属区域随着金属锭移动的时候，杂质则留在液态金属中。从炉后端出来的重新固化了的金属比起这个过程开始之前要纯净得多。当整个金属条被这样处理的时候，金属条的最末端区域则是最后熔化和重新固化的（如今包含了所有的杂质）则被割下来扔掉，留下一根提纯了的金属条。

相似的，身体扫描可以被当作是对身体的一种主动的提纯。你注意力的移动区域在经过身体不同部位的时候，集中了紧绷感和疼痛，并把它们带至头顶部，而在那里，借助于你的呼吸，你可以让它们从身体排出去，让它变得更加轻盈和通透。每次你这样扫描身体的时候，你可以把它想象成或意想为是一种提纯或者去毒的过程，一个经由对你的身体重新恢复完整感和整合感来促进疗愈的过程。

虽然这个比喻听上去好像身体扫描是被用来达到某个特定目标的，就是指，去纯净你的身体，我们练习它的精神依旧是全然的不强求的。如你将在第11章中所读到的，我们让任何可能发生的纯净化自然地关照好自己。我们只是为了练习本身而坚持每天去做。或者，你可以说，是为了全然地去做我们那个本真的、又太常迷失了的自己。

通过在一段时间里反复地做身体扫描，我们开始在当下对身体的现实有所了解。无论你的身体有些什么状况，这种完整感都可以被体验到。你身体的一个或者多个部分可能会受疾病之累，处在疼痛中或者甚至缺失了。但你依旧有可能在觉知中抚慰它们，去认识、滋养身体及你的存在的那份天然和内在的完整性。

每次你做身体扫描，你在让那些该流出去的流出去。你并没有在强迫着要"放下"或者"提纯"来发生，这本来就是不可能的。

身体扫描练习中的接纳及不强求

在做身体扫描练习时，关键是要尽量在每时每刻里保持觉知。当你从脚到头逐个部位扫描身体的时候，去体验你的呼吸和身体。我们最轻柔地去触及，而不去强迫任何事情，并且尽量不去从任何事情上逃离，虽然你是在这方面最终的决定者。你注意力的品质，以及只是去感受此处可以被感受的，并与之共处，比起想象张力离开你的身体或者吸气可以令身体重新充满能量更加重要。如果你只是想去摒弃张力/紧张感，你或许会成功，不过你并没有在练习正念。但如果你是在练习着处于每个当下，与此同时，你让呼吸和注意力在觉知的框架中，纯净你的身体，并怀着意愿去体验和接纳发生的一切，那么你是真的在练习正念，并且触及它的疗愈之力。

做这个区分是重要的。从冥想中获益的最好办法是不要试图从中获得任何东西，而只是为做而做。当我们的病人使用身体扫描的指导语音频时，他们每天都会听到这个信息。他们中每一个都有着某个严重的问题，而令他去寻找某种帮助。但所给予他们的信息是，从冥想中有所收获的最好方法就是每天去练习，并且放下他们的期待、目标，甚至他们来的目的。

以这种方式来架构冥想工作，我们把他们置于一种悖论中。他们来到门诊，希望有些积极的事情会发生，然而他们被指导着去练习，不要试图去到达任何地方。相反，我们鼓励他们试图带着接纳，全然地处在他们已经在的地方。另外，我们建议他们在课程中的八个星期里，尽量搁置评判，一直到最后才去决定它是不是一份值得的承诺和担当。

我们为什么会采取这种方法呢？制造这个悖论邀请人们去探索"不强求"和"自我接纳"作为存在之道。它允许他们从头开始，触及一种"看"和"感受"的崭新的方法，而不用以恪守惯性和局限的方式标准去看待他们的问题，以及他们"应该"有的感觉期待。我们以这种方式来练习冥想，因为试图去"到达某处"的努力常常是一种错误的期待，想要促发改变、成长或疗愈，这通常来自对当下现实的拒绝，对那份现实缺乏全然的觉知和理解。

希望事情与现实不同的欲望是一厢情愿。它并非带来真正改变的有效方法。当你看到你认为是"失败"的最早的征象时，你看到自己没有"到达任何地方"或者没有到达你觉得应该到的地方，你可能会沮丧或觉得被淹没、失望、责怪外力，并放弃。因而真正的改变从未发生。

冥想的观点认为，只有经由对当下现实的接纳，无论它可能有多么痛苦、令人害怕或不讨人喜欢，改变、成长和疗愈是有可能发生的。如我们将在第二部分里所看到的，"图式"新的可能可以被视为依然包含在当下的现实中的。它们只需要被滋养，以让它展现及被重新发现。

倘若确实如此，那么当你做身体扫描或别的正念练习时，你不需要试图到达任何地方。你只需要真正地待在你已经在的地方，并且实现它（意味着，让它成真）。事实上，以这种方式看事情，真的没有别处可去，因此到达某地的努力是欠考虑的。它们终将带来挫折和失败。另一方面，你不可能在你已经在的地方失败。因此，在冥想练习中，如果你愿意让事物如其所是，那就不可能"失败"。

在最真实的表达中，冥想超越了成败之说，正因为如此，它是成长、改变和疗愈的如此强有力的工具。这并不意味着，在冥想练习中，你无法进步，也不意味着不可能犯错，而减少了它对你的价值。冥想练习需要一种特定的努力，但它并非强求去达成某种特殊的状态，无论它是放松，从疼痛中的解脱、疗愈或领悟。它们会自然地随着练习而来，因为它们是每一个当下时刻所本自具有的。因而，对于在内在体验它们的临在而言，任何时刻与其他的时刻同样的好。

如果你如此看待事物，即当每一个时刻来的时候，去如其所是地接纳它，清晰地看到它的全部，并随缘，这就完全可以理解了。

如果你对自己是否在"正确地"练习不是很确定，这是一个很好的试金石。当你觉察到有"去到哪里""想要什么"或者"到达了哪里"，或者有关"成功"或"失败"的念头，当你观察它的时候，你是否能够把它们当作是此刻当下现实的一个面向来尊崇呢？你能够清晰地看到它是一份冲动，一个念头，一份欲望，一个评判，并让它如其所是，将它放下，而不被它拉走，不去投入它所不具有的力量，不在这个过程中迷失自己？这是培育正念的方法。

✵ ✵ ✵ ✵

如此，我们可以一再地扫描身体，日复一日，最终并非要去净化它，或摒弃什么，甚至也并非为了放松或获致头脑的平静。这些可能是开始时把我们引向练习，并在早期的每一天里保持练习的动机。而事实上，我们可能从练习中感觉到了更放松或更好。但是，为了在每个时刻里正确地练习，我们甚至迟早须得把这些动机也放下。这样，身体扫描练习就是在此刻与你身体的本真、与你自己的本真在一起，在当下圆满的一个方法。

练习

1. 在一个舒适的地方，譬如在地板的泡沫垫子/瑜伽垫上，或在床上，仰躺下来。从一开始就要记住，这个躺姿练习的意图是"醒来"而非"入睡"。确保你足够暖和。如果房间冷的话，你可以盖一条毯子或在睡袋里做。

2. 让眼睛微微地闭上。但如果你发现睡意袭来，可以自由地睁开眼睛，并可以一直睁着。

3. 温和地将你的注意力安放在腹部，感受每一次吸气和每一次呼气时腹部的起伏。换句话说,"驾驭"你自己的呼吸之浪,对每一口完整的吸气,每一口完整的呼气,带着全然的觉知。

4. 稍后,感受把身体作为一个整体,从头到脚,皮肤的"包裹",你与地板或床接触处的相关感觉。

5. 把注意力带到左脚的脚趾头。当你把注意力导向它们时,看看你是否也能把你的呼吸导向那里,这样感觉好像你可以向你的脚趾头吸气或呼气。这可能需要花点时间来掌握,这样不至于太费劲或纠结。想象你的呼吸沿着身体而下,从鼻子到肺,继续经过躯干,顺着左腿下去,一路到脚趾头,然后再回过来经由鼻子呼气。事实上,气息确实沿着这条通路和其他通路,经由血管流遍布全身。

6. 允许自己去感觉任何或者所有来自脚趾头的感觉,或许可以区分不同的脚趾头,观察在这个部位感觉的不断变动。如果此刻你什么都没感觉到,那也没什么。只是去允许自己去感受"没什么感受"。

7. 当你准备好离开脚趾头,继续的时候,吸入一口更加深的、更有意图的气息一直到脚趾,然后在呼气的时候,让它们在你"头脑"的视野中"消融"。至少与你的呼吸待在一起,保持几口呼吸,然后按序把气息转入脚掌、脚跟、脚背,然后是脚踝,继续向每个部位吸气,并从那里呼出气息,观察你所体验到的感觉,然后放下那个部位,并接着往下。

8. 如呼吸觉知练习(第3章)以及坐姿冥想练习(第4章),每次当你留意到你的注意力散乱了,从对身体的聚焦上飘移了,先留意是什么把你带走或是什么在你的头脑上,然后把你的心念带回到呼吸,以及你所聚焦的部位上。

9. 按照这种方法，如本章所描述的那样，继续慢慢地把注意力上移至左腿，到余下的整个身体，当你到达每一个部位时，你把注意力保持在呼吸以及每个部位的感知上，与它们共呼吸，然后将它们放下。如果你体验到疼痛或某种不适，翻阅本章以及第22、23章中如何与不适工作的建议。

10. 每天练习身体扫描至少一次。再提一下，在你开始练习的初期，使用指导语音频作为引导是有帮助的，这样步调足够缓慢，并有助于你准确地记得指导语以及音质。

11. 记住，身体扫描是我们的病人所密集投入的第一个正式的正念练习，他们每天做45分钟，每周六天，在正念减压训练一开头就开始，至少这样做两周。所以，如果你准备好了，在你自己发展冥想练习时，特别如果你想跟随正念减压整个课程，并给自己一个良好的机会的话，这是一个可以采取的好策略。

12. 如果你难以保持清醒，如上面第2步所述，试试睁着眼睛去做。

13. 最重要的一点是躺到地板上去练习。留出时间来去练习比做多少或多久更重要，如果可能的话，每天都如此。

··· Chapter 6 ···
第 6 章

培育力量、平衡及灵活性：瑜伽是冥想

至此，你可能已经理解到，把正念带入任何一种活动，都会将它转化成某种冥想。正念可以极大地提升一种可能性，那就是：你所投入的任何活动都将拓展你的视觉，以及你对自身的理解。练习的很大部分是纯粹的记得，提醒自己全然觉醒着，不要迷失在昏沉中，或者被你自己思考的头脑所蒙蔽。在这个过程中，有意图地练习至关重要，因为当我们忘了去记得的时候，自动导航模式就会很快地掌控我们。

我喜欢"记得"（remember）和"提醒"（remind）这两个词，因为它们意味着原本已然存在，但需要重新确认的那份联结。去记得，可以被认为是重新与会员（membership）联结，与个人已经了知的所属重新联结。被我们遗忘的那部分依旧在这里，在我们内在某处。只是对它的触及被暂时地蒙蔽了。那些被遗忘的需要在意识中重续它的会员身份。譬如，当我们"记得"去加以注意，去临在，去安住于我们的身体中时，在记得的那个刹那，我们已然觉醒了。当我们记得我们本自圆满时，会员就自然地完成了。

提醒我们自己同样如此。它将我们与有些人所谓的"大情怀"所联结，与心智的圆满（一个既看到整个树林，也看到每一棵树木的心智）相联结。因为我们总是圆满的，我们并不需要去做任何事情。我们只需去"提醒"自己那一点。

我相信，在减压门诊中，人们能很快进入冥想练习并发现其疗愈性的主要原因，是因为正念的培育提醒了他们所已然知晓的，但不知何故却不知道自己已然知晓或者无法去使用它，即他们本身就是圆满的。

我们可以很容易地记得我们的圆满，因为我们不需要去远远地寻找它。它已经在我们的内在，通常是我们童年期所遗留下来的一份模糊的情感或记忆。但那是一份我们所谙熟的记忆，一旦当你再次感觉到它，你会即刻辨识出它来，仿佛在离家很久之后回家来。当你与存在重新联结，即使是片刻时间，你立即就会知道。无论你在哪里，无论你面对什么样的困难，你觉得好像在家里。

在这样的时分，感受的一部分是你也在你身体这个家中。因此，英文语言有点奇怪，它不让我们"重回身体"（rebody）。至少从表面上来看，它与"记得"（remember）一样，是个有必要的概念。在正念减压中所做的所有工作，都以各种方式包括了"重回身体"。

身体不可避免地会衰弱。但是如果它们没有在根本上被很好地关照好、聆听到的话，它们似乎会衰弱得较快，疗愈得不那么迅速，不那么彻底。出于这个原因，适当地关照好身体对疾病的预防以及从疾患或损伤中疗愈都极其重要。

关照好身体的第一步（无论你是病了，还是受了伤抑或挺健康的）是去练习处在身体"之内"，去带着全然的觉知"占据"它。转向你的呼吸以及你能够感觉到的身体感受，是与身体同在的一种特别实际的方法。它帮助你与它密切地在一起，然后当你聆听到它的信息时，去采取行动。身体扫描是一种非常强有力的"重回身体"，因为你常规地觉察、聆听、善待，并系统地拥抱身体的每个部位。当你这样做的时候，你会不由自主地发展出对身体更大的熟悉和信心，而身体扫描中的大部分，你的身体不可避免地、相应地柔软起来，根本不需要你试图去放松或者让任何东西柔软。

* * * *

有很多种与身体共处的练习方法。它们都会强化成长、变化和疗愈，尤其如果带着冥想性觉知去做的时候。从转化身体的能力，以及在做的时候的好感觉来说，其中最强有力的一种练习是哈他瑜伽（hatha yoga）。

与身体扫描、坐姿冥想一起，正念哈他瑜伽是正念减压中使用的第三个正式冥想练习。它包括温和的伸展、强化及平衡性练习，做得非常缓慢，在每一个瞬间里都带着对呼吸的觉知，带着当你把身体带入各种不同的姿势，所谓的"体式"中时所涌现的感受的觉知。减压门诊的很多学员至少在开始时，对瑜伽情有独钟，他们喜欢瑜伽胜过静坐和身体扫描。他们被规律的瑜伽练习所带来的放松和增强了的肌肉和骨骼的力量及灵活性所吸引。而且，在承受了静坐和身体扫描的止静之后几个星期，瑜伽最终允许他们去动了！

它也常允许他们，如他们经常那样，认识到我们做身体扫描时所采用的姿势本身也是一个瑜伽体式，称为"摊尸式"。事实上，据说这是数以千计的经典瑜伽整个系列体式中最难的一个，这数千的体式中有一些我们甚至难以想象自己能够去做到。为什么它被当作是体式中最难的呢？因为它同时既是那般简单，又对全然保持觉醒充满了挑战——向过往而死，向未来而死（这是它被称为"摊尸式"的原因），因此得以在当下全然地活着。

除了这是一种强大的探索身体的方法，帮助身体变得更加柔韧、放松、更加强大、灵活和平衡之外，正念瑜伽也是从中了解到自己，并开始将自己作为一个整体的极其有效的方法，无论你的躯体状况或健康水平如何。虽然它看上去像是锻炼，并传达了锻炼的益处，瑜伽远远不止于锻炼。正念地去做，它是一种冥想，是跟静坐练习或者身体扫描一样的冥想。

在正念减压中，我们带着静坐和身体扫描时同样的态度去做瑜伽练习。我们做的时候，不强求，也不强迫。我们如其所是地接纳我们的身体，在当下，从一个刹那到下一个刹那。在伸展、提升或者平衡的时候，我们学着去与我们的局限工作并安然相处，同时保持时时刻刻的觉知。我们耐心自待。譬如当我们在伸展中达到了我们的局限，我们练习在那个局限中呼吸，在全然不挑战身体以及过度地逼迫身体之间创造出一个空间，并安住其中。

这跟大多数锻炼和有氧操课程，甚至很多瑜伽课程都大相径庭，它们通常只专注于身体在做什么。这些方法往往强调进步，它们喜欢使劲、使劲、再使劲。在这些锻炼课程中，很少留意"无为"与"不强求"的艺术，也很少留意当下此刻或头脑。在完全以身体为导向的锻炼中，给予存在维度的、明确的关注往往很少。而与身体一起工作时，我们对存在维度的关注如同做别的事情时一样重要。当然，任何人都有可能自己会遇见存在，因为它总是在那里。但是，当前普遍的氛围和态度都与这种体验截然相反，因此要去发现存在维度会更加困难。不过，目前情况在变化中，很多瑜伽老师确实会善巧地把正念的指导语整合进教学中。事实上，很多瑜伽老师都练习正念，在冥想中心参加冥想静修。

※ ※ ※ ※

我们中的大多数人需要被允许从行为模式转入存在模式，很大程度上是因为我们自小就受到制约，比起存在，更看重于行动。我们从未被教导过如何去与存在模式工作，甚至如何去找到它。所以，我们大多数人至少需要在一些点上被指明，如何去进入存在模式，并更加可靠地占据它。

靠自身去触及存在模式实属不易，尤其是在那些强烈地以行为和成就为导向的课程中。除此之外，当我们锻炼的时候，我们带着头脑惯常的先占思维、反应性和对周遭觉知的缺乏，这也是困难之处。

去找到并占有存在的领域，我们需要在练习的时候学习和练习动用注意力和觉知的力量。专业甚至于业余运动员现在都意识到了，除非在关注身体时也关注头脑，不然，他们是在忽略个人力量和投入的一整个领地。

即使是理疗，它为那些从手术或慢性疼痛中恢复的人们教导和配备一些伸展性和强化性的练习，通常在教的过程中不注意呼吸，不去运用个人本具的能力，去在伸展和强化练习中放松。理疗师在教人如何做些对身体有疗愈性的事情时，忽略了疗愈中的两大同盟：呼吸和头脑。我们的慢性疼痛病人一再地汇报，当他们在练习中应用正念的时候，他们的理疗课进行得好得多。仿佛他们所被要求做的事情向他们展现了一个全新的维度。他们的理疗师也常常会论及他们所经历的戏剧性的变化。

在舒缓温和的伸展和力量训练中，如瑜伽或理疗中，当存在的领域被积极地培育的话，传统中认为的"锻炼"就被转化成了冥想。有些人无法在更加急速的、以进展为导向的环境中承受同等程度的身体活动，这能够让他们做到，甚至让他们享受它。

在正念减压中，基本的规定是，在做瑜伽的时候，每一个人都要对他的身体信号担当起责任。这意味着去仔细聆听你的身体在告诉你什么，尊崇它的信息，永远宁愿保守，而不过度。没有人能够替你聆听你的身体。如果想要成长和疗愈，你须得自己担当起聆听的责任。每个人的身体不同，所以每个人需要去了知他自身的局限。而去发现那些局限的唯一方法是你自己去小心、正念地探索，在一段较长的时间里。

你从中学习到的是，无论你的身体状态如何，当你把觉知带到身体，并朝着局限工作时，那些局限往往会随着时间后退。你发现，身体能够伸展的边界或你能够保持一个体式的时间不是固定或静止的。因而，有关"你什么可以做，什么不可以做"的想法也不应该是固定或静止的，因为你自己的身体可以教会你个中的不同，如果你自己聆听它的话。

这不是一个新发现。运动员总是在运用这些原则来提高他们的成绩。他们总是在探视他们的局限。但他们这样做是为了到达某处，而我们运用它是为了在我们已经在的地方，并去发现那是在哪里。我们会发现，有些悖论地，我们也会到达某地，但不用不停地用力。

有健康问题的人们以运动员相似的方法来与局限工作非常重要，因为当身体的有些东西"出了差错"时，人们往往会退后一步，并完全不再使用它们。当你病了或者受了伤，这是一个合理的短期保护机制。身体需要休息的时间以康复和复原。

但通常，一个常识性的、短期的答案可能会不知不觉地演变成一种长期的、久坐的生活方式。时间久了，尤其如果身体受伤或有问题的时候，一个受限的身体形象可以潜入到我们的自我看法中。如果对此内在过程没有觉察，我们可能会以这种贬损的方法来做自我认同并相信它。与其去经由直接经验找出局限，我们会根据想法或者担心我们健康的医生或家人所告诉我们的，就去宣称它们是某种样子的。不知不觉中，我们可能在离间我们自己和我们的健康。

这样的想法会导致诸如"走形""过气"、我们哪里"不对头"，甚至"残疾了"等这样的对自我的僵化、固定的看法，足够的原因让我们陷入不动，把身体全部忽略。我们可能会有夸张的信念，认为我们需要一整天卧床，或者我们不能走出屋子，去做事情。这样的观点很容易导致所谓的"疾病行为"。我们开始围绕着对疾病、损伤或者残疾的先占观点来构建我们的心理生活，我们生活的其他部分则被搁置着，不幸的是，它们会随着身体一道枯萎。事实上，哪怕你的身体并没有什么"出错"，如果你不给它足够的挑战的话，你可能会带着一个对身体（和你）能够做什么的高度局限的形象。这份弱化了的自我形象／身体形象只会被超重的负担所复杂化，超重变得越发的普遍了，发达国家发现自己此时正处在肥胖流行的处境中。

对想要更好关照身体的人来说，理疗师有两句特别相关的、很棒的格言。一句是"如果它是躯体的，它就是治疗"。另一句是"如果你不用它，你会失去它"。第一句意味着你做什么并不重要，重要的是你在用身体做着什么。第二句提醒我们身体永远都不会处在一个固定的状态中。它不断地变化，回应着加诸它的要求。如果它从不被要求去弯曲或下蹲或扭曲或伸展或跑动，那么它去做这些事情的能力并非不变，随着时间过去，它实际上会减弱。有时，这被称为是"走形"，但它只意味着一个固定的状态。事实上，你"走形"得越久，你的身体会走形得更糟糕。它会衰退。

这种衰退，被技术性地称为"失用性萎缩"。当身体完全卧床休息，譬如，你在医院里从手术中恢复，它很快地会失去大量肌肉，特别是腿部。你实际上可以看到大腿一天天变得越来越细小了。当不经常使用时，肌肉组织会萎缩。它分解并被身体重新吸收。当你下床开始到处走动并锻炼你的腿时，它们会慢慢地重新强健。

不只是腿部肌肉会因废用而萎缩，所有骨骼肌都会。在那些以久坐为生活方式的人们中，腿往往会变短，失去张力，并变得易于受伤。而且，长时间的废用或者使用不够也可能会影响关节、骨骼、为相关区域供血的血管，甚至供养它们的神经。随着废用，所有的这些组织可能会朝着退化和萎缩的方向，经历结构和功能方面的变化。

在早期的医学实践时代，延长卧床休息是心脏病发作后的首选治疗。现在，在心脏病发作后几天内，人们已经起床，行走并锻炼。因为医学已经认识到，不活动只会使心脏病患者的问题复杂化。即使是一个动脉粥样硬化的心脏也会对常规的、逐渐增强的运动做出回应，并通过变得更加强大的功能而从中获益（如果人们开始低脂饮食，则更能如此。我们会在第 31 章中看到）。

当然，运动的等级需要根据你身体的状况来加以调整。这样，在任何时间里，你都没有超越你的极限，而是在心跳的靶速率范围内工作，这会产生对心脏的所谓的"训练效果"。当心脏变得愈发强大，你逐渐地增加运动。现今，曾经有过心脏病发作的病人复健到能够去完成一个马拉松，跑 26.2 英里（约 42 千米），这并非闻所未闻。

* * * *

瑜伽是一种很棒的运动。这有几个原因。首先，它非常的温和。任何一种身体状况都可以受益，如果有规律地练习，可以对抗失用萎缩的过程。它可以在床上、椅子里或轮椅中练习。可以站着、躺着或坐着做。事实上，哈他瑜伽的关键是它可以以任何一种体位来做。任何体式都可以变成练习的起点。它所需要的一切就是你在呼吸，以及有可能做些自主的运动。

瑜伽是一种很棒的全身训练性运动，可以提高整个身体的力量、平衡和灵活性。就像游泳一样，身体的每一部分都参与并从中受益。用力运动甚至可以获得心血管效益。我们练瑜伽，主要是为了拉伸和加强你的肌肉和关节，唤醒身体的全活动度以及运动和平衡的潜力。需要更大心血管运动的人可以在瑜伽之外，在日常生活中纳入走路、游泳、骑车、跑步或划船。这些运动也都可以正念地做，这非常有利。

也许瑜伽最引人瞩目的是你能够在练习之后感受到有多少精力。你感到疲惫时，可以做一些瑜伽，在短时间内你会感到完全恢复了活力。那些已经连续两周每天练习身体扫描，发现身体很难放松或临在的人们，很激动地发现，在课程第三周做瑜伽时，他们很容易就进入到深度的放松，以及体现临在；几乎不可能不是这样（除非你是在对付慢性疼痛，在这种情况下你须得特别小心地接触瑜伽，小心自己做些什么，这个我们稍后就会看到）。他们还发现，一般来说，他们在做瑜伽时保持着清醒，体会到一份止静与平和，那是在做身体扫描时没有体验过的，因为他们在身体扫描中睡着了，或者无法集中注意力。一旦当他们有了这种体验，很多人开始对身体扫描也有了更积极的感觉。他们对身体扫描有了更好的理解，在做的时候，更容易地保持清醒并与每一个刹那的体验保持接触。

我几乎每天都做瑜伽，并已经这样做了45年多。我起床，在脸上泼些冷水，以确保自己清醒。接着，我经由做瑜伽，正念地与身体相处。有些天里，我在练习的时候，觉得简直就是在把我的身体重新组装在一起。别的日子里，并没有这样的感觉。但总觉得我了知我今天的身体如何，因为我在早晨就花了些时间与它在一起了，与它一起，滋养它，让它更有力，伸展它，聆听它。当你有身体上的问题和局限，永远不太知道身体在某一个特定的日子里将会如何，这种了知的感觉非常令人安心。

有些日子里，我会做15分钟，就是一些基本的背、腿、肩和颈部的运动，特别当我需要早出门工作或需要旅行时。大多数时间我会练习至少半小时或一小时，用一套我觉得特别有益的、常规的体式和运动，这是我从聆听身体并感受在任何一个时刻它的需求所发展出来的。当我教授瑜伽的时候，我的课通常有两小时长，因为我想让大家有足够的时间，探索各种体式中的局限，享受将他们自己锚定在身体中的体验。但是即便是5分钟或10分钟一天的常规练习也会是非常有用的。如果你的意图是将自己沉浸在正念减压课程中，或者在考虑这样做，那我建议你每天练习45分钟，从第三周开始，一天做瑜伽，一天做身体扫描，如此交替，就如同我们的病人那样，如第10章中所描述的那样。

* * * *

瑜伽在梵语字面意思是"轭"。瑜伽的练习是将身体和心灵联结或统一在一起的做法，这真正意味着首先要穿透到身心不分离的体验中。你也可以把它当作是联结个人与整个宇宙的体验。这个词还有其他一些特定的含义，在这里跟我们没有关系，但基本的推动力总是相同的：实现连通性、不分离、整合。换句话说，经由有纪律的实践来实现完整。轭的意象与我们所说的记得（re-minding）和重新回到身体（re-bodying）非常契合。

瑜伽的麻烦是谈论它并不会帮助你去做，书中的指导语，哪怕在最好的境况下，都无法真正地传达练习它时的感受。正念练习瑜伽的一个最享受、最放松的面向是你的身体从一个体式流动到下一个体式，以及仰卧或俯卧时一段时间的止静。无论书有多棒，这无法在书中插图或描述与躺在地上的身体之间来来回回地实现。因而我们强烈建议，如果你在跟随正念减压课程的话，或者就是被正念瑜伽吸引的话，你可以开始使用正念瑜伽的指导语音频。你所要做的一切就是播放一段音频，让它引领着你去做各种不同的体式。这得以让你自由地去练习，把你的精力投注到每个时刻里对身体、呼吸及心念的觉知的培育中去。本章中的插图及描述随后可以被用以澄清你可能有的任何不确定，并补充你自己的理解，而该理解最多的来自于你投入练习本身所获得的体验。一旦你知道需要投入什么，你就可以自己继续，不需要我的引导，并且可以自己组合不同的体式序列。

在正念减压中，我们往往很慢很慢地做瑜伽，仿佛是在每一个时刻里对身体的探索。由于我们是与带着身体疾病的患者进行练习的，所以我们只使用很少一部分体式，目的是介绍这种通往身体更大觉知以及身心更大联结的值得敬重的入门。我们有些病人非常喜欢它以至于后来跟随某种流派的瑜伽来练习，这些流派都有着不太一样的方法，有些挺有氧的，强度大，甚至挺像杂技的。但我们的目标是把我们做的瑜伽看作是一种冥想的形式。当然，所有瑜伽被正确理解的话，都是冥想。同样的，在瑜伽和生活之间也没有分离。生活本身是真正的瑜伽练习，你的每一个身姿，如果它被抱持在觉知中，则都是一个瑜伽体式。

在坐姿冥想中，我们已经看到身体姿势的重要，你按某种方式放置身体可以对你的心理和情绪状态即刻产生影响。留意身体以及身体语言，包括面部表情以及它们所揭示的你的态度和情感。经由调整身体的姿势，就可以帮助你改变你的态度和情感。有时哪怕是简单的，以某种特别的姿势把嘴弯起来成半个微笑，也能够引发幸福和轻松的感觉，这种感觉在动用脸部肌肉去模仿微笑前并不存在。

当你做正念瑜伽时，记得这一点是很重要的。每一次，当你有意识地去摆出不同的姿势，你实际上是在改变你身体的方向、体态，因而也改变了你的内在视角。所以，当你做瑜伽时，可以把所有的体式看作是正念练习的机会——对你的念头、情感和情绪状态，以及在伸展及举起不同身体部位时的呼吸和其他相关的感觉。最终，它永远是同一份觉知，无论动静，无论使用哪一个练习。从某种意义上来说，正念减压的不同形式的练习，包括瑜伽体式，都是通往同一个房间的不同的门。因此，如果有些体式不适合你，你可以随意地跳过去。你总是可以稍后再回来。记着，这有可能是一个终生的投入，如果不是为了别的原因，而是为了你和你身体的关系，也是个好理由。

譬如，枕着头部、颈部及肩部的后面，将身体倒蜷成胎儿式（图6-1第21式），可能不是一个很容易进入并保持的体式。事实上，你可能觉得不太可能。请将它看作是可选择的，如所述，相应地可以以第9和第10个体式来替代。而且，如果你有任何颈部问题或者高血压，不建议做这样一个倒过来的姿势。如果你不担心这些，觉得可以没有压力地、很容易做到，那么，这个体式可以提供一个显著而受人欢迎的视角的改变，并可以导致积极的情绪变化，当它伸展下背，在每个时刻里，可以让你为身体的内在体验提供一个不同的角度。每一个体式都如此，如果你愿意带着全然的觉知将自己交给它们的话，即使是几分钟时间。如果带着适好的警惕和尊重,除了他们可能对身体带来的躯体上的效果外,它们可以改变视角,可以放大视角。它们可以邀请和触发更大的具身体现。

瑜伽体式序列

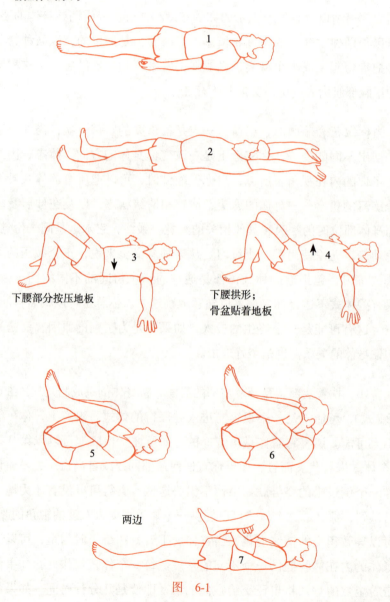

图 6-1

图 6-1 （续）

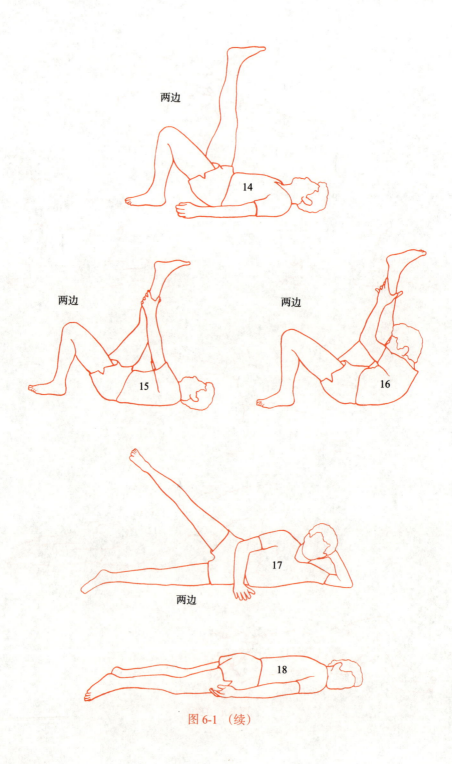

图 6-1（续）

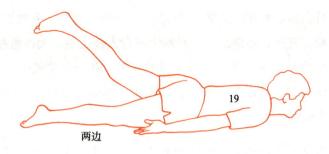
两边

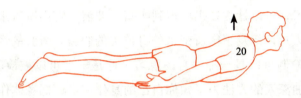

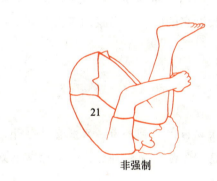
非强制

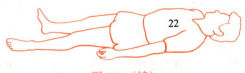

图6-1（续）

哪怕是你坐着的时候，简单如你用手做什么（你如何安放它们，掌心是朝天花板打开的，还是向下合在膝上或者大腿上的，大拇指有无触及）都可以在某个特定的体式中带来不同的效果。在一个体式中，实验诸如这些不同的变化，可以发展出对能量在体内流动的觉知，这可是一个非常有收获的领域。

练习瑜伽时，当你采取不同的体式，并在体式中停留片刻，你应该多加留意，在每时每刻里全然关注，你对身体的看法，对念头的看法，以及对整个自我的看法都可以改变，这些有时可以是非常微妙的。以这种方式练习，可以让内在工作得到丰富、伸展，它们所带来的益处可以远远超过力量训练及平衡所带来的身体上的收益。依我的经验，这类温和的正念瑜伽可以是一种终身的练习。这是一个可以被检验的实验室，可以以愈加深入的方法去了知你自己的身体。当你把身体作为最终的仲裁者来加以尊重，由它来决定在特定的一天里，你应该做什么（带着医生对你的建议，如果合适的话。如果你有瑜伽老师的话，则带着瑜伽老师的建议）并自在地去接近它的时候，当我们老去之际，它会产生持续性的、丰富的启迪。

如何开始

1. 在地板的垫子上以摊尸式仰躺着。双腿自然分开，双臂自然安放在身体两侧。如果你无法仰卧，那么你可以以你能够做到的方式躺着。

2. 觉察呼吸的流动，并在每一次吸气和呼气时，留意腹部的起伏。

3. 稍事感觉身体作为一个整体，从头到脚，包裹着你的皮肤，以及身体与地板接触处相关的感觉。

4. 如同坐姿冥想和身体扫描那样，尽量把你的注意力聚焦在当下此刻。当它飘移的时候，把它重新带回到呼吸上，在将它放下之前，先留意一下是什么将它拉走或者此刻你的头脑里有什么。

5. 尽力把你的身体放置成在后面几页中所展示的体式，当你聚焦于腹部的呼吸时，尝试在每个体式中待一会儿。图6-1和6-2是正念减压中常用的体式，供你参考。

6. 当你在每个体式中时，觉知身体不同部位所体验到的感觉，如果你想的话，在某个伸展或体位中，可以将呼吸导向感受强度最强的部位。这里的理念是在每个体式中，你尽量放松，并与你所感觉到的共呼吸。

7. 如果你知道某个运动会令某个你可能有的问题加剧，请随意地跳过任何一个体式。如果你有颈部或者背部的问题，见见你的医生、理疗师或瑜伽老师是很要紧、谨慎的。这是一个你须得应用你的判断，并对自己的身体负责的地方。课程中有很多有背和颈问题的人都汇报说他们至少可以做当中的一些体式，但他们做的时候，十分小心，不会去强推、用强力或强拉。虽然这些练习相对来说比较温和，如果系统地去练习的话，随着时间过去，这些体式具有疗愈性。同时，它们也出乎意料地强有力，如果不是慢慢地、正念地、循序渐进地去做的话，可能会导致肌肉的撕拉以及更加严重的挫折。

8. 不要与自己竞争，如果你这样做的话，加以注意，并将之放下。正念瑜伽的精神是在当下此刻的自我接纳。这里的理念是温和地、爱意地、带着对身体的尊崇，来探索自己的局限。不要为了明年夏天你看上去更好或者让泳衣更合身而试图去突破身体的局限。如果你坚持练习，这样的结果很可能会自然发生，但它们与不争以及如其所是地善待你的身体的精神不符。更有甚者，如果你倾向于在当下突破你的局限，而不是去放松和柔软地进入体式，你有可能最终伤害到自己。这只会让你退步并阻碍你保持练习，这样的话，你可能会发现自己在责备瑜伽，而没有看到导致你过度去做的那份力争的态度。有些人往往会进入到一种恶性循环中，当他们感觉良好、充满热情的时候，他们会过度地练习，随之什么都不能做，并感到受挫。因此如果你有这种倾向的话，值得你密切注意，宁愿保守一点。

9. 由于页面的关系，虽然没有在图6-1和图6-2中显示出来，你应该在体式与体式之间休息。根据你在做什么，你可以仰躺在摊尸式中，或者采用其他舒适的姿势。在这些时间里，留意从一个瞬间到下一个瞬间里你呼吸的流动。在吸气时，感觉腹部微微地扩展，然后在呼气时，感觉腹部朝脊柱方向回落。如果你躺在地板上，随着每一次呼气，当你越来越深地落入到垫子中时，感觉到肌肉的放下。当你融入地板的时候，带着全然的觉知，驾驭你的呼吸之浪。当你如图6-2那般，在站姿中休憩的时候，你可以以同样的方式去练习，每次呼气时，感受脚与地板的接触，双肩下垂。在这两种情况中，当你放松肌肉，继续驾驭呼吸之浪时，允许自己去留意并放下你可能有的任何念头。

10. 当你练习瑜伽的时候，记住两条原则你可能会发现有益。第一条是当你做任何一个会收缩腹部和身体前部的运动时，你呼气；当你投入到身体前部的扩展，收缩背部的时候，吸气。譬如，当你仰卧着抬起一条腿时（见图6-1，体位14），你抬腿时，你应该呼气。但如果你是俯卧着抬腿的话（见图6-1，体位19），你应该吸气。这仅仅适用于动作本身。一旦腿抬起来了，你就去继续观察呼吸自然的流动。

另一条原则是沉浸入每个体式中并持续足够长的时间，并向体式放松。理念是让你自己温和地进入到每个体式，并带着全然的觉知"安然地驻扎"其中（哪怕在开始时就只是几口呼吸），跳过那些你的身体告诉你此刻还不适合你的那些体式。如果你发现自己在与某个体式纠结和对抗，看看你能否只是安住于对呼吸的觉知中。开始时，你可能发现，在某个特定的体式中，无意识间你在很多部位支撑着自己。过了一阵子，你的身体会以某种方式认识到，你会发现你更多地向那个体式放松，更多地沉浸入其中或向其伸展。每一次吸气，全方位地向体式伸展。每一次呼气，向体式更深地融入，与重力为友，让它帮助你探索当下的局限。试图不要涉及与你所做的不需要涉及的肌肉。譬如，当你留意到自己面部紧张时，尝试去放松它。

11. 所有时候，都要沿着身体局限或在局限之内工作，带着去观察和探索身体能做的以及它所说的"现在停下"之间的边界。永远不要超过局限去伸展，而导致疼痛。当你密切地、温和地、谨慎地接近你局限的这一边时，有些不适是难以避免的。但你须得学习如何缓慢而正念地进入健康伸展区带，这样可以滋养你的身体，而非损伤它，当你爱意而正念地探索并拥有你的身体，并开始从内在了知它能够做什么时。

12. 再一次地，如身体扫描那样，最重要的一点是下到地板和垫子上去练习。练习多少，练习多久，并不比你为它留出时间来更重要，如果可能的话，每天都如此。

瑜伽体式序列

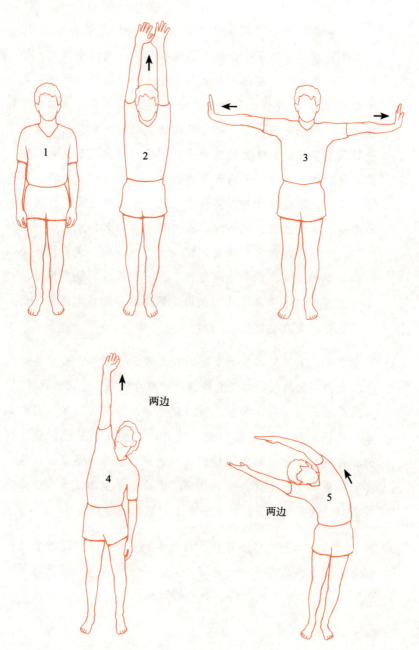

图 6-2

肩部运动：先向前，后向后

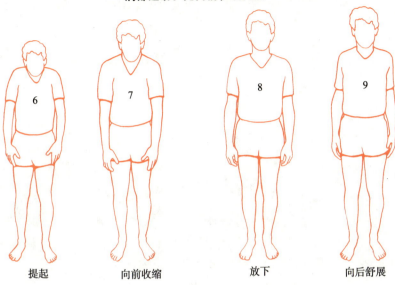

提起　　　　向前收缩　　　　放下　　　　向后舒展

颈部运动：先一个方向，后另一方向

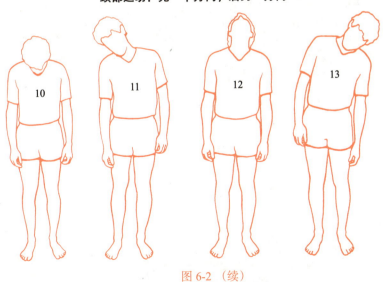

图 6-2（续）

图6-2（续）

108　I　正念练习

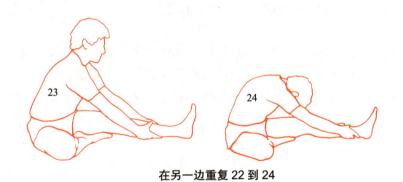

在另一边重复 22 到 24

图6-2（续）

Chapter 7
第 7 章

正 念 行 走

    一个把觉知带入到日常生活中的简单方法是练习正念行走，或者更正式地说，是行走冥想。如你可能猜到的，这意味着当你投入于行走中时，把你的注意力带入到行走的切实体验中。它意味着单纯地行走，并知道你在行走。它并不意味着你去看你的脚！

    当你练习正念一段时间之后，你会发现一件事情，那就是没有事情如看上去那般简单。这对正念行走以及其他的一切同样如此。举一个例子，我们带着我们的头脑行走，因而我们通常在某种程度上陷于自己的念头中。我们极少纯粹地行走，即使我们是"就是去走走"。

    通常我们因某个原因而行走。最常见的就是我们需要从一地到另一地，而行走是最好的方法。当然，头脑往往想着它想要去哪里，以及一旦它到达了那里该去做什么，它迫使着身体服务于它，去把身体带到目的地，如此而已。所以我们通常说身体只是头脑的司机，心甘情愿地（或者勉强地）搬运它，照章办事。如果头脑处在匆匆忙忙中，那么身体也会赶。如果头脑被它确定有趣的东西所吸引，那么头会转动方向，身体也可能转向或者停下来。当你行走时，各种念头，一如既往地，如瀑布般经由你的头脑，就如同你在静坐和呼吸的时候那样。一般来说，对这一切的发生，我们都只有极少的觉察。

行走冥想涉及有意识地去观照行走体验本身。它涉及聚焦于脚或腿的感觉，或者，可以交替地，去感受你整个身体的运动。你也可以整合对呼吸的觉知以及行走的体验。

我们从直立开始，并觉察到身体作为一个整体站立着，当然，也呼吸着。在某一点上，我们开始觉察到想要开始行走的冲动，我们留意那份初始的冲动。我们也留意到，为了准备抬起一只脚，当重心开始转向另一只脚，这另一只脚则需要保持平衡。当一只脚抬起、向前移、然后放回来，与地板或地面接触的时候，我们继续觉知身体的感受。这样我们就开始行走，一步一步，带着对步伐的整个循环的全然的觉知：提、移、放、转换重心。我们并不需要对自己说那些话，而只要我们对行走中的脚、腿和整个身体保持接触。在正念减压中，我们往往会走得特别慢。这样，我们可以真正地体验步伐的各种不同的面向，当该说的都说了，该做的都做了，这就是一个持续性的、掌控下的身体前倾和抓住自己的循环。

正如同我们已经在探索的所有其他的正念练习一样，我们的心念会从脚或腿或身体作为一个整体在行走上飘移开。在那个瞬间，当我们觉察到了散乱，我们只需留意头脑上有什么，然后把它温和地带回到行走中。或者，我们索性完全停下来，让自己凝神，感觉身体站立着、呼吸着，然后再次开始行走，再一次地觉察到想要开始的冲动。

当我们练习行走冥想时，为了加深我们的专注力，我们不四顾张望，而是把目光凝望在前方。我们也不需要朝下看脚，它们知道自己如何行走。正在培育的是一份内在的观察，就是与行走相关的体感，别无其他。那并不意味着正念行走须得是阴沉或严肃的。我们可以接近它，如同对所有的冥想练习，轻轻触碰，安然自在。终究，它并不是什么特殊的东西，只是行走，并知道你在行走。因而，它也是非常特殊的。

因为我们往往无觉知地生活，我们把诸如行走这样的能力想当然了。当你开始对它更多关注的时候，你会理解由于我们两脚的表面积很小，它是一种令人惊奇的平衡运动。我们在幼儿时，花了大约一年时间，才准备好去学习这个动态平衡的移动。如我们已经留意到的，其根本上是一种精妙的协调和优雅地往前并抓住自己。

虽然我们都知道如何行走，如果我们知道有人在观察我们或甚至知道是我们自己在观察自己，我们就会有这份自我意识，感到别扭笨拙，以至于失去平衡。这就好像，如果自己观察，我们在行走的时候并不知道我们在做什么。你可以说我们甚至不知道如何行走！有抱负的演员须得重新学习走路，当他们"就是走"，就是要如何在舞台上过场。即使是行走也不那么简单！

在医院里的任何一天里，都有很多人因为受伤或者疾病而不能行走，有些人则永远都不能行走了。对所有这些人，仅仅是不在帮助下走一步（不是行走在走廊或者走出车子）都是一个奇迹。但我们几乎不会去赞叹行走的奇迹。

最为重要的，当我们投入到正念冥想练习的时候，记着我们并不尝试着要去任何地方，这一点很有帮助！我们只是邀请自己去实验待在此刻我们已经在的地方，与这一步在一起，而并非走在我们自己的前头。

我们在正式的行走练习中并非尝试着要到达哪里，为了强化这个信息，我们在房间里绕着圈子走，或者在走道里前前后后地走。这有助于安顿心念，因为它切实地没有地方可去，没有发生着的趣事在娱乐心念。你绕圈走或者前前后后走；在这些情况下，心念可能就会理解没有必要急于到达那里，它可能就愿意处在每个当下你所在的地方，每一步，感觉脚的感受，触摸着肌肤的空气，整个身体在与呼吸的协调中行走着。

这并不意味着你的心念就会与你、与每一步在一起的意图相处良好太久，并不意味着不用同心协力就能保持它的聚焦。可能很快你就发现心念在藐视这整个的练习，骂它愚蠢、无用，像傻瓜。或者你的心念开始跟步调或平衡玩起了花样，或者让你东张西望或者想着别的事情。但是，倘若你对正念行走练习的承诺足够强大，很快就会觉察到这些冲动，并只是单纯地留意，然后把注意力带回到脚和腿，以及整个身体的行走中。从对腿和脚的觉知开始，并练习一段时间是个好主意。然后，当专注力增强，你可以把觉知的视野拓展，去包括整个身体在行走和呼吸的感觉。如果你想的话，也可以包括进脸和肌肤上的空气，你眼前的景象，以及周边的声音。记着，无论你聚焦于哪个特定的目标上，这都是同样的觉知，这份觉知可以在每一个瞬间以及所有瞬间里抱持行走的整个体验。

你可以以任何一种节奏练习正念行走。我们有时走得很慢，以至于一步就要花上一分钟。这会允许你从一个瞬间到下一个瞬间里真正地与每一个运动在一起。但我们也以一种更加自然的步子练习。在课程第六周的一日静修中（将在下一章中描述），有时，我们也以一种很快的步伐进行行走冥想。如果你试试，你会发现，与每一步都在一起，并非那般容易。但你可以把觉知转换到身体作为一个整体在空间移动的感觉上。因此，即便很赶，你也可以正念，只要你记得。

开始把行走作为一个正式的冥想练习时，形成一个行走一段特定时间的意图是有帮助的。譬如说十分钟，在某个你可以慢慢来回走动的走道里。为了保持强大的正念，把注意力集中在行走的某个方面，不要变来变去是个好主意。因此，举个例子，如果你决定对脚加以注意，你可以实验在整个行走过程中把注意力放在脚上，而不换到呼吸或腿或整个步伐上。因为来来回回没有明显目的地行走在别人眼里可能很怪，特别当你走得很慢的话，所以你应该在某个不被看到的地方走，譬如你的卧室或起居室。选择一个可以将专注的能力最大化的步伐。在不同的时间里这可能会有所不同，但总的来说会比你正常行走要慢一些。

一个年轻的女子是如此神经质，以至于在开始减压课程时她无法承受任何止静。当我们讲话时，她无法保持安静，她会抽动、来回走动以及敲打墙，或者不停地拨弄桌子上的电话线。练习身体扫描和打坐，哪怕是很短的时间，对她都是不可能的。即使是瑜伽也太静止了。但是，尽管有着如此极端的焦虑，这个女子直觉地知道，对她来说，与正念的联结是通往理智的道路。只要她能够找到一个方法来做。结果行走冥想成了她的生命线，当事情全然失控，她投入与她的恶魔较量的时候，她用行走冥想来锚定她的心念。渐渐地，她的情况在几个月、几年之后开始改善，她也可以参与到其他的练习中了。当所有其他练习都不可能的时候，行走冥想对她起了效用。如同静坐或身体扫描或瑜伽，正念行走可以是一个强大的冥想练习。

当我家的孩子们还年幼的时候，我做了很多"强化式"的行走冥想。它发生在晚间我的家里，把他们中的一个背在我肩上。来来回回，来来回回。由于我反正须得带着他们在地板上走，我把它当作一个冥想的机会，帮助我百分之百地全然临在于正在发生的事情上。

当然，我的头脑抵抗着在晚间要起床。它不喜欢睡眠剥夺，极其需要重新回到床上去。每个家长都了知这是怎么回事，尤其是当孩子生病的时候。

事实是我须得起来。因而，在我的头脑中决定"那就完全地起来"是有道理的——换句话说，练习全然地临在，抱着婴儿，慢慢地来回走动，并放下我是否想这样做的想法。因此，有时候感觉像走了几个小时。正念练习让原本就应该做的事情变简单了很多，在那些时候里，它也让我与孩子有了更加紧密的接触，因为在我觉知的视野中，也包括进了小身体舒适地在我肩上或者怀里，我们的身体在一起呼吸的感觉。当一个家长全然临在的时候，孩子能够经由他的身体感觉到那份平静、临在和爱，这对孩子来说是非常令人放心和舒适的。

在你的生活中，总会有这样或者那样需要你行走的处境，无论你是否喜欢。这些都是绝佳的机会，将觉知带到行走中，因而可以把它从一件无聊的、几乎是无意识的琐事转化得丰富而有滋养。

一旦你把正念行走作为一个正式练习来加以练习，你就会有一些经验，知道这个中需要投入些什么。你会发现在很多不同的处境中，你都能够做不那么正式的正念行走。譬如，当你停车、到店里去购物或者跑腿时，这是尝试带着连续性的觉知去行走的好机会。太多时候，我们感觉到被迫地从一件琐事到下一件琐事奔忙，直到我们把所有的事情都办好了。这可颇耗精力，甚至令人郁闷，因为我们发现总是去同样的老地方非常的单调。头脑渴望新鲜事物。但如果我们在这些日常任务中，把觉知带入行走，它会切断自动导航模式回路，令我们平常的体验更生动、更有趣，最终让我们更加平静，不至于那么疲惫。秉承这个精神，完全不去碰你的手机，只是全然临在于你所在做的事情上是一个好主意。如果那不可能，那么至少，把进出的电话尽量保持在最少量。

我平日里练习正念行走通常是与身体作为一个整体的行走感和呼吸感保持协调一致。你可以按照正常的步子走，或者你可以比往常走得稍慢一些，以便更加专注。如果你这样做的话，没有人会留意到不同寻常，但它可能在你的心态上带来很大的不同。

我们的很多病人常规地以行走作为练习。他们发现，当他们有意地对走每一步时的呼吸、脚和腿加以觉察时，他们更加享受行走了。有些人每天一早规律地这样做。约翰，一个44岁的股票交易员，两个孩子的父亲，因为特发性心肌病（一种没有被很好理解的、非常危险的、可以令心脏变弱、扩大，造成心肌，心脏肌肉本身扩大而功能变差的疾病）而被转介到减压门诊来。按他自己的描述，当他来到正念减压课程的时候是一个"残骸"。在经历了心脏的严重问题，这个两年前的诊断把他送入了深度抑郁以及自我破坏性的行为中。那时他的态度是"我总归是要死的，何苦去照顾好我自己呢？"他爱上了所有对他不好的东西，譬如，酒精、高脂高盐的食物。剧烈的情绪波动会触发焦虑及随之而来的呼吸急促的恶性循环。那时他会吃他明知不该吃的食物。这些行为常常会带来严重的肺水肿（一种肺里面充填着液体的危险情况），需要住院。

在他那个班 3 个月的随访课程中，他汇报说当他开始这个课程的时候，他一直无法行走超过 5 分钟。当它结束的时候，他早晨 5:15 起床，在上班前每天正念行走 45 分钟。现在，3 个月后，他还在这样做着。他的脉搏降低到每分钟 70 次以下，他的心脏科医生告诉他，他的心脏缩小了，这是很好的迹象。

6 个月后，约翰电话告诉我他的练习进行得很好，对他依旧"行得通"。他说他知道是因为最近生活中有很多压力，而他觉得他应对得很好。他的母亲几个星期前去世了，他觉得他能够接受她的死亡，在整个时间里都保持清醒，并帮助家人一起面对它。他也刚结束为了一个专业考试所做的高强度学习，在那段时间里他每晚只能睡 3 小时。他说冥想练习得以让他度过这段时间，而不用去靠药物来治疗他的焦虑。他每周有三晚继续跟着指导语音频身体扫描——在那些日子里，他一下班回到家里，就立即上楼去做。他说，在减压课程之前，他有两年时间为自己感到难过。他只会待在家里，对自己说："哦，上帝啊，我正在死去。"现在，他每天早晨都会出门散心，即使是在新英格兰寒冷的冬季里，每天他都觉得自己愈发健康了。他的心脏科医生最近告诉我，正念对约翰来说是一件完美的事物。根据医生所说，约翰须得在生活中非常正念。当他对生活的每一个层面都加以关注的时候，他就很好。当他不那么正念时，他就可能在不知不觉中触发一次严重的医疗紧急情况。

在同一个 3 月后的随访课堂上，另外几个人说冥想提高了他们行走的能力，并更加享受行走了。罗斯说，自从课程结束后，她一直在规律地练习行走冥想,她通常聚焦于触觉上,譬如太阳照在皮肤上时的温暖或者风的感觉。凯伦,一个40多岁的女士,汇报说,作为她的冥想练习,她每晚走三四英里。她已经有22年完全没有规律地锻炼了,她对"又能用她的身体"而感到高兴。

总结一下,任何你发现自己在行走的时候,都是练习正念的好时间。但有时,也可以寻找到一块空地,正式地去做,走得稍微慢一些,前前后后,一步一步地,一个瞬间一个瞬间地,温和地行走于大地上,与你的生命同步,就在你所在的地方。

Chapter 8
第 8 章

一日正念

这是新英格兰6月初的一个美丽早晨。天空湛蓝，万里无云。上午8：15，人们开始到达医院，带着睡袋、枕头、毯子和午餐。比起医院病人，他们看上去更像是一群露营者。教职员工会议室里布置好了直背的塑料和金属椅子，沿着屋子四周，围成一个正方形。8：45，在这个宽敞、友善、阳光气的房间里，有120个人把他们的衣服、鞋子、手提包和午餐放在椅子下，然后坐在椅子或者散在房间四处的五彩缤纷的冥想垫上。大约有15个人已经完成了减压课程，我们称他们为"毕业生"，回来参加一日静修，或许他们错过了第一次。山姆，74岁，和他40岁的儿子肯一起来。两人都在前几年上过该课程，此次决定回来"充电"。他们觉得一起来会比较有趣。

山姆看上去棒极了。他是一个退休了的卡车司机，当他过来拥抱我，并表达回来让他多幸福时，他笑得合不拢嘴。他短小精干，看上去轻松快活。他与两年前首次来参加我的课程时的那个疲惫、紧张、愤怒的人大不同了，那时他的脸紧锁着，特征性地咬着牙关。我回想起他的怒气问题，以及他对妻儿如何的严苛。他自己承认在退休后，在家里是家人曾经"几乎无法与他一起过日子""(觉得他)真是婊子养的",而在人前却是个好好先生,我惊叹于这份转化。

我评论他看上去有多棒,他说,"乔恩,我是一个不同的人了。"他的儿子,肯,点头赞同,说山姆不再是一个怒气冲冲的、易感的、无法接近的人了。如今,他和家人相处和睦,在家里很幸福、轻松,甚至很随和了。我们在课前聊了一会儿,在9点整,我们开始进入正事。

当诊所的教员们准备好开始这一天时,我环顾了一下房间。除了如山姆和肯一样的毕业生外,其他人都在正念减压课程的第六周中。他们在今天之后还有两周课要上。为了这一天的静修,我们把本周六门诊中不同的课程全合并起来了。这是课程必需的一部分,总是在第六和第七周之间发生。

房间里有几个医生,他们都参加了课程。一个是高年资的心脏病学家,决定在转介了一个病人之后,自己也来参加。他穿着一件截短了的橄榄球球衫和运动裤,和我们一样,脱了鞋子。与他平日医院里白大褂、领带,以及露在袋口外的听诊器的打扮很不一样。今天在房间里的医生就是普通人,虽然他们在这里工作。今天他们只为自己而来到这里。

诺玛·罗斯路今天也来了。她第一次是作为疼痛病人来参加课程的,与我们在第5章中所遇见的玛丽在同一个班里。现在她在诊所办公室里工作,是我们的秘书和接待员。很多年里,诺玛是这个诊所的核心。病人由医生转介过来后,她通常是第一个与他们介绍课程的人。因此她在某个时间里几乎与房间里每一个人都交谈过,通常为他们提供安慰,让他们放心,给予他们希望。她工作时如此优雅、平静和独立,以至于我们没有留意到她实际上做了多少工作,以及她的工作对确保一切顺畅地进行有多么关键。

当她带着面部疼痛和头疼的诊断,作为病人第一次来的时候,她如同发条机一样,至少每月一次来到急诊室,带着她无法忍受又没有别的办法缓解的疼痛。她是个理发师，每周工作几次，但由于疼痛，她不断地误工，这种情况已经有15年了，并为此寻找过很多专家。在减压门诊，在一段相对短的时间里，她能够经由冥想来控制她的疼痛，而无须上医院以及服药。接着她开始为我们做义工，时常来帮一下忙。我最终说服她接受工作来做我们的秘书和接待员，虽然她是一个理发师，不会打字，对办公室工作也一无所知。我觉得她是这份工作的最佳人选，因为她自己了解诊所，比起只把这份工作当作一份"工作"来做的人来，她能够以他们无法做到的方式与病人交谈。我认为她可以学习打字，学习去做此份工作所需的其他事情，而她确实做到了。不仅如此，自从她来诊所工作以来，在头几年里，只有很少几天她因为头面部疼痛而没来上班，之后就没有过。当我此刻看着她，我惊叹不已，看到她在这里，我感到非常高兴。她是用自己的时间来与我们一同练习。

当我环顾房间四周，我看到各种年龄。有些人有了闪亮的银发，有些看上去25岁模样。大多数在30～60岁之间。有些拄着拐杖或手杖。艾米，一个几年前的课程毕业生，患有脑瘫，自从她上了该课程后，她坐着轮椅，从未错过任何一次整日的课程。而今天她不在，我感觉到了那份缺场。她最近搬到波士顿去了，在那里上研究生。她昨日来电说她无法来了，因为她没有找到能够一整天陪她一起来的人。她有自己的车，带有特别的轮椅提升器，但她需要另一个人开车。当我环视着这一圈脸的时候，我觉察自己在回想每次她来参加一日课程时，她全然参与所有活动的那份决心，即使这意味着让我们中的一人喂她午餐，擦嘴，带她去洗手间。对我来说，她的勇气、坚持和对自身状况的那份坦然，成了该整日课程意义的一部分。这次她不能来，我有些难受，因为她总能经由她的存在教会我们很多。虽然有时当她说话时，大家难以理解她，在一天结束时，她发言、问问题以及分享体验的那份意愿和勇气对我们所有人来说是一份激励。

9点钟，我的同事和朋友萨奇·桑托瑞利（Saki Santorelli）欢迎大家并邀请我们静坐，那就是要开始冥想了。当他讲话时，房间里每个人话语声稍微安静了一些，而当他提议我们在椅子里或者地板上坐直，来到我们的呼吸的时候，这些声音则完全地消失了。当120个人把注意力带到他们的呼吸上时，你确实能够听见房间里升起的静默的波浪。静默逐渐地增强。我总是为之感动。

就这样，在这个美丽的星期六，我们开始了6个小时的止语正念练习。所有人都有可能在今天做些别的事，但我们都选择一起来到这里。在这一整天里，我们练习在每一个当下的专注力，善待着自己的心和身，温和地探索着内在和外在可能展现的一切，我们可能加深着保持止静、纯粹地安住于觉知中的能力，换句话说，只是在我们自身的存在中放松，只是临在。

经由来到这里，我们极大地简化了我们今天的生活，萨奇在第一个静坐后解释说。来到这里，我们做了选择，选择不在周末里做我们四处奔走着惯常做的事情，譬如跑腿、打扫房间、出门或者工作。为了进一步简化我们的生活，以让我们从这特别的一天中获得最大的益处，萨奇此刻在回顾今天的一些基本规则，当中包括不交谈以及不作目光接触。他解释说这些规则会允许我们更深地进入到冥想练习中，为正念功课保持能量。在6个小时密集的"无为"中，就是坐、行走、躺着、进食和伸展，很多不同的情绪会浮现。我们喜欢强调，无论在这一天里呈现什么，都会成为这一天事实上的"课程"，因为它已然在这里了，已然呈现了，所以这就是我们要工作的。很多涌现的情感可能蛮强烈的，特别当所有通常的出口诸如说话、做事、走动、阅读或者听收音机等都被有意地搁置，不能够成为出口或者分散注意力的东西时。有些人在一开始就觉得该整日课程非常愉快，而对另外一些人，如果有放松和平静的时分，也有可能穿插着一些别的不那么愉悦的体验。在时间较长的伸展中，身体上的疼痛可能积聚起来；同样的，情感上的痛苦或不适，也可能以焦虑、无聊，或为来到这里而不是在别处而感到内疚，特别是那些需要放弃很多才得以来到这里的人。所有这一切都是课程的一部分。

与其跟我们的邻座对这样的感觉加以评论，或许还有可能搅动别人的体验，令我们自身的情感反应更加复杂，萨奇告诫我们，今天就是去观察所呈现的一切，纯粹地去接纳每一个当下的情感和体验。静默和目光接触的禁止可以支持我们内观和接纳自我的过程，他说。它们会帮助我们对来来去去的身心体验，即使它们可能会是忧伤或痛苦的，变得更加亲密和熟悉。我们不能与邻座来讨论它们，我们也不能抱怨或者评论事情的进展或者我们的感受。我们能做的就是与事情如其所是地在一起。我们可以练习保持平静。我们可以练习为所来的一切铺展迎宾毯。我们可以以完全一样的方式练习冥想，如在过去六周里在正念减压课程中所练习的一样，只不过现在是在一段延长的时间里，在更加密集，可能更有压力的情境下。

萨奇提醒我们，我们有意地留出时间，以便让这个过程发生。这是一日正念，与我们自己在一起的一天，以某种我们通常没有时间来做的方式，由于我们所有的责任、纠结和忙碌，同时也因为，说到底，在很多时间里，我们并没有对自身的存在加以太多的关注，尤其当我们受伤时，也因为一般我们都不那么喜欢止静。因此，当我们拥有一些"自由"时间时，通常会倾向于立即用一些事情来填满它，以让我们有事做。我们娱乐自己，或者让自己分心以"打发"时间，有时我们甚至谈论以"消磨时间"。

今天将是不同的，他总结道。今天，将没有任何提示来帮助我们消磨时间或者让我们分心。我们将带着从课程中所学到的一切，带着五个星期来的正念练习。这里的邀约是：当我们练习与呼吸、行走、伸展在一起，与老师们的引导语在一起时，我们将与所有的感受共处，并接纳它。他指出，这一天并非需要尝试某种特别的感受，而只是去让事情展现。因此，他建议我们去放下期待，包括我们应该有放松和愉悦的一天，去练习全然的觉醒，觉知所发生的一切，在每一个刹那。

伊拉娜·罗森宝姆和凯瑟·卡米克尔是今天在减压门诊的另外两位老师，她们与我和萨奇一起指导着一天的流程。萨奇话毕，我们坐到地板的垫子上，做一小时瑜伽。我们慢慢地、温和地、正念地做，聆听着我们的身体。当我开始指导今天的这个部分时，我强调了记得仔细聆听身体的重要，尊重身体，并不去做那些可能对我们所有的某个特定的状况不合适的事情。有些病人，特别是有腰痛或颈痛的病人，完全不做瑜伽，而就是坐在房间边上，观看着或者冥想着。另外一些人稍微做一点，但只做他们知道可以应对的那些。心脏病人们监测着他们的脉搏，如同他们在心脏康复中学习到的那样，他们只在脉搏合适的范围内去保持某个体式。然后当其他人在体式中保持稍微更长一点时间时，他们休息，重复做些动作，看看我们是否能够沉浸在觉知的强度后，并留意当我们保持体式，安住在觉知中的时候，它们是如何变化的。

每个人都或多或少地根据自己的舒适感做着。我们朝着局限工作，带着全然的觉知，一个瞬间接着一个瞬间，然后正念地从局限处退回来，不用强力，不力争，我们慢慢地做完了一整套瑜伽体式。我们向那些局限中吸气，也从那些局限中呼气，当我们动的时候，与身体各个部位的一种感觉保持亲密：抬升、伸展、弯曲、扭转、滚动，中间夹着长长的歇息时间。我们尽力将这一切抱持在无缝隙的、连续的觉知中。与此同时，当念头和情绪涌现的时候，我们留意它们，并练习去看到它们，让它们如其所是，看到它们，把它们放下，每一次，当心念被它自己分散并飘移时，把心念带回到呼吸上。

瑜伽之后，我们坐了30分钟。然后我们围着圈在房间里正念地走了10来分钟。接着我们又坐了20分钟。这一天所做的每一件事，我们都是带着正念在静默中做的。即使是午餐也是在止静中进行的，这样我们进食的时候，知道我们在吃，在咀嚼、品尝、吞咽以及暂停。这样做并不容易。保持专注，集中于当下需要很多的能量。

午餐期间，我留意到有一个人在读报纸，不顾这一天的精神以及明确的、不阅读的基本规则。我们希望每个人至少能够将之视为一种实验，跟随一天的基本规则，担当起遵循它们的责任，并都能看到其中的价值。但可能此刻对他来说正念进食强度太高了，他无法应对。我因而对自己笑了，观察着我正义地想要坚持今天要按照"我们"的方式来进行的冲动，然后把这份冲动放下了。终究，他在这里，不是吗？可能那已经足够。谁知道他的早晨是怎样的呢？

有一年，我们为一组地区法官开了一次特别的减压课程。课堂上就他们自己，因而可以自由地谈论他们独特的压力和问题。由于法官的工作就是"坐"在凳子上，让他们接受一些如何去坐以及如何有意地培育"不评判"的正式训练，似乎很合适。当我们第一次探讨为他们做一个课程的可能性的时候，他们被"正念"这个概念所强烈地吸引。胜任他们的工作，需要极大的专注和耐心，需要慈悲与公正兼具。他们须得聆听时而是痛苦的、令人厌恶的，但更多时候是面对无聊的、可以预见的、源源不断的证词，同时保持平等心。但首先，他们要仔细地关注在每个瞬间里法庭上所真切展现的一切。对一个法官来说，拥有一个系统的方法，去应对自身强烈的、插入式的念头和情绪，以及可能的强烈情感反应会在专业上特别有用，更不用提在减轻他自身压力水平中的价值了。

当他们来参加整日静修时，在一大群病人中，他们是匿名的。我留意到他们挨着彼此坐着，午餐时在外面的草地上一起吃。后来，在下一堂课，他们在一起时，他们说，午餐时坐在一起，不讲话，也不看彼此，他们感受到了一份特别的亲近，对他们来说这是一份不同寻常的体验。

今天房间里的能量非常明晰。在静坐和行走中，显然大多数人都很警醒并专注。你能感觉到那份安住当下和保持专注所付出的努力。至此为止的那份止静非常美好。

午餐后有一段静默中的行走，大家可以随意行走到他们想去的地方。之后，我们开始慈心和宽恕冥想。这个简单的练习（见第 13 章）常常会令人因忧伤或喜悦而哭泣。接着，我们再一次无缝隙地转入静坐，然后是更多的慢行。

我们曾经在午后的中段时间里"疯走"，以保持精力。几乎每个人都享受步子的变化，虽然有些人坐着不做，只是看。疯走包括疾步走，每七步变化方向，然后是每四步、三步，咬紧牙关，攥紧拳头，没有目光接触，所有的一切都在每一个当下的觉知中完成。然后，我们有意地进行目光接触，以同样的步伐，并留意此次的不同。接着我们闭着眼睛，缓慢地倒走，当我们撞到某人时改变方向，允许自己去感受碰撞，感受与另一个身体的接触。疯走阶段以每个人闭着眼睛，朝着他们认为的房间的中央慢慢地退回，直到聚拢成一大群结束。然后我们把头靠在任何可以靠的东西上。至此，有很多的笑声。它缓解了一些午后随着专注力加深而来的强度。

随后几年，我们放弃了这段快速疯走，而更偏好在静默中单纯地"坐"与"行"之间循环。仿佛练习本身，以及这在一起的短短几个小时的宝贵机会本身，都有着具有说服力的逻辑，在召唤更少而不是更多，无论更多是多么具有吸引力。这是正念减压课程的一个总的原则：尽量留出足够多的空间，而不是去填满它，即便是具有说服力的相关练习，即便这些练习能够传达一件或另一件事情。作为带领者，我们学着去信任：那些需要呈现的、需要被参与者所理解的一切，都会随着时间、随着朴素的正念练习而来。因此，我们尽量保持正念减压课程教案的简洁，并在当中留有足够的空间。我们认识到这是一个"少就是多"的情况，而真正的教案是生活本身，一个瞬间接着一个瞬间里，当我们带着觉知，怀着对自己根本的善意把自己交给每一个瞬间，无论会有什么样的体验呈现。

午后最长的静坐以我们称为"山冥想"的练习开始。当这一天进展着，有一些疲惫开始袭来的时候，我们用山作为意象来帮助人们记住坐是怎么回事。这个意象是令人振奋的，它提示着我们像山一样坐着，在身体的姿势中，感受深深的扎根、宏大和安稳不动。我们的手臂是山腰的斜坡，我们的头是高耸的山峰，我们的身体如山一般雄伟、壮美。我们安坐在止静中，只是做自己，只是像山一般"坐着"，不为日夜交替、四季更迭以及气候的变化所动。山永远是它自己，永远临在，扎根于地壳中，永远止静，永远美丽。它的美在于它就是它，无论它是否被看到，无论是白雪皑皑抑或一片葱郁，是阴雨绵绵还是烟雾缭绕。

　　有时，在冥想练习中，这个坐着的山的意象可以帮助我们记住并感受自身的力量以及意图。当房间里傍晚的阳光开始黯淡下去，我们在一起的时间朝着一个自然的结局移动着。山提醒我们，当我们观看所经历着的身心变化时，可以把它们当作内在的气候。山提醒我们，在端坐中，以及在生活中面对涌现的身心风暴时，去保持安然、平衡。

　　大家喜欢山的冥想，因为它给他们一个可以在坐姿冥想中锚定自己的意象，加深着他们的平静和淡然。但这个意象也有它的局限，因为我们是可以走动、说话、舞蹈、歌唱、思考的，那种可静可动的山。

* * * *

　　同样，随着每一个瞬间，每一次呼吸，一天的时间在展开着。上午来的时候，很多人担心他们如何才能度过这静默的 6 个小时，他们能否忍受在一天的大多数时间里，只是在静默中坐、行走和呼吸。但如今已经是下午 3 点钟了，而每个人依旧在这里，看上去很投入。

　　现在我们就要解除保持止静以及不作目光接触的建议。我们以一种特别的方式来这样做。首先，我们在静默中环视房间，与他人进行目光接触，感受这样做的时候有些什么在涌现。通常，它会是一个大大的、开阔的笑。接着，依旧在静默中，我们找到一个伙伴，并靠得相当近，以便一起耳语。因为就是在耳语中，我们将解除这一天的静默。我们谈论我们所见、所感觉到的、所学习到的以及感到纠结的任何事情，谈论我们如何与所涌现的工作，特别当它是困难的时候，什么令我们惊讶，以及我们现在感觉如何。开始由一个人讲，另一个人只是聆听。然后他们互换。120个人在房间里结成对子，散在房间四处，投入到亲密的对话中。一切都在耳语中进行，有关这一天里我们直接的、非常个人化的体验。在耳语中，房间里的氛围既安静又充满活力，就好像勤劳的蜂巢所发出的嗡嗡声。在这些轻声细语的对话之后，我们重回大组，进行大组分享。这一次，我们用正常的讲话声。大家受邀以他们的方式来分享一天的体验，包括起先是什么把他们带到减压门诊和正念减压中来的。当手举起来，大家开始分享的时候，房间里的安静与祥和触手可及。即使有这么多人，还是有一种美妙的亲密感。它让人感觉仿佛我们围着圈在分享一份大的心念，在每个人之间来来回回地镜映着它不同的面向。人们真切地聆听，切实地听到，并感觉着被诉诸声音的一切。

一位女士说在慈心和宽恕冥想中，她能够把一些爱和善意导向自己，并且发现，她可以稍微原谅她丈夫经年的暴力和身体虐待。她说以这种方式将之放下令她感觉良好，因为去宽恕他感觉好像在内在里有了疗愈。她说她看到了如何不需要四处带着她的愤怒，就好像永远地身负重荷，当她能够将此放在身后的时候，她的生活能够继续往前了。

听此，另一位女士感觉疑惑，去宽恕是否总是合适的。她说让她现在就去练习宽恕是不健康的。在她的成年生活中大多数时候，她是一个"职业受害人"，总是在原谅他人，令她自己成为别人需求的客体，而以她自己的需求为代价。她说她认为她所需要的是感觉到愤怒。她说今天她第一次触及了它，并看到曾经她是不愿意面对它的。今天，她意识到，她需要去加以注意，并去尊重此刻的情感面向，即很多的愤怒，而"宽恕可以等待"。

几个毕业生说他们是来"重新充电"的，作为重新回到日常规律冥想的方法，有些人已经离开这种常规练习了。詹内特说大家一整天在一起的练习令她想到她在规律冥想时候的好感觉。马克说常规的坐姿冥想有助于他去信任他的身体，并去聆听它，而不仅仅是去听他的医生们的。他说医生告诉他由于他日益恶化的脊柱情况，被称为"强直性脊柱炎"——脊椎融合在一起形成棒状结构，有很多事情他将不再能做。但他发现，目前，他又能做很多事情了。

在这120人一个小时的讨论中，所有人都临在，都认真地聆听着。小组中常有静默的时间，仿佛我们集体性地超越了讲话的需要。感觉上这份静默在传达着比我们能够用言语表达的、更深层的东西。它将我们联系在一起。在那份静默中，我们感觉到平静、舒适，如同在家里。我们不需要用任何东西去填满它。

这样一天就到了结束的时候。我们最后又静坐了15分钟，然后互道再见。山姆依旧咧嘴笑着。显然，这一天他过得很愉快。我们再次拥抱，承诺保持联系。有些人则留下来帮我们把垫子卷起来，放到一边去。

* * * *

这个星期稍后些时候，在我们的常规课堂上，我们对一日课程作了更多讨论。伯尼丝说她对来参加一日静修一直感到很紧张，以至于她在前一天晚上都没怎么睡。早晨大约5点钟，她已经自己做完了身体扫描，第一次没有听指导语音频，做最后的努力来让自己放松到足以参加课程。让她惊奇的是，这奏效了。但她说，当她起床时，依旧由于缺睡而有些奇怪的感觉，差点认定要让她与那么多人待一整天，而又不说话对她太难了。由于一些不能解释的原因，在某个时刻她决定自己或许能够这样做。她到车里，在去医疗中心的一路上，放着身体扫描的指导语音频，以此来让自己安心。她羞怯地说着这些，与班上其他人一起笑着，因为每个人都知道在开车时不应该听正念冥想指导语录音。

伯尼丝继续说，在上午，有三次不同的时间，她差点出于纯粹的惊恐状态而从房间里冲出去，但她没有。每次，她都告诉自己，如果不得不离开，她都可以离开，没有什么将她囚禁在这个房间里。这样重新看待处境，已经足以让她与焦虑感共处，当它们涌上来的时候，她与之共呼吸。这样，她感觉到了平静。她生平第一次发现，她说，她其实能够与情感共处，观察它们，而不需要从中逃离。

她不仅仅发现情感最终会安歇下来，她还发现自己对能够应对这样的发作有了一份新的信心。她看到她可以在午后拥有更长时间的放松和平静，即使前晚她几乎没有睡，因此有所有的"理由"去期待事情会"变得糟糕"。她很惊喜有此发现，觉得这对其他的处境也意义重大。而在过去，她只会被恐惧所掌控。

伯尼丝为此发现感到格外高兴，因为她患有克罗恩病，一种胃肠道的慢性溃疡疾病。每当她感到紧张、有压力的时候，随之就会有剧烈的腹痛。在一日课程中，她没有出现任何常见的症状，因为那天上午，她能够驾驭并调节她的惊恐感。

拉尔夫接着讲述，在他还是孩子时，当他父母的车卡在一条长长隧道的车流中时，被一种无法控制的恐惧所驱使，他从车里跳出，并朝着隧道的尽头奔去。这份回忆引起了伯尼丝的回应，她承认她无法去洛根机场，因为她须得穿过卡拉罕（Callahan）隧道或者泰德·威廉姆斯（Ted Williams）隧道。随后，在下课前，她说穿过隧道可能与完成一天的课程相似。由于她完成了一天的课程，她觉得，她可能能够穿过那些隧道中的一个。看上去，她在琢磨着现在就要去做，几乎像是她给自己的回家作业，测试她在课程里的成长的一种仪式。

弗然说她对一天课程的体验中有一种"好玩"的感觉，她不会把它称为放松或是平静；它更多地像是"稳固"和"自由"。她说在午餐后躺在外面的草地上也感觉很特别。躺在地上，只是去仰望天空，那还是小女孩时做的事情。如今她 47 岁了。当她意识到她感觉有多棒的时候，她的第一个念头是，"这是多大的浪费"，意味着所有她没能与自己保持接触的那些年头。我提议，那些年带来了此刻的自由感和稳定感，她或许可以把觉知带入将它们标记为"坏的"或"一个浪费"的冲动中，就如同我们在冥想时候她这么做的那样。或许，她可以带着更大的接纳去看那些岁月，看看那时候她能够做些什么，以曾经的眼光看待事物。

心内科专家说他认识到他这一辈子都花在想要到达别处上，用当下来达成他以后想要的结果。在一日课程中，他明白如果他开始活在当下，并享受当下本身，则不会有什么坏事情发生。

一个年轻的精神科医生论及在周六冥想中她感到有多沮丧。她难以把注意力集中在呼吸或身体上。她将它描述为就觉得好像"懒洋洋地拖过泥地"。她说她须得不停地"重新开始，一次再一次，从底上来"。

该意象成了一些讨论的主题，因为在"重来"以及"从底上来"之间有着很大的不同。重新开始意味着就在此刻，每一口吸气都是崭新开始的可能。这样看待事情，当心念散乱时，在每个瞬间回到呼吸上会相对不费力，或者至少是中性的。对我们的余生来说，每一口呼吸确实是一个崭新的开始。但她的用语带着一股强烈的负面评判。"从底上来"意味着她觉得失去了基底，被淹没到了水下，须得冒上来。鉴于泥土的重量和阻力，可以很容易看出她何以会觉得把飘忽的心念带回呼吸令她沮丧。

当认识到这一点时，她笑了，带着一份好心致。冥想练习是一面完美的镜子。它允许我们去看思想为我们创造出来的问题，去看那些头脑为我们设下的或小，或不那么小的陷阱，我们被其抓住，或有时候卡壳其中。当我们在正念的镜中看到心念的反射时，我们自己制造的一些费劲和困难的事情变得容易些了。在领悟的刹那，她的困惑和困难消融了，留下一面空镜，至少在那个刹那，她笑了。

Chapter 9
第 9 章

真正做你在做的：日常生活中的正念

星期六晌午时分，杰姬在一天高密度的静修后回到家中。虽然她因为努力投入而有点疲惫，但她觉得这一天过得不错。她熬过来了，并享受着跟那些人们一起止语、独处。事实上，她为对她自己的好感觉有点惊喜，在七个半小时里，几乎就是坐和行走，七个半小时里与她自己的体验在一起，什么事都没有做。

到家后，她发现她丈夫留的纸条，说他去邻州的夏屋去照看些东西，并会在那里过夜。他曾经提起过他可能要这样去做，但她没有太当真，因为他非常了解她不愿意晚上独自一个人。如果她事先知道他会走，她可以做出安排，不让自己一个人独处的，在过去她就是这样做的。在她的生命中，杰姬很少独处，而且她深知这份光景令她恐惧。当她的女儿们还小，依旧住在家里时，她总是鼓励她们出门去做事情，去见朋友，只要不是独自待在家里就好。她们总是回应："但是妈妈，我们喜欢独自待着。"杰姬从不能够理解她们怎么会喜欢独处。这份景象只会让她害怕。

当她回到家，发现她丈夫的纸条时，她的第一个冲动是去抓电话，邀请一个朋友来晚餐并过夜。在她拨着电话的当儿，她停住了，想到："我为什么要如此急于把这段时间填满呢？为什么不把减压门诊里那些人所说的全然活在当下当回事呢？"她挂了电话，并决定让那天早晨医院里的一日正念的那份动力持续下去。她决定，在她成年人生活中第一次，她将让自己独自待着，只是去感受那是什么样的感觉。

几天后，她跟我描述，这段时间结果成了一段很特殊的时间。她整个傍晚都感觉到被一种喜悦所充盈，而并没有感觉到孤独和焦虑。她费了些力，把垫子和弹簧箱搬到另一个房间里，她知道周六一个人，开着窗户，在那里会更加安全。她睡得挺晚，享受着自己的家。第二天太阳出来前她就早早起床了，看着太阳升起，依旧觉得兴高采烈。

杰姬有了一个非常重要的发现。在50多岁的时候，她发现她所有的时间真的都是她的。那个晚上和次日早晨的经验帮她看到，她在所有时间里都过着她自己的生活，她所有的瞬间都是她的，如果她选择的话，可以由她去感受，去活出来。在我们的交谈中，她表达了她的担忧，那就是她无法复制在那个晚上及次日所感受过的那份平静。我提醒她，这份忧虑本身是有关未来的一份担心，她赞同，并觉知，正是那个晚上她的愿意临在当下，给她带来了平静的内在体验，在这种境况中这样一份积极体验本身对她来说就是一种突破。

这份"独处也能够幸福"的认识来自于她选择去运用一天静修冥想所积累起来的那份动力。我们回顾了当她回到家里遭遇未期之事时，她是如何把那份"存在模式"保鲜的。她发现自己首先想到的就是如何填满时间，以逃脱跟自己的独处，但是她选择了，颇有意地，去沉浸于当下，在那个当下全然接受它。既然如此，我们论及了她不再需要去担心复制或者失去她的体验的可能性。她体验到的幸福本来就来自她的内在。把觉知带入处境以及面对不安全感时保持正念的那份勇气和意图释放了这份幸福感。我们交谈着，她开始看到，她可以在任何时候都触及存在的这个维度，它是她的一部分，所需要的一切，只是一份意愿，去保持正念，调整自己的优先，这样，她独处的时光是有价值和被保护的。

* * *

如果对正念练习的承诺足够强大，我们可以在任何时间、任何处境中感受到杰姬在那个晚上所感受到的那份平静。这是我们可以给予自己的美好礼物。它意味着我们可以重新拥有整个的生活，而不仅仅是在假期或别的"特殊"时间里，"完美地安排好"一切，以带来我们所希望的好感觉、内在的平静以及祥和。当然，本来就很少是那样的，即便是在度假中。

挑战在于把平静、内在平衡和明察当作平常生活的一部分。相同的，无论我们走在哪里，不仅仅是我们在练习行走冥想的时候，都有可能保持正念，我们可以试着把每个刹那的注意力带到日常生活的任务、体验和遭遇中，诸如做饭、铺桌子、吃饭、洗碗、洗衣服、打扫房间、倒垃圾、修葺园子、刷牙、剃须、淋浴或泡澡，用毛巾擦干、与孩子玩耍、帮助他们准备好去上学、经由电子邮件和短信沟通、电话、清理车库、把车送去修理或自己动手修车、骑自行车、搭乘地铁、上公交车、抚摸猫咪、遛狗、拥抱、亲吻、触摸、做爱、照顾有赖于我们的人、上班、工作或只是在屋前的台阶上或公园里坐坐。

如果你可以命名某物或甚至可以感觉它，你就可以对它产生正念。如我们已经好几次看到的那样，把正念带入一个活动或者体验，无论它可能是什么，你就令它充实了。它会为你变得更加生动、鲜活和真实。事物变得更加鲜活的部分原因在于你的思考安静了一些，较少地将思维安插在你和正在发生的事情之间。这份更大的明晰和饱满可以在平日的活动中被体验到，就如同我们在做身体扫描、打坐和瑜伽的时候那样。正式练习提高了你在每时每刻里带着正念去面对生活的全部的那份能力。

当你规律地练习时，正念往往会自然地洇漶、渗透到你日常生活中的各种方面。你可能发现总体上你的头脑更加平静，反应性也减少了。

当带着觉知去面对每个时刻对你来说变得更加熟悉的时候，你会发现，处在当下不仅仅成为可能，甚至也是令人愉悦的，哪怕是诸如洗碗这样的平常任务。你认识到你不需要赶着去洗完碗，以便你进入下一桩更好或更重要的事情中去，因为，当你在洗碗时，洗碗就是你的生活。如我们所见，如果因为你的心思在别处而错过了这些瞬间，从一个很重要的方面来说，你让你的生活变得苟且了。所以当每一个罐子、杯子和盘子到来的时候，觉察你拿着它、刷洗它的身体动作，呼吸的运动，以及你心念的运动。这同样适用于在摆桌子，以及洗完、烘干之后把碗碟放到一边去。

无论你做什么，也无论你是一个人还是与其他人在一起，你都可以跟随同样的方法。只要你是在做事情，当你做着的时候，全然地临在，以你整个地存在，这难道不无道理吗？如果你选择正念地做事情，那么你的这份"行动"出自于你的"存在"。它会令人感觉更加有意义，并需要更少的努力。

在日常生活的常规活动中，倘若你能够处在当下，倘若你愿意记得那些瞬间可以是平静和警醒的瞬间，同时也是去做该做之事的瞬间的话，你可能还会发现，当你投身于这些常规活动中的时候，你不仅仅更能享受那个过程，你也更有可能对自身和你的生活拥有领悟。

譬如，正念洗碗，你可以更加鲜活地看到无常的实相。你在这里，又在洗碗了。你洗过多少次碗了？在你的生命中，你还将要洗多少次碗？我们称为洗碗的这个活动是什么？在洗碗的那个人真正是谁？

以这种方式去探寻，而无须寻找答案，特别是概念性的答案，而是去深深地看"洗碗"这个全然普通的常规之事，并将它抱持在觉知中，你可能会发现整个世界都在它那里得到了体现。当你带着全然的存在、一份机敏的兴趣、一颗探寻的心去洗碗的时候，你可以获得很多对自身和世界的了解。这样，这些碗可以教会你一些重要之事。它们变成了你的心的镜子。

我们并非在谈论单单把生活看成是源源不断的脏碗，你只是重新机械地洗碗。要点是当你在洗碗的时候，你是真正地在洗碗，你洗着的时候，清醒而鲜活，对那份滑落回自动导航状态，以及无意识地去做的倾向保持正念，或者对你接近碗盏时候的抵触保持觉知，对拖拉，或对那些你希望能够帮助你而没有帮你的人的憎恨保持觉知。基于你的领悟，正念也可以带来可以改变你生活的决定。或者，你甚至可以让别人来分担着来洗碗。或者如果你自己不洗，可以用洗碗机，你可以把往洗碗机里装碗碟变成正念练习的一部分。你可能会留意到的一件事，是你可能对如何以正确的方式把碗碟装进洗碗机产生执着（当然是以"我的方式"），除了你自己，没有人知道如何适当地装碗碟。有时，以这种方式看着心念可以令人谦卑，特别有趣，无论你在做着什么。

以打扫房间作为日常生活中的另一个活动的例子。如果你须得打扫房子，为何不正念地去打扫呢？那么多人告诉我他们的房子纤尘不染，他们无法乱哄哄地、无序地生活，他们总是清理、把东西捡起来、拉平整、掸去灰尘。但有多少时间他们是带着觉知去做的呢？当他们清理的时候，有多少时间里对身体有觉察？他们有没有探寻多么干净算是干净了，有没有探寻他们对房子看上去该是某个样子的执着。他们从中获得什么，或他们是否讨厌做它？他们有没有问何时可以停下来，或者与其把房子保持得像是个展厅，他们的能量还可以花在哪些地方？或者，是什么驱使着他们强迫性地去清理？20年后他们死了之后会有谁来清理他们的房子，或这是否对他们重要？

把打扫房间当作你冥想练习的一部分，常规的家务事就会变成一份崭新的体验。也有可能你会全然不同地去做，或者做得少一些，而并不是因为你停止在意有序和洁净。这些无须被牺牲掉。但你可能会改变打扫屋子的方式，因为你更深地看到了你与秩序、洁净的关系，也更深地看到了你与自己的关系、与你自身的需求、优先以及执着的关系。这里的探寻意味着纯粹的、不带评判的觉知，意味着看到那份蒙蔽着我们的活动，尤其是常规活动的觉知缺失。

这些有关如何正念的洗碗或打扫房间的建议可能会给你一些提示，如何找到方法，无论你发现你在做什么时，都带有更大的觉知，以及培育一份看见自己的心念和生活处境的更大的明晰。要记得的要点是，在你活着的每一个时刻，都可以是全然活着的时刻，都是不该被错失的时刻。为什么不活着，仿佛它真的很重要呢？

* * * *

每个星期，乔治为自己和妻子购置杂货。他正念地去做。他不得不这样。以他的状况，无论做什么都可以把他带入严重的呼吸急促的发作中。每时每刻里的觉知帮助他掌控好呼吸和身体。乔治有慢性阻塞性肺疾病。他不能工作，因而他至少在妻子上班时，帮着做些家务。他66岁，已经患病6年了。他吸烟。此外，他一辈子都在一个通风不良的机器店里工作，持续地吸入着化学品和磨料的粉尘。最近，他每天24小时都需要用氧气。他有一个可以随身拖的有轮可携式氧气筒。一根管子经由鼻孔带给他氧气。他可以以这种方式四处走动。

在医院里参加肺康复课的时候，乔治学会了练习冥想。课程的一部分，是当你发现无法把下一口气吸进肺里的时候，应用正念呼吸来控制呼吸急促，以及惊恐的发生。在过去四年里，他忠实地每周练习四五个早晨，每次15分钟。当他冥想的时候，他的呼吸是不费力的，他也不觉得他需要氧气筒，虽然他依旧使用它。

对乔治来说，练习正念给他的生活质量带来了很大的不同。一方面，他已经学会通过提高他对呼吸的觉知来减少呼吸急促的频率。"我们这么说吧，我的呼吸不再那么难了。它好像安静了一些，我不需要去追逐它，它自己会平稳下来。"虽然他知道他的状况不会好转，知道有很多事情他不能做，但乔治已经对此接纳，并学会了以他能够的缓慢步伐来移动，并依旧幸福。他清楚知道他的局限，并试图一整天对他的身体和呼吸都保持正念。

今天当他来到医院时，他停好车，慢慢地走进楼里，然后在男洗手间里休息和呼吸了几分钟。接着他去了电梯，又休息了几分钟。无论他去哪里，他都有意识地调整自己的步伐并给予自己时间。他不得不这样。不然，他会总在急诊室里。

他花了一些时间去在心理上适应一天24小时对氧气筒的需要。开始，他停止去商店，因为他对氧气筒有着强烈的自我意识，觉得很尴尬，但最终他对自己说："这简直是疯了！我只是在伤害自己！"因此，现在他又去杂货店里购物了。他把所有东西装在有提手的小袋子里面。如果慢慢地，带着觉知去做每一件事的话，他可以提起这些较小的袋子，并把它们放进车后备厢里。

回家的时候，从车子到房子侧面的入口，他要走大约50英尺（约15米）。如果袋子不是太重的话，他可以拖着氧气筒，带上几个袋子。他把那些重一些的留在车里，让他妻子稍后带进屋。他说："店里的伙计现在已经认识我了，给我这些袋子没有任何问题。所以我就好像解决了那个问题。那是常规，你知道，也还有捷径。我告诉自己，'如果我能做，我就去做。如果不能，我就将它放下，'这就是总体上的理念。"

经由为家里购物，乔治在维持这个家庭所需的工作中做着贡献，也省去了他妻子在所有别的事情之外还要去购物的时间。这帮助他继续地感觉到他对生活的投入。在疾病的局限之内，他在积极地面对生活的挑战，而非坐在家中，哀叹命运。他迎接着到来的每一刻，想着法子如何与之工作，并保持放松、保持觉察。这样活着，经由探索他的局限，调整自己的步伐，一整天都与呼吸在一起，乔治在生活中发挥着极好的功能。虽然这种程度的生理上的肺损害，有可能令另一个人完全残疾。因为，对这种疾病来说，病人一旦开始接受合适的治疗，肺损伤残疾的某种程度更多地有赖于心理因素——超过别的任何一切。

就如同乔治在日常生活中寻找运用正念的方法，并将它调节到与他的处境和躯体状况适合的那样，我们每个人都可以在自己的日常生活中担当起培育正念的责任，无论我们的处境如何。如同我们在"时间和时间压力"一章中将要看到的（第26章），把全然的觉知带入到每一瞬间，是一种最好地使用我们所拥有的时间的特别有效的方法。这样生活，生活自然会变得更加平衡，心念自然会变得更加稳固、平静。

✷ ✷ ✷ ✷

真正重要的是，正念的挑战就在于了解到，"那就是它了"。此刻就是我的生活。这样一份认识即刻引来了几个紧要的问题："我与自己生活的关系会是怎样的？我的生活只是'自动'地发生在我身上吗？我是我处境的全然的囚徒？抑或我是我自己的责任、我的身体，又抑或我是我的疾病或我的过去，甚至是我的做事清单？如果某个按钮被摁着的话，我会变得敌意、防御，或者抑郁吗？或者别的按钮被摁时，则会感到幸福？或者还有一些别的事情发生时，变得焦虑或恐惧？我的选择是什么？我有任何选择吗？"

当我们开始进入压力反应以及情绪如何影响健康的主题时，我们会更加深入地去看这些问题。现在，重要的是要理解把正念练习带入到日常行为中的重要性。当生命在发生之际，如果你能够更加全然地觉察，生命觉醒的时分还有比这更加丰富和鲜活的了吗？

Chapter 10

第 10 章

开 始 练 习

　　如果你想进一步发展自己的正念冥想练习，并至今已经在实践在这段共同的旅途中所提出的种种建议，那么，你可能已经在考虑从这里开始往下走的最好的方法。你是该以坐姿冥想练习开始呢，还是身体扫描？那么瑜伽呢？有关呼吸的建议、打坐的指导语如何？你应该多久练习一次，在什么时间练习，练习多长时间？在日常生活中行走冥想和正念练习又如何？

　　就如何将正念减压课程的正式练习作不同组合，我们已经提供了一些建议。本章节基于我们与减压门诊的参加者所做的，换句话说，基于正念减压的正式课案，就如何开始你的日常正念练习提供一些特定的建议。这样，当你继续通读本书余下的内容时，你也可以就好像在门诊注册了一般地练习。或者，在你决定是否要常规地投入到练习本身之前，你可能希望通览全书。在第 34 和 35 章中，你可以找到更多有关如何发展和保持规律正念练习的详细描述。

　　如果之前的一切对你来说有意义的话，在这个时候开始练习不是一个坏主意。如果你在任何一个地方注册加入正念减压课程的话，这当然是你须得去做的。有关练习的讨论、如何练习的指导语、在特定疾病和问题中正念练习的应用讨论，它与一个更大的医学、健康和疾病领域的关系，与身心的关系，与大脑和压力的关系的所有讨论——这一切，相对于在你的生活中培育规律的冥想练习来说都是次要的。最根本的是你对每日里正式正念练习的投入，所有其他的东西都会以学习、成长、疗愈和转化的方式从练习中呈现。

在正念减压中，我们在第一堂课就开始练习。如果你已经在生活中着手培育正念的话，那么本书后面你将碰到的资料会变得更加丰富，对你更有意义。因此，如果此时，你倾向于开始一个结构式的课程，该章节将会就接下来八周时间里的进展为你提供一个指南。你可能在第二或第三周的时候，就已经读完了书。那没关系。没必要去花八个星期来读这本书，虽然按照课案的进展来阅读也不失为一个可行的方法。如果你准备好去做这份自我承诺，最重要的就是去开始。希望一旦开始，你自身的体验会成为你的动机，让你去保持正念培育的动力和意图，并完成全部八个星期的练习。那自然是我们想建议的。记得，我们告诉病人，"你不需要喜欢它，你只需要去做"。当你一直练习八个星期，你会拥有足够的动力和直接的个人练习体验，去坚持几年，甚至你的余生，如果你选择的话。自从本书出版以来，成千上万人以这种方式用到此书。在全世界，则有成百上千人完成了正念减压及相关的以正念为基的课程。

开始的地方，自然是你的呼吸。如果你还没有做过 3 分钟关注呼吸的练习（见第 1 章），没有观察过你的心念在做什么，那么现在你就可以这样做，并确保理解我们所说的"把呼吸保持在呼吸上，当它散乱的时候把它带回来"是什么意思。我们建议，在你方便的时间里，每天至少这样做 5～10 分钟，坐着或者躺着都可以。第 3 章是关于呼吸的，复习一下，然后开始适应在呼吸时感觉腹部的起伏。

需要记住的、最重要的事情是要每天去练习。即使你每天只能留出 5 分钟，5 分钟的正念也可以非常有利于复原和疗愈。但是记着，我们要求减压门诊里的人承诺每天练习 45 分钟到一小时，每周六天，至少八个星期。我们强烈地建议你在日程上做出相似的承诺，并如我们的病人那样使用指导语音频。如同我们所提及的，留出时间跟着指导语练习从一开始就是生活方式上的重大改变。没有人会把每天一个小时额外的时间特别贡献给无为。对我们思考的头脑来说，它看上去像极了无所事事，但结果是它几乎可以给我们生活中的一切带来积极的影响。你须得确实地留出时间来每天练习，因为不然的话，你会找不到时间。而且请记着，依我们看来，可能是疼痛和痛苦把你带到了这个节点，练习正念是根本的（以及每天留出时间来做正式练习）仿佛你的生命有赖于它。因为，如我们所说，确实如此。

正念冥想练习指导语音频可以是你开始时强有力的助益，它也有助于在正念减压课程的八周里深化你的练习，它也可以在八周之后很好地服务到你。这类音频通常是由特定的指导老师所录制的，所有正念减压课程的参加者都会使用。很多人在课程完成之后好些年都在练习时继续用到它们。聆听声音和指导语可以让你纯粹地跟着指导语所要求的那样去加以关注，而不需要去记得你应该是在做什么——特别是由于它不是关乎行为，而是关乎存在的。当我们被自己头脑里的活动，有时则是压力和身体的疼痛所裹挟的时候，我们更加难以去记得，更加难以去信任存在。在这一部分中，你将找到在某个时间应用某种指导语音频的特定指示。

如果你选择不去使用指导语，而是更偏好按照自己的节奏，让自己和缓地进入到正念练习和正念减压课案中，那么这一部分中有足够的指导可以让你发展出一个正式的正念练习，而不需要音频的指导。而且，无论是否使用音频，我们都建议你时不时地研读此部分的所有章节，温习它们所涵盖的描述和建议。

正念减压课案——课程时间表

第 1 周和第 2 周

头两周正念减压的正式练习，我们建议你如第 5 章中所描述的那样做身体扫描。每天都做，无论你是否想做。虽然此处的邀约永远是尽量安住在当下那份无边的时光中，但它大约会花费 45 分钟的时间。如同我们所看到的，你须得实践着去决定一天里练习的最佳时间，但要记得身体扫描的总体邀请是"醒来"，而非入睡！每一次你做身体扫描的时候，就让它好像是第一次，尽量放下所有你可能有的期待。最重要的事情就是去做。如果你有昏睡问题，那就睁着眼睛练习。除了身体扫描外，一天当中的其他时间，坐着练习 10 分钟正念呼吸。

在日常生活中培育正念（我们一直称它为"非正式练习"），你可能尝试着把了了分明的觉知带入到常规活动中，如早晨醒来、唤醒孩子、刷牙、淋浴、擦干身体、穿衣、吃饭、开车、扔垃圾、购物、做饭、洗碗，甚至查看电子邮件——这个单子可以是没有止境的。关键是纯然地沉入，并以全然具身体现的方式去体验你正在做的。换句话说，尽最大可能，全然临在，在你展开着的生命的每一瞬间。这也会包括对每个瞬间所涌现的念头及情绪，以及它们如何在你身体里得到表达的觉知。

如果这看上去有点太多了，那么就每周选择一个常规活动，譬如淋浴。当你在淋浴中时，看看你是否能够记着就单单去全然地在淋浴中：去感觉水在肌肤上的感觉，身体的动作，体验的全部。你可能会惊讶于这有多难，惊讶于在淋浴中你可能还在工作，或者甚至在淋浴中开会，哪怕事实上只有你一个人在那里。还有，如果你在乎的话，在这两周的每一周中，也可以尝试至少正念地进一次餐。

第 3 周和第 4 周

按照这样的方式练习过两周之后，开始在身体扫描与第一组正念哈他瑜伽之间交替着练习，在第 3、第 4 周就保持这样练习。跟随第 6 章中所描述的建议做瑜伽。记得只去做你觉得身体能够做的，永远宁愿错在保守上，练习时全然聆听身体的信号。如果你有慢性疼痛状况或者某种肌肉骨骼问题或者心肺问题的话，也要记得去医生或者理疗师处检查一下。

在第 3 周，继续每日坐姿的正念呼吸练习 15～20 分钟，在第 4 周则可以到 30 分钟。

第 3 周的非正式练习，要试着在每日里觉察一件你生活中正在发生的愉悦事件，当它正在发生的时候。在这一周记日志，写下体验是什么，它在发生时你是否确切地觉察到了它（这是一项功课，你不一定总能做好），当时你的身体感觉如何，有些什么念头和情绪，当你把它记录下来的时候，它对你意味着什么。在附录中有一个日志的样本。在第 4 周，每日里对一件不愉悦事件进行同样的记录，依旧是当它正在发生的时候，将觉知带入其中。

第 5 周和第 6 周

在第 5 和第 6 周里，我们建议你停做身体扫描一会儿，而用 45 分钟音频指导下的坐姿冥想练习来替代，并与瑜伽交替着做。至此，你可能已经准备好坐 45 分钟了，虽然在有些日子里你可能并不认为如此。指导语会带着你对一个拓展了的对象加以注意：呼吸、其他的身体感受，身体作为一个整体坐着和呼吸着，声音、念头和情绪，然后是无拣择的、对此刻最鲜活的体验的觉知——有时被称为"开放式临在"。

如果你选择不听指导语进行练习，你可以如第 4 章末所描写的那样练习。你可以坐着，整段时间就聚焦于呼吸（练习1）或者你可以逐渐地拓展觉知的视野，包括其他的对象，如身体感觉、身体作为一个整体坐着、呼吸着（练习2）、声音（练习3）、想法和情感（练习4），或者没有特定的对象、无拣择的觉知练习（练习5）。在所有这些练习中，记着让你的呼吸成为你注意力的锚。

如果你选择去修改正念减压课案的时间表，你可以尝试在坐姿冥想中把呼吸作为注意力的主要目标（尤其如果你不用指导语音频的话），这样可以做几个星期，甚至几个月。在坐姿练习的早期，你可能会对把注意力集中在何处不确定，而不恰当地担心你做的是否"正确"。我想说明的是，如果你的能量持续地投入到耐心地关注在每一个瞬间里所展开的体验，你做的就是对的，无论你的注意力是聚焦在身体的呼吸感觉上，还是聚焦在其他目标上；如果你试图观察头脑上有什么，当你意识到心念已经远离呼吸，那么每当它散乱的时候，就把它带回来，温和地、轻轻地碰触般地把它带回来，不要难为自己。如果你在寻找一种特别的感觉，无论它是放松、平静、专注或领悟，这是你想到达别处，而非你已经所在之处的迹象。当你留意到这一点，提醒你自己在这样的时刻只是去与当下的呼吸的感觉在一起，这会是有帮助的。此处的悖论是，如我们所见，对更大的健康、放松、平静、专注和领悟而言，不要去到达某地是最有效的到达的方法。如果你坚持每天的约律，并根据这些指南练习，那么这些会随着时间自然地成长，枝繁叶茂。

在第5和第6周里，减压门诊的人们在45分钟的坐姿冥想与瑜伽练习之间交替。如果你不做瑜伽，你可以在这两周里，在坐姿冥想和身体扫描之间交替练习，或者就是每日里都坐。这也是开始练习更多行走冥想的好时间，如第7章中所描述的那般。

至此，你可能想自己做决定了，你想在什么时间，做什么练习，以及做多久。在四五个星期之后，很多人觉得准备好开始设计自己的冥想练习，并把它个性化，而仅把我们的指南作为建议。到第八周末，正念减压的目的是让你已经经由调整，把它变成了适合你的时间表、你的身体需求以及能力、你习性的练习，在正式和非正式练习的组合上，甚至在练习多久上，找到了最有效的组合。

第 7 周

为了鼓励自我引导下的练习和提高自我信赖，正念减压课程的第 7 周是专门用来不听指导语做练习的。大家每天投入 45 分钟时间，结合坐姿冥想、瑜伽和身体扫描，但他们也可以自己决定如何组合。他们被鼓励去实践，可能是在同一天里用两种或三种不同的练习，譬如 30 分钟的瑜伽之后坐 15 分钟，或者坐 20 分钟后马上做瑜伽，也可以在当天稍后的时间里做瑜伽。

有些人觉得至此还没有准备好这样做练习。他们喜欢继续使用指导语。他们发现指导语可以抚慰和鼓舞人，当不用做决定接下来要去做什么的时候，他们能够更好地聚焦，并以一种放松、浩渺的方式安住于觉知中，特别是在身体扫描和瑜伽中。我们不觉得这是问题。我们的希望是随着时间过去，你会将这些练习内化，并觉得舒服去自己练习，不需要用指导语或者书籍作为指导。不过，在冥想中发展自我引导能力的这份信心和信念确实需要时间，这个时间因人而异。我们的很多病人可以自己冥想得不错，但依旧喜欢用指导语音频，甚至在完成课程很多年之后。

第 8 周

在正念减压的第 8 周，我们重回指导语音频。在第 7 周，我们离开它们，以我们能够管理的方式在不同程度上自己练习，然后重新回来，这可能很有启发性。你可能会在音频中听到之前从未听到过的东西，并且以新的方法去看待冥想练习的深层结构。在这一周里，即使你不想用指导语音频做练习，我也希望你这样做。但是，现在，你可以掌控你愿意做什么练习。你可能只想打坐，或者做瑜伽，或者做身体扫描。根据你的情况，或许你可能会以不同的方式组合两三个练习，这也包括正式的行走冥想练习。

至此，在你的正念练习发展中，去认识到这一点是很重要的：你现在至少对正念减压的四种正式练习都有了一些熟悉，即使还没有感觉到亲密。你可能会发现这种熟悉感切实有益，因为你现在拥有了一个知识库，可以在特定情况下召唤它。譬如，虽然你平日的练习主要以静坐为主，你可能会发现不时地被吸引着去练习瑜伽或者身体扫描。而且，如果你卧病在床，有急性疼痛，或者无法入眠的话，身体扫描可以特别有用。同样的，一点点的正念瑜伽在某些特定的时间里会特别有用，譬如当你觉得非常疲惫，需要重新振作精神时，当你觉得身体的某个部位比较僵硬，或者当你发现自己在大自然中某个特别美丽的地方，条件允许，四周又没有人，新鲜的空气在召唤着你去沉入到瑜伽体式中，并在那个时刻保持瑜伽体式。

第八周把我们带入到正念练习正式建议的结尾，因而，我们希望，也带入到你自己练习的第一周。我们告诉我们的患者正念减压课程的第八周将持续他们的余生。比起结束，我们更多地将它视为是开始。练习并没有因为我们停止以一种正式的方式引导你而停止。正念减压的八周只是进入到练习的以及进入到你余生的一个发送台。探险只会继续。

因而至此，我希望你已经牢牢地坐在驾驶椅中了，如果你一边阅读，一边已经在以一种规律的、自律的方式练习，现在你已经有了足够的熟悉和经验去保持你所发展出来的势头，并指导你自己的正念练习。在本书末，你会寻找到更多有关今后如何保持动力，并使之深化的建议。这不仅仅包括了对正念练习的回顾，而且还有更多将正念融入日常生活，使用它帮助你应对可能需要面对的处境的建议。但很可能，当你读到本书的这一部分时，你可能已经为自己创制好了更好的建议。

在下一部分中，我们将看看对健康和疾病的新的思考方式，我们也将看看健康和疾病与你自己努力去发展个人正念冥想练习如何产生关联。从那里开始，我们将开始探索从冥想的角度来看待压力以及变化，正念在不同的医疗问题中的应用，以及在应对不同形式的压力中的应用。我们将继续建议你根据上述的时间表练习，这样当你继续着有关过程及其后果的阅读的同时，它其实在你的生活以及你自己的内心中在自发地展开着。

崭新的范式

健康与疾病的全新思考方式

———

Chapter 11
第 11 章

介绍新范式

为使正念练习能够扎根于日常生活并枝繁叶茂，我们需要知道我们为什么而练习。为什么要在一个只有行动才作数的世界里保持"无为"？是什么让你清早起床去打坐，安住在当下并保持觉察，在某段时间里也许只是友善地关注呼吸，而其他人这时可能正蜷缩在床上力图多睡一会儿。是什么激励你无视"作为"的车轮飞旋，你的义务和职责在呼唤你，而你却决然地记着去花些时间"只是存在"？是什么激励你把每个此时此刻的觉知带入日常生活？是什么保证你的练习不因失去动力而变得索然无味，或者避免在起初的热忱爆发后渐渐失去兴趣？

为了维持你坚持正念练习的承诺，并在经过数月、数年甚至数十年后让练习依然保持热忱、新鲜，建立一个属于你自己的愿景十分重要。这样可以指引你努力，关键时能提醒你照计划行事。这是这个非凡课程对你人生的价值所在。有时，这个愿景可能是支撑你坚持练习的唯一动力。

愿景一部分源自你独特的生活环境，源自你个人的信念和价值。另外部分则源自正念冥想练习本身，源自你允许身边所有的事物都可以成为你的老师：你的身体、你的态度、你的心灵、你的痛楚、你的喜悦、他人、你所犯过的错误、受过的挫折、成功、自然，等等。简而言之，你的所有时刻。如果你在生活中培育正念，生活中任何一件你所做过的事和有过的体验都能教会你了解自己，如镜子一般反映出你自己的心灵和身体。

愿景的其他部分则来自于你将如何融入这个世界，来自于你在哪里及如何契合这个世界的信念。如果健康问题是你练习正念冥想的主要动力，那么你对身体和身体运作的了解和尊重、你对于药物的作用和局限性的观点、你对心灵意识在维护健康和疗愈中角色的理解等则是你愿景中非常重要的组成部分。愿景的强度在很大程度上取决于你对这个领域了解的程度以及你如何心甘情愿地投入学习。就正念练习本身而言，这种学习需要终身的承诺去持续探究，并在你获得新知之后心甘情愿地改变自己的观念，从而达到洞见的新层次。

在正念减压课程中，我们尝试鼓励学员去更多地了解自己的身体，以及心智因素在维持健康和疾病发生发展中的作用，以此作为持续探究学习、成长和疗愈的基本要素。通过了解新的科学研究和思想是如何与医学实践连接并转化为医学实践的方式，我们去探索生活、个体生命和医学实践及正念练习新进展之间的相互关联。如今，如果你愿意，可以通过定期网络检索快捷地持续追踪这些新进展。

减压门诊和正念减压课程并非凭空而生。1979年，首先在麻省大学中心医院急救护理部的支持下成立了该门诊。很快它在医学部有了自己的学术地位，之后几年内，它成为新成立的预防和行为医学部的一个分支。当时，行为医学代表了医学中一种最新的潮流，促成我们的观念和有关健康及疾病知识的快速增长和扩散。通过这个视角，一段时间之后对于健康和疾病有了新的思维方式和研究发现，以及后来的众所周知的通过整合医学视角，扩展到更加广泛的医学领域。这个领域把精神和身体看作一个基本的整体，并认为，保健的基础是人们的主动参与，这在无论何时都可能做到——经由尽量积极地参与维护自身的健康，学习更多的健康知识，通过自身的努力加以完善，并与医生及其他健康服务团队密切合作。正如我们今天所看到的，这个领域现在被称作参与性医学。基于此种认识，我们之所以能够自在地活着，是因为我们本身有着深层的内部资源，在不同的层面去学习、成长、疗愈，造福于更加圆满的、更乐观的生命，促使开发这种内部资源、培育滋养和动员转化，从最基本的分子和细胞水平（基因、染色体和细胞）到更高层面的身体结构（组织、器官及器官系统，包括脑和神经系统），再到心理层面（思想和情感领域）、人际关系层面（社会和文化领域，包括我们与他人的关系、整体社会的关系，当然也包括环境、自然世界，我们是其亲密的组成部分）。

以更具参与性医学的全新视角，人们认可并强调学习的重要性，患者更有效地与医生交流，从而尽量准确地理解医生所告知的有关自身状况和可能的治疗选择。同样也着重于让患者被医者看到、认识和理解，并知道他们的需要被认可、被认真对待，无论如何都应被尊重和真诚对待[一]。在这种精神和愿景的鼓舞下，我们给减压门诊的参与者们介绍一些神经科学、心理学和医学领域引人注目的重要研究进展，这些进展可能与他们在正念减压（MBSR）课程的参与性相关。同时也介绍医学本身内部所发展出的新视角，从而帮助他们更好地理解我们为什么这么要求，之所以这样做的重要性。

也许，在过去数十年中医学最重要的进展是，不再把健康视为彼此

[一] 当患者来到医院，每次就诊都会生成一个"到访表"以保证支付。从参与性医学的视角看，出于医学和伦理的原因，能够有实际意义上的"到访"非常重要。一方面，患者感觉到作为一个人被看见、对待和听见，其担心至少在可能的程度上，会被医生同时也被整个医疗体系认真地采纳和真诚对待。这一原则和观点已经越来越多地成为医学实践的新标准，随着医学和健康体系开始把人认作独特的个体，个人特殊的生物、心理、社会和文化因素可能影响治疗选择和治疗的程度、参与度以及患者方面的依从性。

独立的身体状况或心理状态，因为身心不是彼此独立分开的领域，而是紧密联系并且完全整合为一体的。这种新观点的核心重要性是承认整体性和相互联通性，需要关注身体、思想和行为的相互作用，从而理解并付诸努力去治疗疾病。这一观念的重点是，如果不是考虑有机整体的功能，而仅仅局限于割裂的某一局部和单元的分析，即便这个单元非常重要，都无法科学、完整地描述健康这一问题的完整动态过程。

医学正在扩展其健康和疾病的工作模式、生活方式、思考和感受的模式、彼此之间的关系、环境因素——所有这些相互作用并影响健康。新的模式明确拒绝把身体和思想截然、无情割裂的观点。医学在自身的领域里，正在寻求清晰地以多样性、包容性和更为广泛的视角去认识"思想、精神"和"身体""健康"以及"疾病"的精确含义。

医学的这种转换有时被认为是一种范式的转换、一种世界观的转变。毫无疑问，不仅是医学，包括整个科学从20世纪到21世纪都在经历如此的转换，我们对自然和自身的认识蕴含着革命性的变化并且日益清晰。我们日常关于现实、世界、身体、物质和能量的各种假想的大部分基于过时的现实观，它们在过去的300年里极少发生变化。科学正寻求更为综合的模式，使我们对空间与时间、物质与能量、躯体与意识甚至与宇宙间的相互关联有更加真实的理解。此外，也更加真实地理解作为迄今为止最为复杂的人脑功能，在我们已知的宇宙不断变化组织的物质相互关联性和特异性等各个方面发挥怎样的作用。

本部分我们将邂逅这样一些以完整性和相互联通性的原则看待世界各种事物的方式，以及它们对医学、维护健康和你的生命本身的意义。我们将会遵循两个脉络，它们均密切地与正念练习相关，相互之间也紧密相连。第一个脉络是关注的整个过程，在下一个章节我们会更为详尽地审视我们如何看到事物（或者我们如何没有看到事物）和如何思考并且把事物呈现给自己。这直接与我们如何概念化和面对问题的能力有关，决定了如何理解、应对和友善对待或者超越压力和疾病的各种痛苦的有害影响。我们将会探索完整性和相互连接性意味着什么以及它们为什么对于健康和疗愈如此重要。本部分的最后一章我们重回这一主题。

第二个脉络是我们将跟随基于行为科学和整合医学、健康心理学和神经科学研究成果的崭新观点。着眼于回答关于身心如何相互作用地影响健康和疾病，对于维护健康这种理解的新含义究竟是什么，以及我们所提及的"健康"和"疗愈"的最初的意味是什么。

总之，两个脉络都有利于扩展关于正念练习的观点以及在自己的日常生活中培育更大的正念的价值，强调同时关注个人体验和当前医学研究发展对于增强和优化自身健康的重要性。

然而，如果本部分呈现的信息和观点仅仅被你的思维所吸收，其实用价值将大大减低。这一部分和接下来关于压力的部分将聚焦于激励培育我们的兴趣、尊重，和欣赏身体的精美和复杂程度以及其卓越的自我调节和不同层面的自我疗愈能力。其目标不是给出诸如生理学、心理学、心理神经免疫学和神经科学等各种不同专业领域的详尽信息，而是扩展对于自身认识和与世界关系的视野，也许还包括激发对自身身心的信心和更深层面的反思，意识到自我是一个完整的思维、情绪情感和社会互动关系的整合。希望这里呈现的观念和信息有助于拓展自身的观点，进行有规律的正念练习，在个人的愿景之下你可以将正念疗愈力落实到日常生活的点点滴滴中。

Chapter 12
第 12 章

整体性一瞥，割裂的错觉

你是否曾经看着一条狗并真正地把它看作为完整的狗而看见它？当你真正地看见狗，会发现狗其实很不可思议，狗是什么？从何处来？向何处去？为何来此？何以长成现在这个样子？它看事情会是什么样子？它是如何看邻里小区的？它们有什么样的感情？

孩子们倾向于以这种方式看待世界，他们有着新鲜的目光，每一次看事物都宛若初见。而我们有时候会产生视觉疲劳。我们只是看到狗：看见一只狗等于看到所有的狗（窥一斑而见全豹），所以从未真正地看到它们。我们更多的是通过思想和观念而非通过眼睛去看狗。我们的思想更像是一道面纱，阻挡了我们以全新的视角看待事物。进入我们眼帘的事情被思考，由分别心鉴别和归类：一条狗！这种架构式思维实际上阻挡了我们看见一条丰满鲜活的狗。思维在我们的头脑中迅疾加工和分类了"狗"的信号和各种联想，然后以同样的程序转向下个感知或者想法。

在我的儿子只有两岁的时候，他想知道狗的身体里是否有个人。通过他的视角，刹那间我感到无比温暖，我知道他为何这么问，塞奇真是我们家庭的成员，家里有属于它的位置，无论它在与不在，我们都能被感觉到是完整的存在。它在我家的心灵空间中陪伴着每一个人，有着和这个家其他人一样的"人格特质"。我该怎么回答儿子呢？

不仅是狗，其他如小鸟、猫、树或者花呢？犀牛呢？它们都是真正的奇迹。如果你真正地端详它们，真正地意识到它们，真是难以置信的存在啊，就在这里，完美的小东西，鲜活有如本身的样子，全然自在。任何有想象力的孩子都有过成为犀牛、大象或长颈鹿的梦想。但这不是孩子想象力的产物，而是大自然编织的梦想，它们来自宇宙，我们也是。

在日常生活中保持这样的观念不会造成任何伤害，反而有助于我们更加正念。生活总是引人入胜、魅力无穷的，只要我们撇开遮掩住思维的面纱，即便只是一瞬间。

看待事物和过程有着不同的方式，其中之一是，把狗当作狗，没有什么特别的地方。同时，这只狗也不同寻常，甚至是个奇迹。这完全取决于你怎么看。我们既可以视之为平常也可视之为非同寻常。

当你改变观察的方式，能够看到不同时，狗并未改变。狗还是一如既往地是狗。这就是为何狗、花朵、山川和海洋都是伟大的老师，它们反映了你自己的内心世界，是你的心念发生了转变。

心念改变了，新的可能性就会出现。事实上，所有的事情都会改变，只要你转变不同的视角去看待它们。当你看到事物的完整与彼此联结，同时也看到个体和分别之处，你的思路就会扩展，这种体验或许是一种精妙的自由体验。其深刻和释然。它可以让你超越自身限制性的先入为主观念。看事情更为全面，也必然改变你与狗之间的关系。

无论是在正式的正念练习还是在日常生活中，你若能以正念的视角观察所有的事物，定会让你开始以崭新的方式欣赏它们，因为你的感知已经改变。平常的体验可能突然变得不再平常，不是因为事情不再平常，事情还是原本的模样，只是由于你以更加丰盛的方式欣赏它们，而这开启了所有改变之门。

再以进食为例，进食看似平常，每个人都吃，但通常都不会觉察也不太在意，犹如在吃葡萄干的练习中所见，事实上身体可以非凡地消化食物并获取我们所需要的能量。整个过程的每个环节都是完美组织和精致调节的，舌头和面颊可以把食物保持在牙齿之间，以完成咀嚼，接下来的生物化学过程则把食物消化为小到足以吸收的程度，从而滋养身体，生成细胞，再有效地排出代谢产生的废物，因而避免有毒物质在体内堆积，通过这样的过程保持身体代谢和生物化学的平衡。

事实上，我们的身体在正常情况下做的每一件事都精妙和非凡无比，虽然我们可能从未这样想过。走路是另一个绝佳的例子，如果你曾有过不能走路的经历，你就知道这是多么精准和奇妙的过程。这是一种非凡的能力。看东西和说话也是这样，思考和呼吸，在床上翻身，你能注意到的身体所做的一切皆如此。

对身体的任何一个微小的反思都很容易让人得出结论，身体的所为令人惊奇，对于这一点，你会全然地接受。比如，你曾几何时想过肝脏无与伦比的功能？这个内脏中最大的器官，为保证新陈代谢的完美进行，每秒需要发生超过 3 万个由酶催化的化学反应。免疫学家、纪念斯隆·凯特琳癌症中心的前主任刘易斯·托马斯（Lewis Thomas）博士在其经典著作《细胞的生命》（*The Lives of a Cell*）中描写道：虽然对飞行一无所知，但他还是宁愿驾驶一架波音 747，也不愿去承担肝脏的功能。

心脏又怎么样呢？大脑？其他神经系统？在它们完美履行职责时，你可曾想到过它们？若是想过，你认为它们是平常还是非比寻常的？你眼睛看东西的能力呢？耳朵听的能力？手臂和腿能否按照你的意愿挪动身体？脚能否肩负整个身体的重量并保持着身体的平衡，让你不至于在行走中失去平衡而摔倒？这些身体的能力异乎寻常。我们的幸福感完全和紧密地依赖于身体所有感官功能的整合，这远不止于五官，我们还随时随地需要肌肉、神经、细胞、器官和各个系统。尽管平时我们并不怎么了解也不大会这么去想。我们忘却或者忽略了这样一个事实：我们的身体是个奇迹。它自身就是个完整的宇宙，由起源于单个细胞的10万亿个细胞所组成，构成系统、器官、组织和身体的各种结构，并且依靠自身的自我建构能力，自我调节保持自身的完整性并维护着内稳态和细小到纳米层级的分子结构间的相互作用。也可以说，身体有着无法否认的自我组织和自我疗愈的能力，在任何一个层面都能照顾好自己。这就是为何我们把每一个正念减压课程的参与者都当成令人惊奇的生灵，我们都是。

身体之所以能够构造和维护这种内在的平衡，得益于身体各方面的有机整合和相互连接的反馈机制的最佳调适。例如，在运用身体方面，在跑步或者登高时，心脏自动地泵出更多的血液，为肌肉提供充分的氧气，以保证其完成任务。任务结束后，心脏输出量则自动地恢复到静息状态的水平，当然，肌肉包括心脏的肌肉也得以恢复。任务足够长的话，身体会产生大量的热量，导致出汗，此乃身体的冷却方式。若出汗过多，会感到口渴，从而饮水，这是身体保持身体有足够体液的方式。所有这些都是高度整合相互联系的调节过程，通过反馈机制得以实现。

这样的相互联系是生命系统的组成部分，当皮肤受损时，会发出生物化学信号，凝血过程被激活，启动止血和伤口愈合过程。若身体遭受细菌、病毒等感染，身体会启动免疫系统以识别、隔离和消灭微生物。如果我们自身的细胞失去了控制细胞生长的反馈机制，则成为癌症细胞，健全的免疫系统会激活特殊类型的淋巴细胞，称为自然杀伤细胞，它们会识别癌症细胞表面的结构变化，在它们对身体造成伤害前消灭它们。

身体的所有层面，从细胞内部的分子生物学到染色体再到器官和系统的整体功能，都被信息流调节，连接着系统的每个部分，对于完成功能而言，这种相互连接十分重要。透过神奇的相互连接网络，神经系统监测、调节、整合身体的所有功能，由特殊腺体、大脑和整个神经系统分泌的无数激素和神经介质，起着化学信号介质的作用，通过血流和神经纤维作用于全身，与免疫系统的全部细胞一起，发挥各不相同但非常关键的组织调节作用。这些信息流的存在使得身体成为整合连续的完整个体。

如果说相互关联性对于维护生理功能和健康至关重要，那么，它对于心理和社会性有着同等的重要性。感觉使外部世界和内在状态相互联系。给了身体有关外部环境和其他人的基本信息，使我们得以组织出一个统一的世界印象，从而在"心理空间"里发挥功能，学习、记忆、归因、产生情绪回应或反应，所有与精神相关的事情。没有这个一致性印象，我们甚至无法在世界面前有任何最基本的功能。因而身体的组织允许从生理秩序的基础上产生包含心理的秩序。这是多么奇妙！我们生命中的每一个层面都有其整体性，并蕴含于一个更大的整体性当中。整体性总是蕴藏其中，无法从身体中分离出来，也无法从生命呈现过程中相伴随着的精密和紧密性中分裂出来。这一点可以从我们称为"镜像神经元"的发现中看到，这是一组大脑中细胞组成的网络，在看见其他人进行特别的意向动作时会被激活。它们可能是同理心的生物学基础，使我们能够共同感受另一个个体的感受。

这一相互联通性网络扩展超越了个体心理学上的自我。作为人，我们的个体是完整的，同时我们也是更大范围整体的一部分，通过家庭、朋友、庞大社会中的熟人紧密地与人类和地球上的生命相互联通。在我们通过感觉，通过情绪和世界相连之外，还有无数的方式把我们紧密地编织在巨大的模式和不断循环的自然之中，而我们仅仅知道通过科学和思考（即便是这里的土著，也以他们自己的方式了解和尊重遵循自然法则的各种相互联通性）。需要强调一点，我们依赖大气层中的臭氧层保护我们免受致命紫外线的损伤，依赖热带雨林和大洋循环保持充足的氧气，依赖大气层稳定的二氧化碳浓度避免地球气候变暖。事实上，从科学的角度看，就像盖亚假说认为的那样，地球整体上更像是一个有自我调节能力的生物体。之所以称为盖亚，是因为在希腊神话中，盖亚是大地女神。这一假说基于大量的科学依据得出结论，同时，很多古老的传统文化也持有类似观点。地球上的所有生物，包括人类在内，都是相互联通和依赖的，而这种相互联通性和相互依赖延伸到整个地球本身。

* * * *

通过正念练习可以培育一种能力，感知相互联通性和整体性以及分离和破裂。这种能力部分来自于觉察到我们的思维如何迅速地跳进惯常思维习惯和非觉知的旧辙，进而以特别的方式看待事物。这取决于我们对于事物和自身的观念是否容易地被偏见信念所左右，偏见来自早期形成的对事物的喜恶。要想更清晰地看待事物，看到其本来面目，从而感知事物本质上的整体性和互联性，我们得留意思维的惯常轨迹、长期以来关于人和事物所形成的先入为主的假设。我们必须学习从而以不同的方式和视角看待人和事。

为了展现完整的看待和思考的自动化模式及其固有的力量，我们在第一周的课程时给予减压门诊的人们下面的"问题"作为家庭作业练习。这一周通常会产生一些压力，因为某些人习惯地认为他们的答案会受到评判，毫无疑问，这来自学校时代的残留。在这个设计中，这个谜题与他们在这个课程中所做的事情有可能是相关的，但直到下节课之前我们什么也不说，而是留给他们自己思考。我们把它叫作九点练习。你可能童年时就知道了。它是一个非常生动的并且容易把握的例子，可以诠释我们如何看待问题的方式以及限制我们解决问题的能力。

这道题是这样的。如图12-1排列了九个点，你的任务是一笔四线连接所有的点，连线不可重叠。不要翻看答案，尝试用5～10分钟解答，如果你以前不知道答案的话。

图 12-1

每次毫无例外的总是有人会从一个角开始，沿着边画一圈，然后再向内连线，但每次都失败，因为总会有一个点连不上。这时，可能会感受到一点压力。你试过的错误方法越多，挫败感也就越大。在下一周的课堂上，我们要求那些尚未找到答案的人仔细地观看自己知道答案后的反应。特别是当有人在黑板上画出答案后，一个人突然说，我"看"到了答案。

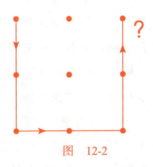

图 12-2

如果你自己在经历多次失败后终于找到完成方式，特别是在你挣扎过一段时间之后，通常会"啊哈"，体验到发现的时刻。这是因为你把线条延伸到了九点所构筑的正方形之外，答题要求中并未要求你不要超出正方形，但惯常的思维模式会倾向于应该在九点正方形之内寻找答案，而不是在整张纸上寻求答案并且认识到问题的范围是整个平面含容九点。

如果出于惯常地看待事物和思考问题的模式，孤立地把九个点的区域作为答案的区域，就很难找到问题的答案。结果就是，你会责怪自己太蠢，或者生气，或者宣称这是个不可能做到的事，或者很笨，当然也

第 12 章 整体性一瞥，割裂的错觉　　161

会认为这与健康无关。这样,你把能量用错了地方,你并没有看清问题的全貌,而错过了解答问题的整体背景,从而可能错过与自己情形相关的问题。

九点问题提示我们,如果希望解决问题,需要用更加宽阔的视野看待问题。可采用的方式是向自己提问,问题的外延是什么,各部分之间的关系如何,把问题视为一个整体等。这就是所谓的采用系统的观点。如果不能正确地系统看待整体,就不能找到解决问题的满意答案,因为关键的区域总是被错过,即整体区域。

九点问题告诉我们,观察、思考和行动的方式需要超越习惯和制约,以解答、解决或者化解特定类型的问题。否则,我们去辨别和解决问题的努力通常会被自己的偏见和成见所阻挠。缺失整体觉察会妨碍我们看到解决问题存在的不同方向。我们会容易被卡在问题或危机之中,因误读事物的本质和情形而制定错误策略,做出错误选择,而不是通过问题洞察事情的本质,找到真正的问题所在。在被卡住的时候,倾向于产生更多的问题,使情况更糟,甚至放弃解决问题。这种体验让人感到挫败、缺失和不安全。当自信心受打击,对解决其他问题也会心存疑虑。对自己的怀疑成了自我无能的预言。这可能控制我们的生活,以这种方式,通过自身的思维过程有效地把制约强加给我们。通常我们会忘却这是我们自己设置的束缚,进而被卡住并自认为我们无法超越。

图 12-3

通过日常生活中的正念仔细考量这一过程，这些内在的自我对话和信念是如何让我们在特定情形中被自己忽悠的。除非践行正念，否则我们很少有机会非常清晰地去关注这些内在的对话，并且琢磨它的有效性，尤其是牵扯到关于自身的想法和信念的时候。例如，当你在遭遇某些问题和困境时，比如学习使用工具、修理机器设备，或者当众演讲，如果你习惯性地对自己说"我无法解决这个问题"，那么有件事是非常确定的，你将无法做到。在那个时刻，你的想法兑现了或者把它自身的内容变成现实。说"我不能……""我永远不会……"总会成为自我应验的预言。

以这种习惯性思维对待自己，一旦面对挑战性问题，就会置身于自己制造的束缚情形中，减少了成功的可能。真实的情况是，你并不真正了解在特定的情况下你究竟有多大能力去应对挑战，如果真正去面对，你的实际能量可能会让你大吃一惊。放轻松，尝试一些不同的东西，即便不知道自己在做些什么，虽然内心依然有些怀疑自己的能力，但还是去试试。我就抱着这样的心态自己修好了很多钟表、车门。有时是在了解钟表或者车门的过程中，就给摆弄好了，怎么弄好的连我自己都一头雾水。

这里的关键是我们并不知道什么是自己真正的局限。然而，如果你的信念、态度、思维和感觉总是制造些不去面对挑战的理由，让你不去承担风险，不去探索对你而言什么是可能的，局限于自己的认识和信念中，不去探寻问题的全相可能是怎样的，你与它们的关系如何，则极有可能并且毫无必要地束缚了自己，无法学习和成长，束缚了积极改变人生的能力。无论是想减肥、戒烟、不朝孩子大喊大叫、复学、创业，抑或在遭受重大人生丧失之后，或正处在人生中威胁到幸福及你所珍爱的一切的重大变故中，需要怎样才能活下去，怎么做完全取决于你如何看待事情，对自己局限性和具足的资源的认识，以及怎样看待生活。

犹如在第 15 章即将看到的，信念和态度、想法和情绪可能对健康产生重要影响。在减压门诊，多数人增强了带着正念和正心面对挑战和承担风险，全然直面逆境的能力。在此过程中，常常惊讶于自己和自己家庭所具有的新勇气和明晰，发现自己的局限在减弱，有能力做过去认为无法做到的事情。为自身具有的新的完整感和关联感而感到振奋。

完整性和关联性是生命本质的基石。无论过去留下了多少伤痕和经历了多少痛楚，固有的完整性依旧存在，伤痕还能意味着什么？既无必要因为过去做过什么或者未曾做过什么，而成为无助的牺牲品，也无须无助地面对现在可能的痛苦。我们生来完整，是伤痕之前的自己，随时可以联结到原本完整的自己，因为真相就是，我们原本就总是在当下。这就是原本的自己。所以在正念冥想中与此联结时，从深远的意义上讲，此时已经超越了伤痕，超越了分离和分裂，超越了正在体验的痛苦。这意味着，在我们的一呼一吸之间，过往创伤所造成的伤害，至少在一定程度上有可能被疗愈，而这种疗愈在开始阶段并不为我们所知晓。这意味着只要我们愿意用圆满的眼光去看待，总有可能去识别、与之工作并有可能超越这些分裂、恐惧、脆弱、不安全感甚至绝望。

正念减压课程或许比其他方法能够帮助人们更多地看到、感受到并且相信这种完整性，帮助人们关注、善待和修复关系性的创伤，修复因为感到孤立、分离和分裂所导致的痛苦，帮助人们发现和奠定自身完整性和关联性的基础。显然，这是终生的任务。对于我们的患者而言，到减压门诊来，是作为成年人去担负起这项终生任务的第一步。

很清楚，从身体入手是理想的开端。正如已经看到的那样，这是非常方便的开始之门。也是通往更大世界之门，身体教会我们许多可以应用到生活中其他领域的课程。还有，我们的身体本身也需要被疗愈。我们多少都背负着一些生理、心理的压力和盔甲。至少，大多数人都遭受过或多或少的伤害，承受一些压力，有的甚至是生理或心理的创伤，或二者都有。有的心理学家倾向于用小写的 t 来形容小的创伤，而用大写的 T 来形容灾难所造成的严重创伤，如在第 5 章中所描述的玛丽所经历的那样。无论我们经历了什么，我们活了下来。不管是大写的创伤还是小写的创伤，身体、思想和内心看起来都是分离的，但却构成了疗愈的巨大资源。如能仔细地聆听身体所言，可以教会我们过去许多看起来很难理解的事情，做到与过去达成妥协，以我们的仁慈和智慧去亲近痛楚。身体可以教会我们许多关于压力和疼痛、疾病、健康与痛苦以及如何从痛苦中走出来的可能性的知识。正念是达成和在最深层次培育使我们免受伤害的最佳方法的关键要素。

在疗愈过程中以身体为中心，而且身体可能背负许多疼痛和伤害，无怪乎要把大量的精力放在呼吸上，你可以把呼吸想象成是身体和情绪之间的桥梁。这也解释了在正念减压课程的起初两周为何要求每天做身体扫描，为何系统地强调身体不同区域的感觉，为何要培育身体是一个整体的感觉，为何十分地关注像进食、走路、移动和拉伸这些基本的行为。所有这些方方面面的身体体验都是我们开始窥视我们整体性的必经之路。及时的日常练习，可以让我们经常地通过这条路安住在对整体性的全然觉察中。

这种培育觉知本身和学习安住其中的过程，总是比我们选择的其他关注对象更为重要，和它的本质同等重要。通过不间断地践行，我们将学会以更加完整的方式在每天的每时每刻中生活，触及我们自身的完整和关联，觉察到我们与他人以及与这个更大的世界的相互连接，并从中发现自己，从生活本身中找到自己。感受完整，即便是短暂地感知，都可以在深层次上滋养自己。这是我们面对压力和疼痛时疗愈的资源和智慧，无论压力和疼痛以什么样的面目出现。

* * * *

也许你不会太惊讶，"健康"一词的本意是"完整"。完整意寓整合，一个系统或生命所有部分的相互联通性，一个整体。完整本质上是总在当下。某些手臂被截肢或者失去身体某些部分的人，某些患了不治之症的人，在根本上依然可以是完整的。他或她需要与这种生理上的丧失达成妥协，并能够意义深远地去体验这种完整性。这当然需要深刻地改变自己对自己、对世界和对时间的观念，甚至对生命本身的观念。与事情如其所是地达成妥协的过程本身就是疗愈过程的体现。

虽然每一个生命体都是完整的，但它们依然蕴含在更大的完整性之中。我们身体上是完整的，正像我们已知的那样，身体不停地与外界环境进行着物质和能量交换。所以，虽然身体是完整的，但也不断地变化着。身体毫无保留地融入更大的整体，融入环境、融入地球、融入宇宙。以这样的方式，健康被看作一个动态的过程，而不是固化的状态，一旦获取便不可变的状态。

* * * *

完整（wholeness）这一概念不仅是字面上健康（health）和疗愈（healing）的意义（还是"神圣"（holy）的意思），我们发现，它也蕴含着正念冥想和医药的深刻内涵。显然，在某种意义上这些词都是相互关联的。著名的博学家戴维·波姆认为，理论物理学家的任务之一就是探索自然本质的完整性。英语中医学（medicine）和冥想（meditation）的词根都是拉丁语的 mederi，其意义是"疗愈"（to cure）。Mederi 本身源自古老的印欧语系，意思是"用来测量"（to measure）。

现在正念冥想和医药的字面意思中哪里还有测量的意思？完全没有了。以通常的方式去理解测量，是指用外在的标准去度量事物。但测量还有一个更为古老和具有柏拉图式的含义，用波姆的话来说，所有的事物原本都有其自身的"正确的内在尺度"，这才使事物成为这种事物，正是如此才使之具备原本的特性。用这种眼光去看待"医药"，用其正确的内在尺度去衡量，应该是使生命从疾病或伤害中得到恢复的方法。同样的道理，而正念冥想是指以仔细的、非评判的、自我观察的方式直接感知自身原本正确的内在尺度。遵循这条正确的内在尺度脉络，这是完整性的另一种表达方式。以这样方式看，在医疗中心的诊所内训练正念冥想，就不如初看起来的那么牵强附会了。

选择正念训练，以特定的正念冥想训练作为正念减压和减压门诊课程中主要和统一的元素并非任意为之。正念减压教授的正念冥想训练有别于其他许多普通的放松训练和压力释放方法，有其独有的特征。其中最为重要的是这是一扇通往直接体验的完整之门，这种体验需要通过持久地聚焦于**无为**和**同在**才可获得，而相对于其他着力于行动和达到一定目的的方法而言，这并非易事。罗杰·威尔士博士，加州大学尔湾分校医学院的精神病学和行为科学教授认为，正念冥想最好被认为是意识的科学。学贯东西方心理学的威尔士博士自己和他的学生长期践行正念。他强调，意识（mind）学科的工作范式有别于传统的西方主流心理学范式。以意识学科的观点来看，平常所谓清醒的意识状态远未达到最佳的意识状态。这与西方心理学范式并不矛盾，这种观念超越了在西方心理学占支配地位的观念，至少直到最近，病理学和治疗的主要目的是在正常的清醒意识状态中，让患者恢复到"正常"功能。与传统范式截然不同的"正交"观点的核心是，相信经由正念冥想，深入地参与到个人的、高强度的、系统性的意识训练，可以把人从持续不断、深受制约的扭曲状态下解放出来，这种扭曲状态左右我们日常情绪和思维过程的特征，正如我们所看到的，这些扭曲会持续地削弱我们去全然地体验原本的完整。

许多伟大的思想基于完整性的观点和在生活中实践完整性。卡尔·荣格，伟大的瑞士心理学家，给予亚洲的打坐传统以极高的评价。他写道："完整性问题支配了极具冒险精神的东方思想长达2000余年，在这方面，方法和哲学教义已经发展到足以让西方所有的努力显得相形见绌。"荣格深刻地理解了正念冥想与如何实践完整性之间的关系。

阿尔伯特·爱因斯坦也清晰地表达了以完整性的眼光看待事物的重

要性。在最近的八周正念减压课程中，我们给患者一本小册子，里面引用了爱因斯坦的一封于 1972 年 3 月 29 日发表在《纽约时报》上的信。那天，我剪下了这份报纸，保存至今。现在，岁月让纸已发黄，并且脆得极易损坏。这段话对我有着特别的意义，部分是因为它很好地形容了冥想训练的本质，还有部分原因是这段话来自一位著名的科学家，他革命性地改变了我们对物理世界的认识，证明了时间与空间、物质与能量的关联性。

当时，爱因斯坦居住在普林斯顿，在研究所从事前沿研究。经常接到来自世界各地的信件征求爱因斯坦对他们个人遭遇到的问题的建议。在普通人看来，爱因斯坦有着独特的智慧和声望，虽然真正理解其科学建树的人不多，但他们都知道这是革命性的贡献。同时他还有着伟大的人文关怀的声望，因为他直面人道主义事业和直言不讳。很多人认为他是"世界上最聪明的人"，虽然他本人对此可能从未理会。这段话引自爱因斯坦给一位犹太教士的回信，这位教士认为他无法安抚自己 19 岁的女儿，她因为自己妹妹的去世而感到难过，"妹妹是个纯洁美丽的 16 岁少女"。教士写给爱因斯坦的信充满因孩子去世而带来的人类最为痛苦的体验，明确地哭求帮助。爱因斯坦回复到：

人是整体的一部分，我们称之为"宇宙"的一部分，是有限空间和时间的一部分。人所体验的自己，他的思想和感情，是与其他部分分隔开的，这其实是意识造成的错觉，这种错觉是我们的牢狱，把我们限制在个人欲望及身边亲近的几个人的感情上。我们必须把我们自己从这个牢狱中解放出来，通过拓展我们慈爱的范围，拥抱所有的生物和整个自然界的美妙。没有人可以完全达到这个境界，但为这个目标而努力本身就是解脱的一部分，也是内在安全感的基石。

在回信中，爱因斯坦认为我们很容易被自己的思想和感情所囚禁而变得盲目，为自我中心所局限，只关心我们自身的生活和渴望。他没有轻视如此重大丧失带来的体验和痛苦，一点也没有！他只是强调（我们往往会）压倒性地全神贯注于我们孤立的个体，忽视和屏蔽他人的存在，而这是更为基本的真实，这实际上囚禁了我们自身。在他看来，我们所有人都是这个世界的匆匆过客，就像是流动着的有高度结构的能量的快速聚散。爱因斯坦是提醒我们，完整性比孤立性更能体现事物的本质。他提醒我们，孤立地看待事情并忍耐其实是一种错觉，从根本上讲，是对自身的囚禁。

当然，从道理上讲，我们分别生存在有限的时间和空间中，这在一定意义上讲，我们是独立的存在，我们特别的思想和感受是独特的、美妙的，是充满挚爱的关系。当这种连接和联系被破坏时，我们会感到巨大的痛苦。这完全可以理解，尤其是当年轻人逝去时。但与此同时，这也同样真实，我们同时存在，却也像水流中小小的急流和漩涡与大海中起伏的波浪，转瞬即逝。如同漩涡和波浪，我们的生活虽然是独特的，但也是一个更大的整体表达，这种表达方式总会超出我们的理解能力。

爱因斯坦提醒我们，如果忽视了整体性和关联性的观念，我们只看见了活着的这一面，这种观念强化了**我的**生命、**我的**问题、**我的**丧失、**我的**痛楚，（认为）这些才是最为重要的，这使得我们看不见其他人，而从多维度的视角看，我们的存在并不是真正孤立和独特的，当我们认同自己是永恒的固定的"自己"时，在爱因斯坦看来，这是意识的错觉，一种自我囚禁的形式。他在其他地方写道："作为一个人的真实价值首先取决于他对从自我囚禁中获得解脱的衡量和了解。"

对于这种陷于此类错觉的困境和陷于小我，爱因斯坦给出了他的妙方，他也用自己的人生向我们展示了其有效性，那就是透过有意识地培育对所有生命的关怀来突破意识中的这种视觉错觉，欣赏我们自身和所有生物作为无限的相互关联着的自然世界的一部分，以美丽的方式呈现。

作为获得自由和内在安全感的方式，爱因斯坦没有仅仅以浪漫的或哲学的方式表达，他理解这需要通过一定的努力来达成，从我们自己的思维习惯和错觉的牢狱中解放我们自己。他认为，这些工作，本质上就是疗愈。

再回到九点问题上，我们已经看到我们是如何看待问题，延伸地说如何看待世界和我们自己，这会深刻地影响着我们能做什么以及我们能够多大程度地去爱。以完整性的眼光看世界意味着认为没有孤立发生的事情，所有问题都需要放在完整的系统脉络中考量。以这种方式看事情，可以感知到位于我们体验之下的相互关联的原本网络，并融入其中。以这种方式看问题就是疗愈。以这种方式看问题会帮助我们看到在某些方面，我们是非比寻常和不可思议的，与此同时，也不会无视于在某些方面，我们并没有什么特殊的，而是（认识到我们是）更大的、正在展开的整体的一部分，我们的人生就像大海的波浪，在这被我们称为"人生"的短暂时刻里起起落落，起起落落。

Chapter 13
第 13 章

疗　愈

当我们使用疗愈这个词来描述人们通过正念减压课程，参加正念训练的体验时，这也意味着他们正经受着观念的深刻变化，有些情况下，我会称之为"意识的翻转"。这种转化发生在与个人的整体性相遇时，由正念练习本身所催化而形成的。在任何平静的时刻，看到自身的完整性，在身体扫描和坐姿冥想中，在练习瑜伽时直接地体验到自身的完整，或者作为更大完整性的一部分，就会形成一种与自己相遇，以及与自己的问题和痛苦达成妥协的微妙的全新关系。我们开始以有别于过去的方式，即以整体性的视角看待自身与自身的问题。观念的转化创造了一种全然不同于以往的框架，在这个脉络中可以看到问题并与问题一起工作，无论问题有多么严重。这时认知从孤立和破碎转变为完整和相互关联。这个观念的转化，为我们带来从感到失控和孤立无援、悲观过渡到一种可能的感觉并且与之一起相处，如果你愿意为此付诸努力。我们可以发现和接纳内在的宁静，甚至发现控制感，假使我们理解的控制是指在大的框架下可以打理和进行工作，并拥抱之。疗愈总是包含着态度和情绪的转化。有时候，但不总是如此，疗愈伴随着身体症状的减轻和身体状态的改善。

随着人们参与正念减压课程和践行正念冥想，这种观念的转化会以不同的方式发生。在减压门诊，有时人们在正念冥想练习时会产生陡然和戏剧化的体验，引发他们以新的方式去看问题。更多时候，人们描述他们感受到了当下深层的放松和自信。而许多时候并未当即认识到这种体验，这对他们而言极其重要，虽然并不记得以前有过这样的体验。逐渐增加的转换极其细微，但依然可以与戏剧性的转变一样深刻，甚至更加深刻。无论转化显著或者细微，都是在观念上看见整体性的象征。观念的转变带来行动能力的改变，在面对压力或者痛苦时，更能保持平衡和内在的安全感。

在第一周的课程中，菲尔，一位 47 岁的法裔加拿大卡车司机，三年前，在一起货物搬运事故中伤到了背，疼痛门诊的医生把他转介到减压门诊，在练习身体扫描中有了突破性的进展。他仰面躺着，听从指导语音频的引导，感到背很痛，他自言自语道："哦，我的天啊，真不知道能否坚持下去。"但他对自己有个承诺，哪怕背痛也要按时做，一直跟随着指导语坚持练习。大约有 20 分钟，他开始"通过自己的身体"感受到了呼吸，然后发现自己可以全神贯注于神奇的呼吸的感觉中。他对自己说，"哦，妙极了"，然后有了新的领悟：他感受不到任何疼痛了！那一周，菲尔发现在进行身体扫描时他都可以触及类似的体验。带着狂喜，菲尔来参加了第二堂课。

第二周正好相反，没有任何进展，每天都跟随指导语做身体扫描，疼痛依旧如影随形地跟着他，像从前一样，没有什么机会可以让他重温第一周的感觉。我提醒他可能太过努力想重新找回第一周时的那种感觉。也许他现在正为了疼痛而战斗，一心想战胜疼痛并再次获得那种好的感觉。回家后他决心仔细领会我给他的提醒。决定仅仅尝试在进行身体扫描时任由事情自然发生，而不是尝试着要达到一个特定的状态。当天随即发现，事情变得非常顺利，当他停止与疼痛战斗时，在身体扫描的过程中能够聚精会神并且更加的平静。他发现当他更加深入地聚精会神时疼痛也逐渐消失了。他说，平均而言，在45分钟练习结束时，疼痛大约减少了40%～50%，有时则更多。

乔伊斯是由她的肿瘤医生转介来减压门诊的，这是在她开始治疗腿上的恶性肿瘤后不久。当时她50岁，两年前，她丈夫因食道癌去世，他的去世"令人恐惧和痛苦"，在丈夫去世当天，她的母亲也意外去世。她自己的病则始于照顾她丈夫阶段。她感到右大腿疼痛不堪，沿着腿放射，发作越来越频繁。看过几位医生，他们都说没什么大碍，或许是静脉曲张，或者仅仅是因为年龄增长所致。在她丈夫和她妈妈去世两年后的一天，正在和儿子一起挑选圣诞树时，她的股骨骨折了。做手术时，发现了浆细胞瘤正吞噬着她的骨头，正是这个导致了她的骨折。医生切除了肿瘤，通过骨移植重建了股骨。在手术中，乔伊斯出血甚多，医生对她孩子说或许她很难活下来。但她活了下来。随后，做了6周的放射治疗，很快被转介到了减压门诊。

第一次课后，乔伊斯对自己说，她要按照课堂上老师的要求完成每一个作业。她说到做到。在第一次做身体扫描时，她有了一种体验，后来她把它描述成"非常强烈的异物感"，这种感觉持续到指导语音频播放结束，随后一阵沉默。她没忘记对自己说："哦，那么这就是上帝了。"她描述道："那个时候我同时感到了虚无和一切都是存在，这不像任何人和事，这就是我以前认为的上帝。"

十年后，乔伊斯依然记得那种感觉，她说正是这种感觉陪伴她度过很多非常艰难的时光，包括多次的骨移植修复手术、股骨头置换术，以及艰难的家庭压力。她相信是练习正念让她的浆细胞瘤得以缓解，并防止其发展成为多发型骨髓瘤，通常几乎所有的这种病例都会在5年时间内转变成骨髓瘤。她的肿瘤医生说，他从未见过其他病例经过这么长的时间而没有发展成骨髓瘤的。医生并没能确认是正念让她缓解，但他承认，他也不知道是什么原因致使疾病没有进一步发展。无论什么原因，他为其感到高兴，希望能够保持这样。他支持乔伊斯做任何积极的努力，任何她相信可以让她的身体和精神保持和谐的事情。

菲尔和乔伊斯在做身体扫描时有强烈的体验。而其他人则经过数周也没有感受到任何放松、宁静和预期的改变。虽然我们发现当我们在一起探讨他们的体验时，多数人在经历前两周有规律的练习身体扫描后，在平静的表面之下，总有些积极的事情会被激起，即便不那么明显。有趣的是，这些平静表面下的波澜并不显而易见，直到开始做瑜伽时才被觉察到。更多的有效利用身体的改变可以激发观念的转变，这种变化在数周的身体扫描中，缓慢建构于觉察水平之下。

基本上，个体疗愈的轨道在细节上因人而异。疗愈总是独特的，是深层的个人体验。我们每一个人，无论健康还是患病，都得面对我们自己特定的生活环境并做出应对。正念冥想，秉持自我探索和自我探询的精神，能够转化我们的能力去面对、拥抱，在磨难重重的逆境中努力。但为了能让这种转化在你的生活中实现，需要你来承担起这个职责，脚踏实地地去践行，从而让正念成为你自己的，让你拥有它们，以适合你的人生，满足你的需求！你做出的特定选择取决于你独特的生存环境，取决于你的气质。

这是你的想象力和创造力的源泉。正如我们所见，践行正念是比其他更重要的一种存在的方式。这并不是一种治疗技术。疗愈源自践行本身，当你开始一种崭新的存在方式时。如果把正念练习当成一种去到哪里的技术，则不大会显现出它的疗愈作用，即便是用于达到完整性。从这个角度看，你本来就是完整的，其要点是你无须尝试变成你本来就是的样子，真正需要的是，放下进入同在的领域（let it be），带着觉知安住于本然的完整性之中，超越时间。这是疗愈的基础。

在减压门诊里，我们常常为患者们尝试很多方式，把践行正念融入他们的生活，从而获得了意想不到的践行正念带来的奇效。这些奇效完全无法预测。正是因为这个强有力的理由，全然投入正念冥想练习，尽己所能，而且，放下任何对特殊治疗效果的眷恋，虽然这些效果原本是吸引人们来此参加正念减压的初衷。

多数人来到减压门诊希望能获得内心的宁静。他们想要学习放松，能够更有效地应对压力和痛楚。在他们离开时，转变成超越了初来时所期望实现的目标。比如，赫克托，一位摔跤手，来自波多黎各，因为脾气火爆伴有胸痛而参加了这个课程，在短短八周后离开时，找到了调节和控制胸痛和愤怒之道，并发现了他原有的内在温柔，而之前他对此并不知晓。比尔，一位屠夫，来门诊是因为他妻子自杀后，他需要自己养活6岁的儿子，在这种情况下，他的心理治疗师劝说他来到这里。比尔成了素食者，一天，他对我说："乔恩，践行深入我心，让我无法再说谎。"在完成整个课程后，他开始了自己的正念践行小组。伊迪斯在肺部康复过程中学会了正念冥想，为了控制她的气短，自己进行练习，几年后她自豪地在她的肺部康复小组聚会时讲述：她成功地在白内障手术中应用正念控制了疼痛。当时，医生在手术前最后一分钟告诉她，由于她的呼吸系统疾病，无法在手术中使用任何麻醉剂，然后用针刺进眼球进行了眼科手术！亨利在开始正念减压时伴有焦虑、心脏病和高血压。在课程的第四周，因为消化性溃疡而呕血。被送进重症监护病房，他想到他有可能死去。亨利尝试着用觉察呼吸让自己冷静下来，此时他躺在病床上，手臂和鼻子上插着管子。纳特是个中年商人，来时带着极端的不幸，一方面，即使是在服药情况下，他依然有严重的高血压，（两周前他刚被公司解聘）同时，血液HIV病毒检测呈阳性，他妻子感染艾滋病（可能是因为阑尾手术输血感染）传播给他，而且已经死亡。来时他的状态极差，护士亲自护送他来减压门诊，并督促其登记。八周后，纳特血压恢复正常，坏脾气得到控制，与他唯一的孩子关系变好，能以更乐观的态度看待自己的生活，尽管他面临的实际情境因各种丧失而十分恶劣。爱德华是个年轻的艾滋病患者，在结束正念减压课程6个月后，他告诉我，在这6个月里，他不曾错过任何一天的正念练习，而且他在工作中不再是个"紧张不安的废人"，他需要进行再次的骨髓测试，尝试着用呼吸去放下对疼痛的恐惧，结果真的没感觉到疼了。所有这些患者正念练习的结局都不曾被预测到，但他们都直接从练习正念中获得了成长。

当然，我们将会看到，要想让践行成为自己的一部分，还需要关注一些日常生活中的特定行为和习惯，它们会对健康有直接或间接的影响，要么促进健康，要么损害健康。包括饮食和运动，个人习惯如吸烟和酗酒、药物依赖，负面和破坏性的态度，特别是敌意和愤世嫉俗，个人所面对的一系列压力和困境，以及应对的方式。培育对这些领域和根深蒂固的习惯更大的觉知，可以增强和扩大个人的转化过程，定期地安住于和自己同在的时刻当中，将会获得自然的成长。

我们在这里使用疗愈（healing）这个词，不等于治愈（curing），虽然在普通用语中，有时这两个词可以相互替换。尽管如此，但对我们而言，了解这两个词的区别还是十分重要的，这两个词有着全然不同的含义[⊖]。在下一章中将了解到，很少有慢性病或者与压力相关的疾病可以完全治愈。我们不可能自己治愈自己，别人也很难，但我们可以疗愈我们自己——学习与这些状况同在和共事，它们只是当下这样的时刻的自我呈现。疗愈意味着我们可能需要与疾病、残疾甚至死亡建立不同的关系，只要我们学习以整体性的目光去看待它们。正如我们所了解的那样，这是来自践行的一种基本的技能，能让我们进入和安住在开放广袤的觉知中。这本身就有生理和心理上的放松作用，在一个更大的拥抱中，可能看见自己的恐惧，局限和脆弱。哪怕只有片刻的宁静，都会有助于理解自己本身已经是完整的个体，是完整的存在，即便是身体有肿瘤、心

⊖ 在个别语言体系中，如法语，两者并无分别，只有一个词：guérir。

脏病、艾滋病或者慢性疼痛，甚至不知道自己会活多久、生命中会发生什么。

慢性病或压力相关疾病患者和其他人同样可以体验完整性。体验完整性的时刻，与自己同在的时刻，通常包括能够感到自己是比疾病或问题更大的存在，这种感觉让自己在与疾病或问题同在时立足于一个更好的位置。如果你认为在冥想一段时间之后，"依然有慢性疼痛、心脏病、肿瘤或者艾滋病"是一种"失败"的话，那完全是对践行正念和正念减压的误解。我们练习正念不是为了让什么东西走开，正念所获远大于进入某种境界或特别的感受。无论此刻我们是基本健康的还是患有终末期疾病，没有人知道自己究竟可活多久。生命只是在这个时刻呈现，正念的疗愈力存在于当下每一刻全然的生活中，接纳生活如其所是的样子，对未来所有的可能性开放，活在当下！

与此矛盾的是，驱动力和觉知的转化有能力转化任何事。请谨记，接纳并非被动接受，完全不是，接纳意味着了解情境，感受并拥抱当下的情境，带着全然的觉知，无论这个情境多么具有挑战性和可怕，并且认识到事情就是它原本的样子，不会因为我们对情境的好恶和期望而转变。然而我们可以刻意和直觉地选择与当下建立更为智慧的关系，这可能包括，在可能和必要的情况下决定是否需要有所作为。也可以简单地保持平静，心里有这样的观念：任何事物都在变化，包括我们的心、态度和我们安住在开放广袤的觉知中的能力，所有这些都有助于我们理解我们的境遇，与之达成妥协，这些都是疗愈的过程。无为本身就是一种强劲有力的行为。

一位患乳腺癌的妇女某一天在正念冥想时领悟到她不是她的癌症。在那个时刻她清晰地看到，她是个完整的人，癌症只是她体内在发生着的一个过程。在此之前，她的生活被疾病和"一个癌症病人"的诊断所填毁。领悟到她不是她的癌症使她感到自由。她可以更清晰地考虑自己的生活，决定可以趁着患了癌症这个机会，在余下的生命中去获得成长和更全然的生活。再次决定担负起责任，让自己在每一刻都全然地生活，并利用癌症去帮助自己，而不是抱怨和遗憾为何要得病，她建立了疗愈的舞台，为了消除限制自己的精神界限，为了与她所要面对的现实达成妥协。她能够理解，虽然起初怀有期望这个方法能够影响到癌症本身，但并没有保证或者提醒癌症会减小或者她可以生存更久。她承诺带着更大的觉知去生活，并非因为那些理由而如此选择。无论是什么样的生活，她都愿意更全然地活着。与此同时，她希望能对这个疾病的可能性保持开放，或许践行正念能够更加精妙地整合身心，从而提高对疾病产生积极影响的可能性，从而带来积极的影响。

某些疾病过程受精神影响的事实铁证如山。心理神经免疫学（PNI）是个崭新的多学科交叉科学领域，该领域的研究证明，身体有着许多精致的防御感染机制，即我们通称的免疫系统。事实上我们并非在真空中保持健康，就像心理神经免疫学这个名称所包含的那样，免疫系统部分地受大脑和神经系统调节，大脑和神经系统不仅整合身体各个器官，同时也保障所有心理活动得以进行。所以大脑和免疫系统间的相互联系显得十分重要，而这种联系允许信息双向流动。也就是说，大脑可以影响和调节免疫系统的功能，而免疫系统的状态也以特别的方式影响着大脑的功能。这一联系的发现说明，科学现在有了阐明思想、情绪和生命体验影响疾病易感性和免疫能力生理机制的具有说服力的工作模型。

现有大量研究证明充满压力的生活体验可以影响免疫系统的功能，进而影响对抗感染和癌症的防御机制的核心任务。俄亥俄州立大学医学院的贾尼斯·凯寇尔特·格拉泽和罗恩·格拉泽的研究表明，医学生的自然杀伤细胞（NK）的活性降低或提升与感受的压力成比例。在考试期间，医学生的NK活性和其他免疫功能要比不面临考试时大大降低。研究还表明，孤独、分离、离婚和照顾失智症配偶都可降低免疫功能，而不同的放松技术和应对技巧可以保护甚至增强免疫功能。这类研究所观察的免疫功能如 NK 活性等在身体防御癌症和病毒感染的机制中有着重要作用。

也有一些研究证明正念减压训练与免疫功能增强有关，如在前言中所提及的，在与威斯康星大学的理查德·戴维森和其同事的合作研究中，我们进行了第一个正念减压的随机临床研究。除了收集参与者填写的心理幸福问卷调查量表，我们还观察了参与者的生物学指标（尤其是用脑电图观测了前额叶的电活动），同时观察了对流感疫苗的免疫应答（测定了血液中的抗体水平）。我们观察了高压力工作环境中的健康员工组，发现与对照组相比，这些员工在进行了八周正念减压课程之后，血液中针对流感病毒的抗体水平明显升高，对照组则等待参加后期的正念减压课程，但与受试者同时采集血样。我们还发现，免疫应答与受试者的大脑活动的变化数量相关。在正念减压组，电活动从大脑右半球转向左半球越多（表示情绪反应性降低和情绪抗挫力增强），对流感病毒的抗体回应产生也就越多。而在对照组则无此种相关性。

罗彻斯特大学医学院的罗伯特·阿黛尔和尼古拉斯·科恩始于 20 世纪 70 年代的标志性系列研究，奠定了心理神经免疫学的基础，导致对这个领域研究的广泛兴趣快速增长，阿黛尔和科恩用巧妙设计的实验揭示了大脑和免疫系统间的无可辩驳且引人注目的关系。他们证明，大白鼠的免疫抑制受制于心理调节。他们同时在动物的饮水中添加免疫抑制剂和甜味化合物（糖精），结果导致了免疫抑制（免疫反应降低），然后再单独给予糖精，这时仍然表现出免疫抑制，尽管这时并无免疫抑制剂！这表明，机体在一定程度上"学习"了在接收到免疫抑制剂时尝到甜味后去抑制免疫功能。对照组动物则无此反应。这表明实验组动物的免疫功能受某种心理学习影响，这只能来自神经系统。

已有的大量实验证明，体验无法控制的压力，可以导致动物的免疫功能低下，对癌症和肿瘤增长的自然抵抗力降低。最近进行的人群研究同样证明，在压力、无助感和免疫系统低下、癌症等疾病之间存在着微妙的关系。最终，未来研究的主要课题是，思维可能影响特定疾病疗愈的程度，不仅仅是间接地通过改变生活方式，虽然这样的改变也很重要，而且是直接地通过影响免疫系统和大脑本身的功能。当然，对这类试验中特殊的免疫系统变化的意义也需要格外小心解释，因为迄今为止，还没有确凿的证据证明这些免疫系统的改变与特定疾病的转化之间有着必然联系。动物实验和人类研究都证明慢性压力以不同的方式抑制免疫功能，同时又导致对许多致病微生物的敏感性增强；其他研究则证明，压力实际上增强了免疫反应而不是抑制它。所以需要进一步的工作来研究根本机制。

1998年我们发表了与麻省大学医学院皮肤病中心的杰弗瑞·伯恩哈德及其同事的合作研究成果，在研究中我们直接观察心念是否对充分认可的治疗终点有直接影响。[⊖]我们的观察对象为接受紫外线治疗的银屑病患者。该病患者的皮肤细胞过度增长形成鳞屑样斑块，病因尚未可知。目前尚无治愈的方法。我们知道该病迁延起伏，受情绪压力和其他一些因素的影响。鳞屑样斑块可以完全消失然后再反复发作。银屑病以皮肤表皮层不可控的细胞增生为特征，不是癌性的，但有类似皮肤癌的细胞增生因素。出于这个原因，认识银屑病的发生发展机制有着广泛的医学价值。这的确是解答此问题的一个很好的研究模型：思维是否影响疗愈过程并且可以被我们清晰地观察到和记录下来？银屑病的标准治疗是紫外线照射，我们称之为光疗法。紫外线有特定的频率波段（UVB），之所以用来治疗是因为它可减缓皮肤鳞屑斑块内的细胞增殖速度，严重情况下这种鳞屑斑块可能覆盖身体的大部分区域。在强化治疗中，有时会系统地使用补骨脂素（psoralin）与紫外线协同作用。治疗中使用不同频

⊖ Kabat-Zinn J, Wheeler E, Light T, et al. Influence of a mindfulness meditation-based stress reduction intervention on rates of skin clearing in patients with moderate to severe psoriasis undergoing phototherapy (UVB) and photochemotherapy (PUVA). *Psychosomatic Medicine*. 1998;60:625–632.

率的紫外线，紫外线暴露激活了皮肤中的补骨脂素，激活的分子通过抑制细胞分裂加速皮肤的更新，这种疗法被称为光化学疗法。在我们的研究中，我们随访了接受光学疗法的患者，也观察接受光化学疗法的患者。两种情况下，治疗都要求患者几乎赤裸地站立在老式电话亭大小的圆柱形光线盒子内，逐渐延长时间，一直到10分钟，让患者暴露于紫外线照射之下。光盒子内安置了从头到脚的紫外线灯管。治疗通常为期4个月，每周进行三次，开始时时间比较短，逐渐延长，以避免烧伤皮肤。需要多次治疗才能使皮肤完全更新。

在我们的研究中，37位准备在光疗门诊接受紫外线治疗的患者被随机地分成两组，一组在进入紫外线光线盒子的同时练习正念，循序渐进地随着光暴露延长的同时，在音频指导下，践行觉察呼吸，觉察身体感觉（感受站立和光线带来的热量，感受风机吹出的气流），觉察声音、想法和情绪。随着治疗时间逐渐增加，我们鼓励患者观想紫外线通过阻塞使细胞分裂延缓生长，患者还可以选择在20次光疗后进行无指导语的正念练习，伴以聆听冥想音乐。对照组则仅接受标准的光疗程序，但不进行任何正念练习和聆听音乐。

尽管这一实验设计有其缺陷，但却可以重复，而且是前期初步研究的延伸。在治疗结束后，我们发现正念践行者皮肤更新速度比仅接受光疗的对照组患者快4倍。光疗组和光化学疗法组的结果一致，由于患者待在光线盒子里的最长时间为12分钟左右，患者的实际正念冥想时间很短，因而结果更为有意义。此外，与参与正念减压课程的学员不同，银屑病患者并没有回家继续练习，而是被要求不要额外增加练习时间。如此令人惊讶的结果表明，正念的力量对多个身心因素有着积极的影响，即使是练习的时间相对短暂。根据提示很少的正念练习也有巨大的获益。在第23章中，我们将同样看到短程正念训练对实验性疼痛的效果。

在其他研究者重复之前，银屑病研究的发现尽管还只是初步结果，但依然有很多饶有趣味的启示。最为明显的是，精神至少在某些情况下可以积极地影响疗愈过程。我们不能肯定是否正念练习本身导致了这样的结果，毕竟我们还应用了观想紫外线暴露对皮肤更新的作用，也用了音乐辅助；而对照组除了正念冥想之外，也没有与治疗组严格匹配。比如，对照组没有听任何音频资料，包括音乐。即使如此，结果仍提示思维在某个维度具有显著的作用，加速了皮肤的疗愈。现在我们知道，大脑对躯体的炎症过程有影响，而多个后天因素和免疫因子在银屑病的发病中发挥作用。有可能从对基因的表达到细胞和体液免疫活性都有影响。这些丰硕的领域有待于在今后的研究中得以阐明。

我们的研究自带了成本效益的研究，就正念组比对照组皮肤更新更快的意义而言。治疗次数减少，因此节省系统花费。这个研究也是参与性医学的典范，在实验中，患者积极地参与到获得自身更高水平健康和幸福的改变过程中，如同正念减压在更广泛的意义上讲，本身就是参与性医学的范例。而且，这也是整合医学的典范，正念践行被整合到常规的医学治疗程序中。而紫外线本身还是皮肤癌（基底细胞癌）的危险因素，减少皮肤更新所需要的治疗次数，就减少了光学疗法治疗本身所固有的危险。

在畅销出版物中，身心关联和疗愈常常是被广泛涉及的主题。在一般的身心方法和特别的正念领域中，尤其如此。随着许多来自神经科学、健康心理学和心理神经免疫学领域的研究，在得知这些研究结果之后，癌症或艾滋病的患者更愿意践行正念以减轻其压力，改善生活质量，也希望能够刺激免疫系统，以更有效地应对疾病。尽管完全有可能经由参加正念和特定的观想治疗，显著地影响免疫系统功能，刺激疗愈，但距真正证实此推测仍有相当的距离，正如我们曾经表明过的那样。

从我们的观点看，前来参与正念减压课程的个体，带着很强的期待：希望通过正念训练能够强化其免疫系统。这反而可能妨碍其身体和心理的疗愈。过分地投入，企图使免疫系统按照你的想法工作，也许是一个问题而不是帮助，因为践行正念的品质和精髓很容易被任何目标取向所破坏，无论这个目标有多么可以理解和值得去争取，就像我们前面反复强调的那样。如果正念的本质是"无为"，却又为了达成自己的需求去做，即使是巧妙地做，都会扭曲和破坏放下和接纳的品质，影响你允许自己直接地体验完整性，而在我们看来，这才是疗愈的基石。即便最后结果表明，正念可以使免疫系统发生积极的改变，使得身体疗愈疾病过程的能力得到加强，也不建议为了这个去践行正念。

这并不是说不可以为了特定的目的而应用冥想。有许许多多方式可以把特定的观想和目标融入冥想练习中，比如在山的冥想练习中就有此应用了（详见第8章），比如前面刚回顾的皮肤病治疗中，以及我们将要讨论的慈心冥想中。在世界上所有的冥想传统中，想象和具象化都被应用于产生特殊的心智和心情状态。有关于爱、慈心、宁静、原谅、无我、不确定性和痛苦等各种各样的冥想练习。有关于能量、身体状态、特殊情绪、淡定、关怀、慷慨大方、喜悦、智慧、死亡，当然也有关于疗愈的冥想练习。意象、个人能量和专注所遵循的特殊路径是这些冥想练习不可或缺的组成部分。

然而，有必要强调的是，这些都只是练习。它们总是在某一个系统的约束和承诺下进行的，总被置于一个更大的存在方式的冥想脉络中。当我们把它们拿出来作为一种个别的技术，只在感觉糟糕或者想要什么的时候才使用时，我们一成不变地忽略或者抛弃了它们更大的背景，事实上，我们甚至没有意识到它的存在。在任何场合，"无为"的观念中蕴含的智慧和能量，与之同在，特定观想的更深层的能量，很容易被忽略或者过于看重。这种态度没有太多智慧可言，倒是有许多潜在的挫败、失望和能量的无谓消耗。

为了最大化疗愈的效率，具象化和想象的使用最好能蕴含在更大的对"无为"和"不执着"的理解和尊重的框架之中。不然，观想练习很容易把冥想堕落成为一厢情愿的幻想，而简单的正念练习本身固有的疗愈力和智慧则没有被触及，或在寻求某些取巧和有目的性的东西中变得微不足道。哪怕只是为了降低血压的例子中，在许多的临床研究中证明，为某些具体的目的去做冥想练习并不明智。这样做倾向于机械化地做冥想练习和过于看重成败。我们认为这样做更有成效，那就是你只是去定期地练习冥想而让你的血压自己去照顾自己。

在你以一种存在的方式去练习冥想而不是将其作为一种达到某种目的的工具时，在更大范围领域之中针对一些特定的关系使用特定的观想会有些帮助。尚无足够的研究能够确定在疗愈过程中，特定的观想和简单的当下每一时刻的觉知相比孰轻孰重。银屑病实验可能带来这方面的进一步研究。

根据正念减压的经验，我们发现症状的减轻和观念的转化更会在正念练习中积极地培育"无为"时出现，而不是给自己预设什么降低血压、改善某些症状或让免疫系统更加强大。

在减压门诊里，我们告诉患者，无论你患有高血压、癌症还是艾滋病，带着控制血压和改善免疫功能的希望而来没有问题，就像是为了学习放松和平静而来一样，没有问题。一旦决定要参加这个课程，就需要他们在当下放下这些目标而只是为了正念而练习正念。这样如果血压降低了，如果自然杀伤细胞或辅助 T 细胞数量和活性增加了或者疼痛缓解，那何乐而不为呢？我们要求患者体验自己的身心能够做什么，而不必在特定的时间里要影响或改善特定的生理功能。让内心和身体获得平静，在某些方面我们需要全然地放下想要什么发生的愿望，以一颗开放和接纳的心去接受事情如其所是的存在，我们自身本真的存在。内在的宁静和接纳存在于健康和智慧之心中。

非常理想化地设想，医院应该是这样一种环境，在这里对人的内在疗愈力抱持欣赏和滋养的态度，以此作为对医学手段的补充。许多医护人员以持此观点为荣，在不太理想的环境中，面对带着问题来向他们求助的患者，尽最大努力培育这种内在能力，发现一些创造性的方式，鼓励患者寻求自己的内在资源，获得更高水平的健康和安适，正如我们见到的那样，是更多参与性医疗的重要组成部分。

为了给每一位在医院的患者提供直接参与他或她自己疗愈的资源，让忙碌和过劳的医生和护士能够给患者提供资源，在减压门诊的早期，我开发了远程教学电视教授住院病人如何练习冥想。那时，希望住院患者躺在病床上，也能够像来减压门诊接受正念减压训练的人们那样自己进行正念冥想练习。

通常情况下，电视让我们分心，或者吞噬了我们。它很容易带领我们远离自己和当下时刻（在第 32 章我们将更加详细地讨论这一话题）。这个电视节目我们命名为"放松的世界"，我尝试着以一种新的方式使用这个媒介，你可以想象这是一台人与人互动的电视。

很多患者在住院时大部分时间开着电视，虽然很多时候，人们并没有在看电视。无休止的噪音和影像的持续轰击很难有助于整体的福祉和疗愈，尽管有时候它的确有助于让时间飞逝。此时，静默或许更有益，尤其是当人们知道在静默时可以做些什么之后——知道如何待在静默之中，知道如何集中精力存在于当下，安住在平和与宁静之中。

如果你与其他人同居一间病室，你可能会被室友电视里所播放的各种节目所打扰，尽管此时你的电视可能并未打开。这对于一个正在经历疼痛的人、一个即将死亡或处于类似危机中的人而言，让其在生命面临困难的时候，却不得不忍受肥皂剧或者娱乐表演，处于嘈杂的声音背景之中是不人道、可耻的和不道德的。这很难是人处于患难之中或者逝去时保持尊严的氛围，也难以成为康复和疗愈的最佳环境。

"放松的世界"是我探索帮助那些卧床患者的方式，墙上的电视给出这样一些建议："看看，随着你们躺在医院的病床上，手里有大把的时间，或许你会有兴趣充分利用这些时间做些'肌肉'练习，但你甚至都不知道你有这些'肌肉'，比如，注意力'肌肉'、正念的'肌肉'、让你无论在什么情况下都可以在当下时刻工作的'肌肉'。或许你会对有意识地探索学习如何能有条不紊地进入和安住在深度的放松和安适之中颇感兴趣。至少，参加这个课程会让你更能够感觉到有些能力控制和减少压力、疼痛和焦虑，而这些可能是你此时正在体验的。还有，这有助于增强疗愈过程本身。"

"放松的世界"是对电视的非比寻常地使用。画面上，仅仅是我的面孔在荧屏上整整一个小时，完全没有戏剧性和娱乐性。甚至更糟，在简短的介绍之后，我请观看者闭上眼睛，我也闭着眼睛。所以在这一小时的大多数时间里，图像只是荧屏上我的面孔，而我却闭着眼睛。我在冥想，并带领聆听者做扩展的疗愈冥想，它们包括：呼吸冥想，简短的身体扫描，将呼吸引导到患者感觉需要特别注意的部位。与语言指导语交织混响的是由乔治亚·凯里作曲并演奏的舒缓的竖琴音乐，他本人就是一位专注于用音乐和声音进行疗愈的音乐家和作曲家。

你可能会问，"为什么在一个电视节目中，患者多数时间都闭着眼睛？"答案便是房间里除了患者之外还有另一个人的图像，以一种邀请的方式也会带来信任和接纳的感觉。如果在节目中的某个点，让人有些迷惑或者无聊，他或她随时可以选择睁开眼睛，并看到真的有人在电视屏幕上冥想——因而，他或许有可能安心在当下的时刻再次回到呼吸，回到当下，回到竖琴的乐声中，再次安稳于一定程度的宁静和幸福当中。

我鼓励观看者在自己感到可以的时候忽略我说的什么，让自己沐浴在音乐当中，在其音符和空间之中呼吸。自圣经时代起竖琴就是一种具有疗愈功效的乐器。在这首特别的乐曲中，竖琴的音色听起来像是来无影去无踪。在拨动的琴弦间流淌出深深的安宁，使这首乐曲有着不受时间制约的品质，与其他音乐大不相同，却美妙无比，突出的主旋律或主题彰显着好像要把听众带向遥远的地方。凯利的旋律为培育正念的正式练习提供了有效的背景，尤其是对那些首次尝试练习的人而言，以如实的方式映现，我们的想法、感觉和感知显现于无形、又再次消融于无形，随着时间从这一刻接着下一刻。

"放松的世界"在我们医院病房的有线电视中播放，每天24小时播放7次。就这样播放了数十年。医生可以开具"处方"，让那些受疼痛、焦虑或者睡眠障碍的患者学习使用，也可以用于强化放松和幸福，并减轻住院带来的压力。在开处方时，通过一个小小的书签告诉患者节目将在什么时间播放，给患者一些如何跟随学习的建议，并建议患者在住院期间每天跟随"做"两次。在我们看来，医院的病患跟随这个节目做有规律的冥想练习远胜过通常电视所灌输的精神食粮。历经数年，我们听到过无数有关病患带走这个节目的报告。目前这个节目被美国和加拿大数百家医院购买，当然，在互联网上也能找得到（www.betterlisten.com）。

很久前，一位曾在纽约大学医学中心住院期间用过"放松的世界"的妇女找到我，我们有过一段颇广泛和深入的交谈，最后我请求她如果愿意是否可以写下她使用这个节目的具体情况。下面是她所描述的经历。

亲爱的卡巴金博士：

"你身上做对的远多过做错的"，你的这句话伴随着我度过了两次吓人的癌症手术。在视频中你的许许多多其他安慰的思想帮助我保持明智。

夜间，探视者们离去，我自己独处的时候，我迫不及待地打开纽约大学医学中心房间的有线电视，在某种程度上，我变得有些依赖于你所给予的安慰，我仍能看到你的面孔在我的面前，但那些经验几乎就像是我自己一个人的。你提供了一个具有深远意义的哲学，为一个受到惊吓的人透视了各个方面，我深深地感谢你所做的这一切，我非常努力地尝试牢记如何练习放松技术，但仍然需要节目所提供的帮助。

在我住院期间，有那么多的病患从你的声音中获得安慰。在我按照要求沿着医院的走廊练习走路的时候，我可以听到不同的病房传出的节目声音，每当我有机会与其他痛苦中的患者交谈时，我都告诉他们打开节目，而每一次都收到感谢。(第一次住院我住了 23 天，这样我有很多机会与他人相逢。)

最近的一次手术让我仍然感到痛苦，我还是感到害怕，但我感受到了很多美好的时刻，事实上有些很美妙，这得益于你的帮助。对此我非常感恩。

慈心禅

以正念和热心为形式的疗愈力量可以指向他人，也可以像指向自己的身体一样指向我们的各种关系。展现我们自己指向他人的深层共情感觉、关怀和爱的过程，有着自身对脑和心的净化效应。每当我们邀请这份感受来到内心，无论希望是多少程度，不需要任何勉强，都可以被自己体验到，并有效地延伸到其他人。这么做可以带来巨大的利益，十有八九，你将首先获益。

在正念减压课程的第六周课程之后的整天正念日活动中，我们通常会提供一种慈爱冥想指导，让参与者初尝唤醒仁慈、慷慨、善念、慈爱和宽恕的感觉的力量。首先，指导人们把慈心导向自己。每次的反应一如既往地让人动容。带着喜悦和悲伤，人们热泪纵横。这种类型的正念冥想深深敲击着许多人的心弦，同样可以培育我们内在强大的积极情绪，可以让人们放下敌意和怨恨。部分参与者对这种形式的正念冥想的感受已经在第 8 章中有所描述。练习慈心冥想，首先从对呼吸的觉察开始，然后，有意识地邀请朝向自身的慈爱和善意的感觉渐渐升起，或许可以通过回忆，回想某些我们被其他人完整地看见和接纳的时刻，可以邀请接收到的善意和慈爱的感觉再度从记忆中溢出，在觉知的抱持中，感受身体此刻的体验，也可以对自己说一些你可以对自己和他人说的短语和词汇，这些短语包括："愿我免受内在和外来的伤害，愿我快乐，愿我健康，愿我生活得轻松自在。"想象这些话对自己真的有用，如果你真正、真正、真正地让自己的心朝向这些话语所指向的方向，而不是到达或者假装到达特定的地方，甚至去思索你应该有什么样的感觉，而只把它当是做个实验，去了解一下把自己全然地交给整个过程，在你的内心已然存在的东西，哪怕只有一点点。

稍停之后，我们可以继续，如果愿意的话去为其他一些人祈愿，可能是一个我们特别亲近并在内心深处真正在意的人。我们可以在脑海中想象出这个人的形象，或者抱持这个人在我们心里的感觉，与此同时，给这个人良好的祝愿："愿他或她快乐，愿他或她免受痛苦，愿他或她感受到爱和喜悦，愿他或她生活轻松自在。"以同样的方式，我们可以把祝愿送给其他认识和爱的人，父母、孩子、朋友。

然后我们可以选择一个与之相处感到困难的人，无论出于何种原因，想到这个人会让我们感到有些反感和憎恶。但不能选择一个曾给我们造成重大伤害的人，而只是一个我们不太在意，以及不太愿意对其有善意的人。再次，还是仅在你愿意这么做的情况下，我们可以有意识地培育善意、慷慨、慈悲的感觉，指向这个人，有意地了知和放下我们对他或她的怨恨和不喜欢的感觉，代之以提醒自己把他看作另外的一个人，看作一个和你一样值得爱和善待的人，看作同样有感情、有希望、也会害怕的人，看作也会像你一样感到疼痛和焦虑的人，看作一个也会感到痛苦的人。

然后，练习可以继续，去想起一个以某种方式切实伤害过我们的人。这总是个备选项目，并不意味着你被要求去原谅某个人以及他或她的所作所为给你或其他人带来的伤害。完全不必！你只是意识到，他或她也是个人，无论如何受伤害；他或她像你一样同样拥有渴望；他或她同样有痛苦；他或她同样渴望安全和快乐。因为只有我们自己会为受到伤害和生气甚至憎恨的感觉包围而感到痛苦，何不欣然做个试验，只是一个小小的试验，假如而且仅在你感觉可以接受这个主意的时候去做，把一小丁点儿善意指向这个让我们如此艰难的人，一个伤害过我们的人，这真的是一种把我们的痛苦带到面前，然后在我们圆满完整的更大范围内得以释然。那个人或许完全不会有何获益，但你却会从中获得巨大的好处。自此，你也可以有目的地选择原谅这个人。在坚持慈心冥想练习中，这份冲动或许会或许不会随着时间自然而然地培育出来。这完全取决于你决定在练习中涵容谁，在多大程度上涵容进来。而且，如果我们曾经有意无意地伤害过他人，在某一时刻同样也可以将此带入脑海，请求他们的原谅。

慈心冥想可以对活着或者故去了的人练习。当我们请求宽恕或者探索宽恕他们的时候，那些已长期背负着的负面情绪可以得到大量的释放。这是以事情本然的方式，进入自己内心和头脑中的深刻过程，是从深层放下过去的感受和伤害。以这样的方式培育慈心，如果我们跟随自己的指引，如果能谨慎地不强迫去做任何事情，如果忠实于当下我们自己的边界和局限，就像我们在瑜伽练习里做的那样，那么我们就会获得深层的解脱。

随着我们扩展我们愿意涵容进来的人群，练习则得以继续深入。我们可以把慈心指向其他个体，认识或不认识的，或许这些人我们经常见面但不甚认识，比如在清洗店清洗我们衣物的人，或者高速公路收费员，商店里的男女服务员们。我们可以把视野进一步扩展，把慈心的感受散发到任何地方的人和在这个世界上每一个仍在遭受痛苦的地方的人，他们遭受到严峻的创伤，受到压迫，他们在深层需要人的善意和关怀。如果乐意，慈心冥想可以做得更进一步，发自内心的慈爱可以全方位地扩展其范围，直到把这个星球上所有的生物都涵容在内，不只是人类，而是地球上的所有生命形态。

最后，重返我们自己的身体，回到自己的呼吸片刻，纯粹地安住于整个过程的微澜之中，随波摇曳并接纳当下可能感受到的各种感觉，拥抱温暖、慷慨和慈爱所带来的特别感觉，任由这些感觉从自己的心窝流淌而出，以此结束。

在我起初邂逅慈心冥想时，我想这有些怪异和做作。感到这有悖于正念练习的精神，因为看似在建议修习者产生某种特定的情绪而不是觉察和接纳所有可能出现的情绪和由此而生起的慈爱。依我所见培育正念本身就是慈爱和慈心的全然行动，看似作为补充的一些特定的冥想练习可能给正在进行正念训练的人们带来困扰，显得有些多余，因为从表面上看，这与不争和无为的正念取向自相矛盾。

在我实际看到和感觉到有目的地培育慈心的力量之后改变了想法。定期做这样的练习，对心有显著的柔化作用。有助于让自己和他人的心更加宽容。会帮助你看到所有的生物值得慈爱和关怀，即使纷争依然存在，你可以清晰地看到你的内心并未闭锁，并未沉溺在自我营造的，根本上是自我毁灭的负性情绪状态之中。

在最好的情况下，有时需要历经数年从禁锢性的思维习惯中破茧而出，获得成长。至少对于我们中的部分人而言，智慧的修习需要伴随着关怀和慈心练习，从自身开始。不然，它们并未有任何实际的方式来哺育智慧，因为智慧和关怀并不是隔离的，它们是相互拥存的。正如我们即将看到的那样，由于万物休戚相关，因而，我们自己和他人并无绝对的差别，如果缺少友善和慈悲就没有真正的智慧，缺少智慧则无真正的友善和慈悲。

综上所述，疗愈是一种观念的转化而不是治愈。包括了认识到你在本质上的完整性，与此同时，认识到你与万事万物之间的相互关联。除此之外，疗愈也包含了学习从自己内在感觉自在与和平。犹如我们在本书所看到和即将在后续章节中所探讨的，这种存在的方式，根植于正念减压的练习，可以引致症状的戏剧性改善，获得迈向全新层面的健康和幸福安康的崭新能力，甚至让大脑产生变化——在此至关重要的转化中扮演着关键角色。

Chapter 14
第 14 章

医生、患者和人们：
朝向统一的疾病和健康观念

过去的 15 年，三个令人振奋的基础科学新发现改变了我们对身体和精神的理解，改变了我们对它们如何相互影响并作用于健康的认识。第一个是神经可塑性现象。已经证实，大脑是个持续体验的器官，在人的一生中，大脑都在随着对体验的响应，持续地生长、改变和重塑，一直到老年。已知各种系统性的训练，及重复地暴露于挑战中可以促进大脑的这种本具的能力。神经可塑性的发现，颠覆了过去长期存在的神经生物学的传统观点。原本我们认为，在出生两年之后，脑和中枢神经系统的神经元只会减少不会新生，到老年神经元丢失的速度还会进一步加快。然而，现在看来，即使到了老年，至少在脑的某些区域，在体验和终身学习的驱使下，还是可以生成具有功能的新生神经元，并持续地形成新的突触连接。一个新兴的研究领域"冥想神经科学"已然诞生，研究长时间冥想者和相对短期的正念践行者的大脑，包括一些诸如正念减压课程的参与者，了解他们的脑功能、意识和身心联结有什么不同。

另一个新出现的领域是表观遗传学，证明了基因组也同样有不可思议的"可塑性"，甚至仅需要很短的时间。表观遗传学详细探讨我们的经验、行为、生活方式甚至态度都可潜在地作用于染色体基因的启动（学术术语为上调）或关闭（学术术语为抑制）。这种作用的意义十分深远，提示我们不完全是基因遗传的囚徒，过去认为我们是，但现在认为我们可以调节基因的表达，从而影响我们患某些疾病的易感性，这意味着我们可以与我们的基因遗传共事，而非被其囚禁。同样这也提示，在胎儿和儿童期，大脑的发育对压力和环境因素极其敏感，或好或坏，影响到大脑发育的完好和完整。这意味着大脑能够最佳发育、让我们成为健全的人所需的所有关键能力可能受到发育关键时期的压力影响，这一关键时期是指从出生前一直到青春期。这些关键能力关系到学习的能力（执行功能，工作记忆容量），最佳成长的能力（具身体现能力，包括大动作和精细动作的协调性），调节情绪和人际关系的能力（同理心的发展及解读自我和他人情绪和背后动机的能力，有时称之为情商），疗愈的能力（换位思考的功能，自我共情，自我相关刺激的处理）。

科学和医学界的第三个革命是端粒和端粒酶的发现，后者的作用是修复端粒。端粒是位于染色体两端的结构，为细胞分裂所必需。细胞在每次分裂后，端粒都会缩短一些，经过多次缩短，如果完全消失，细胞将不能再复制。位于加州大学旧金山分校的伊丽莎白·布莱克伯恩因为这一发现和他人共享了2009年诺贝尔奖。之后，她又发现压力可以让端粒缩短，后来她又和同事研究正念和其他冥想练习有保护端粒不缩短的作用，早期结果令人鼓舞。现在还知道，在细胞水平上端粒长度与细胞的衰老直接相关，也就是说，端粒决定了我们的寿命长度。端粒降解和缩短的速度很大程度上受压力的强度和我们应对压力的策略影响。

由于这些突破性发现和受过去七十年生命科学发现的冲击，我们正处在充满希望的医学、医疗科学和医疗保健相关体系演变的结合点上。随着人类基因组计划的完成，基因组学和蛋白组学的发展，对生物体（尤其是对人的）结构和功能的更多更详细的认识深入到每个层次。生物学研究的进展快速膨胀，日新月异。从1944年开始，这一年人们认识到DNA是遗传的物质基础。分子生物学带来了医学实践的彻底革命，为其提供了广泛的、更深层的科学基础，在许多领域获得了巨大的成功，并在许多领域继续展现出突破性的充满希望的前景。

现在，我们对包括多种癌症在内的很多疾病的基因和分子基础有了了解，认识到每个人的基因都是独特的，不同的人患相同疾病的体验是不同的，从而需要不同的特殊靶向药物的干预。我们有了精心开发的不断增长的用于抗感染的系列药物，也有帮助调节身体功能失常的药物。我们知道细胞内含有一些特定的基因，称为原癌基因，控制着细胞的正常功能，但当其受突变因素影响而改变时，则可引致瘤性生长或者癌症。相较于十多年前，我们更知道如何预防和治疗心脏病。如果及时的话，心肌梗死的患者，即使是突然发生者，现在也可以给其血液中注射一种特别的酶（TPA或链激酶），这种酶可以溶解堵塞冠状动脉的元凶——血栓，大幅度减小心肌的损伤。事实上，现在已获知许多预防普通疾病的有效措施。然而在这一领域，我们的医疗系统和保健政策在贯彻这些已知的疾病预防措施方面却远远落后。教育大众如何在人生各个阶段保持健康和幸福，可以为社会节省巨大的开支。这正是以参与性医学包括正念减压和其他正念为基础保持健康和幸福的方法，可以发挥其不断增长的保持社会整体健康的能力，同时也可以减小巨大的社会负担，减少因可预防疾病而导致的贫困，通常由于缺少教育和缺乏政治意愿而并没有去预防。一个令人震惊的事实是美国的人口预期平均寿命排名仅仅是世界第37，而婴儿死亡率则排名第50。

健康保健和医学现在常规使用更为复杂的计算机控制的诊断技术。包括超声技术、CT扫描、PET扫描和核磁共振扫描（MRI），这使医生以不同的方式深入身体内了解所发生的情况，由此判断是什么状况。外科手术也得益于技术的进步，激光已经常规用于修复视网膜剥离、保持患者视力，人造髋关节和膝关节可以恢复严重骨关节炎患者的活动能力，使他们能够行走如常，甚至可以恢复跑步。心脏搭桥手术和器官移植现在开展得也很普遍。

然而，伴随着人们对疾病前所未有的认识，尽管许多疾病的诊疗技术得到不断的改进，但未知依然很多。现代医学并不会因疾病的根除或者控制而失业。尽管遗传学、分子和细胞生物学和神经科学进步神速，人类对生命，哪怕是最简单生命的生物学理解，依然是非常浅显的。再到医学治疗某些疾病和患病人群的能力，我们依然面临很多实际的限制，依然有很多方面至今仍无知。

现代医学惊人的进步，自然让人对其寄予诸多希望。同时，对医学的许多未知和局限视而不见也同样令人震惊。一般而言，只有当遭受疼痛或者须要面对某种疾病、异常和诊断时，或者是我们所爱的人患了病而得不到有效的治疗时，才会发现医学的实际局限。当现实和医学所能做的与期待不符时，我们变得极度失望和挫败甚至愤怒。

责怪某位医生知识的局限相当不公平。我们在深入了解后会发现，目前，很少疾病是可以被真正治愈的。虽然慢性疾病是当今社会痛苦、残疾和死亡的主要原因，但它及其他一些慢性状态（如各种疼痛）在目前或不久的将来都难有治愈之法。如果可能，最好的方法是一开始就预防其发生，而不是等待发生后再治疗。然而真正的预防，尤其是包括生活方式的改变和社会活动优先等级的重建，依然极具挑战。有的疾病，其发生的原因尚完全不知，或者与社会因素密切相关，诸如贫穷和社会性剥削、危险工作环境、压力性或者有毒的环境、根深蒂固的文化习惯、奶牛滥用抗生素所导致的对抗生素耐药的超级菌等，只要所有这些还是按目前的方式建构，它们都不在医学和科学直接影响的范围之内。

尽管我们已知很多种癌症的分子生物学机制，甚至也有了有效的方法，甚至可以治愈一些癌症，但目前我们对很多癌症依然知之甚少，有效的治疗尚不存在。即便如此，也有部分患者生存得比预期的长。例如，有的肿瘤在没有任何医疗干预的情况下会自发消退甚至消失，尽管这时有发生，而我们对为何如此以及它如何发生也知之甚少。人们穷尽了传统医学中（这里指现代医学传统）所有的选项之后，这本身可以成为某种希望的源泉。这正是我们了解的表观遗传因子，通过终身改变生活方式可以调动这些资源，如正念冥想，可以促使其发生深刻的变化。

多数医生承认精神和社会因素在治疗和保健中的作用。许多医生在他们的患者身上得到过一手资料。有时，在谈论中粗略地论及"生存意志"。尽管没人能懂，又通常仅在所有的医学方法尝试过后无望时使用，通过摇摇手或某种神秘的方式被提及。有这样一种说法："虽然我们尝试了所有传统的方法，但依然可能出现'奇迹'，传统医学无法解释，也不知道是什么魔法在起作用，引发奇迹"。

如果有人相信他或她康复无望行将去世，情绪上的投降将使人体系统向抗拒恢复的一侧倾斜。个人的生存动机有时会影响生存。情绪倾向和来自家庭和朋友的支持，可以使如何面对严重的疾病和衰老有很大的区别。

直到最近，如果有的话，医生并没有接受多少训练，去帮助患者使用自己内在的资源疗愈，甚至在不经意间损坏病人已有的珍贵资源，毕竟病人的这些内在资源，才是疗愈过程中的最佳盟友。科技的复杂性，使传统医学方法有时对病人没有人情味甚至有时不把病人当人对待，好像医学知识如此强大，以至于患者的理解、合作和协作价值不大。若是医生在与患者的关系中持这样的态度，出于忽略或僭越，让患者对其病况或者对治疗缺乏回应，感受到不具足、无知或某种责备，感到被忽视，这些都是些非常不够好的医疗关照的例子。

有一句经典的医学格言，哈佛医学院的弗朗西斯·皮博迪在1926年说道："照护病家的秘密在于在意病家。"这句格言，医护人员需要格外铭记在心。医患的最佳相遇是双方彼此尊重,在治疗过程中都有重要的职责并各有擅长,最初的相遇是理想开端,这些条件在诊断和治疗计划开始之前就应具备。在整个的医患互动中,无论最后能否获得完全成功的结果,都应该始终保护和尊重患者的尊严。

这样的情况并不少见,生病的医生在其医疗生涯中,第一次发现他对在医疗体系中患者或多或少被剥夺的尊严和参与感感到过于迟钝。此时,若他们从"医者"转为"患者",则更容易发现,后者的角色当即让其有相形见绌、失控和尊严降低的直接风险,尽管你依然是那个角色变换之前的人。对医生而言都是这样,他们比普通个人更为了解医疗过程,不难理解,医疗系统对于那些没有医学背景或对医疗一无所知的人有多么的遥远,这些医学背景知识可以帮助他理解他们将要经历什么。

人们在生病后寻求医学帮助,不可避免地成为"患者"角色,通常在心理上处于易受伤害状态,很自然人们会更关注疾病更大的含义。我们也是,与医生相比较,人们同样更容易处于实质上的无知和低权威位置,尽管我们的身体才是应该被关注的主体。这种情况下,我们可能对来自医生言语和非言语的信息变得比较敏感。这些信息有可能加强疗愈过程,但如果我们的医生对自己的言行及其对患者的影响不敏感的话,也可能彻底破坏治疗过程。

哈佛医学院贝格汉姆妇女和儿童医院的伯纳德·罗恩⊖讲述了一个故事,他是一位有声望的心脏病医生,故事强有力地证明了这一点,那是他还是实习生时的亲眼所见。

这次经历至今让我难以置信。30多年前,我得到一项博士后奖学金,得以师从S.A.莱文博士,哈佛医学院彼得·本特·布里格姆医院的心脏病教授。他是敏锐的观察者,有优雅的风度,精准而极佳的记忆。事实

⊖ 在其职业生涯的后期,罗恩医生代表国际反对核战争内科医师获得1985年诺贝尔和平奖。

上,是一位高效完美的临床医生。莱文博士在医院里一周看一次心脏科门诊,在我们年轻的实习生检查完病人之后,他会简短介入并亲自评估我们的发现,然后给出进一步检查的建议,或者调整治疗方案。对于病人,他总是那样地令人放心和令人信服,他们尊崇他的每句话。在我第一次门诊时,有一位患者,S女士,是一位保养得很好的中年图书管理员,她因右心室三尖瓣狭窄就诊,当时有轻度的充血性心力衰竭,脚踝轻度水肿,但依然可以坚持上班并打理家务。她当时正在进行洋地黄治疗并且每周注射一次利尿剂。莱文医生在诊室随访她超过10年。热情地与她打招呼,然后转向一大群来参观的医生并介绍道:这位女士患有TS(三尖瓣狭窄),然后匆匆地离开了。

莱文医生刚一出门,S女士的行为举止立即变了,显得焦虑和恐惧,呼吸急促,明显地过度通气。皮肤被汗水浸透,脉搏加速,超过150次/分钟。再次检查中,发现刚才还是清晰的双肺,现在肺底部有了湿罗音⊖。对于一位右心瓣膜有阻塞的患者这非比寻常,表明肺里布满了过量液体。我询问S女士什么让她突然心烦。她的回答是,莱文医生说她有TS,她认为意思是"终末期状态"(terminal situation),即将不久于人世。她对医学缩写的误解马上把我逗乐了,TS的意思是"三尖瓣狭窄"(tricuspid stenosis)。笑容未落,一阵恐惧袭来,我的解释并没有让她安心,她的肺充血继续恶化。很快,她陷入大面积肺水肿。抢救措施没有扭转泡沫涌出。我急着找莱文医生,但不知他去哪里了。那天晚些时候,S女士因棘手的心力衰竭去世。从那天起,一想起这起悲剧我就颤抖,领教了医生言语令人恐惧的威力。

从这个故事中我们看到,心身交互作用极速的戏剧性效应,几乎难以置信,这直接导致了死亡!通过罗恩医生的眼,我们见证了患者头脑中一个特定思维的面貌,由于她的医生使用了未经解释的医学术语,而

⊖ 由于吸气时气体通过呼吸道内的分泌物如渗出液、痰液、血液、黏液和脓液等,形成的水泡破裂所产生的声音。——译者注

她又特别地信赖和尊重他。她正处于终末状态的想法，虽然完全不真实，她却确信是"真"的。这触发了直接的心理生理反应。这个存在于她头脑中的想法，如此坚定地确信，从而她对即使来自另外一个医生的权威解释，这完全是个误解，也完全听而不闻。在那个时刻，她的头脑处于强烈受冲击状态，明显地被焦虑和恐惧压倒。显然，她的情绪状态压倒了身体的调节机制，通常情况下身体本来可以保持生理平衡。结果是她的身体进入了严重的应激反应状态，这时候她和她的医生都没有能够从中解救她。一旦事件的链条被激活，甚至这个世界上最好医院里英雄般的生命保障系统和急救措施也没能救得了她，虽然她的病情被表面上的无意所触发，对语言的表达不够敏感。

　　罗恩的故事形象地演示了强烈信念对健康所产生的巨大威力，实际上不过是个想法。根本上讲，想法和情绪对健康的影响归结为大脑和神经系统的活动，并深深地、直接地作用于生理功能。这意味着，想法和情绪的关系对生活品质和健康有着巨大影响，不仅影响当下而且影响久远。罗恩博士的逸闻让我们立即明白了一件事：假如这位女士不是那么易激动，稍微地乐意把这个突发的念头看作是个想法，需要一些澄清，或者不那么确定，或许可以让她放下这个想法，至少可以接纳这样的观念，罗恩医生所说也许是真的，或者至少可以听听他的，这是个误解，她或许可以免于一死。不幸的是，在罗恩医生尽力想把事情讲清楚的那个时刻，她的意识里似乎缺乏这种弹性。也许她太信任她的医生，而对自己则少了些信任。无论如何，透过罗恩医生的叙述，我们可以清楚地认识到，她对医生表达误解的情绪反应是她死亡的直接原因。

　　假如莱文医生没有如此突然地离开她的病床，他或许会观察到他的言语对患者的效应，注意到她陷入痛苦的状况，罗恩医生便无此麻烦了。假如他询问了她突发的焦虑反应，或许他能够缓解她的恐惧，并防止整个事件的发生。

　　好在医疗实践中这种死亡极为少见，但是可悲的是疼痛、焦虑和患者偶尔可能体验到的羞愧感，在医疗系统的掌控中并不少见。其中很多本都可以避免，只要医生得到恰当的训练，在关心患者身体状态的基础上，再多观察一点患者的心理和社会状态。

很多医生本能地在医患关系上既敏感又有前瞻性，这是其自身的心理特质使然，也因为牢记希波克拉底誓言："首要的是，不去伤害。"

当然，不做有害于患者的事，需要时刻地觉知医生与患者互动是如何被患者接受的。不然，医生们并无标尺去理解他们与患者的交流和方式是如何对患者起作用的。正念提供了这样的标尺，患者最想从医生那里得到的是被看见、被听见和遇见。这些当然需要医生们有技巧，真正地聆听患者所关心的，甚至在某种程度上引导患者说出可能不情愿说出的话。

现在，医患关系和临床沟通中的正念训练，正成为越来越卓越的医学训练成分，这既针对医学生也针对住院医生。有的医生，比如罗彻斯特大学医学院的让·爱泼斯坦，就明确地表达了正念在医学实践中的价值，并在首屈一指的医学期刊发表了他的观点和研究。在发表于《美国医学会杂志》的一篇题为"正念践行"的文章中，爱泼斯坦博士强调了医生自己了知"普通日常职责中的个人身心过程"的价值，并继续表明："在医生们自己生活中的自我反省，有助于医生们能够静心地聆听患者的困境，识别自身的错误，改善其技术，做出实证决策，明晰自己的价值，进而可以带着关怀进行工作，技术上更加成熟、同在和富有洞察力。"这组医生研究人员，他和他的同道麦克·克拉斯纳、蒂姆·奎尔等一起，在罗彻斯特大学开创性地为初级保健医生开设了正念沟通课程，证实这可以减少医生的职业耗竭（定义为职业上的情绪枯竭）、去人性化（把患者当物体对待）和低成就感。这一项目与安适感和以患者为中心的医疗态度的短期和持久的改善相关。

这种参与性的，针对医生的，以正念为基础的职业训练项目，代表了医学教育和实践的巨大变革。同时还有其他一些促进医生安适和意寓敞开心怀的新颖项目,如加州大学旧金山医学院雷切尔·内奥米·雷曼开设的针对医学生和医生的"疗愈者的艺术"课程,在全美和全球方兴未艾。这些方法在个人和人际间水平实际应用于医学实践中,越来越发挥着积极的作用。

这一运动部分起源于乔治·恩格尔开创性的工作,作为罗切斯特大学医学院的领军人物数十年,他给医学生和住院医生的教育带来了革命性的转变,提倡训练医生在严守科学诊疗的同时,也着眼于患者的心理和社会担忧。他精心创建了把健康和疾病中的重要心理和社会因素纳入考量的医学实践扩展模式,采用系统学视角看待健康和疾病(见第12章),把患者当完整的人看待。

恩格尔博士的心理-社会-生物学模式影响了整整一代年轻医生,包括卡拉斯纳医生和爱泼斯坦医生,他们被鼓励和训练超越当时在医学实践中大行其道的传统医学模式的局限。

在推动恩格尔医生的模式之前,心理因素对躯体疾病的作用并未作为医学教育中的主要内容,虽然从希波克拉底时代医生就认识到精神因素有时在疾病和维护健康中起着重要的作用。

实际上把精神因素从主流医学教育中排除在外主要是由于这些事实:17世纪笛卡尔时代,西方科学思想把人的内在整体性分为基本上不相互作用的区域——身和心。这种简便的分类方法有助于简化问题,以便理解,但忽略了它容易让人们忘记,身和心只是在思想中是分开的。西方文化中看待和思考事物的二元论方式根深蒂固,闭锁了所有健康领域中对身心交互作用的科学探究尝试。我们通常使用的语言也反映了这种二元论,从而影响了我们关于身心不可分的思维方式。我们说"我的身体""我有身体",但却没去思量"是谁从身体中分离了出来,并有权有一个专门用来属于谁和被拥有的身体"。只是在近数十年,这种陈旧的观念和语言才开始有所改变，由于其固有的弱点和自相矛盾使得二元论范式变得明显站不住脚。身心不可分的观点被承认部分得益于静观神经科学的诞生，它的研究证明通过正念践行训练大脑，在长期的禅修者大脑中产生了新的神经模式，而这在以前从未被发现过，非物质的精神（心）改变了物质的脑（身）的很好例证，说明了它们是天衣无缝的整体。

标准生物医学模式的显著弱点，是无法解释为何同样暴露于致病因素和相同环境的不同个体，有的生病而有的则安然无恙。虽然遗传变异可以造成抵御疾病的部分差异，其他因素似乎也有一定的影响。恩格尔的心理－社会－生物医学模式则认为，心理和社会因素既可以保护人使之不得病，也可能使人更为易感疾病。这些因素包括人的信念和态度、感受到的家人和朋友的爱和支持、所承受的心理和环境压力以及个人的健康行为。免疫系统受心理因素影响的发现巩固了心理－社会－生物医学模式，为其提供了可以恰当解释身心交互作用的生物学路径。现在，随着专业化崭新研究领域的出现，认知神经科学、情绪神经科学和冥想神经科学，正在阐明联结精神和身体的其他可能的生物学路径，这也使对健康和疾病的认识得以进步。

安慰剂效应，一个著名的现象，传统生物医学模式对此无法解释，也指向在对健康和疾病的更精准的模式中，需要包括精神的作用。大量的研究多次表明，如果相信服用的是具有某种疗效的药物，可以观察到明显的与药物功效吻合的临床疗效，而实际上他们服用的不过是些糖丸而不是这种药物，这就是所谓的安慰剂。有时安慰剂的效果接近真正药物的疗效。对此现象唯有如此假设性的解释：假设由于被暗示服用的药物强有力，这以某种方式影响了大脑和神经系统，而在体内产生了和实际药物在分子水平同样的效果。这表明通过某种机制，信念可以改变人的生物化学过程，或从功能上模拟生物化学改变的过程。暗示的力量还存在于催眠现象本身，长时间以来，人们相信催眠可以戏剧化地作用于许多人类活动，包括疼痛的感知和记忆。当然，经典医学模式也没有催眠的位置。

西方医学接受了针灸疗法，是健康和疾病观念的另一重大思维拓展。这一戏剧性时刻源于纽约《时代周刊》的詹姆斯·莱斯顿在中国突发阑尾穿孔，他接受了应用针刺麻醉来止痛的外科手术，通常这是在化学麻醉的基础上进行的。针灸疗法基于有5000多年传统的中医理论，治疗包括刺激气的能量通路，称为"经络"，按西方医学思维，经络没有解剖学基础。现在西方至少接纳了这种观点，或多或少地扩展了心态，用不同的角度看待对身体可能更有效的诊断和治疗手段。

20世纪70年代早期，哈佛医学院的赫伯特·本森博士研究一种名为超觉冥想（TM）的练习，证明了冥想可以产生一种显著性的生理变化模式，他将之命名为"放松反应"，包括降低血压、减少氧耗量和使警觉水平整体降低。本森博士认为，放松反应是生理学高警觉的对立面，高警觉是在人们经历压力和惊吓时体验到的一种状态。他的假说是，如果经常引出放松反应，对健康有积极的影响，保护免受压力效应的损伤。本森博士指出，所有宗教传统都有自己诱导这一反应的方法，祷告和打坐中的某种智慧与身体健康相关，值得深入研究。最近的一些研究证实了放松反应训练具有明显的表观遗传效应，开启或者关闭数百种基因。类似的表观遗传学发现也见于迪恩·奥尼诗的报告（参见第31章），部分前列腺癌患者参与他的生活方式改变计划，包括冥想和低脂素食。研究发现很多基因被关闭了，而这些基因已知与炎症过程和癌症有关。

时间回溯到20世纪60年代后期和70年代，在生物反馈疗法和自我调节中，人可以学会控制很多生理功能，这些功能过去认为是非自主的，如心率、皮肤温度、皮肤电阻、血压和脑电波，做法是从显示这些功能的机器上获得反馈而去完成指令。这一研究的先锋是门宁格基金会的埃尔摩和爱丽丝·格林博士，来自哈佛医学院的戴维·夏皮罗和噶瑞·舒瓦茨博士，来自英格兰的钱德勒·帕特尔，还有其他一些人，许多关于生物反馈疗法的研究都使用放松、冥想和瑜伽帮助受试者学习调节身体的回应。

1977年出版的一本书，首次综合了各种线索供大众参阅。书名叫《灵魂是医者也是凶手》(*Mind as Healer, Mind as Slayer*)，作者是肯尼斯·佩尔蒂埃博士，书中列举了大量强有力的证据，说明精神因素参与了疾病过程，同时也是维护健康的主要因素。该书的观点引起了广泛的兴趣，认为心灵和身体是相互作用的，人应该担负起自己健康的责任而不是等待被压力打垮，之后才借助医疗服务来改善健康状况。这本书成了这个领域的经典著作。

与此同时代，诺尔曼·卡岑斯的作品也增长了公众对承担自己健康责任的兴趣。卡岑斯在书中叙述了他本人患病的体验，坚持自己从医生手中承担起治疗的基本责任，这在医疗机构中引发了很多争论。在《患者感知疾病解析》(*Anatomy of an Illness as Perceived by the Patient*)中，卡岑斯详细介绍了自己成功地战胜退行性胶原病的过程，结合其他疗法，他为自己开出了"大笑疗法"的处方，笑似乎是一种瞬时身心整合与和谐的深刻健康状态。在卡岑斯看来，通过幽默培育强有力的积极心态，即便面对危及生命的情形，也不要太过严肃，这在治疗过程中有重要的治疗价值。在左巴的精神中必定也是如此，在面临全然灾难时，他依然唱歌跳舞。在《疗愈的心》(*The Healing Heart*)中，卡岑斯描述了他经受一次心肌梗死的体验，那是在患胶原病数年之后。在两本书里，卡岑斯分析了现代医学对他的特殊情况和所处情境的知识及其局限性，他叙述了之后所取得的成就，以及他如何跟随自己的智慧，独特的康复过程，并密切地与偶尔被自己惊得发呆的医生合作。

由于其作为现已停刊的《星期六周刊》编辑的声望，以及对医疗事务的娴熟，卡岑斯得到了医生的特殊治疗。总的来说，他们容忍了他全然参与所有关于他的治疗方面的决策主张，而这在之前并不寻常。

不仅是诺尔曼·卡岑斯，还包括任何要求以这种方式参与疾病康复过程的人，都应被视作医生和医疗系统的合作伙伴。

让此成为现实需要我们从医生那里了解信息和解释，并坚持积极参与和我们有关的决策。很多医生欢迎和鼓励患者的这种互动。卡岑斯鼓舞了许多患病的人和给他们治疗的人，把患者参与者的角色视作疗愈过程不可或缺的基础。虽然如此，许多人还是被医生的权威性所胁迫，尤其会感到我们在关于健康方面和医学知识方面处于弱势。在这种情况下，需要格外努力地坚定自己的信念，保持心理平衡和自信。

在与医生的互动中保持正念，即在见医生之前，也在看医生期间，可以帮助自己明确地表达，就自己最为关心的问题提问，并更有效地维护自己的主张。

另一个以间接的方式影响并推动医学朝向新范式的，是一场起源于物理学，开始于20世纪初，现在仍在继续的革命，最近希格斯玻色子的发现，仍在持续的争论，关于弦理论、超对称性和物质的终极特性、能量和空间本身，包括是否只有我们所在的这一个宇宙，还是有多个宇宙。最为严谨的物理科学都不得不让步于新的发现，表明在最为深层和本质的水平，自然世界既无法用传统的术语描述，也无法被理解。我们的原有基本观点是，事物是其本来的样子，处于其本来的位置，一种条件组合总会引发同样的事情，这已然被完全颠覆，世界很小但变化很快。举例来说，现在已经知道，亚原子粒子（电子、质子和中子）形成原子，所有的物质包括我们的身体都是由其组成的，其特性有时像波有时像粒子，而且，不能肯定其在特定时间里有特定的能量，在这一层次物理世界发生的事件总是用概率来描述的。

物理学家需要彻底地拓展他们关于"现在"的观念，以能够描述他们在原子内的发现。他们新造了术语"互补性原理"来传达这样的意思，一个物质（比如电子）可能具备两种完全不同甚至看起来相矛盾的物理特性（即显示出既有粒子的特性又有波的特性），取决于用什么方法观察它。他们不得不启用"不确定"这样的原则作为自然的基本规律，解释人们可以知道作为亚原子的粒子，或者作为动量的粒子，但不能同时两者。他们也不得不提出量子场的概念，设想物质不能被从其周围空间中分离出来，亦即粒子是到处存在的连续场域凝集而成的。

在这个对世界的描述中，这样问，"什么'导致'物质在空间出现和消失？"是没有意义的，虽然我们知道会有人这么做，如此描述现实、世界和我们身体的原子内部结构，以普通的思维模式和经验而言，面临着如何认识世界的重大转变。

这些革命性的概念，得益于物理学家一百多年来的探索，正逐渐渗透到文化中，促使我们以互补的方式去了知世界。这意味着现在更加易于接受这样的假设，例如，科学和医学界提供了对健康的专门描述，这种描述未必是唯一可能、唯一有效的。互补原理的观点提示我们所有的知识体系可能都不完善，需要被认为是整体的一个方面，而整体超越所有试图描述它的模式和理论。这远非指某一特定领域的知识是无效的，互补性只是指出这样的事实，即知识是有限的，需被应用于其描述是有效和有意义的领域内。

拉里·多西医生在《空间、时间和医学》(*Space, Time and Medicine*)一书中提出了物理学的新思维在医学中可能的应用，多西医生指出："我们关于生命、死亡、健康和疾病的传统认识，坚实地建立在17世纪物理学的基础上，如果物理学进步到可以更精细和完整地描述自然，无可避免的问题是，难道我们关于生命、死亡、健康和疾病本身的定义不需要改变吗？"多西博士建议：我们面临超乎寻常的可能性，去造就一个重视生命而不是死亡的健康保健系统，重视统一与整合而非割裂、黑暗和孤立。

同样的，恶劣的政治性操纵依然围绕着美国的医疗改革（其实更多的是健保的报销制度的改革而非真正的健保系统的改革），尽管我们中那些对此在意的人（当然应该是我们所有人），需要秉持一种长远的观点，尽力地为一个真实的、范式的改变而耐心地工作。参与性医学的每一个要素都为着这份长期的努力作着贡献。其他国家在政治领域取得了比美国更大的进步。比如正念的发展，在英国国家医疗服务的官方推进下，正念认知疗法（MBCT），用于预防有过3次或以上抑郁发作人群的抑郁复发。我们在第24章将更多地论及正念认知疗法。

同样在英国，现在有数位国会议员鼓励更多地把正念应用于大范围的社会问题。的确，一些下议院和上议院的议员参加了以正念减压或正念认知疗法作为模板的课程，学习正念践行。苏格兰的首席医疗官哈里·伯恩爵士是应用正念应对社会问题和国家医疗差异的倡导者。

我们将看到，在更大的框架内去定义健康和疾病，而非固守旧传统，引领了新范式的建立。虽然尚显稚嫩，但该范式渐渐地对医学实践、对看待健康和疾病的更加开阔的社会视角，以及对医学和健保中可以期待什么产生着实质性的冲击。冲击之一是医学、医学研究、临床实践在方向上的拓展，被称为"心身医学""行为医学"或"整合医学"等，致力于更加深刻地理解我们所说的健康，探索如何更好地促进健康、预防疾病，探索如何更好地治疗和疗愈我们正在经历的疾病和残疾。

行为医学明确赞同身心是密切相互联系的，对这种相互联系的理解和科学研究对于全面理解健康和疾病至关重要。这是多学科交叉的领域，整合了行为科学和生物医学科学，寄望于学科交叉能描绘出比两者单独所提供的更为综合的健康和疾病的全景图像。行为科学认为我们的思维模式和情绪在健康和疾病中起着重要作用，我们已经讨论过其机制。行为科学还认为人们对身体和疾病的看法对于治疗疾病和如何生活非常重要，我们所思所做以重要的方式影响着我们的健康。

行为医学为那些被卫生保健系统忽视，带着无助、挫败和苦楚的人们带来了希望。有如我们所见，诸如正念减压这样的临床课程给人们提供了新的机会，去尝试为自己做些事，作为对传统医学方法的补充。患者在医生的鼓励下参与这些正念为基础的课程，学习冥想和瑜伽，作为有效的辅助措施以缓解压力、疾病，减轻疼痛，减少对生活品质的影响，有效改善身心功能。在正念为基础的课程中，人们学习去面对生活的问题，开发自己的应对策略，而不是单纯地把自己交给"专家"，假定他们可以"修理"问题并神奇地使问题消失。这些项目是一种途径，人们可以为更健康、更有抗挫力、改变关于自身能够做什么的信念、学习去放松和更有效地应对生活压力而努力。同时，他们在一些关键的方面致力于改变生活方式，直接地影响到自己的身心健康。也许这个项目中，最为重要的一步是扩展了认识自己和与生活、与世界关系的途径。除了正念减压和正念认知治疗外，现在有很多正念为基础的，以正念减压为模板，针对特定问题的课程：针对学生酗酒的正念复发预防（MBRP），针对暴食的 MB-EAT，针对罹患创伤后应激障碍综合征（PTSD）的退伍军人的 MBTT，针对现役部队和其家属的 MBFT，针对老年照护的 MBEC，针对癌症病人艺术疗法的 MBSR-AT，针对生育和养育的 MBCP 和儿童调节焦虑的 MBCT-C，以上只是其中的一部分。

行为医学、整合医学、心身医学，不论你愿意如何称呼这个取向，都拓展了医学的传统模式，它同时强调精神和躯体、行为和信念、思想和情绪，以及更多的传统体征、症状、药物和以手术为基础的治疗措施。让人们以参与的方式加入到医学和保健定义的扩展中，这些崭新和逐渐增加的循证领域，正帮助人们把自身幸福的责任从完全地依赖于医生转向更贴近个人自己的努力，这样人们可以有更多的自主掌控感，而不是过分地依赖医院、医疗程序和医生。密切地参与到你自己的健康和安适中，作为医生和保健团队为你所做一切的补充，可以帮助恢复和优化健康，这总是从你发现并开始以这种方式承担自己的责任为始。减压课程无论是医生转介还是自发报名来上课，参与正念都是一种让经受压力、痛苦和各种医学问题的人们承担起自身责任的方式，这样他们参与到自己的疗愈过程中，并在此过程中有所作为。我们已经看到，正念减压中很小但很重要的一个元素是让体验者学习一些相关领域的最新进展，这些进展涉及我们所论及的所有不同的领域中的研究发现，展示了关注心身相互作用对生活所具的极其重要的意义。

本书首版时，几乎没什么对正念或对诸如正念减压这样的临床课程的科学。现在，不断增长的科学实证表明正念减压和其他一些正念为基础的干预手段可以作用于脑的特殊区域，至少积极影响免疫功能、面临压力情境时调节情绪、减轻疼痛、广泛地改善不同医疗诊断以及健康个体的多种健康指标。因此，我们继续按照第一部分中所介绍的课程大纲，在正念减压课程中深化践行正念的同时，随着新范式在医学和健保中不可阻止地扎根，我们现在可以深入有关精神和健康间关系的最新的科学证据，深入了解注意力培训对我们心智的影响。这可以使我们更好地理解践行正念为何有益，就好像生命有赖于它；为何卫生保健执业人员建议我们去改变生活方式，并且他们有时自己也这么做。科学证据通过向我们展示专业人员的科学知识从何而来，所宣称的医学"事实"从何而将医学知识去神秘化。在正念减压课程中我们鼓励人们独立思考这些知识的意义和局限，并提出与自己情形和条件相关的质疑。心理因素和健康及疾病关系的研究结果激发我们反思自己关于健康的思维局限，以及倘若我们深入挖掘内在的资源时学习、成长、疗愈和转化的可能性。

事实上，只要我们还有呼吸，迈向疗愈永不嫌迟，哪怕只是一点改善和领悟。这本身就是一个探险，一辈子的探索旅程。

审视任何一个年龄中那些支持正念、支持健康和疾病中的身心联结的证据，我们将看到科学知识仅仅是对被了知很久的事物加以确认，即我们每一个都在自己的健康与幸福中扮演着重要的角色。这个角色可以更为富有成效,如果我们有意识地修正生活方式,生活方式可以对健康可能产生有益或不利作用。其中包括我们的态度、想法和信念、情绪、与自然和社会的关系以及行为:我们切实的行动和过生活。一切都可以以不同的方式影响我们的健康,一切都与压力和应对方式有关,一切都直接受到正念践行的影响。下一章,我们将检视支持健康和疾病的崭新而整合的视角的大量实证,并强调对我们自身的思维、情感和行为模式变得更加正念的重要性。

Chapter 15
第 15 章

精神和躯体：信念、态度、想法和情绪治病亦致病的证据

信念和思维模式在健康中的作用

在上一章中，我们看到一些戏剧化的例子，被误解的言语所触动的想法导致压倒性的身心危机，使一位女性命赴黄泉。单单一个想法，虽然是错会，却引发了一系列的事件，导致身体由正常的内稳态过程，快速和致命性地失调，包括心肺功能一致失衡，这种几乎不会发生的生理过程以不可逆的和极快的速度发生了。虽然我们平常没有意识到想法只是单纯的想法，但它们对我们的所作所为都有着深刻的影响，并且也深刻地影响着我们的健康，或好或坏地。另一个例子是抑郁性思维反刍现象，这是种负性思维模式，一旦进入可诱发螺旋式下降至深度抑郁，陷入这种状态极其难以自拔。我们将会详细地讨论这一主题，以正念认知疗法为例，讨论正念练习何以在我们是否让一个起初的消极想法诱发如此压倒性的系列事件中带来如此巨大的不同。

我们的思维模式决定了感知和解释事情真相的方式，也包括我们

与自己和世界的关系。我们都有独特的模式思考和解释为何事情如此发生。思维方式构成行动和决策的动机。也影响到我们对让事情变为现实的能力的自信程度。这是关于我们抱持对世界的信念的核心，它怎样运转，我们处于何等位置。我们的想法也带有很多情绪，有的带有积极的情绪如喜悦、快乐和满足，其他则背负悲伤、孤独感和无助感，甚至绝望。通常我们的想法会编织出丰富的叙述性的故事，对自己讲述关于世界、关于他人、关于自己和关于过去、未来的故事。尽管如此，当你带着正念真正回顾思维的整个过程和情感生活，很多的思想并不精准，最多只有部分真实。有的则完全牛头不对马嘴，虽然我们坚定地认为这是对的。这给我们带来很多麻烦，产生一定类型的信念和行为，并经年深陷其中。在想法制造的现实中，我们很容易变得盲目。思维模式深深地影响着我们看待自己和他人的方式，影响着我们认为什么可能发生、我们对在生活中学习、成长和采取行动的能力有多大的自信，思维模式甚至也影响着我们快乐与否。思维模式可以被科学家进行分类和系统研究，以确定如何把具有某种特定思维模式的人与有着不同思维模式的人进行比较。

乐观 VS 悲观：世界的基本滤器

马丁·塞利格曼博士，一个新的领域——积极心理学的主要创始人之一。多年来，他和他的同事在宾夕法尼亚大学和其他地方开展研究，在思考为什么事情发生在人们身上时，保持乐观或悲观的态度对他们的健康有何差异。这两个群体以非常不同的方式解释生活中塞利格曼博士所称的"坏"的事件发生的原因。（"坏"的事件包括自然灾害，比如洪水或地震、个人失败或挫折，如失去工作或被你在意的人拒绝，或罹患疾病、被伤害或其他压力事件。）

有的人在解释"坏"的事件发生在自己身上时持悲观态度。这个模式包括就这件"坏事"发生在自己身上而责备自己，认为无论发生了什么，都会持续很长时间，而且对自己生活的方方面面都会造成影响。塞利格曼博士将此归纳为归因模式，悲观的人倾向于认为，"是我的错，永远都这样，我做什么都会受影响"。极端情况是，这种模式反映了严重的抑郁、无助和过度的自我沉迷。有人称这种模式为思维灾难化。例如这种方式，在经历某种失败后，他们是这样的反应，"我知道我总是愚蠢的，这就是证据""我总做不好任何事情"。

而乐观者在经历同样的事件时会以不同的方式看待。乐观者倾向于不因坏的事情而责备自己，即使是，也认为这不过是短暂的事情，很快会得到解决。他们倾向于认为坏事件发生在有限的时间内，造成的影响范围是局限的。换言之，他们着眼于事件产生的具体后果，而非不成比例地制造一些整体、广泛的声明和投射。这种模式的例子是："好吧，我当时被打击了，我会找出一些原因，做些调整，下次再不会了。"

塞利格曼博士和他的同事指出，过度悲观的人的归因方式使得他们在遭遇坏事件时抑郁的风险明显高于那些具有乐观思维的人。同时，悲观者比乐观者在坏事件之后更容易出现躯体症状，表现出免疫和激素系统变化的特征，对疾病更为易感。在对癌症患者的研究中，研究人员发现，归因模式越悲观，患者越早死于疾病。在另外的研究中，名人纪念堂的棒球运动员在年轻和健康状态下持悲观归因模式者，比那些持乐观归因模式者死亡时更年轻。

塞利格曼博士从这些和其他一些研究中得出结论，不是世界本身让我们患病的风险提高，而是我们如何看待和思考在我们身上所发生的事情。对出现的坏事情和压力事件过度悲观地解释似乎带有特别的毒性后果。塞利格曼博士的工作表明这种思维方式让人患病风险增加，或许解释了在把年龄、性别、吸烟和膳食等因素考虑在内后，为什么有人比其他人对疾病更为易感而且过早死亡。另一方面，乐观的思维模式对压力事件的回应，似乎对抑郁、疾病和过早死亡具有保护作用。

自我效能：你对成长能力的自信会影响你的成长能力

一种思维模式似乎对改善健康状态有着极大的力量，称之为自我效能。自我效能是相信在生活中你具有控制特定事件的能力。它反映了你对实际做事情的能力的信心，一种相信自己有能力让事情发生的信念。即便是可能不得不面对新的、不可预测的和压力性的事件。斯坦福大学医学院的阿尔伯特·班杜拉博士及其同事的经典研究发现，较强的自我效能感是许多不同医学状况下最佳和最为一致的积极健康结局的预测因子，包括谁可以更加成功地从心脏病发作中康复，谁能够很好地应对关节炎疼痛，谁能够成功地改变生活方式（比如戒烟）。坚定地相信自己有能力去成功地进行决定要做的事情，可能影响到你首先要进行的活动类型，在放弃之前做多少努力尝试不同的和新的方法，努力去控制将来生活中充满压力的重要领域等。

在经历了你认为重要事情的成功之后自我效能会增加。比如，在练习身体扫描时，作为结果，更多感受到与身体的连接并且更加放松，成功的喜悦让你觉得在你想要放松的时候对自己的能力有更多的自信。同时，这种体验会使你更愿意持续练习身体扫描。

自我效能也可因他人能做到的事情备受鼓舞而增加。比如在正念减压课程中，有人报告身体扫描减轻了疼痛的积极体验，通常会对他人有戏剧性的积极作用，而他们之前从未有过此类体验。他们会对自己说："如果那个人能有如此的积极体验，即使带着他的所有问题，那么我也可能会有，也带着我的所有问题。"所以看到某个有问题的人能够成功，感受到一种积极的体验，可以促进其他每个人对自身能力的自信，并且提高他们所做之事的效用。

班杜拉博士和同事在一组患心肌梗死并接受心脏康复的男性中研究自我效能。研究表明，在两组病情基本一致的情况下，那些确信自己心脏很强健的人会有可能完全恢复，并且很少有人放弃锻炼项目，而那些信心不足的人则不是这样。那些高自我效能的人可以进行蹬车练习而不担心或感到被不适、气短和疲劳所打败，其实这些症状不过是所有运动项目中自然的正常现象。他们能够接受自己的不适，不去担心这是不好的"征兆"，而把注意力的重心放在运动项目带来的积极效益上，比如感觉更加强壮并且能够做更多的事情。而另一方面，没有这些积极信心的人则倾向于停止练习，错误地感受到正常的不适、气短和疲倦，认为这是心力衰竭的体征。进一步的研究发现，低自我效能的人在进行发展掌控体验的训练时，他们对自身能够成功发挥自我功能以及对自己生活领域产生积极影响能力的自信，立即以超出自己控制的速度增长，并且繁盛。

另外一些有关思想和情绪对健康影响的有趣研究包括研究那些在压力下获得成长或者在极端压力情境中得以幸存的人。这里研究的目的是为了观察某些人是否具备一些特定的人格特质可以用来解释他们对压力或压力相关的疾病有天然的"免疫力"。纽约城市大学的苏珊娜·克巴萨博士和其同事，以及以色列的医学社会学家艾伦·安东诺维斯基博士，都在这个领域做过一些研究。

耐受性

克巴萨博士研究了企业执行官、律师、巴士司机、电话公司雇员和其他一些人群，他们都在高强度压力下生活。她发现每一组人群，正如你可以想象的那样，一部分人比另一部分经历同样强度压力的人更加健康。她好奇那些健康的人是否有一些共同的人格特质可能保护他们免受高强度压力的负面影响。她发现与那些常常患病的人不同，这些保持健康的人有一项特别的心理特质。她把这项特质称之为心理耐受性（有时也被称为压力耐受性）。

与其他一些心理因素一样，耐受性也包括如何看待自己和世界的特定方式。根据克巴萨博士的观点，能够耐受压力的个体表现为高水平的三个心理特质：掌控、承诺和挑战。掌控能力强的人有很强的信念认为可以施加影响并改变所面临的环境，从而让事情成为现实。这与班杜拉博士的自我效能概念类似。勇于承诺的人愿意全然地投入到每天所进行的事情中，并能承诺做出最大努力。有高度挑战性的人则视变化为生活的本来面目，并能为今后的发展至少提供一定的机会。持这种观念的人把新出现的情形视为更多的机遇，较少威胁，而不持这一取向的人则认为这更是对生活的挑战。

克巴萨博士强调，人们可以做很多事情来增加对压力的耐受性。培育卓越的耐受性最好的方式就是，紧紧抓住自己的生活，并愿意拷问自己的人生，思索究竟在掌控、承诺和迎接挑战方面愿意做出哪些选择和改变，使生活变得丰富，通向充满希望的生活。她同时建议，耐受性可以在高压力工作环境中得到改善，通过重建自己与组织的关系和角色，增进在员工中的掌控感、承诺和挑战。随着工作复杂性和多重挑战的增加，这些准则会越来越多地融入当下的工作环境中。

统合感

亚伦·安东诺维斯基博士的研究着重于在极端和几乎无法想象的压力下存活的人们，如纳粹种族灭绝集中营的囚犯。在安东诺维斯基博士看来，健康包括能在连续破坏中持续恢复平衡并做出回应的能力。他探究当他们被囚禁于集中营，当应对压力和紧张的资源被不断地破坏的时候，是什么使得这些人可以耐受非常高强度的压力。安东诺维斯基博士发现那些在极端压力下生存下来的人具有一种关于世界和自身的内在的统合性。这个统合性的特征有三个部分：可理解性、可管理性和具有意义。具备高度统合性的人强烈地自信他们内部和外部的体验可以被理解（最基本的可理解性），相信有足够的资源以应对他们的境遇（可管理性），这些需求也是挑战，他们能够找到其意义并勇于担当（具有意义）。维克多·弗兰克，奥斯维辛集中营幸存者，同时也是神经学家和心理学家，在他著名的声明中包含了这些美丽的品质,"你可以从一个人身上拿走一切,除了这个:人类的最后自由,即在任何情况下都能选择个人态度,选择自己的道路"。

正念减压、对压力的耐受性和统合性

很多年以来,我们评估参加正念减压课程病人的压力耐受性和统合性。我们发现经过八周课程之后,两项指标均有增长。增长数值不大,平均为5%,但有显著性意义。之所以有意义是由于压力耐受性和统合性都被认为是人格的评价指标。也就是说,它们是成年后一般方法难以改变的特质。例如,这就是为何统合性被作为那些能够从死亡集中营幸存而很少有心理创伤的判别指标,以区别那些虽然幸存但却有严重心理创伤的人。无论如何,在八周短短的正念减压课程中,我们看到这些变量虽然小但却不可否认地增加。之前不曾期待有这些变化,由于曾经认为它们是固定不变的特质。此外,在我们进行的随访研究中,三年之后,压力耐受性和统合性的增加依然保持甚至有轻度的增长,平均增长8%。这是更加令人振奋的发现。这表明在正念减压过程中的经历,对患者而言,不仅减轻了他们的躯体和心理症状,而且具有更加意义深远的影响,更像是重新整理了他们看待自己和自己与世界关系的方法。

在安东尼诺夫斯基去世前的一两年,我们与他分享了这一发现。他对此感到吃惊,在这样一个短程时间内,尤其是基于从根本上讲"无为"的干预中,观察到如此改变。此前他认为只有巨大的、具有破坏性的、达到变革程度的社会和政治事件才能导致人们有如此的变化。然而,我们感到,基于多年以来我们患者陈述的事实,他们真实地经历了深刻的转变,如何看待自己作为一个个体的存在,同时作为个体存在与其他存在之间的关系,以及作为个体与整个世界的关系。事实上正是这种直觉,让我们首先开始关注患者的压力耐受性和统合性,并特别提出这些测量指标是否会在一定时间内改变。也许进一步研究会支持这些早期发现,

研究这两个测量指标的改变与大脑某些与自我和关联性的区域的变化之间的关系。但这对我们的患者无关紧要。重要的是这种转化确定会有规律地、持续并深入，尤其是在坚持践行中发生。

情绪对健康的影响：癌症

到此为止，我们关注的研究主要以认知为中心，亦即我们基本上关注思维模式和信念及其对健康和疾病的影响。而还有一条并行的研究线索则是关注情绪在健康和疾病中的影响。显然思维模式和情绪相互促成和彼此影响。很难明确决定在一定情境下哪一个更为根本。现在，我们会罗列一些关注于情绪模式和健康关系的主要研究发现。

一段时间以来，一直存在关于某人格类型是否更易于罹患某些疾病的持续争议。比如有的研究认为存在一种"癌症易感"人格，而其他的一些研究则认为存在一种"冠心病易感"人格。癌症易感类型常被描述成某些倾向于隐藏自己的感受和以他人为中心，而实际上在深层感到与他人疏离、感到不被爱和不可爱的人格类型。在年轻时感到与父母缺乏亲近感的人与这种类型密切相关。

支持这一关系的大量证据源自一项40年的研究，由约翰·霍普金斯医学院的卡罗琳·比德尔·托马斯进行。托马斯博士收集了大量有关20世纪40年代进入霍普金斯医学院的学生心理状态的信息，长年定期随访直到老年，此间某些人生病或者死亡。以这种方式，她得以研究某些特定的心理特质和这些医生们年轻时（21岁左右）自己报告的早期家庭生活体验，以及在接下来的40年里的健康和一定范围的不同疾病之间的相关性。结果证实，在所有的发现中，早期生活的某些特征的集结与后期生活中增加的易患癌症的可能性相关。这些特质中最为突出的是缺乏与父母的亲近关系，以及对生活和人际关系所持的矛盾态度。结论当然是，正是早期生活的情感体验对我们日后的健康具有重要的影响。

当我们回顾一些思维模式及情绪因素与健康关系的研究时，重要的是保持谨慎，如果假定因为发现某些人格特质或行为与疾病有关系，就意味着存在某些特性和以某种方式思维会导致罹患某种疾病，是非常危险和几乎总是错误的。更为准确的说法应该是，可能或不会在某种程度上（程度取决于相关性强度和大量的其他因素）增加患病的风险。因为研究是依据统计关系得出的结论，而不是根据一对一的因果关系。并不是所有具备某种证明与癌症相关的特定的人格特质，必定会患癌症。事实上，并不是所有吸烟者都死于肺癌、肺气肿或心脏病，尽管毫无疑问，吸烟是这些疾病的高危因素。这种关系是统计学的，指的是概率。

因而，得出结论认为任何证据指向可能的情绪和癌症有关，即是这种人格特质直接地导致了疾病，也是错误的。虽然如此，大量的证据至少表明，某些心理和行为类型倾向于某人有可能患某种癌症，而其他一些人格特性则保护某些人不得癌症或者更易从癌症中生存下来。就这点而言，个人对自己和他人的情感体验，以及表达或不表达这些感受似乎特别的重要。

例如苏格兰格拉斯哥大学的戴维·基森博士和同事，开展了一系列始于1950年的关于男性与肺癌关系的研究。其中之一的研究是分析了数百位病人的个人史，这些病人在入院时有胸痛症状，但尚未做出任何诊断。有些后来被发现罹患肺癌的男性，报告了明显比较多的童年逆境，诸如家庭不幸或父母丧失，多于后来被诊断为其他疾病的患者。这一发现与托马斯博士在霍普金斯医学院的研究发现一致，在她的研究中，后来罹患癌症与报告的40年前缺乏与父母的亲密感以及对人际关系的矛盾感情相关。在基森的研究中，这些男性肺癌患者也报告了他们在成年后有更多的逆境，包括割断的人际关系。这些研究者们观察到作为一组人群，肺癌患者呈现出情绪表达特别的困难。他们不表达自己关于坏事情的感受，特别是卷入了与他人的关系时（如婚姻问题或关系密切的人死亡），虽然对研究者来说，这些显然是生活中当下情绪不安的源头。相反，这些患者倾向于否认他感受到情绪上的痛苦，在访谈中，他们不带任何表情地谈及他们的困扰，情绪平和的声调，在这种情况下，看起来与访问者不相适宜。这看起来与对照组患者（后来诊断为非肺癌）形成鲜明对比，他们在描述类似情形时带着相对应的情绪表达。

本研究中无法表达情绪与肺癌患者的死亡率相关。这些肺癌患者中，伴有表达情绪低能者较能够表达情绪者的年死亡率高 4.5 倍。无论患者是否吸烟或者吸烟量如何，这一结果都如此。尽管如你可能期待的，而已知吸烟严重者比不吸烟者的癌症发病率要高 10 倍。

更多有关情绪因素与癌症关系的证据来自伦敦的国王大学医院，他们针对患乳腺癌的妇女进行了类似的研究。丝·格莱尔和蒂娜·莫里斯博士针对 160 名因乳腺肿块住院的妇女，在知道她们的肿块是否是癌之前，进行了深度心理访谈。访谈时，所有的妇女在相同的压力之下，不知道是否罹患癌症。通过与她们本人、丈夫和其他亲戚的访谈，了解她们隐瞒或者表达她们情感的程度。

后来发现她们中的多数都不是乳腺癌，因而研究者称之为"正常"情绪表达模式。但是，后来发现的确是乳腺癌的患者，则为终身的既严格压制（主要是愤怒）又带着情绪"爆发"的模式。两个极端都与癌症的高风险有关。然而，在这些人中，还是压抑情感远多过"爆发"。

一项针对 50 名女性乳腺癌患者的 5 年随访研究中，所有人都接受了外科手术治疗，研究人员发现，手术后三个月，其中部分面对自己的情形带着"战斗精神"，即以非常乐观的态度和信念认为自己有能力活下去，对比那些隐忍地接纳自己的疾病或者完全被疾病所压倒，感到无望、无助和被击败的人，更能够存活。完全否认自己患了癌症，拒绝讨论这个话题，针对自己的状况无情绪上的困扰的人也更容易在 5 年内生存。结果表明，情绪可能在癌症生存中起一定作用，强烈的积极情绪（战斗精神，完全否认）显示有保护作用，而不畅的情绪表达（隐忍或无助感）则减少生存的可能性。然而，正如研究者们自己所指出，由于这些研究的患者数量相对较少，结果仅作参考。

对于心理特质与疾病之间建立毫无疑问的联系，需要进行非常大规模（通常是非常昂贵的）的临床试验。其中之一类似研究在美国开展，研究抑郁与癌症的关系，涉及6000余名男性和女性癌症患者。虽然在一些小规模、缺乏精心设计的研究中发现抑郁与癌症相关，但在此项大规模研究中，却没发现抑郁与癌症相关。有或没有抑郁症状两组的癌症发病率均为10%左右。尽管在设计很棒的动物实验中，无助行为模式（与抑郁相关）与减弱的免疫功能包括自然杀伤细胞水平和肿瘤生长速度增快之间有无可置疑的联系。需要进一步的研究来解释这些发现，证明人的无助与免疫功能降低存在联系的研究，在临床试验中与抑郁和癌症之间看似没有关系，究竟有着怎样的关联。这会是长期存在诸多争议的领域。

癌症的情况是身体内的细胞失去保持生长抑制的生物化学机制，结果是大范围增殖，很多情况下形成大块组织，称为肿瘤。许多科学家相信，身体一直都有低水平的癌细胞产生，在健康情况下，免疫系统可以识别这些异常细胞，并在其造成损害前摧毁它们。依照这个模型，仅在免疫系统无论因为生理性因素的直接损害还是压力的心理学效应变弱，无法有效地识别和消灭这些低水平的癌细胞时，癌症细胞才会增殖失去控制。根据癌症的不同类型，它们可以发展出自身的血液供应，最终形成实体的肿瘤，或者由大量的循环癌细胞击毁整个系统，比如白血病。

当然，如果暴露于大量的致癌物质，即使健全的免疫系统也可能被摧毁。生活于有毒物质倾泻区域的人们，比如臭名昭著的纽约州爱运河就是这样。类似的是暴露于大剂量射线，像广岛和长崎原子弹爆炸后，以及后来的切尔诺贝利核事故地区，都可激发癌细胞的产生，同时损毁免疫系统识别和抑制它们的能力。简而言之，任何种类癌症的发展都是多阶段的，由基因和细胞过程、环境和个人行为复合因素导致的。

即使事实证明负性情绪和癌症间存在着统计学意义的关系，也无法据此认为个体罹患癌症是由于心理压力、未解决的冲突或未表达的情绪导致的。这相当于精确或者不那么精确地把疾病归咎于个人。人们通常不知不觉地这么做，也许是让痛苦的事实合理化或者是为了更好地应对。只要我们可以解释一些事情，可以让我们感到稍微安心一些并且感觉好一点，然而，如果简单理解为某人因什么而罹患癌症，则可能是错误的。这样完全违背了他人的心灵整合，纯粹基于无知和推测。这同样是把患者从当下劫持，使其把注意力投向过去，而目前最为迫切的恰好是他们需要集中和面对罹患威胁生命的疾病这个现实。不幸的是，这种类型的思维，试图把某些细微的心理缺陷归结为癌症的"原因"，在某些圈子里成为时尚。这种态度似乎更多地造成痛苦而不是疗愈。在已知情绪与健康关系的所有事情中，需要培育接纳和原谅以提升疗愈，而不是自我责备和自我谴责。

如果认为癌症患者相信压力或情绪因素可能是其患病的因素之一，那是他的权利。探索这一问题可能很有帮助，也可能没有，这有赖于患者的生活及其所用的方法。某些人因意识到他们过去应对情绪的方式可能导致了患病而感到释怀。对他们而言，这意味着，由于现在对这些特定的问题和范围有了更多的认识，从而开始改变，有可能提升其此时此刻的生活品质，并因此在某种可能的程度，得到疗愈或康复。但这种观念却不能由他人强加，无论在这个姿态背后出于何种善意。在这一领域的探索需要带着极大的关怀和呵护，由患者本人或者是在医生和治疗师的帮助之下进行。探询或许导致疾病的可能性因素，只有来自非评判、来自慷慨和关怀、来自接纳自己及其过去，而不是责备，才会有所帮助。

在特定的人罹患特定的疾病中，我们永远无法确切得知心理因素是否作为病因或者恶化因素。因为躯体和精神根本上就不是分离的，一个人身体的健康状况总会受到某种程度的心理因素影响。在被诊断为某种特定的疾病时，心理因素作为病因最多是次要的。在此时刻，最为重要的是为现在需要做些什么承担起责任。因为已有证据表明，积极的情绪因素可增强疗愈，癌症的诊断可能是人生中特别重要的转折点，是动员乐观、统合、自我效能和参与观念的时刻，是减少易受悲观情绪拉动、无助和矛盾心态的时刻。有目的地朝向温和、接纳并爱上自己是一个良好的开端。

怎样才能做到呢？在此时此刻我们沉浸在自己身体内，帮助它安住在觉知中，驻留在此，使用任何部分或第一部分所介绍的方法，重构自己的意识和身体，在某种深刻的意义上，让其余的一切顺其自然地发生。

正念和癌症

现在已经有很多种正念为基础的方法是专为癌症患者开发的，并且愿意采纳我们所介绍的方法。其中之一是正念为基础的癌症康复项目，由卡尔加里大学汤姆贝克癌症中心的琳达·卡尔森和迈克尔·斯贝卡开发。他们发表了大量论文，指出这种以正念减压为基础的癌症导向疗法，可以极大地改善乳腺癌和前列腺癌患者的多项生理和心理指标。这些包括了一年追踪研究表明这些疗法可以改善生活质量、降低压力症状、改变皮质醇和免疫模式并一致减轻压力以及减少情绪困扰，并且降低血压。另一个为癌症患者开发的正念为基础的项目，由翠西·巴特利基于班格尔北威尔士大学的工作所开发的癌症正念认知疗法。两个团队最近都出版了图书以使更多的人可以接触这些项目。

高血压和愤怒

有证据表明压抑情绪表达可能与癌症一样在高血压的发生中有一定

作用。这一领域的工作重点基本是针对愤怒。习惯于在被他人激怒时表达愤怒的人，平均血压低于那些习惯于压抑此种感受的人。针对生活在底特律的431名成年男性的研究中，玛格丽特·切斯尼和道尔·金特里及合作者们发现，报告工作和家庭压力水平高并倾向于压抑愤怒情绪的男性血压是最高的。在高压状态下，给予一个人愤怒的情绪一个出口其实是保护性的，可以预防高血压。其他一些研究认为，高血压既与极端情绪行为有关，也与总是压抑愤怒或经常过分表达它们有关。

冠心病、敌意和愤世嫉俗

可能关于人格因素与慢性病的关系最了不起的科学研究，莫过于回答是否存在一种心脏病易感的人格。一段时间以来，有确切的证据表明，特定的行为模式与冠心病风险增加有关，即所谓 A 型人格。然而进一步研究发现不是整个的 A 型人格都与心脏病相关，而仅是其中一个方面相关。

具有 A 型人格的人，一般描述为被时间紧迫感驱使、争强好胜。他们以不够耐心、敌意和好斗为特征。他们的姿态和说话都显得急迫和突兀。在这一术语中，表现非 A 型人格的人就归为 B 型人格。根据 A 型人格概念的发起人之一——梅耶·弗里德曼博士的观点，B 型人格者比 A 型人格者更随和。他们不会被时间紧迫感所驱使，没有广泛的易怒、敌意和好斗。他们同时倾向于片刻的沉思。虽然如此，没有证据表明 B 型人格比 A 型人格较少富有成效或者较少成功。

最早 A 型行为与冠心病关系的证据源自一项大型研究，称为西部合作小组研究。此研究区分了 3500 名男性的行为特征，分为 A 型和 B 型，当时都处于健康状态，没有疾病症兆。8 年后，再次调查，了解哪些患了心脏病，哪些没有。结果表明 A 型发展为冠心病患者是 B 型的 2～4 倍

（依据年龄，年轻男性有更大的风险）。

许多其他研究证实了 A 型行为模式与冠心病之间的关系，证明女性与男性一样。但还有一些研究，尤其是杜克大学医学院的雷德福德·威廉姆斯博士和同事进行的研究，仅仅观察了 A 型行为类型中的敌意部分这一特征，发现其对心脏病有更强的预测价值，比整个 A 型类型更为准确。换言之，如果你是 A 型人格，但只是有比较低的敌意，那么患心脏病的风险也会较低，即使你有种时间紧迫感并且争强好胜。进一步，高敌意评分不仅可以预测心肌梗死和因心脏病死亡，而且也可以预测因癌症和其他原因导致死亡的高风险。

在一项极佳的研究中，威廉姆斯博士和同事追踪研究了一批男性医师，25 年前，他们的敌意水平在其作为医学院学生时曾经由特定的心理测验检测过。他们发现，那些在医学院学生时期表现为低敌意水平者，在 25 年后患心脏病者仅有那些敌意高分者的 1/4。再观察全因死亡，结果依然令人惊讶。由于他们皆毕业于医学院，仅有 2% 低敌意组的受试者死亡，而同一时期则有 13% 的高敌意得分者死亡。换言之，25 年前，心理测验表现为高敌意者的死亡率是低敌意得分者的 6.5 倍。

威廉姆斯描述敌意为"缺乏对他人基本善良的信任"，根植于"相信他人基本上是吝啬、自私和不可依赖的"。他强调这种态度通常是在早期生活中从照护者如父母或其他人那里获得的，可能反映了在发展基本信任时被遏止了。他还指出，这种态度中也包括了愤世嫉俗，就像敌意一样，有如心理问卷量表中两个典型项目所能给出的例证，在用以测定敌意时，有这样的问题，"多数人交朋友是因为朋友对他有帮助"和"我常在这种人手下工作，他安排他人工作，他获得好评而把错误归咎于在其指挥下工作的人。"任何坚定地相信这两条的人，都可能对他人带有愤世嫉俗的态度。对世界和他人有这样看法的人，敌意和愤世嫉俗者表现出愤怒和攻击性远多于其他人，无论是否对外表达或在某种情况下试图压抑它们。

这项对医生的研究提供了强有力的证据说明，敌意和愤世嫉俗地看世界，就其本身而言，相对于更信任他人者，置自己于更大的患病和过早死亡的风险之中。看似根深蒂固的愤世嫉俗和敌意态度对个人的幸福是副毒药。在威廉姆斯博士的书《信任的心》(*The Trusting Heart*)中详细介绍了这些和其他一些研究发现。在书中，他还指出世界所有主要宗教传统都强调发展科学现在已经证实对健康有益的品质，有如慈爱、关怀、慷慨。事实上，研究者们对这一领域的研究兴趣日益增长，研究这类亲社会情绪和善良品德的影响（有时归类为积极情绪）和研究培育正念本身平行增长。

亲社会情绪和健康

以教堂山北卡洛林纳大学的巴巴拉·弗雷德里克森和她的同事的研究为例，经过 9 周慈爱冥想训练，参与者增加了目的感，减轻了疾病的症状。英国的保罗·吉尔伯特、德克萨斯的克瑞斯汀·奈夫和哈佛的克里斯托弗·葛莫证明，自我关怀训练和对他人的关怀可带来躯体、心理和人际关系上幸福的极大改观。有趣的是，一项最近由东北大学、麻省总医院和哈佛联合进行的临床试验证明[⊖]，经过 8 周正念训练与同样时长的关怀训练相比均可导致类似的公开行为——援助一个看似遭受很大痛苦的人，尽管房间里的其他人都故意（因为实验的设计）忽略这个人的痛苦。与在等待组尚没有进行任何冥想训练的对照组相比，两个冥想训练组以多 5 倍的帮助行为作为响应。正念组和关怀组在帮助的程度上没有差别。这一发现支持正念本身是仁慈和关怀的表达这一观点，而且通过持续的践行可以加深。

⊖ Condon, P, Desbordes, G, Miller, W, and DeStephano, D. Meditation Increases Compassionate Responses to Suffering. *Psychological Science,* 2013.

许多其他的证据显示，情绪或者称之为情绪类型和健康之间有强大的关系。在理查德·戴维森和沙伦·贝格利的著作《情绪大脑的秘密档案》(The Emotional Life of Your Brain)中对此有非常专业和令人信服的介绍。戴维森的工作阐明了情绪类型的 6 个维度，他描述如下：**抗挫力**，从逆境中恢复的快与慢；**展望**，能够保持积极情绪的时间；**社会直觉**，从周围人获得社会信号的熟练程度；**自我觉察**，能够准确地感知反映情绪的身体感受；**情境敏感性**，当认识到自己所置身其中的真实情景时，有多擅长调节你的情绪回应；**注意力**，对注意力有多清晰和敏锐。可以立刻明白，这些维度就是培育正念的方方面面或者来自于它。最为重要的是戴维森和贝格利提供了令人信服的证据证明情绪模式既可以被接受同时也可以通过冥想训练而得以转化。

其他人格特质和健康

动机是对健康产生影响的另一心理特征。大卫·麦克利兰博士，一位 20 世纪 60～70 年代颇有声望的哈佛心理学家，提出了一种特别的动机轮廓，与别的相比似乎传达了对疾病更大的易感性。强烈展现出此等特征的人，名为强化权力动机 (stressed power motivation)，被证明在人际关系中强烈的权力欲望。这种权力动机典型得超过任何人际关系中的归属需求。他们倾向于好斗、好争辩和竞争性，更易于加入某些组织以提高自己的地位和声望。但他们遭遇任何挑战其权力感的压力事件时，也会感到特别的挫败、受阻和受威胁。有这种特定动机类型的人在压力下比其他没有这种动机的人更易生病。

麦克利兰也提出相对的动机模式，看似更具耐受性和更能抵抗疾病。他称之为非强化归属动机 (unstressed affiliation motivation)。呈现出高水平非强化归属的人对他人有吸引力并待人友好，受人喜欢，不是当成达到目的的手段（如愤世嫉俗的 A 型），而是作为自己的权利。他们可以自由地表达对归属的需求，因为当压力事件发生时不会感到受阻或者威胁。在一项对大学生的研究中，强化动机得分高过平均分者，比起其他学生则报告易患更多的疾病，而在非强化归属动机得分超过平均分者，则患病最少。

与压力耐受性和统合性一样，我们再次发现，有相当可信的证据表明，某种看待自己和看待世界的方式，可以使一个人易于生病，而另一些方式则促进更强大的抗挫力和提升健康。在早期的初步研究中，在与麦克利兰博士和同事乔尔·温伯格和卡罗琳·麦克劳德的合作研究中，我们发现多数参加正念减压课程的人在 8 周后，表现出亲和信任增加，而等待进入课程的其他病人，同时接受测量，则该项指标没有变化。我们的患者报告，他们在正念减压中的体验，通常会长时间地并且深刻积极地影响他们对世界和自己的看法，包括更加信任自己和他人，这一发现是具有标志性的。

社会对健康的影响

我们回顾了部分证据表明思维模式、信念和情绪，简而言之，我们不同的人格可以在一些重大的方面影响我们的健康。也有相当可观的证据证明社会因素，当然也与心理因素相关，也在健康和疾病中有重要的作用。早已知道，例如，从统计学意义上讲，孤立于社会的人心理和生理健康状况较差，与具有广泛社会关系的人相比，更易过早死亡。所有年龄段未婚人群的全因死亡率高过已婚者。看起来与他人彼此联结是健康的基础。当然，这很易于直接理解。从深层来讲，人有强烈的归属需求，能感到比自己要大的某些事情的一部分，能够以具有意义和支持的方式建立与他人的关系。对亲和信任、慈悲和善意的研究证明这类社会纽带对人的健康和幸福极其重要。

在美国和世界各地，一些涉及非常庞大的人群的主要研究，加强了支持社会联结对健康重要性的证据。所有的研究都表明存在着和他人连接与健康之间的关系。生活中呈低水平社会交往的人，如以婚姻状态、与家庭其他成员和朋友的联络、参与教会和其他团体来衡量，随后十年时间内死亡的风险，是具有很高水平社会交往者的 2～4 倍之间，这把其他因素如年龄、先前的疾病、收入、健康习惯如吸烟、饮酒、身体活动、种族和喜好都考虑在内。与社会孤立和孤独现在已被证实是抑郁和肿瘤的危险因素。

很多研究探讨了其中的原因。马里兰大学的詹姆斯·林奇博士，也是《受伤的心：孤独的医学后果》(The Broken Heart: The Medical Consequences of Loneliness) 一书的作者，指出对于身处监护病房压力极大的患者，身体接触甚至有他人在身旁都会对心脏生理和反应有平复的作用。最近，如之前看到的，大卫·克雷斯韦尔和同事在卡内基梅隆大学和加州大学洛杉矶分校证明参与正念减压课程可降低老年人的孤独感。他们的研究不仅证明简单地参与正念减压课程能降低孤独感，而且能够证明，相比于控制组而言，正念减压组的促炎症细胞因子产生减少，促炎症细胞因子与身体的许多疾病过程有关。由于孤独感是老年人患心脏病、阿尔茨海默症和死亡的主要危险因素，这些发现有潜在的重要性，尤其是考虑到这样的事实，根据克雷斯韦尔博士的观点，通过社会网络项目和发展社区中心鼓励建立之前效率不高的关系等努力降低孤独感。

在另一经典研究中，林奇博士揭示，有宠物的人比没有宠物的人在心梗之后能够生存更长的时间。他也发现仅仅因为有友善的动物存在，即可降低血压。这是证明关联性是健康关键的启发性证据。正是关系高于其他因素，正如在此所看到的，这就是正念的核心。

有趣但并不令人惊讶，人与动物的接触，不仅对人有益，也对动物有益。根据林奇博士的观点，养狗、猫、马和兔子做宠物可以降低压力情境下的心血管反应性。一项来自俄亥俄大学研究者的标志性人-动物互动研究，实验试图让兔子患上心脏病，给兔子喂养高脂肪、高胆固醇膳食，结果那些笼子放置得比较低的兔子心脏病的严重程度低于笼子比较高的那些兔子。这一发现看起来毫无意义。为何笼子的位置高低会影响心脏病的程度，这些兔子都是同一个品种，喂以相同的膳食，以同样的方式对待？其中一位研究者发现，它们并非被真正同等对待了。团队中一个成员经常把位置比较低的兔子带出，抚摸它们，和它们说话。

这使研究者们进行了另一个严格控制的实验，把部分兔子当宠物而另一些不是，同时给同样的高脂、高胆固醇膳食。结果证明亲昵的抚摸兔子，使这些宠物兔子比未当作宠物的同类对心脏病有更强的抵抗力。宠物兔子要比那些非宠物的同类患严重疾病的可能性要少60%。他们两次重复了这个实验以确定不是侥幸，最终得到了完全一致的结果。

简而言之，所有这里讨论的和其他一些研究支持这种观点，身体健康密切地与思维模式和对自己的感受有关，而且与我们与他人和世界的关系的品质有关。有证据表明，特定的思维模式以及特定的与感受相关的方式会让我们易于生病。

抱有无望和无助感受的想法和信念、失控感、对他人充满敌意和愤世嫉俗，缺乏应对生活挑战的承诺，无法表达感受以及社会孤立都显示出特别的毒性。

而另一方面，其他类型的思维、情感都显示出与强健体魄相关。那些本质上乐观的人，或者至少可以放下坏事件的人，他们认为坏事是暂时的，他们的情况会改变，倾向于更加健康。与持悲观观念的人相比，乐观主义者直觉地认为生活中总会有选择的可能，总有锻炼某种控制或作为的可能。他们也有积极的幽默感并可以自嘲。

另一与健康相关的心理特质包括强烈的统合感，坚信生活可以被理解、被管理、有意义；一种参与生活的精神，把阻碍当成挑战；对做出重要的决定改变的能力充满信心，培育促进健康的情绪风格，诸如强大的情绪抗挫力。

健康的社会特质包括珍视关系，敬重关系，感受到对他人有基本的信任和友善感。

由于所有的证据仅仅是对于大样本人群具有统计学意义，我们不能认为某种特定的信念或者态度或者情绪风格导致了疾病，只能认为如果某些人群具有强烈的思维模式或者行为方式，会有更多患病或者过早死亡的可能。在下一章我们会看到，把健康和疾病看作对立的两极中不断变化和动态的连续过程，比认为要么"健康"，要么"患病"更有意义。在任何时刻，我们的生命中都有流动的不同力量发挥作用，有的把我们推向疾病，而有的转向更为健康的平衡。其中有些力量可以被我们掌控，或许让所有内在和外部的资源都可以为我们发挥作用，而其他的一些力量则超出了个体可以影响的范围。系统在完全崩溃前可以承受的压力程度难以精确计算，而且看似不同的人各不相同，甚至对同一个人不同的时间也各不相同。但多种力量的动态相互作用影响着健康，无论任何时间、我们处于健康–疾病连续谱系中的任何位置都会产生作用，在我们的一生当中都会发挥作用。这本书的整个观点，也是正念减压的观点是你可以温和地、可爱地和坚定地为此做很多，通过不争、无为，当需要行动时带着觉知采取行动，影响着整个生命中事情的自然呈现，将它们朝向任何可能程度上的更大的幸福、自我关怀、智慧的方向，而这永不可预知。

如何践行这些知识

与这里呈现的证据一致，作为个体，我们具备基本的能力，当我们观察的时候，去觉察自己的想法、感受及其对身体、心理和社会的影响。

如果能够观察到我们自身某些时刻升起一些有害的信念、思维模式、情绪模式和行为，则可以减少其对我们的控制。知晓一些证据后，当发现我们悲观地思考，压抑愤怒的感受，嘲讽他人和自己时，可能会产生密切地了解那个时刻的动机。我们或许能把正念带向这些思维、感受和态度升起时产生的后果。

例如，你可以观察到当你压制愤怒时，你的身体是怎样的感受。如果让愤怒表达出来，又会发生什么？对其他人有什么影响？可否看见对他人充满敌意和不信任浮现时的即时后果？这是否会导致你跃入无凭无据的结论陷阱，或者把人想成最坏，并说些以后会让你后悔的话？能否看见这些态度在那个时刻导致他人痛苦？可否看见这些态度在这些感受浮现的时刻给你制造了不必要的麻烦和痛苦？

另一方面，也可以在积极想法和亲和情绪出现时正念地觉察它们。当把阻碍视为挑战时身体有何种感觉？当体验到喜悦时，有何感觉？当你信任他人，当你慷慨以及对他人表示真正的仁慈和关心时，当你真心表达爱时对你的内在体验有何影响？对他人会产生什么表现？可否看到积极情绪状态和乐观豁达观念的即时影响？这些对他人的焦虑和痛苦有何作用？在那个时刻，自身是否产生了一种更大的内在的平和？

如果可以保持觉察，尤其是对个人的体验保持觉察，与来自科学研究所获得的证据一样，某些态度和看待自己与他人的方式可以促进健康：亲和信任、慈悲、善意看到他人与自己的善良有着内在的疗愈力量，当真正把危机甚至威胁当作机遇和挑战，则可时时刻刻、日复一日带着正念有意识地培育这些品质。这会成为我们培育的新选择，同时也成为崭新但又深刻的看待和生活在这个世界的方式。

··· Chapter 16 ···

第 16 章

连接与相互关联

想象一下这个，很多年前由朱迪思·罗丹和埃伦·兰格，两位久负盛名的社会心理学家所进行的经典实验。他们研究了居住于养老院的老年人，与养老院的员工一起合作，罗丹和兰格两位博士将参与研究的老年人分为两组，他们的年龄、性别和患病的类型和严重程度都接近或相同。其中一组成员被明确鼓励为自己做更多的决定，决定在养老院的生活，在哪儿接待访客、何时看电影；而另一组则明确被鼓励让工作人员帮助他们做以上的这些决定。

作为研究的一部分，他们在每位老年人的房间放置一盆植物。然而，关于植物两组老人被告知的完全相反。第一组成员被鼓励多为自己做决定，他们得知"这盆植物让你的房间生辉，现在这是你的植物，它的生死是你的责任，你自己决定什么时候浇水，放哪儿最合适"。另一组成员，他们被鼓励让工作人员替他们做决定，则被告知：这盆植物会让你的房间稍微有些生机，但不必担心，你无须浇水和照顾，管家会为你打理。"

一年半以后，罗丹和兰格博士发现，在一年半之后两组中都有一些成员死亡，这可以从养老院的住户预测出来。但值得一提的是，两组死亡的人数有明显的差异。结果显示，鼓励接受工作人员帮助决定在招待访客和生活中的其他细节，被告知工作人员会为他们打理植物的一组老人，死亡率和一般养老院一致。但得到鼓励为自己做决定和被告知照顾植物是他们的职责的这一组成员，死亡率仅有平常的一半。

罗丹和兰格博士解释，这一发现意味着让养老院的住户对自己的生活多掌控一些，即便是看起来不起眼的小事，如给植物浇水，以某种方式保护了他们免于过早死亡。任何熟悉养老院的人都知道，那里很少有事情是真正由住户掌控的。这一解释与卡巴萨博士关于心理耐受性的工作一致，在本书前面的章节我们已知，控制感是抵抗疾病的重要因素。

另外一个对养老院的实验补充解释（我发现我也被其吸引），强调之处略为不同。有人可能会说那些被告知有责任照顾植物的人，有机会感觉到自己哪怕是一点点的被需要，也许就只是照顾一下植物而已。事实上，他们可能感觉到这些植物长得好坏有赖于他们。这种方式看重的是人和植物间的关联，而不是控制练习。这至少貌似有理，鼓励为自己做决定，何时和如何照顾自己的植物，哪里会见访客、何时去看电影，相对于未受鼓励的小组而言，让他们感受到他们参与了更多，与养老院有更多的关联和归属感。

当感觉到与某种事情相连，连接立即让你的生活有了目标。**关系本身赋予生活以意义**。我们已经看到了这种关系，即使是与宠物的关系，也会对健康有保护意义。我们同时也看到，亲和、意义和统合感都是幸福的属性。我们甚至认为那即是核心，正念就是关系。

意义和关系是连接和关联的脉络。如同把你的个人生活编织进大幅的织锦，一个更大的整体，你也可以说，正是这样才使你的生活具有个性。在养老院的植物实验中，可以假设那些被给予了植物但却没有让他们去负责照顾的人，所欠缺的正是去发展出与植物的某种联系。那些植物在他们房间里只是被看作一件中性物体，像家具一样，它的完好并不依赖于他们。

在我看来，连接（也包括相互连接，强调本质上所有关系的相互作用）可能是我们称之为心身和情绪健康关系中最根本的。社会参与和健康的研究肯定了这一点。研究表明关系和个人通过婚姻、家庭、教会和其他组织所拥有的连接数量的多少，是死亡率的强大预测因子。这是非常粗糙的关系测量指标，因为没有考虑进这些关系的质量、它们对个体意义的研究，以及它们彼此的体验如何。

不难想象，一种幸福的归隐，是独立生活的同时还可以感受与自然和地球上所有人的连接，全然不受邻里缺乏的影响。我们可以推测这样的人可能不会由于孤独生活而患病或者过早死亡。另一方面，如果一段婚姻的连接是动荡和脆弱，则可能面临高度压力和疾病易感性或过早死亡。尽管如此，社会连接的绝对数和死亡率之间存在强大关系的大样本研究表明，我们的连接在生活中发挥强有力的作用。研究提示即便是人与人之间负面或者充满压力的关联性，对健康而言也胜过孤独，除非知道如何在孤独中保持快乐，而实际上，很少有人能做到这一点。

许多动物实验也支持连接对健康十分重要的观点。已知抚摩和爱抚对人和动物似乎有增强健康的作用。幼小时期单独饲养的动物和同窝出生的一起长大的动物相比，不具备成年动物的功能并往往早死。如果把它从真正的妈妈身边分开，4 天大小的猴子会坚持守在毛绒做成的替代妈妈身边。它们会保持与柔软包裹的"妈妈"的身体接触，而不是待在金属网制作的"妈妈"身边，尽管金属网"妈妈"提供奶水而柔软的"妈妈"没有。威斯康星大学的哈里·哈洛博士在 20 世纪 50 年代末进行的这个实验，清楚地证明了猴子妈妈和小猴子之间温暖的身体接触的重要性。哈洛的猴子宝宝选择与无生命的柔软物体接触多于提供生理滋养的金属网"妈妈"。

著名人类学家阿什利·蒙塔古记录了接触对于身体、心理健康关系的重要性。在他的经典著作《接触：人类皮肤的意义》（*Touching: The Human Significance of the Skin*）中写道：身体接触是人性中最为基本的连接方式之一。例如，握手和拥抱是传达出一个开放和连接交流的象征性礼仪，是明确关系的形式化表现。如果带着正念和真诚去拥抱和握手，则会变成超越形式，直至关联性的深层区域。作为彼此承认和感谢的管道，让表达真实感受，甚至不同的见解和愿望成为可能，这种方式或许对彼此都有益。

身体接触是交流感受的绝妙方式，当然不是唯一的方式。除了皮肤我们还有其他渠道。我们通过感官相互连接，用眼睛、耳朵、鼻子、舌头 – 身体和我们的心灵。这些是我们彼此相互连接和与世界连接的通路。如果不仅是处于习惯而是带着觉知进行则使其拥有非凡的意义。

如果接触是敷衍了事或出于习惯，具身体验到的寓意迅即从连接变为失去连接，从中感受到的是受挫和不耐烦。没有人喜欢被像机器一样对待，我们当然也不喜欢被机械地触摸。用少许时间思索一下做爱，最为私密地通过触摸表达人类连接的方式之一，我们会认为并承认，如果触摸是自动化和机械式的，那么此种做爱是痛苦的。会始终让人感觉缺乏情感和真正的亲密，没有连接，这也象征着另一个人心不在焉。这种距离可以从接触的方方面面被感受到：身体语言、时间、动作和言语。也许在某些特定时刻，一个人的心在别处，这可能破坏了两个人之间的能量流动，一旦发生会严重侵蚀积极的感受。如果成为长期模式，则很容易导致怨恨、放弃和疏远。通常，没有能力带着觉知和具身呈现在当下去做爱，去体验与另一人的深层连接，仅仅是"失联"这个更大模式的症状表现，人们常在关系中以不同的方式表现出"失联"，不仅是在床上。

可以这么说，一个人身体和心灵关联的程度以及是否和谐，反映了这个人能够对当下时刻体验觉知的程度。如果不能与自己连接，从长远来看，你与他人的连接就很难满足。越能够集中于自己，就越能够在与他人的关系中保持集中，领会关联的不同脉络，让你的世界具有意义，并在事情发生变化时和生活本身呈现的过程中进行适时调整。这是应用正念践行卓有成效的领域，在第四部分将有详细介绍。

前一章我们看到，在卡罗琳·比德尔托马斯对医生的研究中，儿童时期与父母缺乏亲密关系与患癌症的危险增加有关。可以推测早期连接的体验对成年后的健康极其重要。也许正是在儿童时期，所有的积极态度、信念和情绪能力等在前一章提及的素质，特别是基本的人的信任和亲和的需求开始生根萌芽。无论出于何种原因，如果在儿童时期被否认于这些体验之外，在成年后如果我们想要体验自身作为一个整体，需要特别注意培育这些品质。

事实上每个人生命的原始体验就是直接和生物学上的连接和完整的体验。我们都是通过另一个人的身体来到这个世界。曾经是母亲的一部分，与她的身体相连，被其包含在内。我们都具有关联的标志。外科医生知道在做腹部中线切口时要绕过肚脐，没有人愿意失去肚脐，虽然可能没用。这是我们来自哪里的象征，是作为人类的成员卡。

在宝宝出生后，他们立即寻求与母亲身体相连的其他渠道。他们发现哺乳就是这样一个渠道，如果妈妈们觉察到并看重它。哺乳实现了连接、融和和重归完整，这次以不同的方式。现在宝宝在外，身体已然分离，但生命却经由乳房，在接触和被她的身体温暖着，在她凝视和声音的抱持中，与母亲的身体息息相连。这些就是早年连接的时刻，巩固和加深母婴间联系的时刻，尽管孩子逐渐地了解正在与母亲分离。

没有母亲和其他人的照顾，人类的宝宝完全是无助的。婴儿绝对依赖于他人来满足基本的需求，家庭呈现的关联网络中，婴儿得到保护和照顾，自身也在长大和成长，变得健全和完美。我们每一个人都曾同时具备这种完整和无助。

随着年龄的增长，我们会越来越独立和具有个性，了解始终有个身体，了解什么是"我""我的"和"属于我的"，了解感受、越来越能够操控物体，做事情。随着年龄越来越大，孩子们知道分离，感到自己独立存在的自我，但依然需要感到持续的连接，这样才能够感到安全和获得心理上的健康。他们需要感受到他们的归属感。这不仅仅是依赖和独立的事，而是相互依赖。他们尽管不能以过去的方式与母亲连接，但确实需要体验到连续地与她们有情感上的关联，与他们的父亲和其他人的关联，从根本上感觉到自己的完整。

当然，哺育这一持续的、关联性的力量来自爱。甚至在父母和孩子之间，爱本身也需要培育以让其全然盛开。不要以为爱"永远存在"无须充分表达就能够随心所欲轻而易举地获取。爱需要"永远存在"而且永远需要表现出来。如果你深深地爱着你的孩子（或者爱着你的父母），但却持久地因为强烈的愤怒、怨恨和疏离情绪而破坏和羞于表达，那么这个爱的意义并不大。如果你表达爱的主要方式是给他人施压，让他们顺从你的观点，他们应该是什么样，或者应该为你做什么，这种爱也没什么意义。如果你还没有觉察到自己在这样做，也不去感受别人的感受，尤其是这样对待自己的孩子，那就特别的不幸。

培养充分表达爱的能力的途径，就是觉察我们实际的感受，正念地观察它们，做到非评判以及更有耐心和接纳。如果我们忽略自身的感受和行为方式，总是沿着"爱自然存在，很强烈也很好"的信念轨道滑行，早晚我们与孩子的连接可能会变得紧张、严重损毁甚至断裂。特别是在看不见和不接纳孩子的本来面目时更是如此。通过有规律的慈心冥想练习（见第13章），即便短暂时刻，也可以强有力地滋养我们无条件爱的感受的对外表达。带着正念养育儿女的同时也会增加不断探险的可能性。事实上，现在的确有一个全新的心理学领域正在研究正念养育。

大部分儿科医师和儿童心理学家过去认为婴儿在出生时感觉迟钝，他们既不能像成年人一样感觉疼痛，或者也不会因为疼痛而感受到痛苦，因为后来他们都不记得，所以在孩子还是婴儿的时候如何对待他们无关紧要。而妈妈们的感受则可能完全不同，但即使妈妈对婴儿的本能反应也受到传统文化规范的影响，尤其是来自儿科医师的权威性断言。

对新生儿的最近研究，推翻了其出生时对疼痛不够敏感和对外部世界不能觉察的观点。研究发现婴儿即使在子宫内也是警觉和清醒的。从出生开始，甚至出生前，通过从周围环境接收到的信息，他们已经形成了对世界的观念和感觉。有的研究认为，如果新生儿在出生初期有较长时间从母亲身边分离，通常是因为医学上的需要，妈妈完全不能照顾婴儿，而造成在那段时间无法建立母婴间的正常依恋关系，未来母亲与孩子间的情绪关系可能会更受情绪上的困扰和疏离。妈妈可能会不像平常的妈妈一样，感受到与孩子之间的依恋。他们之间缺乏情感深处的连接。没有人能具体说清楚这对于这个孩子 20～30 年后的情绪和健康到底意味着什么，但这之间确实存在着某种联系。

约翰·博比、玛丽·安斯沃斯、D. W. 温尼科特和其他作者们的工作引领了一个崭新的心理学研究领域的出现，依恋研究，着重于父母-婴儿关系的品质及其对婴儿发展的影响。安全依恋在孩子年龄增长过程中产生健全的幸福感。而不安全的依恋或者紊乱的依恋类型则在整个发展过程中和进入成年期后会产生重大的问题。精神病学家丹尼尔·西格尔声称安全依恋的原则精确地反映了正念减压中所教的正念的基本原理。

儿童早期体验到分离、残酷、暴力和虐待，完全与安全依恋相对立，可导致今后生活中的严重情绪失能。对个人关于世界有或没有意义、仁慈还是漠不关心，可否管理及其自己是否值得爱和尊重等观念的形成有重要的影响。部分儿童从这种体验中存活了下来，在成长过程中得到疗愈，不管是以什么方式。无数的儿童则未从早期缺乏温暖、接纳和爱的连接断裂中恢复。他们背负着伤痕，从未得到疗愈，甚至几乎不被理解和认可。现在知道这是创伤后应激障碍的信号。现在有越来越多的疗法可以治疗，其中，正念为基础的方法越来越显示出其前沿性，对儿童早期的创伤和从伊拉克、阿富汗归来的退伍老兵都有效。让我们记住，正如已经指出的那样，绝大多数童年恐惧体验来自各种各样的虐待、事故和丧失、学校内的恐吓攻击、频繁的全面战争，我们称之为大写的创伤，而现在越来越能够认识到，我们全部人或多或少都经历过小型创伤，如过去的混乱事件，或者小到很难确定，但未被认识和未被满足，依然可能导致巨大的痛苦，受伤的感觉和卡在行为的功能失调状态中。除了经历大型创伤之外，酒精和药物成瘾、经历身体虐待或性虐待的儿童也会感受到同样痛彻心扉的痛苦，其他一些不明显的虐待也会带着深度的情绪上的疤痕和伤口，在其成长过程中，单纯的感到不被父母和他人看见和未被满足。

在儿童期缺乏与父母的亲密可能会遗留深深的伤痕，无论你是否意识到。这是可以疗愈的伤，但如果想要达到深层的心理上的疗愈，则需要被认识到这是创伤，是连接断裂所致。通过对疏离的感受，甚至是来自于与自己身体的疏离，可以很好地表达，这也是可以疗愈的。这种与自己身体连接的伤口常常呐喊着需要疗愈。尽管这呐喊常常被忽略或不被识别，甚至没有被听见。

这种伤口怎样才能启动疗愈呢？首先要承认其存在。其次，要以系统的方式聆听，重建与自己身体的关联，以积极的感受面对伤口和自己。

在减压门诊，我们每天都能看到这种伤口和疤痕。许多人来诊所时，痛苦远比身体上的问题和生活压力所造成的要大得多。很多人感受不到多少对自己的爱和关怀，如果还算有点儿的话。很多人感觉自己不值得爱，无法对家人表达温暖，即便想做也做不到。很多人感到与自己的身体失去连接，难以感受任何事，不知道自己有什么感觉。他们可能感觉自己的生活缺乏任何形式的个人和人际间的凝聚力、关联性和连接。很多人通过父母，通过学校或者通过教堂，有的是通过以上三个渠道得到这样的信息，自己在童年时是多么的糟糕、愚蠢和丑陋，没有价值和自私。这些信息被内化，成为自我意象的一部分，也是他们的世界观，深入神髓，一直背负到成年。

当然，从大多数成年人的角度，无论是作为父母、老师还是神职人员，并非有意要给孩子们这些信息。只是如果没有关注我们的关系这个区域，很难觉察到这样做或者这样说的真实意义。精密复杂的心理防御让我们毫无疑问地相信我们知道怎样做是为了孩子好，确切地知道在做什么和为何这么做。一旦某个完全中立的第三方，在某个时间突然打断我们的行动，指出从孩子的视角会怎么看我们的所说所为，或者指出这对孩子可能造成什么后果时，我们的多数人会深感震惊。

举个简单的例子，当父母叫孩子为"坏孩子""坏丫头"，完全有可能表明父母不喜欢孩子的所作所为。但这不是实际的沟通，真正的含义是"孩子太坏"。当孩子听到这些，直接的理解是，他或她不值得爱。这些信息很容易被孩子内化。也很容易让孩子认为自己做错了什么。有时父母会直接脱口而出说："我不知道你是怎么回事！"

这像是父母、老师和其他成年人无意识的行为对孩子所施加的微妙的心理暴力总和，其对孩子自尊的损害影响远超社会对孩子的直接躯体和心理虐待泛滥的部分，而且一代接一代地影响到孩子们对自己的感觉，对生活的想象。我们携带着被这样对待的伤疤，表现出各种重要连接的错失，有时深陷于我们自己持续制造的核心问题：诸如被抛弃、无价值、失败或者受害。我们尝试用各种方法补偿以使内心深处稍感安慰。但如果只是掩盖和否认，不去疗愈伤痛，我们的努力很难达成完整和健康，而更可能容易深陷疾患。这方面我们已经看到不少例子了。

连接和健康的模型

20 世纪 70 年代末，耶鲁大学的盖瑞·施瓦茨提出了一个自我调节模型，把疾病的根本起源归结为失去连接，而健康的维护为连接。这一模型基于系统观点，有如在第12章所见，从整体角度看所有复杂系统，而不是把它们分隔成分离的不同组成部分。这一模型多年来由施瓦茨的学生，圣克拉拉大学的肖娜·夏皮罗博士，自身作为一个正念研究者，推动发展和深化，同时作为一个科学新范式如何在医学领域持续表达的范例。

在第12章中我们了解到生命系统保持内在平衡、和谐和秩序，得益于特定功能和系统反馈环节的自我调节。我们看到心率随着肌肉的活动程度而变化，感到饥饿时会吃东西。自我调节是系统保持功能稳定和同时面对新环境保持适应的过程。这包括调节系统能量的流进和流出，随着与外界环境的相互作用，在复杂和不断变化的动态状态下，能量用以维持生命系统的组织和完整，在技术上称为稳态。为了达到和维护自我调节的状态，系统的每一部分需要持续地向与其相互作用的其他部分传递自身状态的信息。这些信息用以调节，换言之，选择性控制，或调整网络中个体部分的功能以维持作为一个完整系统的能量和信息流全面平衡。

施瓦茨博士用失调来描述一个正常完整的自我调节系统出现了状况，如人体，对于其反馈环节变得失衡。失衡的一个结果就是基本的反馈环节的中断或失联。一个失调的系统失去动态的稳定性，用其他的话来说，亦即内在的平衡。从而变得没有节奏和混乱，而且，无法使用仍旧完好无损的反馈环节自行修复。这可见于系统作为一个整体行为的紊乱和观察其组成部分在相互作用上的紊乱。生命系统例如人体的这种紊乱行为在医学上通常被描述为疾病。具体的疾病取决于哪些特定的子系统失调。

这个模型强调，人失去连接的一个主要原因是失去关注（disattention），亦即没有关注到身体和精神给出的相关反馈信息，而这是维护功能协调所必须具备的。在他的模型中，失去关注会导致失联，失联导致失调，失调导致紊乱，紊乱导致疾病。

相反，从疗愈的观点看，重要的是这个过程可以在另一个方向运行。关注通向连接、连接通向调节、调节通向秩序、秩序通向安康，或者更通俗地说，通向健康。所以即便不深入到我们反馈环节的每一个生理细节，一般而言我们可以简单地说我们内部之间和我们与更广泛的世界之间连接的品质决定了自我调节和疗愈的能力。这些连接的品质可以经由对相关反馈的关注得以维护和修复。

因而，极其重要的是了解相关反馈意味着什么？像什么样子？我们的注意力应该放在哪里可以将疾病转为安康，从紊乱到有序，从失调到自我调适，从失联到连接？一些生动的实例可以帮助你掌握这一模型的简意和力量，并与冥想践行联系起来。当你的整个有机体，身心同在，处于一个相对的健康状态时，你不需要太多的关注就可以进行自我照顾。有一件要说的事情是，几乎所有的自我调节功能都是在大脑和神经系统的控制之下并且正常发生，并不需要我们有意识的觉知。我们也很难长时间有意识地控制，即便可能，也无暇顾及其他。

身体的美妙之处通常在于生物性地懂得自我照顾。大脑持续调节所有器官以回应从外部世界和器官本身得到的反馈信息。但某些生命功能则在意识的范围之内，带着觉察就可以被关注到。我们的基本动机就是很好的例证，饥饿时会进食，饥饿感中包含的信息来自有机体的反馈。进食后，感到饱了则停止进食。饱感中包含的信息来自身体的反馈，意思是已经够了。这是一个自我调节的范例。

如果出于身体产生的信息感到饥饿以外的原因进食，也许是因为感到焦虑或者抑郁，情绪上的空虚或不满足，寻求一种让你得以充填的方式，如果你对此时的所作所为并无觉察，其结果很可能是把自己抛向危险而遭受严重打击，尤其是当它成为一种长期的行为模式。你可能陷入强迫进食的风暴，忽略来自身体的反馈信息，告诉你已经吃的足够了。饿了吃，饱了停这个简单的过程变得严重失调，导致疾病，各种程度的进食障碍，从暴饮暴食到厌食，以及后工业化社会的流行病肥胖症。

疼痛和身体不适也是需要引起我们注意的身体信号。有助于我们与身体的基本需求连接起来。比如我们把由于重复性地摄入某种食物，来自压力或过量饮酒和吸烟造成的胃痛，仅靠服用抗酸剂，而继续过去的生活方式，说明没有听从来自身体的高度中肯的信息，代替以不自知的与身体失联，忽略了身体为恢复平衡和有序做出的努力。另一方面，如果聆听了这些信息，则可能通过改变行为方式，或寻求其他的缓解和恢复系统的有序和调整。在第 21 章将回到整个问题，给予身体的信息以恰当的关注。

在寻求医生帮助时，医生则成了系统反馈的组成部分。他们关注我们的主诉，应用诊断工具检查身体。然后开出处方，采用他们认为恰当的治疗，重建身体的反馈环节，使之能重新自我调节。我们给出的治疗效果的反馈信息帮助医生调整治疗措施，因为我们比医生更接近身体内发生的一切。

在相对健康的情况下，很多功能都运转良好，无须觉察，因为许多身体内的连接和反馈环节可以照顾好自身。但当系统失去平衡，恢复健康则需要一些关注以重建连接。我们必须觉察反馈，以了解做出的回应是否有利于促进健康和安适。即便相对健康，越有意识地建立身体、精神和世界的敏感连接，越有利于我们推动系统作为一个整体获得更高水平的平衡和稳态。由于可以认为疗愈和患病的过程在我们身上随时都会发生，生活中任何点的相对平衡取决于注意力的品质，取决于关注身体、精神的体验，以及可以建立的连接和接纳的舒适程度。尽管某种程度上这可以自动发生，但在经过训练的基础上，有意识地和不断地培育专注，如同珊娜·夏皮罗在她修正的施瓦茨原始模型中强调的那样，对促进系统朝向连接、调整、有序和健康方向是非常有必要的。当然，这也是正念之所在，因为正念正是有意识地培育专注，伴随着在第 2 章中呈现的基本态度，夏皮罗博士和她的同事发展的这一模型，现在被称为 IAA（意图、专注和态度）模型。多年来，我们对此的应用获益良多，在探索正念对健康的积极作用中,这陆续见于递增的生物学和心理学层面的研究。

多数人对身体和思维过程并不十分敏感。在践行正念冥想的初始,这一点非常明显。我们非常惊奇,仅仅做到聆听身体或关注思想,把它们作为觉知领域的简单事件是如此的困难。在系统地把全部注意力带到身体上时,即练习身体扫描、坐姿冥想或瑜伽,则增加了与身体的连接。我们全然地安住于身体中,与之交往,从而与身体的连接更为紧密。这可以让我们更加了解身体,信任身体,更准确地解读身体的信号,可以知道全然地与身体待在一起,在自己皮肤内的家园,即便时间短暂,也会感到特别舒服。我们甚至学会在一天的时间里有意识地调节身体的紧张,若无觉察则完全不可能。

对于思想和情绪以及与环境的关系而言也是如此。当我们观照思维的过程,可以轻而易举地抓住跟随的稍纵即逝的心念、不准确的思维和自我破坏行为。犹如我们已知,我们沉溺于巨大的分离的错觉中,伴随着深受制约的习惯意识,背负着伤疤和普遍的无觉知,结果就是导致特别的伤害,以及身体和精神上的失调。最终的结果是,在面临、生活于或与生活中的全然灾难的工作时,我们深深地感觉到自己不够完好。

另一方面,越能意识到思想、情绪,在世间的选择和行动的相互连接,越能带着整体性眼光看待它们,在面对阻碍和挑战以及压力时会更为有效。

如果希望调动我们最强有力的内在资源,帮助我们自己走向更高水平的健康和幸福,将不得不学习如何透过有时程度上比较严峻的压力表面泛起的波澜,深入其中去挖掘这种资源,使我们能够全神贯注地生活在其中。为了这个目标,下一部分我们会了解压力首先对我们意味着什么。了解我们面对压力的一般方式,和压力如何让身体、大脑和思维以及生活本身失调的。同时也会探索如何利用同样的压力去学习、成长和做出新的选择。进而,得到疗愈和获得内心的宁静。

压力

Chapter 17
第 17 章

压　力

当今,"全然灾难的生活"的流行用语是压力。任何能够涵盖如此广泛生活情形的特定术语一定有其复杂性。尽管就其核心而言,压力的含义也极其简单。它把人类一系列众多的反应综合为单一的概念,而人们对此概念给予了高度的认同。每当向别人提及我的工作是减低压力,他们的回应都一成不变,"哦,那对我真有用"。人们似乎非常明了压力的含义,至少对他们而言是这样的。

其实,压力发生于不同的层面,有着不同的来源。每个人都有不同的版本,即使从整体上看类型保持不变,但在细节上它却在不停地变化着。为了从最广泛的表达上更好地理解压力,并了解在不同情境下如何有效地工作,需要用系统的观点来认识压力。本章将讨论压力概念的起源,不同的定义方式和在统一原则指导下如何有效地应对生活中的压力。

压力可以被看作在不同层面发挥作用,包括生理层面、心理层面和社会层面。可以预料,所有这些层面都相互作用。这种多层面的相互作用影响着特定情况下的身体和精神的实际状态。同时也影响着在面对和处理压力事件时你可以做出的多种选择。简而言之，在意识到它们是相互联系和一种现象不同方面的同时，我们分别在不同的层面加以讨论。

以基于对动物被置于不同寻常或极端条件以及受到严重损伤情况下进行的广泛的生理学研究开始，汉斯·塞莱博士在20世纪50年代率先使用**压力**（stress）一词。在大众应用中，这个词成了涵盖型用语，意寓所有在生活中经历的各种压力。不幸的是，该词语的这种运用方式没有指出它究竟是我们所感受到的压力的原因呢，还是指那些压力的效果，或许更为科学的说法是，压力是刺激还是反应。我们经常讲"我感到有压力"，意思是压力是我们体验到的、对造成那种感受的事物的一个反应。另一方面，也可以这么说"我在生活中遇到很多压力"，这表明压力是外部的一种刺激，让我们产生了某种感受。

塞莱选择定义压力为反应，他还创造了另一个词"压力源"用以描述造成压力反应的刺激或导致压力反应的事件。他把压力定义为"有机体对任何压力或需求的非特异性反应"。在他的用词中，压力是你的有机体（精神和身体）对经历的压力源的总体反应。但这使问题进一步复杂了，事实上压力源可以是内部发生的事或事件，也可以是外部的。例如一种想法和感觉可以产生压力进而变成压力源。或者另一种情况，同样的想法和感觉可能是对某种外部刺激的反应，从而又成了压力反应本身。

在塞莱看来，按照他的压力理论和概念，疾病可能起源于尝试适应压力环境的失败，外部和内部因素的相互作用来认同疾病的根本原因居多。在心理神经免疫学领域出现前30年，塞莱已经意识到压力可能危害免疫力从而危及对感染微生物的抵抗：

显然，压倒性的压力（因长时间的饥饿、担忧、疲倦或寒冷导致），可以摧毁身体的防御机制。这既可以由于依赖于化学免疫的适应机制，也可能是由于炎症的屏障作用被破坏。正是这一原因，在战争期间和饥荒时期，疾病变得猖獗。如果微生物仅存在于我们体内和周围，还不会致病，唯有在遭受压力时才会致病。那么，是什么引起了疾病？是微生物还是压力？我想两者都是，而且同等重要。在多数情况下，疾病不是由细菌或者压力单独引起的，而是由于我们对细菌的抵抗力不足所致。

塞莱以其天才般的洞察力强调压力反应的非特异性。他声称压力最为有趣和基本的方面是，有机体经历了共同的生理反应，努力适应所遭受的压力和需求，而不管压力或者需求是什么类型。塞莱称这一反应为一般适应综合征，把它视为有机体维持其健康的途径，甚至在生命本身遭受威胁、创伤和变化时。他强调压力是生活中极其自然的一部分，不可避免。然而与此同时，如果得以存活的话，有机体最终需要适应压力。

在某些情况下，塞莱看到，压力可以导致他所谓的适应性疾病。换言之，我们实际采取的应对变化和压力的反应，无论是什么特殊的来源，如果不恰当或者失调的话，本身可以导致疾病和崩溃。遵循这一点，投入到努力应对所体验的压力源的专注力越多，则越能够保护我们免于失调、避免生病。

当然，在60年后的今天，对于大脑、神经系统、情绪和认知在这所有一切中所能发挥的关键作用，以及当我们或好（适应）或坏（不适应）地应对压力时各种生物学机制的运作，我们都有了更多的了解。原来我们对此有很多选择，而动力和觉察则可以带来巨大的差异。

在讨论塞里格曼博士关于乐观和健康的研究时我曾经提及，并非潜在的压力源本身而是如何感知以及当下如何应对决定了是否会产生压力。从个人的体验中我们都知道这一点。有时，一些微不足道的小事可以触发情绪的过度反应，完全超出了激发事件本身的比例。尤其在承受压力，感到焦虑或易受伤害的时候更容易发生。而在另一些时间，则可能不仅对于小的困扰，甚至对重大紧急事件也可以应对自如。此时，甚至感受不到压力，只是在事后才会感到刚刚所经历的事情让你情绪耗竭并且筋疲力尽。

在某种程度上，我们应对压力源的能力取决于它们本身的危害性。极端的压力源，如果无法避免可能会毁掉生活，无论我们怎样感知它们。其中包括暴露于化学剧毒物或辐射之下，或被子弹击中重要生命器官。身体吸收了任何足以致命的能量将有可能杀死或造成任何生理的严重损伤。

而另一个极端范围，有些力量对我们的影响可能小到无人能感觉到压力。例如我们每个人都受万有引力的作用，我们都经历一年四季的季节变化和气候变化。由于重力始终作用于我们，我们不会注意到其存在。在我们采取站立姿势或靠在墙上作为支撑时，我们很难觉察到身体的重心从一条腿转移到另一只腿上是如何进行调整的。但如果我们连续站立于混凝土地面工作 8 小时，不挪地方，我们可能会非常在意重力这个压力源。

当然，除非你是钢铁工人、塔尖画家、空中飞人、跳台滑雪运动员，或是耄耋老人，否则重力通常是微不足道的压力问题。但这表明了一个问题，有的压力源是无法避免的，我们不断地适应加诸身体上的需要。正如塞莱所指出，这些压力源是生活中自然的一部分。重力的例子提醒我们从其本身来看，压力无所谓好或者坏，只是事情本来的样子。

在压力源巨大的中间地带，暴露其下既不会像被子弹击中或遭受高强度辐射或毒气那样立即毙命，也非根本无害，像重力，原则上那些导致心理压力的是那种**你如何看待事情**和**如何应对这些事情**有很大差别，决定了**你能感受到多大的压力**。你有能力影响你用于应对压力的内在资源和生活中不可避免的压力源之间的平衡点。通过有意识地和明智地练习这种能力，在很大程度上你可以调整并且使感受到的压力降到最低。此外，与其创造一种可以应对每一个生活中具体压力源的方式，不如发展出一种策略，在普通的压力下去应对普通的变化和普通的问题。当然，第一步是首先能够识别出你正处于压力之下。

很多早期压力生理学效应的研究都在动物身上进行，并未区别对压力的反应是生理性的抑或是心理性的。例如塞莱尖锐地指出，被迫在冰水中游泳的动物出现的生理性损伤，更多的是由于动物的恐惧，而不是对作为压力源的寒冷和水的纯粹生理反应。所以，如塞莱所考虑的那样，他可能测试了对伤害性体验的心理反应而非纯粹的生理反应。带着这样的想法，研究者们着手研究动物的心理因素在压力反应中的作用，如同对人类进行的研究一样。这些努力证明了心理因素是动物对生理性压力源反应的重要部分。特别的是，现在已经得出结论，动物能多大程度上有效地选择对特定压力源的反应，强烈地影响着会发生多少生理失调和崩溃，作为暴露于压力源的后果。掌控感，作为一个心理因素，是保护动物免患压力导致疾病的关键因素。

从人类压力中我们所学到的一切，也存在着相同的关系（回想一下在16章中所描述的照护公寓内的植物研究及第15章中，卡巴萨博士所进行的心理耐受性工作，掌控是主要因素）。相比于实验动物，由于人们通常具有更多的心理选择，按理说在压力处境下，经由对我们的选择变得更有意识，经由对回应的切实和有效性的正念，我们可以在经历压力时对我们的体验施加更多的影响，因而影响压力是否会导致痛苦，并随时间推移，发展成疾病。

动物的压力研究证实，习得性无助具有极端的伤害性，习得性无助是指在某种情况下做任何事都无济于事。如果无助可以通过学习获得，那么也可以通过学习而化解，至少对于人类如此。即使在极端压力情境下，没有真正的外部行动进程可达到实际意义的效果，人类仍然具有巨大的内在心理资源，让我们有参与感并且在某种程度上有掌控感，从而保护我们免于感到无助和绝望。毫无疑问，这一结论来自安东诺夫斯基博士对集中营幸存者的研究。

后来理查德·拉扎路斯和他的同事苏珊·福克曼在阐明正念在整合医学中的核心地位方面发挥了重要作用，作为加州大学伯克利分校的压力研究者，他们提出了富有成效的方式，从心理学角度去看待压力，认为压力是个人与其所处环境的互动。拉扎路斯定义心理压力为"人和环境的特殊关系，被个人评价为负担或超出了个人资源，并危及他或她的健康"。这特别富有见地，因为它强调了关系性以及评估和有意识选择的关键作用。由于关系性是正念的基石，这一见解实际上为应用正念面对正在呈现的当下提供了理论支持、评估，启发人们选择与之智慧地相处。同时这也解释了，有如我们曾讨论过的，为何一个事件对某人可能是严重的压力，由于这样或那样的原因而只有少量资源去应对，而对另一个有丰富应对资源的人而言，则不是。这意味着我们赋予互动的意义，看待压力的方式和对其保持觉察、我们的整体观，都可以决定一种情形是否称得上压力。如果把一个事件评估或解释为威胁到健康，则会成为负担。如果不这么看，而是透过另一种眼光，相同的事件对你则基本上构不成压力，或者是足以应对的压力，甚至视为有潜在的积极意义。你实际上可以恰当处理并获得成长的事情。

　　这是非常好的消息，因为在特定情形下，看待事情有很多方式，也有很多可能应对的方法。接下来我们将讨论更多的细节，也可以有多种不同的生活方式，会有助于提前建立你的内在资源的"银行账户"，让你做好避免和应对极端压力体验的准备。每天花些时间致力于正式的正念练习，伴随着整天专注于培育正念，当然是让你的账户增值的方式之一。不计其数的人曾经告诉我，在经历了骇人听闻的艰难、痛彻心扉的丧失以及挑战之后，"如果没有践行正念，我会手足无措"。以我的经验，的确如此。一旦你有过一段时间践行正念，几乎无法想象如果生活中没有正念，你还能干些什么。这真是微妙和强而有力，因为看起来除此之外，其他都不是事儿了。正念既平常也极为特殊，十分普通又超乎寻常，所有一切都同时呈现。

从互动的角度看，我们看待、评估和评价问题的方式决定了我们如何回应和体验到怎样的痛苦。这意味着面对可能造成我们压力的事情，我们影响事情的方式远多于我们平常所能想象的。我们所处的环境中总有许多潜在的压力源，我们可能无法立即控制，但一旦改变我们看待自己和它们的关系的方式，实际上就拓宽了我们在此关系中的经验，从而改善和调整了压力给我们造成的负担，以及超出我们资源范围和危及福祉的程度。

心理压力的互动观点提示，我们可以对压力更有抵抗力，更加坚韧，这取决于在我们遇到还没能压垮我们的特定压力时，建立自己的资源，强化身体和心理的总体健康（例如通过有规律的运动、践行正念、充足睡眠和人际间深层的亲密联结，这里给出了四种最为重要的手段）。这就是我们生理和心理的"银行账户"，通过这个账户可以在必要时提取所需资源，而另一些时候则可以储备。这是"健康的生活方式"的真正含义。我们的资源是内在资源和外部支持和力量的结合，帮助我们应对不断变化的体验。充满爱和支持的家庭关系、友谊，和你所在意的团队成员是外在资源的典范，可以帮助缓冲压力的体验。内在资源可包括对自己处理逆境、迎接所有类型挑战能力的自信程度（自我效能），对自己作为一个人的看法（自我意识），对变化和所有可能性的看法，你的宗教信仰，你应对特殊而非一般的挑战自我效能水平和压力的耐受性，以及统合感、亲和信任水平。所有这些方面均可以通过践行正念得以加强，正如我们已经看到的那样。

我们已知压力耐受个体更具抗挫力，与其他人相比在面临同样的情境时，他们有更多的应对资源，因为他们把生活本身看作挑战，坚定地恪守承诺去体验全然的生活，活在当下的每一个时刻里，活在生活向我们呈现的过程中。在面对生活并与现实相互影响中，承担更为积极的角色，带着明晰的觉察和担待，这即是施加有意义控制的意思。有高度统合感的人也是如此。对于生活经历的可理解性，可管理性和有意义的内在坚定性，是强大的内在资源。相对于缺少这类赖以依靠的内在资源的人，有意培育这种力量的人不易在面对压力时感受到负担和威胁。对于在第15章讨论过的那些可以健全认知和情绪模式来讲，同样如此。

另一方面，如果我们对事情的反应笼罩着恐惧、无助或愤怒、潜在的不信任和贪婪、对丧失的恐惧或遭遇背叛，这些都是我们早年经历所发展的看待世界的方式、情感反应模式，经常背负着这些未经检验的固定图式，控制着我们的生活，一旦被激发，我们的反应会产生更多额外的问题，让我们在深渊中越陷越深，甚至到达无法自拔的程度，看似只能被压垮。我们身陷困境，进入僵局。这会导致脆弱感、被压垮并且让人觉得无助。

拉扎路斯的定义意味着，如果一件事可能产生心理压力，它必须以某种方式被评估为一种威胁。从经验中我们得知，很多时候，我们并没有觉察到我们与内在或外部环境的关系，相对于我们的资源而言成为负担的程度，尽管的确如此。例如，我们的生活方式可能正在侵蚀健康，使我们身心皆筋疲力尽，而我们的意识并不承认这一点。此外，我们关于自己和他人、关于未来可能性的消极态度和信念，也会成为阻碍我们成长或疗愈的主要因素，也在面临困难时无法带来哪怕是一丝一毫的明晰、智慧和勇气。这些消极态度和信念通常低于我们意识能觉察到的程度，但它们不必要如此。

正是因为感知和评估或者它们的缺席，在我们适应改变、疼痛和威胁幸福时做出的反应中发挥关键作用，因此有效面对压力的康庄大道正是理解我们此刻正在做些什么。最好的方法是培育感知体验的能力，弄清来龙去脉，就像我们在第12章中面对九点难题时所做的那样。以这种方式，我们可以辨识之前没有觉察的关联和关系，并根据反馈进行调整。这样使得我们可以更清晰地看清生活，对我们在遭遇困难情形时被卡住的习惯和自动反应有所影响，进而降低整体压力水平。也可以让我们从被无意识信念和情绪模式的严格控制中解脱出来，而这部分正是我们成长的阻碍。所以需要时刻特别牢记，不是生活中有太多压力源，而是如何看待它们和对待它们，我们与之的关系决定了我们在多大程度上受它们的摆布。如果能够改变看待事情的方式，也就可以改变回应的方式，从而显著地降低压力，降低压力对健康和幸福的短期和长期影响。

Chapter 18

变化：唯一的确定

压力的概念提示我们：无论如何，我们需要持续适应生活中可能体验到的各种压力。这基本上意味着需要适应变化。如果学着把变化看作生活的有机部分，而不是对幸福安康的威胁，我们就可能在应对压力时处于有利位置。践行冥想本身带领我们去直面无法回避的身心上的持续变化。练习中，我们观察到持续变化的想法、情感、感觉、知觉和冲动，以及持续变化着的外部，与我们有联系的所有人和事。仅仅是前者就足以证明我们生活在变化的海洋中，不管我们从这个时刻到下一个时刻选择专注什么，一切总在变化中。

即便没有生命的物体也在持续变化着，大陆、高山、岩石、海岸、大洋、大气层、地球本身，甚至星球和银河系，所有一切都随时在变化，在演化，或者说都在生和死中。人的生存如此短暂，相对而言，我们会认为这些事情都是一成不变的。但实际上并非如此，没有什么是不变的。

如果考虑与我们生活紧密相关的力量，我们首先承认的是，没有什么是绝对稳定的，即使生活看起来一帆风顺。所谓活着即意味着流动着的持续状态。我们也在演化。我们经历了一系列的变化和转换，实际上很难标记确切的开始和结束。我们成为独立的个体出自之前的生命之河，而父母仅仅是最近的代表。通常我们事先并不知晓，在某一点，我们会作为个体的生命走到终点。但不像无生命的物体和其他大多数生命，我们知道这是无法逃避的变化，也知道死亡必然发生。我们能够思考所体验到的变化，质疑它们，甚至害怕它们。

细想一下一生中身体的变化，身体在我们的一生中持续改变着。个体的人生开始于单个细胞的旅程，人的受精卵。这个小到用显微镜才能看到的物体含有成为崭新人体所需要的全部信息。随着它从输卵管下降，植入子宫壁，开始分裂：从一到二，然后二分为四，再四分为八，再继续。随着细胞的持续分裂，从细胞丛逐渐发展成为空心球状。顶部的细胞逐渐与底部的细胞略有不同地分化着，微球渐渐发展成为身体。随着细胞分裂，球也在逐步长大，同时形状也在变化。自动交错折叠，产生不同层和区，最终分化为不同的特殊细胞，然后生成了组织和器官：脑、神经系统、心脏、骨骼、肌肉、皮肤、感官、毛发、牙齿和其他所有人体部分，它们都具有特异的功能，最后整合成天衣无缝的个体，那就是我们。

即便在身体最早的阶段，死亡也是过程中的一部分。一些细胞原本位于手和脚的位置，其中部分细胞选择性地死亡，为手指和脚趾的间隙腾出空间，这使得我们的手臂和腿的末端没有蹼。在神经系统的发育中，如果没有与其他细胞联结，则在出生前也会死亡。即使在细胞水平，与整体的联结也似乎是至关重要的。

在出生时，我们的身体由超过十万亿个细胞组成，每个都各司其职，每个都差不多在正确的位置。如果是这样，那我们就是生就的完整，做好转换的准备，我们将经历新生儿、学步儿童、青春期前、青春期和成年早期。我们应该接纳这个看法：成长、发育、学习不需要在成年早期停滞。事实上，我们没有必要停止成长和学习。我们可以持续地培育和发展我们自己（巴利语中冥想的词根 bhavana，意为"发展"），在这个过程中，在身体、意识和心的每一个层面，变得越来越完整。

在这个过程的另一端，如果我们从长远计，我们的身体会衰老和死亡。死亡是其自然过程，已植入身体。个体的生命终究会到终点，尽管通过种族和家里新成员的出生，生命的潜能得以以基因的形式流传下去。

要点是生命从一开始就在不断变化。我们的身体随着我们的成长和发育以无数的方式在生命整个过程中变化。我们对世界和自己的看法也在不断地变化。同时，我们生活的外部环境也在持续地变化。事实上，没有什么是永恒不朽的，尽管有的东西因为变化过慢而看似永恒。

✳ ✳ ✳ ✳

有机体发展了许多令人钦佩的方式以保护自己在不可预知的环境变化中起伏，保持内环境的基本稳定，使生命能经得起改变而不受大的影响。内部生化稳定性的概念首先由法国生理学家克劳迪·伯纳德在 19 世纪引入。他假设机体发展了精细的调节机制，由脑控制，通过神经系统和内分泌系统分泌的激素信使分子进入血流，保证整个身体保持一种适合细胞功能的最佳状态，尽管外部环境可能产生大的起伏变化。这些环境变动包括温度改变、长时间缺乏食物，当然还有受到捕食者和天敌的威胁。调节反应，所有都是通过反馈环完成，维持着内部的动态平衡，称为自稳态，或者现在更为精确地称为"应变稳态"，将生物有机体的相应波动保持在一定的范围之内。体温是以这样的方式调节的，血氧浓度和血糖水平也如此。自稳态和应变稳态的区别在于，自稳态表示一些生理系统为了保证直接存活而维持在相对狭窄的范围内变化，如体温和血生化、血氧浓度。而另外一些生理系统如血压、皮质醇分泌和身体组织内的脂肪存储，有着宽泛的运作范围，在更为宽泛的范围内变化。这些范围部分地由大脑调节，也经由我们对不断变化着的环境所做的长期的适应所调节——天、周、月和年——这是慢性压力的时间框架特征。这些生理性健康维持系统通过应变稳态而非通过自稳态来调节。然而，两种系统努力所保持的最佳健康状态，可能在长期的慢性压力性生活方式下严重失调。

我们长期进化的驱动力和本能引导着行为去满足身体的需要，保持内稳态和应变稳态。这一类的本能如身体需要水时会口渴，身体需要食物时则会饥饿。当然也可以通过意识的作用，在一定程序上调节生理状态，如穿衣和脱衣，取决于外界环境的温度，或者打开窗户让温度降下来。

所以，个体生物的外部世界的特征就是持续变化，包括自然环境和社会环境，同时，在很大程度上，我们的身体在生物性上得到保护并对外界的变化也有着缓冲。我们有内置机制稳定内部的化学环境以增加在变化条件下生存的机会。我们同样有内置修复机制，使得生物学的错误被辨识和纠正——癌症细胞可以被探测和被中和，骨折被摧毁和修复、伤口被止血、创伤得以愈合和康复。我们甚至有一种酶，端粒酶可以修复位于每一个染色体顶端的端粒，延长细胞的寿命。端粒甚至对我们的所思也很敏感，尤其当我们感受到威胁的时候。

我们的生物学功能有无数的调节通路，以对特殊信号产生反应，即身体内部的化学语言。我们从不需要考虑肝脏有关的化学，所幸的是，它们会自主调节。我们从不考虑下一个吸气，它会自然发生。我们无须提醒脑垂体按照特定的时间表分泌生长激素，这样在成年时我们会长到合适的大小。受伤或被割后，我们无须考虑形成血凝块结疤或让皮下组织尽快愈合。

其实，我们对身体过于滥用了，喝过多的酒超出身体可能承受的负担，之后又不得不对肝脏有些担忧。但那时可能已经失调，无法修复了。吸烟对肺的情况也如此。即使有精细的修复能力和内置的保护机制、净化系统，身体也只能在被压垮前耐受部分滥用。

知道这些也许会舒服些，我们的身体有着健全和有弹性的内置机制，形成于数百万年的进化过程，以维持面临持续变化时身体的稳定性和活力。当面对生活中的压力和变化时，这种生物性的弹性和韧性是我们最好的同盟。它让我们牢记我们有所有的理由去相信身体，即使是在严重的压力下，也要与之和谐共事而不要对抗它。

就如我们已经看到的那样，汉斯·塞莱强调无压力的生活是不可能的，多姿多彩的生命意味着被打磨和需要不断适应变化着的内部和外部环境。我们关注的问题是：需要怎样的打磨？

现代术语描述生物的打磨为适应负荷，由洛克菲勒大学的著名压力研究者布鲁斯·麦克艾文提出。稍早研究者们曾用应变稳态概念来扩展克劳迪·伯纳德的自稳态提法，后者的字面意思是"待着不变保持稳定"，应变稳态则更为精确地表明了与压力生理学的关系，特别是，大脑在调节压力反应中的作用。身体对压力的短时反应的获益可能成为长久的损害。在面对不同情况的压力时，身体自身具有的内置应变稳态机制会调节和优化这些复杂的相互作用。应变稳态的字面意思是，"能够改变以维持稳定"。依照麦克艾文的说法，"没有任何改变比系统中涵盖了压力反应本身更剧烈的了"。推向极端，这就变成了战斗-逃跑反应模式。带着正念对压力做出回应而不是习惯性和自动化地对压力做反应，可以大幅度降低压力对生物的负面影响（适应负荷）。这将是下面两章的内容。

20世纪60年代，研究者们开始研究个体在一年时间里的变化与今后健康所发生的有何关系。华盛顿大学医学院的托马斯·福尔摩斯和理查德·拉厄博士列出了大量生活变数，包括丧偶、离异、坐牢、受伤或患病、结婚、被解雇、怀孕、性问题、家庭成员或密友死亡、行业或工作职责改变、按揭贷款、杰出个人成就、生活环境变化、个人习性改变、出外度假及购买交通票。他们把这些生活事件以他们认为需要调节的程度排序，从丧偶的100到轻微违法的11，给予这些事件一个主观的数值。他们发现在生活变化列表中，高得分与随后的患病可能性相关，这表明变化本身就倾向于让人患病。

表中的许多生活事件,如结婚、升职或获得杰出个人成就通常被认为是快乐的事件。它们之所以被包括在内,是因为即使看起来是积极的事件,也同样会使生活发生深刻的变化,也需要适应,从而也是压力性的。在塞莱的术语中,它们是积极压力或良性压力的例证。尽管后来也会导致不幸,或成为坏压力,很大程度上取决于你如何适应它,也就是它们究竟对你意味着什么,含义是否随时间变迁。如果很容易调整,积极压力是良性的,危害相对较少;甚至可能有益和促进生理和心理两方面的成长。这必然不会威胁到累及、超越和压垮你应变的能力。但也很容易看到如果难以调整适应新的生活环境,积极的生活变化会从积极的压力变为不幸。

比如你期待退休已久,而且刚一得知退休还很高兴,终于不用早起去工作了。但稍后你会觉得整日无所事事,开始想念工友,思念联结和归属感,思念你工作时感受到的远大目标和充实意义。除非你可以形成新的联结,找到对生活有意义的新机会,否则会无法适应这一生活的重大变化,它会转而成为你的压力来源,无论当初你是多么盼望过上退休生活。

社会的高离婚率证明了这一事实,婚姻的幸福时光也导致巨大的不幸和痛苦。如果原配之间不适合或者个人无法适应与共同生活相关的变化,这包括允许对方的成长和变化。夫妻如果无法适应养育及其带来的角色与生活方式上的巨大变化,那么加在婚姻上的压力将会十分复杂。养育孩子的积极压力很容易转变为痛苦甚至更糟。工作中的晋升、从学校毕业、年龄增长和其他的一些积极生活变化都如此。他们需要适应变化本身。

生活变化对你的意义有赖于整体的情境。如果配偶患病已久,耗费巨大而又痊愈无望,如果你与这个人关系是长期痛苦、剥削或疏离,她或者他的离去对你而言可能非常不同,其调整的难度也与死亡的突然性、关系的密切程度相关。

所有情况下，给丧偶分配的分值为100，如福尔摩斯和拉厄博士一样。并没有考虑这个经历对活着的配偶意味着什么，也没有考虑他或他需要做出调整的程度及如何适应。

这不是生活中唯一需要我们适应的重要转折点。每天我们都面临中等重要程度到琐碎的阻碍和事件，它们需要我们处理，无论愿意或不愿意。如果在必要时我们失去心智的视角和平衡，有时候我们会不必要地把它们转变成比原本更为严重的问题。

福尔摩斯和拉厄的生活事件评分在那个年代是重要的贡献，但也如我们所分析的存在明显的弱点。另外，还完全遗漏了创伤这一大领域。严重创伤事件的后果可以随时降临于我们每个人，特别是大写T创伤（严重创伤），尤其如果发生于生命早期的话。创伤性经历本身可能是复合的，负向扭曲，有时甚至让其他重要的生活事件变得微不足道。这些事件具有提供新的生活意义和满足的潜力，但需要被识别、被满足和努力创造新的方式，让自己与本已存在的整体性联结，进而得到恢复和修复。很多具有疗愈功能的方法可用于创伤的治疗，包括以富有想象力的方式进行正念和瑜伽练习㊀。

我们经历的压力对健康的最终影响，很大程度上取决于我们如何感知以所有不同形式呈现的变化本身，以及我们如何适应持续的变化并保持内部平衡和统合感。这又取决于我们赋予事件的意义，基于我们对生活和我们自己的信念，特别取决于特定事件被触发时，对惯常的无意识和自动反应有多少觉知。

就是在这里，在对生活中所发生的、我们认为有压力的事件的身心反应中，最需要应用正念。在这里，正念的力量可以被最好地用于转化我们生命的品质。

㊀ 参见 Bessel van der Kolk 博士在波士顿创伤中心的最新工作所举的例证。

··· Chapter 19 ···

第19章

卡在压力反应中

停下来思考一下，人类实际上是无比坚韧的生物。通过不同的方式，在充满让人毛骨悚然的巨大全然灾难面前想方设法坚持、存活，也仍然会有欢愉、宁静和满足的时刻，尽管存在压力、痛苦和悲伤。作为人类，我们擅长应对和解决问题。我们透过坚定的决心应对，透过创造力和想象，透过祈愿和宗教信仰，透过参与和灵活地转向，让需求得以满足，为的是达到目标、有意义、获得喜悦、归属感及超越自己、关爱他人。我们应对并得到鼓舞，受到来自对生活的爱恋、来自家庭、朋友和整个团体的关爱、鼓励和支持。

有意识地参与面对和迎接挑战的基础，是一份无意识的生物智慧，其令人敬畏的作用丝毫不逊。这一系统经历了百万年的进化，在感知、运动反应和应变适应机制水平发挥作用，可以极快速地运作。加利福尼亚大学戴维斯分校精神与脑中心的神经科学家克里夫·萨隆强调，人类有着非凡的内在禀赋，能够根据非常局部的信息去完成整体模式。这是整个身体——脑、神经系统、肌肉、心脏共同运作的智慧例证。所有部分协调以达整体的目标。我们刚刚看到，身体内的系统在数小时或数天时间内发挥其恢复性影响，远远超出了迫在眉睫的威胁。这些系统的运作发挥适应性作用，自动反应在紧急情况下可能挽救生命，某些突发事件下我们通常来不及思考，如驾驶过程中突然遭遇轮子打滑时的自动反应。这意味着我们的某些自动惯性没有过错。这些反应在生理上是值得信任的。

同时，我们天生的心理生理动态性平衡、整体应变保持稳态，凭借着超强适应能力、高度灵活性，在多个层面是非常准确的，并不需要特别有意识的关注。但如果不是以健康的方式，而是超出了本身能力范围，做出反应和调整，则可能从每一个层面把生命推向失调和紊乱的边缘。在医院每天都可以看到这样的情况。健康可因一生中根深蒂固的行为而有所削弱，这些行为模式加剧了我们一直面临的生活压力，并令其更加复杂化。最终，面临压力源时的习惯性和自动反应，特别是习惯性的适应不良反应，在很大程度上决定了我们会体验到多大的压力。自动反应被无意识触发，尤其在没有生命威胁的情况下，我们都会以同样的方式反应，这混合和加剧了压力，让原本简单的问题随时间推移变得越来越糟糕。这使我们无法清晰地看待问题，缺乏创造性地解决问题的方法，不去有效地表达情绪，而我们正需要与他人很好沟通或甚至是去理解我们身上正在发生什么。最终它们封闭了我们体验内心宁静的能力，当一切都已经说完并做完了，内心宁静可能是我们最为渴望的。相反则是，每一次，当我们习惯性地以非健康方式反应，对陷入行为模式没有觉察，我们向内在的幸福和平衡能力又施加了多一点的压力。终身的无意识，不核对面临挑战和感知到威胁时的习惯性反应，能够显著增加最终崩溃和患病的风险。越来越多的证据表明的确如此。

思考片刻，想象你就是图19-1中间的那个人。外部事件可能是潜在的压力源，无论是环境、身体、社会、情绪、经济或政治，都可以对我们施加压力，引起身体、生活和社会地位的改变。在图中，这些潜在的压力源通过位于人上方的小箭头标示。所有这些因素通过外部在不同程度上影响人体。它们通常被感知后迅速被评价，达到对生命构成威胁的程度，特别在极端危险的情况下。

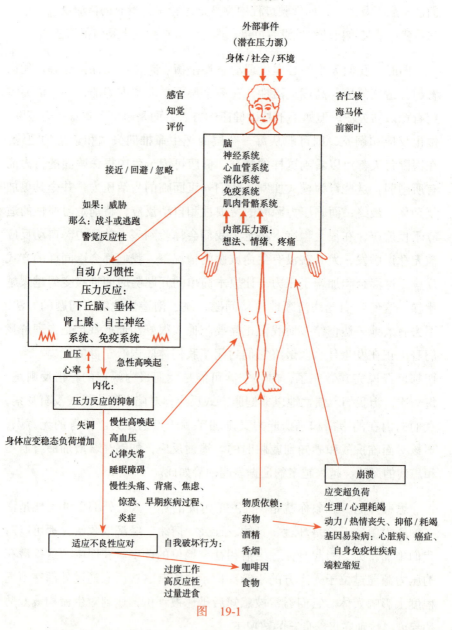

图 19-1

266　Ⅲ 压力

我们的精神和身体不仅对来自外界的一系列复杂刺激加以感知和评价，并对此做出反应。而且，如同我们已熟知的，身体能够产生自身需要和反应性的能量，在这个有机体上制造出另外一整套的压力。在图19-1中被标注为"内部压力源"（方框内的小箭头）。我们已经了解，即便是我们的想法和感受，无论它们给我们带来什么，如果它们所引发的反应超出了有效回应的能力范围，也可能成为重要的压力源。在想法和感受与现实不一致的时候也是如此。例如仅仅是"认为"自己患了致命的疾病，即可造成相当的压力，甚至致残，尽管这不是真的患病。在极端情况下，这可以造成生理的极度失调，就像我们在第14章中看到的伯纳德·罗恩博士讲述的故事中所发生的那样。

有些压力源作用的事件相对比较长，我们称之为慢性压力。例如，对于照料者而言，长期护理患慢性病或者残疾的家人，是无法避免的慢性压力来源。如果这个过程持续数年，则需要更为深刻的巨大适应来降低撕裂效应。当然，自身患慢性病也是持续的压力来源。另一方面，有些压力源来得快，去得也快，称为急性压力源。截止期，比如在最后时刻缴足个人所得税，就是这类压力的例子。其他一些源自日常生活的急性压力源，看起来微不足道，但经常发生从而其作用可能叠加：早晨赶时间、路遇交通堵塞、约会或开会迟到、与孩子或配偶吵架等。其他一些不常见的或一次性事件，如遭遇车祸、失业或亲近的人过世。所有这些都会产生急性压力并且需要有效地适应，我们才能在经历所发生事情的过程中，最终得到疗愈。没有这样的过程，我们可能会陷入长期的不良行为模式中，结果是导致额外的慢性压力来源。

加州大学旧金山分校的压力研究者艾莉萨·埃佩尔描述我们与急性压力的互动像是一场冲刺。无论如何，都将过去，而我们终将回归平静的生活⊖进一步扩展比喻，埃佩尔把慢性压力看作一场马拉松，里面可能

⊖ 想象一下在紧急压力下，就像一只瞪羚，调动一场巨大的战斗或逃跑反应，逃离大草原上的一只狮子；一旦达到一个安全的距离，就可以回到安静的牧场，好像什么事情也没有发生。对于我们人类来说，它有点不一样，因为即使在直接的威胁已经结束之后，我们依然会考虑刚才发生了什么事情，并且让自己疯狂。近距离的创伤可以长时间留在我们身边，如果我们在某种程度上要有效地处理和解决这个问题，需要一定的注意力。

包含很多次的冲刺。举例来说，作为患有慢性病家庭成员的主要照顾者，在原有情况持续的同时，也总会有些突发事件时不时爆发出来，需要立即处理。如果我们没有意识到正在进行一场马拉松赛，则很容易耗竭能量，这些用于对付的能量耗损之后，就会长期陷入无穷的疲惫和焦头烂额中。这种旷日持久的压力需要调整节奏，定期休整，以保存在"银行账户"中的资源，可能的话时不时还要存上一大笔。她特别指出，烦扰的闯入性想法、担心或者思维反刍可能是使急性压力源转为慢性的原因。这类思维模式本身成为内部压力事件，加剧和延伸了压力。她列举的证据表明思维反刍本身被认为就是慢性压力导致高血压的途径之一。我们已经了解并将继续看到，她本人对于慢性压力人群端粒和端粒酶的研究，提供了强有力的证据，说明如果在没有经过适应和有意识的心理过程诸如践行正念等的调整的情况下，思维反刍过程有着特别的伤害作用。

有的压力源可以被很好地预知，如缴税。而另一些则很难预料，如意外事故或不期而遇、而你又不得不去面对的事情。在图19-1中，小箭头代表所有的内部和外部压力源，急性和慢性的，在任何时刻都能感受到。这个人像代表了人的各个方面，人的有机整体，身体和心灵。包括所有的器官系统，尽管只有少数标了出来（脑、神经系统、心血管系统、肌肉骨骼系统、免疫系统和消化系统），同时也包括了传统的心理对自我的感觉，包括感知、信念、思想和感受。当然，大脑在其中的作用至关重要，起着调节所有这些过程功能的核心作用，从而保证了生命的存活，并在生活的展开中保证我们的整合性的体验：身体的器官系统包括感官系统和神经内分泌系统，同样还有思想和情绪，以及我们对生活事件所赋予的意义。

在某些时刻，当你感到压力，包括识别或者预想，甚至想象到的一些对你的威胁，无论是威胁到了身体健康、自我的完整性或者是与你与他人关系中的社会地位，通常会以某种特定的方式进行反应。如果威胁很快就过去了，或者在另一时刻再评价时已不是威胁了，则可能完全无反应或者反应很轻微。但如果压力源对你的情绪有比较大的作用，或者认为威胁将持续存在，这时可能会有某种自动警觉反应。

警觉反应是身体在清空桌面，以做出防御或者攻击行动的方式。它可以帮助我们在受到威胁的情况下保护自己以及维持或再获控制。在特定情况下，大脑和神经系统被这样调动起来。警觉反应能够在生命受到威胁的情况下调动所有内在资源的全部力量。我们将会看到，在大脑的深处，存在双侧对称的很小的结构，称为杏仁核，它在这方面有很大的作用。

伟大的美国生理学家瓦尔特·B.坎农，20世纪初在哈佛医学院工作时发展了克劳德·伯纳德原创的生理学内环境稳定性的概念，在很多实验系统中研究了这种警觉反应的生理学。其中之一的研究，是猫受到吠叫的狗威胁时，所发生的一切。坎农把猫的反应称为战斗－逃跑反应，因为此时，受威胁的动物的生理学变化使它们得以调动身体准备战斗或者逃离㊀。

人类也有着动物呈现的同样的生理反应。这种基本的模式根植于生物学本能之中。当感受到威胁，战斗－逃跑反应即刻发生，如同我们将会看到的在这一瞬间，调解也经由自主神经系统。是否是身体上的威胁，还是更多关乎社会福祉或者自我感等抽象的威胁都无关紧要。结果都是非常类似的：整体生理和心理状态的高度唤起，包括面部表情在内的肌肉高度紧张、剧烈的情绪反应，从害怕、受惊吓、焦虑、羞耻或尴尬到极度愤怒和生气。战斗－逃跑反应包含着一系列大脑极其快速的信号传递和神经系统兴奋，并且释放若干压力激素，其中最广为人知的有儿茶

㊀ 把它标为反应的目的为了强调，常常是自动或者相对无意识的自然过程。以此区别与相对有意识的回应，指在面临挑战或威胁时做出的有意识行动。无论如何称呼，战斗－逃跑反应都是大脑和身体的极端复杂现象。包含了高度进化和至关重要的认知、评价、评估、思维和选择过程，尽管在整体上我们意识不到整个过程，除非培育给予当下每个时刻以特别的关注的能力，将正念应用于实际的身心呈现的体验中。以这种方式，可以把习惯性的和未经核对的反应，很多都是我们在过去数十年一次次重复中获得和强化的，只是在最近才理解到其实并没有多少帮助，甚至有害，转化为更为恰当，有技巧的正念引导的回应方式。

酚胺（肾上腺素和去甲肾上腺素），在对紧急严重的威胁做出反应时迅即大量释放，肾上腺皮质激素则释放得少许缓慢一些。高唤起状态还包括感官感知的升高，在短时间内迅速收集尽可能多的相关信息：眼睛瞳孔放大，更多光线入眼，听力变得更为敏锐，身体上的毛发笔直竖立，保持对周围空气的震动更为敏锐。我们变得更为警觉及专注。心率增加并且心肌收缩更为有力（血压也相应升高）。心输出量增加 4～5 倍，更多的血液流出，这样可以携带更多的能量，输送到胳膊和腿的大组肌肉，以利战斗或者逃跑中使用。

同时，流向消化系统的血流关闭，消化功能也同样受到抑制。假使你很快就被老虎吃掉的话，没有理由还在胃里保留一些食物。如果你被捉，这些食物反正也会在老虎的胃里被消化。战斗或逃跑需要肌肉有尽可能多的血流。你可以感觉到在压力情况下的这种血流重分布就好像是"胃里的蝴蝶"。

许多这种身体和情绪的快速变化，源于一个特定的支流被称为自主神经系统（ANS）的激活。自主神经系统是神经系统的一部分，调节身体的内部状态，如心率、血压和消化过程。在战斗－逃跑反应中被刺激的是自主神经系统的特定类别，称之为交感神经，其功能是加速各种反应。而另一类别，副交感神经则起着刹车的作用。总体功能是使各种反应降低或减缓。在战斗－逃跑反应中，正是副交感神经抑制了消化系统的功能。在对压力做出反应时，交感神经刺激心脏而副交感神经则在恢复中让心率减慢。

自主神经系统中的副交感神经，尤其是高度分化的迷走神经（拉丁语"走神"）在应对压力时发挥着重要的作用。在感受到压力时，多数人表现为迷走神经张力降低，即该神经兴奋性降低，此种降低与巨大的威胁反应相关。迷走神经高张力则与更为平静和坚韧有关，也可以促使个体从压力中更快速地恢复，能够有更多的社会接触和更多的积极情绪。

非常有趣的是，仅仅专注于呼吸，任其自然减缓，尤其是呼气过程，即可增加迷走神经张力。自主神经系统受下丘脑调控，下丘脑是一个腺体，位于被称为边缘系统的大脑区域的下方，脑干之上。下丘脑是自主神经系统的主控开关，更为精确的表达应该是，是自主神经乐队的首席指挥。

边缘系统位于大脑皮层之下，紧挨下丘脑上方的一组相互连接的区域。具有不同的独立结构，包括杏仁核、海马体和丘脑。过去认为边缘系统仅是"情绪中枢"，现在并不完全这么认为，边缘系统的某些区域如海马体，目前已知是高级认知功能所必需的，比如空间认知和陈述性记忆。前额叶，大脑皮层紧挨额头后的一片区域，以及所谓的执行功能的位置，如换位思考、冲动控制、决策、长程计划、延迟满足和工作记忆等，现在已知与其他功能一起，会对一个人在面临压力和逆境时所有的情绪抗挫力情况产生影响。有观点认为，前额叶是大脑中赋予我们特殊人格能力和品质的区域。从进化角度看，这一区域是大脑发展最晚近的部分。它可以通过与大脑不同结构和边缘系统（含杏仁核，这是焦虑、害怕或感受威胁的关键部位，也是解读他人面部情绪表达的关键部位）等区域的巨大的神经网络连接联结，下行调控压力反应。这种前额叶与多边缘系统区域的双向联结使得情绪认知和情绪调节成为可能。理查德·戴维森的工作主要在前额叶，研究包括长期冥想者以及正念减压练习者，研究发现前额叶的左右侧在调节情绪中起着不同的作用。在面对情绪挑战的抗挫力方面，左侧前额叶特征更为活跃，这一区域与降低害怕、焦虑和攻击有关（部分可能是由于减弱了杏仁核的活跃度）。回想到我们在进行的正念减压的合作研究中观察到前额叶的活跃性从右侧往左侧转移。根据戴维森的研究："具有抗挫力个体的左侧前额叶的神经活跃度是不具抗挫力个体的 30 倍"[⊖]。

边缘系统内不同结构的主要作用之一是调节下丘脑的功能。下丘脑不仅作用于自主神经系统，进而影响身体的所有器官系统，而且调控内

⊖ Davidson and Begley, *The Emotional Life of Your Brain*, 69.

分泌系统（分泌压力激素的腺体），以及肌肉骨骼系统。这些途径间的相互关联使得我们发自肺腑地体验自己的情绪，即通过身体以及身体的感觉来体验，同时，在觉察中抱持这些体验，进而对内部和外部的事件做出协调和整合的方式做出回应。

综上所述，前额叶和边缘系统深度关联，让我们得以对生命有一个整合的体验，这种深度关联提供了应用情绪信息来调节情绪反应或基于对特殊情境和压力源更为深刻的理解做出回应的可能性。这种深刻的理解来自我们的价值观、对自我的认识（自我感）、能够有意识的觉察，并且相应地调整最终做出选择行动的能力。换言之，我们可以培育卓越的抗挫力和安康，也能培育面对压力情境时的智慧和镇定。这种保持安康的品质有时被称为福祉。所有这些都取决于坚持练习和践行。我们有大量的机会去这么做，鉴于日常生活本身就充满如此多的压力。

自主神经系统中的交感神经，通过下丘脑边缘系统特定区域被激活，释放大量的神经信号，影响身体所有器官系统功能。这通过两条途径实现：所有内部器官直接通过神经元细胞连接（神经元），包括迷走神经，以及激素和神经肽进入血流。有的激素从腺体分泌，有的由神经细胞分泌（称之为神经肽），有的两者都能分泌。这些激素和神经肽是化学信使可以长途旅行并且在身体内广泛分布，传递信息并激发不同细胞组合及组织的特定反应。一旦到达预期目标，它们会与特定的受体分子结合并传递信息。你可以把它们想象成化学钥匙，打开或关闭身体的特殊控制开关。我们所有的情绪、情感状态都有赖于不同情况下这些特殊的神经肽和激素的分泌⊖。在战斗－逃跑反应中可以分泌部分激素信使，比如由肾上腺髓质（位于肾脏上方的肾上腺的一部分）分泌肾上腺素和去甲肾上腺素，在通过交感神经传导的来自下丘脑的信号时肾上腺受到刺激分

⊖ 比如由下丘脑分泌的多巴胺，大脑其他部分也能分泌，已知可以作用于专注力、学习、在工作记忆中保留信息和愉悦体验。血清素调节心情、食欲和睡眠，与幸福和快乐的感觉有关。血清素主要在肠道内分泌。

泌激素进入血液。在紧急情况下，这些激素让你感到兴奋和超级有力量，这在图 19-1 中被称为习惯性的和自动化的"压力反应"。此外，在压力情况下，位于下丘脑正下方的腺垂体也受到刺激（通过下丘脑）。垂体触发其他一些激素的分泌（部分来自肾上腺区域，叫作肾上腺皮质），也是构成这种习惯性压力反应的组成部分，包括肾上腺皮质激素和一种称为 DHEA 的分子（脱氢表雄酮）。杏仁核也有很大作用，之前我们曾提及，只要感到威胁或挑战即被激活，或者在感到挫败或者潜在的挫败时也会被激活。

《波士顿环球报》有一篇新闻报道，报道了压力反应下非同凡响的力量。消息称：

在密歇根的索思盖特，一位名叫阿诺德·勒莫兰德的男性，56 岁，6 年前曾有过心肌梗死，其后果之一就是，他不喜欢举重物。但在这个星期，一名叫菲利普·托特的 5 岁男孩在游乐园附近掉进了一个铁铸管道，勒莫兰德轻而易举地搬开铁管，拯救了男孩的性命。在搬动铁管时，勒莫兰德认为铁管至少有 300～400 磅重。实际上铁管有 1800 磅！几乎一吨重。之后勒莫兰德、他的成年的儿子们、记者和警察试图搬动铁管，但均未能移动。

这一趣闻轶事表明战斗 - 逃跑反应可产生巨大威力，在严重危及生命的情况下它能提供激增的能量。同时证明，在紧急情况下，你不会停下来去思考。如果勒莫兰德先生在尝试搬开铁管前先考虑铁管的重量，或者他的心脏情况，他极有可能无法搬动铁管。但在面临危及生命的情况下采取行动的必要性，触发了高度警觉的紧急状态，此时，思维暂时停滞，绝对的，复杂而又美好的行动占据主导，行动比意识思维更快，带着神奇的力量和技巧，完成了充满慈悲的瞬间壮举。一旦威胁过去，他不可能重现如此壮举，即便是有多种帮助也难以做到。

很容易发现，固有的战斗 - 逃跑反应增加了动物在危险和无法预料的环境中生存的机会。对人类而言也如此。一旦处于危及生命的情形中，战斗-逃跑反应可以帮助我们生存。这不是简单的膝跳反射变化，而是高度进化的才智能力，引导我们可以从危及生存的复杂条件下得以生存的能力。所以具备这种生存能力根本不是坏事，作为一个物种如果不具备这种能力则完全无法生存。问题在于如果我们不能掌控，不知道如何调整它，或者在完全没有实际威胁生命或健康的情况下，却动用这种能量，做出似乎生命受到威胁的行动。那么，它开始来掌控我们了。

多数情况下，在现代文明社会和日常生活中，我们并未发现自己遭遇危及生命的情况。在工作、家庭日常生活和普通社会交往中，我们并没有跑进大山遭遇狮群或其他的威胁。但我们依然倾向于，尽管不是必然地，在感受到威胁或者目标、安全感、掌控感受挫，即便是在高速路上行驶或者步行去工作的途中，遇到一些未曾料想到的事而不得不去处理时，容易陷入战斗-逃跑模式。精神上我们依然把事件感知为危及生命或威胁健康以及自我感，尽管什么也没有发生。一旦重蹈覆辙，每一件压力情形，尽管潜藏着无数可控方式，都成了系统的威胁。战斗-逃跑途径不再被屏蔽，甚至在没有危及生命的情况时。它们也会处于长期激活的状态⊖。当它们一旦被激活，会改变了我们的生理和心理。我们首当其冲致敏，这么讲，所有与长期的高唤起相关的所有问题，直至染色体中的基因也被激活和处于上调的水平，如糖皮质激素的受体让我们对压力源长期易感，这些基因产生促炎性细胞因子，如果长期激活会促使大范围的炎性疾病的发生。长期唤起也会缩短端粒的长度，我们已知，这会在细胞水平加速衰老过程。所有这些长期警觉的后果都是可以避免的，至少可以降低或得到最终的解决，这需要学习如何认识到直接进入

⊖ 社会压力也是如此，也可能是巨大的威胁。其中最为常见的方式是我们觉得我们的社会身份、我们对别人如何看待我们受到了威胁。尴尬、羞耻、被他人拒绝和关于自己的负性想法都是潜在的习惯性压力反应的触发点，并引发身体的连锁反应和后果。我们非常容易地把这些看成是个人化的。尽管这并不全是你的个人故事。这将是第四部分的主要内容。

完全的压力反应的趋势，并以一个更加正念的回应进行调整。在某种程度上，这也涉及认知我们对威胁的即时评估常常不精确而且会让自己产生不必要的恐惧和痛苦。在第四部分我们将看到，在面临有些情境和潜在的挑战时，只要发现不必总是相信自己的想法和情绪，或者在本质上认为它们是个人化的，即使是绝对的相信这些，让自己多一些自由去有技巧地回应千变万化的生活情形。这种与压力和潜在压力源的新型关系可能是巨大的解脱。

战斗-逃跑反应见诸动物遭遇其他物种的成员可能把它们当作午餐吃掉时。但也可以出现在游戏中，当它们为了保护自己在种群中的社会地位免受威胁时，或者要挑战其他动物在它们团体的社会地位时。动物的社会地位受到挑战时，战斗-逃跑反应被激活，两只动物开始战斗，直至其中一只屈服或者逃离。统治和服从的等级得以建立。一旦一只动物屈服于另一只，它"知道自己的位置"，不会继续保持挑战中的相同反应。它乐意服从，这使得其内部生理学反应趋于平静，不再是高唤起状态。

人在面临社会压力和冲突时有更多的选择，但我们通常被卡在相同的统治或服从的模式中，重复着相同的逃离或者战斗反应。或者类似某些动物，完全地僵住，在面临威胁时一味地呆滞。我们在社会情境中的反应往往与动物极其类似。没什么好惊奇的，因为大部分的压力生理学反应都一样。不过动物在同类物种的社会冲突中很少杀戮彼此，不像人类那般。

我们注意到，很多压力来自威胁，真实的和想象的，来自社会地位的威胁和他人如何看待自己。战斗-逃跑反应都一样起作用，即使没有真正危及生命的情形。只要感到威胁就足够了[⊖]。

⊖ 这个情境可能比这个模型显示的要复杂一些，因为女性在某些具有挑战性的情况下，可能与男子不同。加州大学洛杉矶分校的心理学家雪莱·泰勒表示，女性在受到威胁的情况下也倾向于"照顾和友爱"，照顾她们的年轻人，并寻求社会支持。更多关于压力生理学和心理学的复杂性，请看罗伯特·萨波斯基著，穆志山、潘少平译的《斑马为什么不得胃溃疡》。湖南科学技术出版社出版，2010。原著 Sapolsky R. *Why Zebras Don't Get Ulcers*. 3rd ed. St.Martin's Griffin, New York; 2004.

由于导致迅速和自动反应，战斗-逃跑反应通常会在社会领域制造很多问题，而非赋予我们更多能量去解决问题。所有威胁到我们幸福感的事情（挑战我们的社会地位、自我、强烈的固有信念和控制某事的欲望，或者以一定的方式拥有），都会激发某种程度的战斗-逃跑反应。我们很快被弹射入高唤起状态，作好战斗或逃跑准备，不管喜欢还是不喜欢。

不幸的是，我们刚刚看到，高度警觉可能变成生活的恒常方式。许多来上正念减压课程的患者，叙述他们自己实际上总是处于紧张和焦虑状态。他们因长期肌肉紧张而感到痛苦，通常是在肩膀、面部、前额、下巴和双手。每个人看似都有特定的存储肌肉紧张的区域。心率在高度唤起时也通常较快。可以感到内在的震颤和感觉胃里有蝴蝶，感觉到心跳漏跳或心悸，或者双手掌心持续出汗。常常浮现逃离的冲动，同时也有在愤怒中爆发或争吵或打斗的冲动。

当然这是对日常生活中压力情形的普遍反映，不只是针对危及生命的情形。之所以这样是因为我们的身心与生俱来可以自动地对感知到的危险和威胁做出反应，即使在日常生活中我们通常不会遇到大型食肉动物捕食者。由于激发战斗-逃跑反应是我们自然能力的组成部分，如同曾经探索过的那样，这样做可能会造成重大的生理、心理和社会层面的不健康后果。因此，如果长期失控，为健康智慧起见，如果想要逆转这种终身的自动化压力反应模式和伴随的沉重负担的话，我们应该觉察到这种内在的倾向，注意到它是如何轻易地被激发的，很快可以看到，当你感觉受到威胁时，第一个冲动是逃离或者采取其他逃避行为、僵直或开始攻击、开始准备战斗，在那些时刻，觉察是学习如何从当下的自动压力反应中获得自由的关键因素。这些冲动不是良好的基本态度和关联的方式，早上去工作时带着它们或者在一整天精疲力竭的工作之后带回家。它们对他人不那么健康，显然也不符合你的最佳利益。

此刻，也许通过这样提问会有所帮助："数不清有多少次，在内部压力大得足以很快引发全面的战斗-逃跑反应的情况下，我们通常会怎样做？这建立于我们内在的反应，尽管知道战斗（或类似行为）和／或逃离（或类似行为）不是最佳选择，因为两者都不为社会所接纳，并且，也解决不了问题。"我们仍会感到威胁、伤害、恐惧、愤怒、怨恨。我们依然分泌压力激素和神经递质做好战斗和逃跑准备，血压上升、心脏加速、肌肉紧绷、胃部翻腾。

通常我们尽力压制这些感受作为在社会情境中处理压力反应的最佳措施，对其筑起高墙。假装自己没有被激起。我们掩饰，在他人面前隐藏自己的情感，甚至有时对自己也隐藏。为了这样做，把这种激发藏到唯一能想到的地方：在内心深处。将它内化。尽其可能地抑制压力反应的外显信号（其实任何一个善于观察的人都能看到或感受到），并准备时常背负着，在内心深处，压抑自己的情绪，避免应对它们也回避实际的情形。你可以感觉得到这是多么有害，尤其当它成了你的默认模式来度日。

关于战斗和逃离好的一面则是，至少两者都是耗费精力的，因此最终，在压力情形过去之后，你会休息。你的副交感神经途径开始接管。血压和心率回归基线水平，血流量得以重新调节，肌肉放松，思维和情绪趋于平静，你开始转向整体的康复和恢复过程，回到你正常的生理学、染色体和基因家族调定的开关水平⊖。当你内化压力反应时，你却并没有通过战斗或逃跑来解决问题。我们没有如热带草原上的羚羊那般，既没有达到巅峰也没有得到身体的释放和之后的恢复。相反，一路带着警觉藏于心内，以压力激素的形式，并且以焦虑不安的想法和情绪的形式，对身体造成破坏作用。这不是大脑的错误，也不是身体的。高度压力和强烈的杏仁核活跃直接抑制了前额叶的活动，所以执行功能关闭，致使无法在极其需要的时候清晰地思考和根据情商做出决策。如果在当下的每一刻面临压力情形呈现时以及无意识和习惯性的反应时都带入觉察，

⊖ See for example: Bhasin MK, Dusek JA, Chang, BH, et al. Relaxation response induces temporal transcriptome changes in energy metabolism, insulin secretion and inflammatory pathways. PloS ONE 8(5): e62817; May, 2013. doi10.1371/journal.pone. 0062817

你的有机体就会具足相当相当多的总体能力。前额叶会重归平和，其活动得以加强，这是抗挫力的另一标志。

我们在生活中的每一天都有可能遇到很多不同的情形，它们在某种程度上会消耗我们的资源。如果每一次我们陷入微型的全然灾难的自动（或者不那么微型）的战斗－逃跑反应，而且如果多数时候都抑制其向外表达，只是背负起它所蕴含的能量，当一天结束时，我们都会极其的紧张。如果这种模式成为生活的常态，而且没有健康地释放内在紧张的方式，历经数周，数月和数年，将更有可能陷于慢性高度唤起状态的泥潭中，无法自拔，在这种情况下，无法得到片刻喘息，甚至会把此当作"正常"。我们把随身携带的巨大的非稳态负荷常态化了，甚至在很多情况下并不自知。当然也没有任何系统和可信的可用于实践和有技术含量的解决之法，我们在此时可资应用以恢复到无压力的基础状态。这真是加剧了对身心的无谓损耗。

不断激增的证据证明交感神经系统的慢性激活可导致长期的生理失调，产生一系列问题，诸如血压升高、心律失常、消化功能紊乱（通常由于炎症进程）、慢性头痛、背痛、睡眠障碍，也会导致心理痛苦诸如慢性焦虑、抑郁或两者皆备。这一水平的损害一旦发生，我们称之为非稳态超负荷。当然，任何这类问题一旦发生本身又导致更大的压力。它们都成为额外的压力源，反作用于我们，使问题复杂化。在图 19-1 中显示箭头从这些慢性高度唤起的症状返指向人体。

在减压门诊，每天都可见到以这种方式生活而带来的后果。人们在受够了，极度绝望之后来到这里，最终决定以一种更好的方式生活和更为恰当的方式应对面临的问题。如今，也许因为他们阅读了一些关于正念的文章和报纸上关于冥想的科学研究报道，或者因为看到电视上或 YouTube 上的某些关于正念的视频。在第一堂课中，我们有时会邀请人们描述在完全放松时他们是什么样子的。很多人说"记不得了，很长时间没有那样了。"或者说，"我不认为我曾经感到放松过。"他们立即识别出图 19-1 中概述的高唤起症状群，很多人说，"那就是说的我！"

我们都会用不同的应对策略让自己在生活的压力下保持平稳以及处理压力。许多人非常棒地应对极其艰难的个人情况，并且发展了自己的应对策略。他们知道何时要停下来，暂时停下工作；定期运动，冥想或练习瑜伽，他们祈祷；与密友分享感受、业余爱好或其他兴趣，让思维暂离烦恼；提醒自己从不同的角度看问题，不会失去视角。这么做的人往往是压力耐受者。

但许多人处理压力的方式实际上是自我破坏的，结果在几乎每一个方面都让事情变得更糟。这些控制的尝试在图 19-1 中标记为"适应不良的应对"，因为尽管可能有助于忍受压力，在短期内有些控制感，从长远来看，最终使压力体验复杂化。不良适应意味着这些反应是不健康的。它们导致更大的压力，只能加剧困难和痛苦。

一种非常普遍的不良适应策略就是否认存在任何问题。"我是谁啊，紧张？我才不紧张呢"，否认者一边这么说，一边身体语言和面部表情都散发出累积的肌肉紧张和未解决的情绪。有些人，需长时间才能接近承认自己携带沉重的盔甲，或者才能感觉到内心的受伤和愤怒。如果不承认它的存在，那就很难释放紧张。如果你的否认模式遭到他人挑战，你会不情愿地审视自己生活的某些领域，强烈的情绪会以不同的方式呈现，包括愤怒和怨恨。这些都是确切的迹象，表明你实际上在抗拒检视更深层次的自己。因此，如果你真心想要找到一种关于生活和世界存在的新的方式，这些抗拒确实值得关注。它们可以成为你的朋友和同盟，如果你转向它们，为它们腾出空间，欢迎它们进入觉知，带着善意和自我慈悲。你可以试验带着关注（参与更佳）有意识地友善地对待它们。其实也没你想象的那么难。

同时，需要铭记在心的是，否认也不总是适应不良。有时可以作为一种有效的短期策略来处理不太重要的问题，直至你再也否认不了，不得不关注它们及其后果，并发现更为有效的应对方式。令人悲哀伤心的是，有的时候，在面临一个难以置信的伤害情形时，否认是某些人仅有或相信自己拥有的资源，例如某些儿童在遭受性虐待时，如果泄露出去会受到死亡威胁或其他可怕的后果。我们看到一些患者在孩童时期有过这样的经历，那时他们别无选择，特别是摧残他们的人是其父母或是别的他们应该爱的人，而经常是这些人带来伤害。玛丽的情况即是如此，当她还是一个小女孩时的创伤经历我们在第 5 章有过讨论。否认使她得以在疯狂的世界里保持精神正常。但或早或晚，否认不再起作用，仍然不得不另觅他径。最终，即便否认是在当时可以做出的最佳选择，还是需要为此付出沉重的代价。这也是为何创伤取向的疗法非常有帮助，基于正念的方法也有其特殊价值。越来越多对动物和人的研究表明，早期压力和创伤经历使一个人在日后生活中，遭遇高压情形时会更加脆弱。在低压力情形下，一个人当然没事并且非常健康。但是在高压情形下，所有人都可能崩溃，除非——我们这里谈论的是人而非动物，他们能够培育心-身策略，诸如正念，去有意识地调节情绪、想法和身体状态。

除否认压力存在并假装一切都好之外，还有许多不健康的方式被尝试用于控制或调节日常生活中的压力。之所以认为这些是不健康的，大致由于这些方式避免认识、面对和处理真正的问题。工作狂是一个典型的例子。假如在家庭生活中感到压力或不满足，那么，最为有利的借口就是工作很忙，这样可以不用待在家里。假如同时还能在工作中感到愉悦，并从同事那得到积极的反馈，如果你在工作中有掌控感，假如你有能力和地位，并且能够感到富有成效和创新，那全身心地投入工作就理所当然了。这会令人陶醉和上瘾，就像喝酒一样。这也是能够为社会所接受的不在家的托词，因为需要完成的工作总比能做完的工作多得多。有的人把自己掩埋在自己的工作中，绝大多数是无意识的，带着对世界最美好的愿望，而在内心最深处却是不愿面对生活的其他方面以及维护健康平衡的需求。在阿莉·霍赫希尔德的书《时间困扰工作家庭一锅粥》

(*The Time Bind: When Work Becomes Home and Home Becomes Work*)中对此种适应不良的模式也做了强有力的说明。

用忙碌填充时间是另一种自我毁灭的回避行为。不去面对问题，而是疯狂地东跑西颠做好事，直到生活充满承诺和义务，实在无法留出空闲给自己。看似忙忙碌碌，其实你并不知道自己在做些什么。这种过度活跃有时就是为了在感到生命正在流逝的瞬间，获得一种掌控感和生活更深的意义。这样做实际上适得其反，因为错失了休息、反思和以"无为"来解决问题的机会。

在感到压力或不适时，我们也喜欢向外寻找快速修复的方法。一个时下流行的应对压力方式就是在我们遇到不喜欢的感受时，用化学物质改变身心状态，或者为了让这些时刻"更有趣味"。我们使用酒精、尼古丁、咖啡因、糖以及所有类型的非处方药和处方药来应对生活中的压力和痛苦。这样做的冲动通常来自在低潮时有一种强烈的欲望希望有不同的感受。我们时常处于低潮。在我们的文化中，对物质的依赖程度是我们个体的痛苦和渴望获得内心片刻宁静的戏剧性见证。

此种心境低落和低潮的根源也在于已知的抑郁性思维反刍的思维模式。如果对此没有充分的认识和友善的觉察，这种低落可能触发越来越低的恶性循环和非常不精确的思维惯式，导致一些人患抑郁症，特别是经历过在情绪和认知层面未解决和未满足的早年生活事件的人，在这种情况下更有此倾向。第 24 章中所描述的正念认知疗法在这方面进行了大量的临床工作并取得了丰硕成果。

很多人觉得要是早晨没喝一杯咖啡（或者 2～3 杯），简直无法度过这一天，甚至连早晨也过不了。喝咖啡成了一种照顾自己的方式，也是稍事休整的方式，是与他人和自己产生联结的方式。这自有其美妙之处，也有其内在的逻辑，自身的文化渊源，适可而止可以有效地帮助你在面对每天的需求时把握节奏。这种日常仪式可以深化获得片刻暂停的感受。

其他人以类似的方式吸烟。吸烟是非常普遍地,也许是无意识地,被用来度过压力和焦虑的时刻。很多年来,某烟草公司的香烟品牌铺天盖地的广告,宣称其是"暂停以刷新"(the pause that refreshes)。点上烟、深呼吸,用劲抽一口,世界在那一刻停止,感到短暂的和平、满足、放松,然后继续……直到下一个充满压力的时刻到来。酒精是另一个广泛用以处理压力和情绪痛苦的化学手段。一个能让你在问题重压下得以感到肌肉松弛和短暂逃离的附加元素。喝过几杯之后,内心感觉生活看起来更能忍受。很多人在酒后都会感到乐观、易于交往、自信和充满希望。和你同饮的人也看似可以在情绪和社交层面安抚你,这更加让人以为喝酒是件可控而且正常不过和有益的事情。当然,适可而止以及在非习惯性地自我毁灭的场合下饮酒,看似正确。

食物同样可以用来应对压力和情绪上的不适,几乎胜过良药。许多人一旦感到焦虑或抑郁就赶紧吃点什么。食物成了一种度过不安时刻和之后获得奖赏的支撑。如果感到内在空虚,那么用东西来填充是再自然不过的了,吃东西最易做到。至少这是直接填充自己的方式。但事实上这并不能让你长时间感觉好些,这也无法阻止我们或多或少地这么做。用食物获得安慰可能上瘾。已经从生化角度证实进食可以刺激大脑的奖励中枢分泌阿片(opioids),向下阻止触发压力反应的下丘脑-垂体通路。这让人感到轻松、舒适、良好。猜猜会怎样?那些让人感到可以降低压力的食品正是那些含糖量和脂肪含量非常高的食品。这些在我们感到低落或压力时通常最具吸引力的食品被称为安慰食品。一旦成瘾,则陷入很难打破的恶性循环:吃东西以暂时减少压力的不适感,然后吃得更多以消除迅速重现的不适,即使知道这种模式也无济于事。除非是出于某种策略或者有坚定的决心,不然将不得不长期忍耐。更多关于这一主题将在食物压力一章中详细讨论。

人们还习惯于用药物来调节心理健康水平。止痛药(如麻醉剂维柯丁)和镇静剂是美国使用最为广泛的处方药物,同时也是最被广泛滥用的药物。在英国，医生处方用镇静剂也是泛滥成灾，人们经常遭受令人极度虚弱的副作用和发展成药物成瘾，戒断变得非常困难。镇静剂（如安定和阿普唑仑）是女性最常用的药物，与男性相比，服用时间更长。这里的信息是，如果有些不适感、有睡眠问题、有些焦虑、总是朝孩子大吼大叫、对工作和家庭中常有的小事过度反应，只要吞一粒药片来缓解，就能回到自我，就能让事情得以控制。这种态度趋向使用处方药作为调节焦虑反应、抑郁和压力症状的首要防线，在医学界甚为流行。药物方便并且有效，至少一段时间内如此。为何不能使用它们呢？为何不给他们一个方便并且有效的方式来获得更多的掌控感呢？

首先，在医学界这个观点的绝大部分没有遭到任何质疑。日常的医学工作心照不宣地照此执行。医生们整日被医学期刊的药物广告狂轰滥炸，药品推销员拜访后总会留下最新药物的免费样品，给患者试用，同时还赠送些笔记本、咖啡杯、日历和钢笔，上面都印有药物的名称。制药公司确保医学在高度可视化药物信息的海洋中实践。

药物本身没有错。事实上，我们都知道药物治疗在医学中发挥着极其重要的作用。但由于气势汹汹的广告和销售策略所制造的氛围，对从业者的潜意识有着强烈的影响，引导他们首先和首要考虑使用哪种药物，而不是考虑是否应该开任何药物作为解决特定问题的首要方法，尤其是对其情况和疾病有主要作用的生活方式因素在内时，或者问题或困扰的症状已经证明非药物手段可以有积极的作用或者可明显改善时，如关于疼痛和焦虑的正念练习。（参见第四部分，特别是第 25 章中克莱尔的故事）。

当然，关于药物使用的这些态度渗入了整个社会，不仅仅是医学界。我们的文化是个嗑药的文化。患者经常带着期望来看医生，那样就能得到"给点什么"用来帮助他们。如果没有带着处方离开，会认为医生没有在认真帮助他们。而非处方药如止痛药、抗感冒症状药和增加或减慢结肠蠕动的药物构成了这个国家数十亿美元的产业。我们被淹没在这样的信息中，如果身心的感觉不是我们所喜欢的，只需要吃上些什么东西便可搞定一切。

谁会反对这么做？如果吃一片阿司匹林或泰诺就可以缓解，谁还愿意忍耐头痛的不适？事实是很多时候我们吃药仅仅只是抑制了症状，却常常忽略了失调本身。我们用药去回避觉察头痛和感冒，或有问题的胃肠道，而不探讨是否存在更深层次的模式以及当前的症状和不适所蕴含的意义，而这些可能更值得关注。这并不意味着建议你不要服用阿司匹林和泰诺。但的确可以去觉察快速修复的冲动（以及你压制症状的强烈渴望），至少在服药前可以试试带着自我慈悲和不评判的觉知去体验你所能够体验到的，哪怕时间短暂，看看究竟发生了什么。

鉴于药品在社会中占主导地位的态度，对非法药品在美国泛滥成灾就不必大惊小怪了。非法药品消费者的推动力与此持相同的心态：即如果事情的原本状态是你不喜欢的，那就让什么东西来让你达到一个更好的状态。当人们感到被主流社会制度和规范所疏离和排斥时，他们愿意探讨采用能够得到的最为便利和立竿见影的手段来化解这种疏离的感觉。药物既方便又能立竿见影。目前，非法药物的使用发生在社会各个阶层，在青少年中开始蔓延药物和酒精滥用。根据一项2010年的全国药物使用和健康的调查，超过2200万年龄在12岁和以上的美国人（接近人口的9%）使用非法药物。

许多人想方设法使用化学物品，合法或非法的，以获得掌控感、内心的平静和放松，而这种内在的良好感觉可能是适应不良应对尝试的潜在事例，特别是未经检验或可能导致不健康的依赖。当它们在不知不觉中滑入习惯性的境地，成为唯一或主要的控制手段时，它们尤其不健康。之所以适应不良，因为从长远来看会加剧压力，尽管在短期内它们可能减轻些压力。它们很快就会成为有效、如实适应生活中的压力源和世界的阻碍。作为一种规律，从长远来看，这并不能使我们更健康和更快乐，因为它们不能帮助我们优化自身的自我效能、自我调节、情绪平衡的能力，也无法培育深层的生理学能力以维持体内平衡以及内稳态。

事实上，这最终累积和加剧了我们面临的压力。在图 19-1 中，通过箭头从物质依赖指向人体。依赖化学物质容易引致安适的错觉、认知扭曲并给看清事实的能力蒙上阴影，因此破坏了我们寻找更加健康的生活方式的动力。这种方式让我们无法得以成长和疗愈，至少直到我们意识到还有其他选项之前。

用于缓解压力的物质本身对身体而言亦是压力源。尼古丁和香烟中的其他化学物质与心脏病、癌症和肺疾病有关；酒精在肝脏、心脏和脑部的疾病中起着重要作用；可卡因会导致心律失常和心源性猝死。所有这些都会导致心理成瘾；尼古丁、酒精和可卡因同时也会导致生理性成瘾。

个体可以在恶性循环中生活许多年，先是感到压力以及对压力做出反应，然后不良适应的尝试以保持身体和精神受控，继而感受更大的压力，接着更为不良的应对措施，如图 19-1 所示。过度工作、饮食过量、高反应性和物质依赖可以保持很长时间。如果你选择去观察，很显然事情在变得越来越糟，而不是变得更好。身体或许会告诉你一二，如果你愿意聆听的话。在这种情况下，与你亲近的人也许或尝试帮助你看到这些，并寻求专业帮助。一旦你的习惯成为一种生活方式，则很容易轻视他人给你的建议，甚至否认你的身体或心灵尝试告诉你的一切。你的习惯提供的一些舒适和安全让你舍不得放弃，即使这些正在扼杀你。最终，所有的不良适应方式都有成瘾性，我们需要在生理上和心理上为此付出巨大的代价。从根本上讲，这让我们一直处于失调状态，阻止我们进入生活中潜在的丰满和爱，并从无法言说的妄想和痛苦中获得自由。

正如图 19-1 所指出，迟早由于累积的压力反应作用，被有欠缺的和本质上有害的应对方式复杂化，不可避免地导致一种或多种形式的崩溃。多数情况下会很快发生，因为维持体内平衡的内部资源在屈服和崩溃之前仅能背负这么多的超负荷和滥用。新兴领域表观遗传学的研究对此非常清楚。在基因和环境的相互作用下，环境因素包括生活方式的选择，行为模式，如何习惯性的思考以及思考什么是否践行正念和其他形式的正念冥想，基因组受到调节，我们对不同疾病的易感性或多或少也会发生改变。

面对慢性压力反应和通常不是很有帮助的应对尝试时，如何与我们的身心和世界建立智慧的关系。当我们没有通过所做的选择来优化表观遗传学选项，促进和培养我们的整体健康和福祉，这些选择是关乎在面对慢性压力反应和常常不是很有助益的应对的尝试时，如何与我们自己的身心以及这个世界建立智慧的关系，这首先将会在很大程度上取决于我们的基因，我们的环境以及我们安顿生活方式的细节。最薄弱的环节首先会出现问题。如果有很明显的家族心脏病史，则可能遭受心脏病发作，特别如果在有其他增加心脏病风险，如吸烟、高脂饮食、高血压、对他人愤世嫉俗和充满敌意的行为作为你生命的主要特征时，则更是如此。

或者，也可能表现为免疫功能失调，引发某种癌症，或者更有可能的是一种自身免疫状况。基因、曾经暴露于致癌物质之下、日常饮食以及你与情绪关系之间的相互作用，这些或多或少地让这一通路成为可能。压力引起的免疫功能降低也可导致对感染性疾病更加敏感。

任何器官系统最终都可能成为导致疾病的薄弱环节。其中有的人是皮肤，有的人是肺部，而其他一些人可能是脑血管系统引起的中风，有的则可能是消化道或者肾脏。一部分人的状况可能是损伤性的，如颈部或者腰部的椎间盘突出，可因不健康的生活方式导致加重。有的可能承载不必要的体重，在不恰当的地方有多余的脂肪从而成为身体的负担，特别是腹部。

无论危机是什么具体形式，适应不良的应对压力尝试最终都将以各式各样的崩溃为结局。如果崩溃不是以死亡为结果，那么接下来它又成为一个重要的压力源，这时你不得不再次面对，应对这个比所有其他生活中已经存在的压力源更为突出的压力源。图 19-1 中，崩溃本身变成了压力源之一，多一个箭头返指人体，需要更大程度的适应。

＊ ＊ ＊ ＊

还有另外的压力反应途径，没有在图 19-1 中描述，在面对不可避免的持续长时间的压力面前，这种途径变得极为重要。譬如，照顾年迈的父母，他们生病或者患有阿尔兹海默症，或者照顾一个有残疾的孩子。这里日常生活的所有压力源可能会加剧另外一整套潜在的压倒性压力源，这与在特定情况下长期的需求有关。如果没有发展出面对这种情况时适当的短期或长期适应策略，在持续的高度唤起状态下，重复地对没有意义的压力源做出反应，日常生活的压力可累积到顶点，则会造成高度紧张、激惹和愤怒。持续的高度唤起和没有最终得到控制的基础压力源，累积到顶点，无助感和绝望感则开始占据主导地位。这时不仅仅是高度警觉，慢性抑郁乘虚而入，引发不同谱系的激素和免疫系统改变，随着时间推移，也会损害健康，导致崩溃。对照顾有慢性健康问题孩子的母亲的研究清楚地证实了这一点。患儿母亲白细胞的端粒降解率和氧化损伤明显高于健康儿童的母亲。但奇妙的是，这仅限于那些感知压力水平比较高的母亲。也就是说，那些能够把压力看成生活中可预期的一部分，并能有效管理，因此没有报告高水平感知压力的妈妈们，没有表现出端粒的缩短率增高和氧化损伤[⊖]。

压力反应途径的崩溃不一定首先见于身体。太多的压力和不够有效的应对可导致情感和认知资源耗竭，可能会经历所谓的精神崩溃，一种

⊖ Epel ES, Blackburn EH, Lin J, Dhabhar FS, et al. Accelerated telomere shortening in response to life stress. PNAS. 2004;101:17312– 17315.

完全无法持续进行日常生活的感觉。这种情况可能需要住院和药物治疗。今天，更为时尚的名称为"倦怠"，用以描述类似情形或者整体的心理上的精疲力竭，伴随着缺乏动力和缺少对生活细节的热情，曾经的乐趣不再，各种思维过程和情感生活陷于严重失调。

体验倦怠的人感觉脱离了工作、家庭和朋友；一切都没有任何意义。深深的抑郁降临，可能会导致各种有效的功能丧失殆尽。喜悦和热情消失了。如同身体崩溃的情况一样，心理崩溃一旦发生，便成为此刻不得不面对的又一个重大的压力源，尽管方式有所不同。

压力源触发某种压力反应的循环，常常伴有压力反应的内化，导致不足或者适应不良的尝试，以保持事情可控，进而产生更多压力源，更多压力反应，最终导致健康崩溃，也许甚至导致死亡，这是很多人的生活模式。一旦陷入此种恶性循环，看起来生活只能如此，别无选择。你可能会认为这不过是衰老的一部分，是健康的自然衰退，是能量或热情或掌控感的正常丧失。

但被卡在压力反应循环既非正常也非不可避免。我们已经看到，我们有众多选择和资源来面对各种问题，远不止我们想象的那么一点——创造性的选择、富有想象力的选择、健康的选择。在陷入任何自我毁灭的模式中健康的选择，即是对压力反应的终止，成为对压力回应的开端。有很多方式可以这么做，不是只有一种方式。这就是日常生活中的正念之道。

··· Chapter 20 ···

第 20 章

用回应替代对压力反应

由此，我们被带回到正念最为关键的重要性上，从一辈子的压力反应中获得自由首要的一步即是当事情发生的时候能够觉知实际上发生了什么。本章我们将探询如何做到这一点。

再考虑一下上一章中图 19-1 中那个人所面临的情境。有如我们所见，任何时刻此人都有可能遭遇内在和外部压力源的复合作用，触发情感和行为的连锁反应，我们称之为习惯性和自动化的压力反应。图 20-1 展示了与图 19-1 相同的压力反应环，但增加了一个可供选择的途径，我们称之为正念介导的压力回应，以此区别于自动压力反应。我们可以这样认识正念介导的压力回应（有时候也简称为压力回应），作为一种总体上比无意识的压力反应更为健康的选项。压力回应总体上表现出我们认为的适应性的或者健康的应对策略，与适应不良的应对尝试所对应。

每临压力情境你无须沿着战斗 - 逃跑反应的路径，也无须走无助、压倒性和抑郁的路径。随着训练、践行，带着意图，每当机会来临的时刻，你都可以尝试选择不再以旧的方式去反应。此时正念正当其时。在你

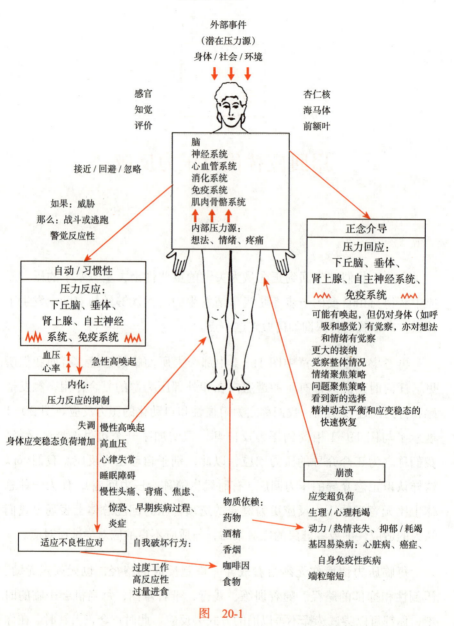

图 20-1

极有可能自动反应，投身到高度唤起和适应不良尝试以在一定程度上把控事态的瞬间，那份此时此刻的、非评判的觉知让你得以投入并影响事件的流程，以及你与它的关系。

从定义上讲，压力反应是自动且无意识发生的。即便如此，我们也可以看到许许多多不同的、高度演变的、相互影响的、可资利用的认知过程，在觉知的表面和表面之下发挥着作用。尽管如此，一旦你有意识地把觉知带入到压力性情境所发生的事情上面，你事实上已经戏剧性地改变了这一情境，仅仅凭借不再无意识地和自动导航，迅即对适应和创造的可能性敞开了大门。此时，在压力性事件呈现之时，你已然置身于当下。由于你本身是整个情境的有机组成，**仅仅依靠抱持住觉知中所发生的一切，你已经改变了整个情境的基调，即便你还没来得及有任何显而易见的行为，如采取行动甚或是开口说话。**这种内在的转变，去拥抱此时此刻觉知中的任何自然呈现，极其重要，恰恰因为它给了你一系列的选择，可能影响到事情的进程。把觉知带入到这样的时刻只是一刹那的事情，但可对遭遇压力的结局产生极为关键的不同影响。事实上，这是你采取走寻常的图 20-1 中压力反应路线还是在压力回应的路径中航行的决定性因素。

让我们查看一下如何这么做。如果能够做到在压力的时刻保持聚焦于当下，同时觉察到情境的压力性和自身反应的冲动，那你就已经在情境中引入了新的维度。凭借于此，你既无须按习惯性情绪表达模式去自动反应，无论它们是什么，也无须去压抑所有与为了防止失控而增高的唤起的相关想法和感受。在这样的时刻，你实际上可以允许自己感觉到威胁、害怕、愤怒或者受伤，允许自己的身体在此时此刻感受到紧张。保持对当下的意识，你比较易于识别这些烦扰和收缩的本质不过是想法、情绪和感觉。

发生于瞬间从无心反应到正念认知到从内到外正在呈现事实的转变，可以降低压力反应的力度和对你的操控。在这一时刻你拥有了一个真切的选择。你依然可以沿压力反应的途径，但已非不得不这样做。每当被触发时，不再不得不自动地重蹈覆辙。你可以以回应来替代，这源自于对正发生之事的更大的觉知，更宽广的视角、新的选项以及伴随着开阔视角而来的那份开放，就像解答那道九点测试一般。

内在的回应包含了在压力情境下对自己许许多多的要求，如果在任何需要的时候，我们都期待觉知和专注能随时跳出来，或者期待头脑和身体都应该能够在不够平静的时候及时平复下来。但事实是唯有正式的正念练习，训练我们的头脑和身体以这样的方式回应，才能发展和深化这种特别的品质。你或许已经体验过了多次小型的情绪和认知反应，包括例如在身体扫描、坐姿冥想和正念瑜伽练习时的不耐烦。实在地讲，只有通过有规律的训练来发展正念的"肌肉"，我们才可以期冀我们的沉静和觉知能够变得足够强壮和值得信赖，当陷于压力情境时能帮助我们以更加平衡和富有想象力的方式回应。

在正式正念练习中，每当我们体验到不适、疼痛或任何一种强烈情绪时，我们只是去观察它们，允许它们如其所是地存在，而不去反应，我们正念回应的能力就得到发展，如我们已经看到的那样，在每一个当下，练习本身让我们安住于另一种看到和回应的方式，这种方式与内在反应状态不同。这为我们引入了全然不同的方法，去与我们认为不愉悦的、令人厌恶或艰难的东西共处。这提供了一种全新的存在方式，允许自身去更加真切地感受此时此刻正在呈现的一切。从自身的体验中看到了明智的关联性，以及更为恰当和有效的回应，这出自内在的镇定、明晰、接纳以及开放。看到无须与自己的想法和情绪争斗，看到在这个时刻，我们无法也无须迫使事情按自己要求的样子存在，或许永不会这样。

有一件事是确定的：我们知道如果任由其自动发挥，战斗－逃跑反应可能招致的不同结局，就像图 20-1 左侧显示的那样。过去的生活中我们大多走着这条路径。对我们而言当下的挑战是意识到，在任何一个当下时刻，通过有意识地转变我们与自身体验的关系，无论此时此刻它究竟是什么，我们实际上都处在选择不同方式去行动的处境中。

选择回应压力而非压力反应的途径，显然并非意味着在感受到惊吓、害怕或愤怒时从不自动对压力反应，也不是说永不会做些傻事或自我破坏性的事情。而是意味着多数时候当有这样一些感受或冲动时能够及时觉察到。觉知可能有助于缓和你感觉到的唤起强度。这取决于处境和践行的强度。一般而言，觉知可以把所处处境定位在更大的范围内及时减低唤起程度，也可以有助于迅速地从事件中得到恢复。这像在图20-1中所揭示的，在"压力回应"的方框内的细小的波浪线，相对于"压力反应"里粗大的波浪线。这些概括了所有压力激素、自主神经系统的活性和大脑和身体的调节路径，在任何时候都既可以放大也可能降低压力反应的程度。

让我们面对现实——在某些情况下，情绪唤起和躯体张力都是恰当的。虽然有时它们可能无济于事、不恰当甚至具有破坏性。无论在何种情况下，如何处置当下所呈现的任何事情，取决于安住于觉知以及对觉知信赖的能力，不把事情个人化的能力，特别是在有些时候，实际情况是事情并非个人的。

在某些处境下，感到受威胁其实与心理状态和看待自己的方式有关，反而与触发事件本身关系不大。如果带着好奇和开放的态度觉察极端的压力时刻，可以更清晰地发现，产生于早年生活事件的不平衡观点和情绪化的心烦意乱，对你自身不恰当地过度反应有多大影响，这正是超出了实际情境本身所值得的部分。这时可以提醒自己放下自我局限的观点，就在这个时刻，意味着只需顺其自然而不必添油加醋，然后观察会发生什么。可以尝试相信事情会变得更加和谐，如果带着更为宽广的心境和更多的宁静、更多的清醒，最好还有些自我慈悲。为何不为自己尝试一两次这种可能性？你会损失什么？这就是扩大视野的方式。

当你把正念带入压力的时候，你可以看看是否有效地创建出了一个

"暂停"，一个可资利用的额外时间，让你能够更全面地评估事情。有意识地把自己定向于当下时刻，虽具挑战，但你将有机会去缓冲重大压力反应所可能带来的影响。这种缓冲来自于识别身体或精神上的压力反应的早期警示信号，允许它们被感觉到和被拥抱，甚至在你可能控制的程度范围欢迎其出现，并善意地在觉知中抱持住。这反过来在你采取暂停中获得了些额外时间，去选择更为正念，或许更为微妙的情绪回应，让你可以缓冲生理压力反应的全速冲击，让自己在暂停的时刻能够更具创意开放。尽管在时钟上只能持续一秒的几分之一，在意识中，暂停的持续时间看似可以扩展，甚至时间无限，而你可做的选择则有效可行。这利用了我们本已具有却常常忘却的多种智慧。当然对不期而遇和令人厌烦的事情做出回应，需要通过持续践行发展出来的技巧，也要记得在最为有利的时刻这样做。的确，牢记本身就是践行的很大一部分。

当你这样尝试时，会惊奇地发现，过去很多能够按动你按钮的事情不再能勾起你的冲动了。甚至看起来也没那么大的压力了，不是因为你放弃或被打败变得顺从了，而是由于你变得开阔和放松，并能够信任自己。

以这种方式回应是一种赋力的体验。你在维持和深化自身的精神和身体的平衡，保持精力集中，即使在艰难的处境中。

这并非充满浪漫的理想化。它是艰难的工作，我们可能一再失败，尽管有着最好的意图，有时依旧难免重蹈过去反应模式的覆辙。这恰恰是践行的基本部分。在培育正念的过程中，我们认作的失败并非失败。它们是礼物，揭示了极其有用的信息，在一天中，或某个时刻，我们是否对生活中呈现的所有事情，都能够秉持开放的正念态度，并充分利用，让其助益我们。

在日常生活中如何有意地培育正念压力回应？和践行正式冥想训练培育正念的方式一样，在每一个时刻，让自己安住于自己的身体、自己的呼吸和觉知之中。一旦你的按钮被按动，或者感到自己被压倒，感到自己又要战斗或逃跑，即可观照自己紧锁的牙关、紧皱的眉头、紧张的双肩、攥紧的双拳、快要蹦出胸膛的心脏、翻江倒海的胃，关注到所有在那个时刻可以感受到的身体反应。看是否能够觉察到愤怒、害怕、伤痛的情绪在体内升起。定位各种情绪在身体的特殊位置会特别有意义和有用。

在这样的时刻，尽可以告诉自己："就是它！"或者说："这就是压力处境，现在是时候去关注呼吸并让自己集中了。"正念在眼下这个特别时刻，提供了让你恰当回应的舞台。假如你足够迅捷，可以在压力反应完全成形之前逮住它，用更加有想象力和创造性的回应替代它。

需要不断践行才能在压力反应出现的一刻逮住它。但不必担心，如果你像我们的大多数人，你就会有许多的机会践行。只要愿意觉察，所有可能遭遇的处境，都会成为另一个践行正念回应而不是习惯性反应的机会。可以肯定的是，我们并非在所有处境中都能够做出回应。这样要求自己不太现实。可能会因此发现自己总是赶不上趟，因为没在压力反应刚一出现的时刻注意到这些迹象。但要记住在每一个这样的时刻都需要以更大的视角去看，借此你正在学习有关情绪反应的全相，把遇到的压力体验转化为挑战和成长的必经之路[⊖]。这时，所有可能遇到的压力成了风帆所必需的风，可以被你巧妙地利用，推动你到达想要到的目的地。像所有的风一样，你不可能控制所有情况，但也许透过这样的尝试，你更能够与所处情形建立更智慧和创造性的关系，凭借其力量为你工作，让你能够在艰难困苦的条件下乘风破浪，尽可能地减小你所面临处境的危险性和潜在的伤害因素。

也许最好的开端就是呼吸。如果能够做到让注意力关注呼吸，即便

⊖ 回忆一下在引言中引用的 Dan Gilbert 有关幸福的研究："人在面临挑战时盛开而在遭受威胁时枯萎。"这是重要的区别。

是很短的瞬间，也可为更加清晰地面对这一瞬间和接下来的瞬间搭建舞台。有如我们已知的，呼吸本身具有镇静作用，尤其是转为腹式呼吸时。像是一位老朋友，它起锚定的作用，带来稳定，像扎根于岩石上的桥桩，任凭周围的激流汹涌。或者它能提示我们，离波澜起伏的大洋表面10～20米深处有着平静。而且，你走到哪里，呼吸都能如影随形，因此极其方便地被我们召唤，它是培育情绪平衡真正的同盟。

当我们短暂地失去与它们的连接，呼吸极易让我们重建与宁静和专注的关联。如果你一直在践行，毫无疑问，你一定能体验到呼吸在特定的时刻让你专注于身体，包括内脏张力和肌肉紧张。毕竟，呼吸感觉本身也是身体感官的部分，也能把你带回到整体的自身中。安住在呼吸的觉知中，哪怕只有一次呼气和吸气，也可提醒你觉知自己的思想和感情，变得对其有意识，了解它们如何在身体的某一部分表现出某种类型和不同程度的张力和紧张。也许你能观察到它们是如何反应的，也许你会质疑其表达的精确性。

在面临有潜在威胁的压力源时，无论你能够在何种程度上应对它们，如果维持住一定程度的稳定和牢固，并面向它们而不是逃离它们，在那样的时刻，你更可能会觉察处境的完整来龙去脉，无论它是什么。逃跑或战斗的冲动，去争斗或保护自己，或者经历惊恐、惊呆或崩溃，都是整幅画面中可见的部分，伴随着这一时刻可能出现的其他相关因素。以这种方式去感知事物，能让你从一开始就得以保持冷静，并迅速恢复被自己的反应抛离的内在平衡。有一位中层经理，在参加完正念减压课程后（参见第12章），把九点问题挂在办公室墙上显眼的位置，以提醒自己牢记在工作中感到压力时要看事情的全貌。

一旦你能够获得稳定并扎根于冷静，在每个当下时刻保持觉知，就更可能有创意，在过去看似毫无希望的地方看到新的方向和门径。即使是对久已生厌的挑战也更可能发现新的解决方案，也能对新出现的不想要的和艰难的处境有更好的管理方法。你可能更能觉察到自己的情绪，不太会被情绪带走。你可能更容易在困难条件下保持应有的平衡和视野，我们可以称之为淡定。

如果引发压力的初始因素已经过去，在这一刻，你则更易注意到发生的已然发生。事已至此，已成过去。这种感知可以让你获得自由，可以让你把主要精力放在面对新的当下时刻，放在当下最需要你关注的任何问题或挑战上。

如果以这种方式引导和调节注意力，你可以体验到能够更快恢复心理平衡，哪怕在极其有压力的处境中也能做到。随着身体的反应平静下来，身体的平衡（应变稳态）也能快速恢复。在图 20-1 中可以注意到，正念介导的压力回应与自动压力反应途径不同，不会产生更多的压力。这里没有更多箭头返指人体。你回应之后，它就结束了。你则继续前行。下一个时刻带有较少前事遗留的负担，因为在它们出现的时候你就面对正念之肌并处理它们了。而且经此你的正念之肌也得以更加强壮。更为可喜的是，一刻接一刻地，正念地识别和回应压力源，将会让我们在体内累积的张力最小化，精神和身体两方面都是如此，从而减少了寻找方法，以应对伴随内化了的张力的不适感的需求。

有了应对压力的多种可供选择的方式，可以降低对平常不良应对策略的依赖性，过去凭此应对紧张但又常被卡在其中。在全天课程之后，一位复训的毕业生告诉我，她发现最为强烈的想抽根烟的冲动一般持续三秒钟，同时注意到，几次呼吸只需同样时间。所以她想到，她可以尝试觉知呼吸，乘着冲动的波浪，观其起伏，不去抽烟。当我上次再与她聊天时，了解到她已有两年半没有抽烟了。

在一段正式冥想练习后，你对内心的平静和放松更为熟悉了，在需要的时候它变得更加可靠。在感到压力的时候，可以允许自己驾驭着压力的波浪。不再需要关闭或者逃离了。也许会潮起潮落，但会比起以往自动反应会少很多。

每个星期，减压门诊的人们带来各种奇闻轶事，有时倍受鼓舞，有时奇妙无比，人们找到了自己与以往不同的应对压力的方式。菲尔报告说，他用压力回应很好地控制了背疼，能够更加集中精力去参加考试并顺利通过，成了保险销售员。乔伊斯通过持续关注呼吸，在医院等待手术期间，能够很好地应对自己的焦虑情绪，保持冷静。帕特实际上用这个方法保持镇定，很好地处理了警察半夜在邻居众目睽睽之下令她蒙羞这事，岂知这只是由于她的心理师外出度周末，在一次与她的电话对话中误以为她要自杀。詹尼特，那位年轻医生，已能控制住恶心和恐惧，在救命直升机上执行飞行救援任务。在妹妹一如既往地对她充满敌意时，伊丽莎白决定保持沉默，不再回以敌意，让她吃惊的是妹妹开始与她正常交流了，这开启了她们之间持续数年的良好沟通。

道格遭遇了一场车祸但没人受伤。事故不是他的责任。他说要是以前，他会因其他司机毁坏了他的车，给他繁忙的一天很多不便而勃然大怒。而这次他只是对自己说："没人受伤，事情已然发生，我们就从这里开始。"然后，他开始关注呼吸，接着带着不像是他的特征的平静，处理了当时情况下的许多细节。

一天晚上，玛莎开着她丈夫的新面包车去医院参加正念减压课程。出发前丈夫对她说："看在上帝的份上，仔细点对我的新车。"她的确这么做了。到医院的一路上她都小心驾驶，为了保证车在上课期间的安全，她想到要把车停在车库里而不是路边的车位。她把车驶进了车库，却在路上突然听到车顶一声巨响，太迟了！车库入口的门栏把车顶天窗顶门拦腰切断，她忘了关闭了。几秒钟时间，当她意识到自己的所作所为和丈夫随之而来的反应，她几乎惊恐发作。随即她转而一笑，对自己说："车已被损，尽管难以置信，但事已至此。"随后她来到教室，对我们讲了刚发生的事，谈到她很惊讶居然控制了惊恐，已然冷静，看到可笑之处，并能够意识到她丈夫也只能接受已经发生的事实。

基斯报告说，他居然可以在牙医办公室冥想。通常每次看牙医都吓得半死而总是推迟，直到疼痛逼得他不得不再去。他注意到当他专注于呼吸，感到身体在椅子上下沉。结果发现即使当牙医在他牙上钻孔时也能做到，不再精神紧张而是冷静并保持集中。他对此如此见效感到震惊。

在第四部分，我们将详细讨论正念践行的广泛应用。从中可以看到，许多人学会了用正念的力量回应压力，而不是像自动导航（或称非正念地）一样对压力反应，能够以不同的方式看待和处理问题。也许这时候，如果你已自己练习，你已发现自己在以各种不同的方式回应生活中的压力或问题。这当然至关重要。

面对压力时有极强的抗挫力，压力反应减少是规律践行正念者的特征。很多研究证实了这一点。丹尼尔·格尔曼和盖瑞·舒瓦茨早在20世纪70年代在哈佛发现，在观看画面感甚强的工业事故影片时，与非冥想者相比，冥想者更为敏感、有更多情感投入，也能够更快地恢复身体和心理平衡。

最近，奢摩他计划，迄今为止最为可信的密集禅修（禅修长达3个月）效果研究，在加州大学戴维斯分校的克里夫·沙龙的全面指导下进行，结果报告了在随机临床试验中，冥想者与等待对照组的主要心理和生物学指标的差异。这些差异包括冥想者高出30%的抗衰老端粒酶活性，和其他一些心理参数改变，如知觉控制增加和神经质（对压力和困难情绪的脆弱性）降低，这些与增加的正念参数和生活目标相关。在实验结束时，正念增加最多的（以正念自评量表得分表示）冥想者，类固醇激素水平降低最多。一般认为，高端粒酶活性反映了低水平压力反应性，高知觉控制是指在压力回应中更为正念而不是自动地反应。据报道，研究结果很好地表明，强化的冥想修习（这次实验特别聚焦于正念呼吸和其他专注对象，同时培育慈心和悲心）可以带来离开压力反应的重大改变，生物学和心理学两方面指标都有所反映。

在由迪恩·奥尼仕博士和其同事进行的早期研究中，相关工作的细节将在第 31 章中详细讨论，已诊断患有冠心病的人，完成 24 天的强化生活方式改变计划，其中包括低脂、低胆固醇素食，每天践行正念练习和瑜伽，极大地降低了先前很高的血压，对完成系列任务（如在时间压力下进行心算）的反应性，包括心理压力，而对照组成员不改变饮食习惯也不进行任何练习，在重测时则没有显示血压对压力的反应性降低。我们已经知道，在有压力时，血压通常会升高，然而经过如此短时间的此项计划，可以如此显著地改变压力的反应性，这有着非凡的意义。

我们已经看到，人们能够学习带着觉知去回应压力，这并不意味着不再对压力反应，或者再也不会时而被愤怒、忧伤和恐惧压倒。在正念地对内部或外部的压力源回应时，我们并不去尝试压制情绪。相反，我们学习如何与所有的反应共事，无论是情绪还是身体的反应，这样我们可以比较少地受它们的控制，可以更清晰地看清事情的全貌，了解应该做些什么以及如何更加有效地回应。在任何具体的处境中所发生的一切取决于事情的严重性和对你的意义。你不可能预先开发一个计划，能够成为你面对所有压力性处境的万全之策。对压力回应需要一刻接一刻的觉知，在每一刻到来时予以关注。你需要依赖自己的想象，信任自己能够在不同的时刻产生看待和回应压力的新方式的能力。每当遭遇压力，你都能以这种方式绘制新的领地。你会明了你不再想以旧的方式"反应"，但你也许并不知道以新的和不同的方式"回应"究竟意味着什么。每一次机遇都会有所不同。你可选择的方案取决于你所面对的具体情况。但至少当你带着觉知去面对不同处境时，你已具足所有可供支配的资源。你将拥有创新的自由。只要在生活中培育正念，即使在最艰难的处境中，你依旧拥有完全临在的能力。这种能力可以抚慰、拥抱全然的灾难本身。痛苦有时会减轻，有时依旧。但即便在痛苦的漩涡之中，觉知仍能带来某种安慰。我们称之为智慧的安慰和内在的信任，已然圆满的安慰。

IV
肆

应用
全然拥抱苦难

Chapter 21

第 21 章

与症状工作：聆听你的身体

各种各样症状的减轻造就了一个亿万级的工业。哪怕是最轻微的打喷嚏、头疼或胃痛都会让人急急忙忙地奔向药柜或药店，寻找到具有魔力，可以赶走它们的东西。有些可以在柜台上购买到的药物，可以让消化道缓慢下来，另外的则可以让它加快，还有别的可以减轻烧心症或者中和过量的胃酸。凭着医生的一纸处方，你可以得到诸如安定和阿普唑仑等减轻焦虑的药物，还有诸如复方羟考酮片剂可以减轻疼痛。如我们所见，在这个国家，镇静剂是用得最多的处方药。很长一段时间里，减少胃酸分泌的药物，如西咪替丁和善胃得也是常见的处方药。如今它们可以在药柜上购得。这些药物中的大多数，主要用于减轻不舒适症状，在大多数情况下，它们都很管用。但是这些药物的广泛使用所带来的困扰是，由于这些症状可以被暂时缓解，产生这些症状的底下的原因没能得到正视。

即刻寻找缓解症状的药物这样的做法折射出一种普遍的态度，即症状对我们想要的那种生活的一个不方便的、毫无用处的威胁，它们应该在任何可能的时刻被抑制或者消灭。这种态度的问题在于，所谓的症状常常是身体以它的方式在告诉我们有些事情失衡了。它们是对这种或者那种失衡的反馈。如果我们忽略这些信号，或者更为糟糕地，去压抑它们，只可能导致日后更加严重的症状和问题。而且，这样做的人并没有在学习如何去聆听并信任他或她的身体。

在开始我们的课程前，大家填写好一份问卷，里面列着 100 多种常见的躯体和情感症状，他们在课程前一个月里如果觉得是有问题的话，就打个钩。在八周后，他们再同样地做一次。

在过去 30 年教授正念减压课程中，当我们比较这两份症状清单时，观察到一些有趣的事情。首先，进入到课程中的大多数人都有相对高的症状数目。在 100 多个可能的症状中，症状挺多的，平均症状数是 22。当人们离开课程的时候，他们平均打钩的症状是 14 个，或者比开始时的症状减少了 36%。在短时间里症状减少了这么多，特别是人们首先具有这些症状，而且已经有了相当长的时间了。该效果可以得到重复。在过去 30 多年里，我们基本上在每个正念减压课程中都能看到。

你可能会想症状数目的减少是不是关注它们之后的非特异性的效果，因为大家知道，在医疗环境中，当人们接收到几乎任何一种专业性关注的时候，人们都可以暂时性地感到好些。你可能会问，症状的减少是否仅仅因为他们每周都到医院里来，是一个积极的团体环境的一分子，而并非他们在减压课程中所做的特别的事情，如练习冥想。

虽然这是一个可信的推测，但在这里是非常不可能的。减压门诊的参与者一直以来因为他们的问题而接受着健保系统的医学关注。被转诊给我们时，他们的医疗主诉已经平均存在 7 年时间。单单来到一个满是慢性医疗问题人群中，并对症状加以关注本身，带来症状的显著减少是不太可能的。但促进症状改善的一个原因非常有可能是他们被挑战着去做出改变，去为自己做点事情，以增强他们自身的健康。正念减压课程体验的一个层面与大多数采用被动角色或者被迫进入到健保系统中的体验有着极大的不同。如同我们一直在强调的，这是参与性医学的一个例子。

另一个觉得我们在正念减压课程中所看到的症状减少来自于人们确实地在课程中学习到了什么的原因是，哪怕人们已经离开课程，症状减轻依旧得到维持，甚至获得进一步改善。在几个随访研究中，我们从400多人中在不同的时间里，最长的是在完成课程后4年时间里，所获得的信息让我们了解到了这一点。

从这些研究中，我们还知道，超过百分之九十完成课程的人说，在毕业后四年内的时间里，他们坚持着某种形式的冥想练习。大多数人认为减压门诊的培训对他们改善健康状况非常重要。

* * * *

虽然在八周正念减压课程中我们看到症状大幅度的减少，事实上，我们很少在课堂上集中于症状，当我们聚焦症状的时候，也并非试着去减轻它们或者让它们消失。一个原因是因为课堂上的人有着各种不同的医疗问题和生活处境。每个人有着完全不同的、独特的症状群及担忧，同时也遵循特定的治疗计划。一个房间里有20～35个人，所有人都对自身的症状忧心忡忡，并想赶走它们，把焦点放在每个人处境的琐细上只会鼓励自我先占观念及疾病行为。我们的心念即如此，这样的讨论形式非常可能会带来对"问题"的无止境的讨论，而非聚焦于个人转化的可能性上。这种方法除了激发同情和团体支持，诚然这也具有疗愈性，实际的利益却会很少，难以带来观点和行为上的深刻变化。无论这些担忧在别的境况中显得多么重要，正念减压课程选择聚焦于"对"的而非"错"的地方，同时不否认"错"的地方，我们得以越过对错处的琐细的先占卷入，并进入到事情的核心，那就是，人们如何才能开始品味他们自身的完整性，如实地、就在此刻。

与其去把症状当作极大的痛苦来加以讨论，与其去探讨如何将它们赶走，当我们关注这一种或那一种症状的时候，我们需要在症状主宰我们身心的那些时刻与症状的体验本身保持谐调。我们以特定的方式去这样做，可以称作是给予它们智慧的关注。智慧的关注包括把稳定、平静以及正念的明晰带到症状以及我们对它们的自动反应中，而不要把原本非个人化的事件或境遇当作是针对自己的。我们称之为"智慧"，以便把它与我们对问题和危机的那种常见的关注区别开来，这种常见的关注往往是非常自我中心的，被裹挟在我们告诉自己的故事或叙述中，它们可能是完全不准确的，因此无益于我们与不愉悦及不想要的体验产生不同关联。

譬如，当你患有一种严重的慢性疾病的时候，对你身体与从前相比而来的变化，以及将来你可能要面对的新问题，可以预期到你会非常担心，甚至害怕及抑郁。后果是有某种特定的关注加在了你的症状上，但有可能这并非是有助或是疗愈性的关注，很多是焦虑驱使下的自我沉湎和心事重重。更多情况下，那种关注是自动反应性的、评判性及恐惧的。头脑里很少有空间去接纳、去认识与自身处境和挑战相关联的一种更为广大的可能性。这是与智慧关注相反的。

正念是接纳此刻的自己，如实地，无论有无症状，有无疼痛，有无恐惧。与其去把我们的体验当作是不想要的而加以拒绝，我们可以问，"这个症状在诉说什么？它对我此刻的身心有些什么要告诉我的？"我们允许自己，至少在一个瞬间里，直接地走进症状的全然感受中。这需要一定的勇气，特别是当症状有疼痛，慢性疾病或死亡恐惧时。在这里的挑战是，你是否至少能够"把脚趾在水里浸一浸"，稍微尝试一下，譬如10秒钟，只是稍微接近一些，以看得稍微清晰些？我们是否可以象征性地为在此地的一切铺出迎宾毯，仅仅只是因为它已经在这里了，并看一看，或者甚至允许我们自己去感受此刻所有的体验？

当我们实践着去采取这种不同寻常的立场，去面对每个刹那里的体验时，我们有可能觉察到我们对症状或正在体验的处境的感觉。无论它是愤怒还是拒绝、恐惧、绝望、退缩，我们可以尽量冷静地抱持觉知中所涌现的一切。为什么呢？因为它已经在当下此刻了，别无他由。它已经是我们体验的一部分了。为了朝更高层次的健康和安适迈进，我们需得从今天、现在、这个瞬间里我们所在的地方开始，而不是从我们希望中的那里开始。现在、我们所在之处是我们朝更健康迈进的唯一可能，现在是所有更多可能的平台。因而审视我们的症状，我们对它们的感觉，然后如实接纳它们，这是至关重要的。

这样看来，疾病或痛苦的症状，加上你对它们的感觉，可以被视为是来带给你有关身心重要而有用信息的使者。在古代，如果一位国王不喜欢给到他的信息，他有时会杀掉使者。这等同于压制你的症状或情感，因为它们是不被想要的。杀害使者和否认信息或者对它发火，并不是接近疗愈的智慧的方法。有件我们不该做的事情就是去忽视或者隔断根本的联结，这些联结可以完成相关的反馈链，复原自稳态、自我调节和平衡。当我们有症状时，我们真正的挑战在于看看我们是否能听到它们的信息，去真切地聆听，并对它们上心，即让联结完整。

当一个正念减压课程的病人汇报他或她在身体扫描或坐姿冥想中的头疼时，我的回应可能是，"好。现在，你能告诉我们你是如何与它工作的吗？"我在寻找的是，你是否在冥想时觉察到你有头疼，是否借此机会去细察你称为"头疼"的这份体验，在你的生活中，即使你没在冥想，它反正也已经是你生活中的一个问题了。你带着智慧的关注去观察它了吗？你把正念、接纳或者还有一点善意带到感受体验本身了吗？你察看那个时刻的念头了吗？抑或头脑自动地跳入拒绝和评判，或者想着不知怎么地你的冥想失败了，或者你"无法放松"，或冥想"不起作用"，或者你是一个"糟糕的冥想者"，或者什么都不能治愈你的头疼？

任何人都可能有所有这些想法，也可能有很多别的。作为对头疼的"自动"反应，它们可以在不同的时间里出入你的头脑。如对别的反应一般，这里的挑战是去转换你的注意力，以便你能看到它们是**想法**，这样做的时候，欢迎头疼来到当下此刻，因为它反正就在这里了，无论喜欢与否。你能够经由把一份细致的关照带到此刻你身体的感受，来破译这份信息吗？此刻你是否觉察到在意识到头疼之前你是否有某种情感或情绪？你能否辨识出触发了它的事件？在情感上，此刻你感觉如何？你觉得焦虑、抑郁、忧伤、愤怒、失望、受挫或恼火吗？你是否能够与此刻的任何感觉共处？你能够与头疼的感觉、太阳穴部位的冲击感或所有的一切共处吗？你能以智慧的关注来看你的反应吗？你能纯粹如实观照感觉和念头，把它们当作是感觉和念头，如觉知之野中的不带个人色彩的事件吗？当你把自己认同它们，将之当作"我的"情感，"我的"愤怒，"我的"想法，"我的"头疼时，是否能够抓住自己？然后放下那个"我的"并如其所是地接纳当下？

当你探究头疼的时候，会看到想法与情感的集结——自动反应、评判、对感觉的拒绝、想要不同感觉的愿望可能都在你头脑里，除非你跟随这个认同的内在过程，有可能在某个时候你会认识到你不是你的头疼，除非你自己把它当成你的头疼。可能它就只是一个头疼或者它只是你头脑中的一种感觉，并不需要即刻给予一个命名。

我们使用语言的方式透露了很多我们把症状和疾病个人化的自动的方法。譬如，我们说，"我有头疼"或者"我有感冒"或"我有发烧"，而更准确的说法是"身体有头疼"或"感冒"或"发烧"。当我们自动地、无意识地把我们体验到的每个症状与"我"和"我的"联结起来的时候，大脑已经在给我们制造一定量的麻烦了。为了更深入地聆听一个症状的信息，不带有我们对它的夸张反应，当我们这种对症状的强烈的认同发生时，我们得审视它，并有目的地将之放下。经由把头疼或感冒看作是一个过程，我们确认它是动态而非静止的，它不是"我们的"，而更是我们正在体验的一个在展开的过程。随后，我们可能认识到，即使是一点点，我们在告诉自己的叙事，无论它是什么，并非故事的全部，而若被其裹挟,并相信它是有关疼痛的"事物的真相",我们实际上是在限制我们学习和成长的可能,因而也限制了疗愈的可能。

当你以全然正念的力量去探究症状,无论它是肌肉的紧张感,心动过速,呼吸急促,发烧或是疼痛,它给予你更多的机会,去记得尊崇你的身体,并聆听它试图向你传达的信息。当我们经由否认或者经由一种夸大了的、对症状的自我先占观念,而未能尊崇这些信息的时候,我们有时会给自己制造严重的困境。

通常,无论与有意识觉知的联结有多么糟糕,你的身体都会竭力地向你传达它的信息。在某一天的课堂上,一位牧师描述了他的医疗史,他说在练习冥想几个星期之后,他认识到他的身体一直在经由在工作时给他头疼,想要让他放缓他快节奏、高压力的生活方式。但哪怕头疼变得更加糟糕了,他也没有聆听。因而他的身体给了他溃疡,但他依旧没有聆听。最后,它给了他一次轻度的心脏病发作,这令他如此恐惧以至于开始聆听。他说现在他很感恩心脏病发作,并将它当作是一份礼物,因为它可能杀了他,但它没有。它给予了他另一次机会。他觉得这很有可能是他认真对待身体的最后机会,去聆听它的信息,并尊崇于它们。

Chapter 22
第 22 章

与躯体疼痛工作：你的疼痛不是你

下一回，如果你的拇指被榔头砸到或你的胫骨撞在车门上，你可以做一个小小的正念练习。看看你是否能够观察到随之而来的那些感觉的爆发，那些脱口而出的形容词、呻吟以及身体的剧烈运动。这些都在一两秒钟之内发生。在那个时间里，如果你能够足够快地把正念带入到你正感觉到的觉知中，你可能会发现你停止了诅咒或叫喊或呻吟，你的动作也变得不那么剧烈了。当你观察受伤部位的感觉时，留意它们是如何变化的，那些刺痛、抽痛、烧灼痛、割裂痛、撕裂痛、发射性痛、持续性的疼痛及其他很多种感觉可能会一个接着一个迅疾地流经那个部位，彼此混杂在一起，如同被投射到一个屏幕上的多色的光影交错，不管愿不愿意。当你抱持着这个部位或者在上面敷上冰，或把它浸入冷水或将它举过头顶，在空中挥动，或无论你被吸引着去做什么时，坚持跟随感知之流。

做这个小试验时，你可能留意到，如果专注力强的话，你可以感觉到内在的宁静中心，从那里你可以观察整个事件的展开。就好像你超然于正在经历的知觉，好像它不是"你的"疼痛，只是纯粹的疼痛，抑或甚至全然不是疼痛，而是强烈的知觉，难以言表。或者，你在"疼痛"的内里或者在其背后，感觉到一种宁静。或者，你观察到对疼痛的觉知根本不在疼痛中，"这份觉知"变成了一个庇护所，并非逃遁，而是站得更高。如果你没有"觉察到"，那下一次你的身体部位不巧被强烈撞击到的时候，你可以去探索你的觉知和意图与我们通常所谓的"疼痛"处于怎样的关系中。

榔头砸到拇指或者胫骨撞在哪里可以即刻带来强烈的感受。我们用"急性疼痛"这个词来描述突临的疼痛。急性疼痛通常非常强烈，但通常它持续的时间也比较短。它要么自己会消失，如同你撞到身体的某个部位时，或者它让你采取某种行动以让它消失，譬如寻找医疗关注。当意外地伤害到自己的时候，你可以尝试把正念带入到你在那些瞬间里的确切感受，你可能会发现与这些知觉的关系会在你确实感受到的疼痛程度以及你有多受罪上带来很大的不同。它也影响你的情绪和行为。发现哪怕是很强烈的疼痛，除了自动地被它压倒之外，还有一系列的选择，这或多或少是一份启示。

从健康和医学的角度来看，比起急性疼痛，慢性疼痛是一个更难处理的问题。慢性疼痛，是指持续一段时间，而且不容易解除的疼痛。慢性疼痛可以是持续性的或者可以来来去去。它的强度也可以有很大的变化，从剧烈疼痛到钝痛。

药物对急性疼痛的管理远比慢性疼痛好。急性疼痛的原因通常会很快地找到，并处理，导致它的终止。但有时，疼痛持续着，对大多数常用治疗（药物和手术）没有很好的回应。如果它持续超过 6 个月，或者在一段时间里不断地重新回来，那么可以说一个急性起始的疼痛变成了慢性的。在这个章节的余下部分，还有下一章节大多都在讨论慢性疼痛，讨论使用正念来与疼痛为友的特定的方法（那虽然听上去有点奇怪），以及探索与它共处的更加智慧的选择。

这是"应对"疼痛或者学习如何与它同存的真实含义。但我们也将触及实验室里对有意引进的不适所进行的研究中所学到的有关疼痛和苦难的知识。

* * * *

读者需要牢记这样一个事实是很重要的，那就是所有有医疗状况、有这种或那种诊断，被健保照顾者转诊到减压门诊的病人，在被允许参加正念减压训练之前，都接受过全套的医学检查。这是至关重要的，以便排除或确认那些可能需要即刻医疗关照的情况。聆听你的疼痛，包括对获得合适的医疗关注做出明智的决定。正念工作需要与其他缓解疼痛的医学治疗 一并使用。正念减压从来都无意于取代医学治疗。它是被设计来成为它的至关重要的补充的。

就如早先我们看到的那样，压力本身并非坏事，而记得这一点是很重要的。疼痛是你身体最重要的信使之一。如果你感觉不到疼痛，你会去碰触炙热的炉头或散热器，而甚至不知道。或者又譬如你阑尾穿孔，但对内在的事情一应不知。在这些以及相似情况下我们所体验到的急性疼痛告诉我们究竟有些什么事在发生。

它毫不含糊地告诉我们，我们需要加以即刻关注，并采取行动，以纠正处境。它是一个健康的预警反应。在一个处境中，我们很快地从炉头上抽回手，而在另一个处境中我们需要尽快去医院。疼痛确确实实地驱动着我们的行动，因为它是如此强烈。

出生时没有完整疼痛环路的人们会有很艰难的时间，需要去学习基本的安全技能，而这些技能是我们想当然就拥有的。我们在无意识中了解到，经年来的对躯体疼痛的体验教会了我们很多，有关世界，有关我们自己和我们的身体。疼痛是一个非常高效的老师。但如果你想问的话，我的猜测是大多数人都会说疼痛是十恶不赦的。

第 22 章　与躯体疼痛工作：你的疼痛不是你

作为一个社会，我们似乎对疼痛，甚至是有关疼痛或不适的念头怀着一种嗔恨。在感觉到头疼来袭时尽快地去找药，在有一点点肌肉僵硬带来不适时急于改变姿势，都是这个原因。如你所见到的，对疼痛的嗔恨可以成为学习如何与慢性疼痛相处的妨碍。

对疼痛的嗔恨其实是错位了的对苦难的嗔恨。通常，我们不对疼痛和苦难加以区分，但两者之间有着非常重要的差别。疼痛是生命自然体验的一部分。而苦难可以来自躯体或情感的痛苦。它涉及我们的想法、情绪以及我们如何来建构体验的意义。苦难也是全然自然的。事实上，我们常说人类的处境不可避免地被苦难所影响。但记着苦难只是对疼痛体验的一种回应。如果我们担心这意味着我们有肿瘤或其他令人害怕的状况，那么哪怕是轻微的疼痛也会产生很大的苦难。一旦我们确信所有的检查都是阴性的，不是什么严重的征兆，那份同样的疼痛可以被看作什么都不是，轻微的痛或者不方便。所以它并不总是疼痛本身，而是我们看它的方式、对它的反应决定了我们会体验到的苦难的程度。我们所惧怕的是我们的苦难，而非疼痛。

事实上，诺贝尔奖获得者，心理学家丹尼尔·卡尼曼（Daniel Kahneman）和同事设计了一个非常精妙的研究，显示对于疼痛，我们实际上是很糟糕的汇报者。我们汇报有多少疼痛是回顾性的，譬如在大肠镜检查中，并不有赖于疼痛总体的强度或时长，而令人吃惊的是，有赖于在结束时疼痛峰值和水平。实验室环境中引发的疼痛也如此。该观察对我们如何记得过往的疼痛性体验，因此我们将多少苦难归咎于疼痛有着深远的意义。卡尼曼指出，因为体验本身不具有声音，我们如何记得一个事件实在是对它唯一的记录。"体验性自我（如他所称呼的）是那个提问者：'现在还疼吗？'记忆性我（他的术语）是回答者：'整体来说它如何？'"卡尼曼的研究显示我们的记忆往往会产生出叙事来，而叙事被显示是很不可靠的。对于过往经历，我们是高度偏倚、易变的报告者，无论是关乎苦难还是关乎健康或幸福的程度。与其让人们回顾性地去评估一个体验，还不如让他们汇报瞬间的体验，然后把它们相加起来，这会准确得多⊖。

当然，没有人想带着慢性疼痛生活，但它却是非常普遍的。慢性疼痛对社会整体及因之遭罪的人的代价是非常高的。根据医学研究院 2011 年的一份报道，每年，在治疗及生产力的丧失上，慢性疼痛给社会造成 5600 美元和 6350 亿美元的损失。从情感痛苦来说，心理上的损失同样令人惊愕。

缠绵的慢性疼痛完全可以造成残障。疼痛会腐蚀你的生命质量。它可以一点一点地磨损你，让你不安、抑郁、易于自怜、感觉无助和绝望。你可能会觉得你失去了对身体和生产力的掌控，更不用说享受通常赋予生命于愉悦和意义的活动了。

而且，对慢性疼痛的治疗大多时候都仅仅是部分成功。在一个漫长的、通常令人沮丧的疗程结束时（有时还涉及手术和无数的药物治疗），很多人最终被医生或疼痛门诊的员工告知，他们需得去学着与疼痛共处。但大多时候，他们并没有被教会如何去这样做。**被告知你需得与疼痛共处不应该是路的尽头，它应该是开始。**

这是正念减压课程可以在人们的生活以及广义的医疗中所扮演的最重要的角色之一。对于那些从伊拉克和阿富汗回来，带着躯体损伤、冲击性损伤所导致的不同程度的创伤性脑损伤以及创伤后应激的士兵或退伍军人，特别当疼痛是整个情况的一部分时，正念减压可能显得格外重要。

在最好的情况下，虽然它依旧可能是例外而非惯例，慢性疼痛患者会得到一个高度训练过的多学科疼痛门诊员工的持续性的支持。心理测试和咨询被整合进治疗计划中，而该计划可能会包括从手术、神经阻滞、

⊖ Kahneman D. *Thinking Fast and Slow*. New York: Farrar, Straus and Giroux; 2012.

"扳机点"激素注射、静脉内利多卡因点滴、肌肉放松、麻醉剂、理疗和职能治疗,以及,如果幸运的话,针灸和按摩等所有一切。咨询的目标是帮助此人与他的身体工作,去安排他的生活以保持对疼痛一定程度的掌控,保持一份积极、有自我效能感的观点,并帮助这个人在能力范围内,投入到有意义的活动和工作中。

在我们的医院早年,由于预算的原因,由麻醉科运营的疼痛门诊被关闭了,虽然疼痛是医疗病人的核心问题。疼痛门诊把很多病人转介到减压门诊来参加正念减压的训练。谁会被转诊的决定性因素之一是病人尝试为他自己做点事来应对疼痛的那份意愿,尤其当疼痛对单一的医疗治疗没有全面的回应时。总的来说,那些怀着就是想要医生来"搞定它"或"让它消失"的态度的病人,显然不是正念训练的好的候选人。他们不理解在与他们的状况工作当中,他们需要担当责任。也有可能他们会对头脑在疼痛管理中可以起到作用的建议理解为他们的疼痛是想象出来的,它本来就"都在他们的头脑里"。当医生提出对疼痛治疗的身心方法时,人们会认为他或她在意指他们的疼痛不是"真切的",这并不少见。知道自己在疼痛中的人们常常希望对身体做些什么,以让疼痛消失……换句话说,是被修理好、被搞定。

如果在你的工作模式中,身体如同机器的话,这就是自然的。当机器出了故障,你找出问题并"搞定"(修理)它。由于同样的原因,当你有疼痛问题时,你会到"疼痛医生"那里去,期望把错误之处修理好,就如同你的车出了错那样。

但你的身体不是机器。慢性疼痛的一个问题是,造成疼痛的准确原因常常不是很明确。医生,甚至专家,可能都无法肯定地说出为什么有人会体验到疼痛。诊断性的检查,如 X 光、肌电图、CT 扫描、核磁共振扫描,常常并不能显示很多,哪怕那个人可能身处很多的疼痛中。而即使在某个特定的案例中,知道了疼痛的准确原因,外科医生们也极少再去试图切断特定的神经通路以减轻疼痛。这只是对那些持续性、难以忍受的疼痛所尝试的最后一个手段。这种手术曾经得到过比较频繁的实施，但它常常是失败的。这源于一个简单的原因，那就是疼痛信号并不在神经系统里沿着专有的、特定的"疼痛通路"传导。

出于这些原因，有慢性疼痛去寻找医疗关照的人们会觉得他们的身体挺像一个机动车，而医生所该做的就是找出他们处身疼痛中的原因，然后经由切断一根神经或给他们一些有魔力的药片或注射来让疼痛消失，这些人需要猛醒。对慢性疼痛，事情罕有那么简单的。

在新的范式中，疼痛并非仅仅是"身体问题"，它是全系统的问题。来自身体外表及体内的感官冲动经由神经纤维传导到大脑，在这里这些信号被记录下来并被解释为疼痛。这得发生在机体把它们当作是痛苦的之前。但大脑和中枢神经系统有很多很著名的通路及路站（way station），它们可以修改高级认知和情感功能对疼痛的感知。对疼痛的系统论观点为有意地去使用头脑（或心念）来影响疼痛体验打开了很多可能的方法之门。这是在学习如何与疼痛相处时冥想会有如此大的价值的原因。因此，如果医生建议冥想可能会帮到你的疼痛，这并不意味着你的疼痛不是"真的"。它是指你的身心不是分开、独特的存在，因而疼痛永远有着一个情感维度。这意味着，经由动用你心念的内在资源，其中之一是对自己的善意，你永远可以在某种程度上影响你的疼痛体验。

* * * *

近期实验室里有关冥想对之前没有冥想经验的义工身上所引导的疼痛的作用，以及对长年冥想践行者的作用的研究进一步证实并强化了这个观点。疼痛通常由热或冷所导致，在每种情况下，都十分谨慎地确保不会给研究参与者带来伤害或组织受损。总体上，与正念减压中所用的相同或者相似的冥想练习可以对疼痛的报告有着引人注目的效果。目前，很多的研究试图确定疼痛调节产生的大脑机制。在一项由威斯康星大学健康心智研究中心的安东尼·鲁兹（Antoine Lutz）、理查·戴维森及其同事所做的研究显示，长年的冥想者（终生超过1万小时练习）运用一种叫作"开放式监察"的冥想练习（与正念减压中无拣择的觉知相似）与对照组相比，他们对某种特定程度的疼痛刺激的不愉悦度的汇报显示出显著性的减少。不过，长年冥想者对强度的汇报并不比对照组轻[一]。另一个研究则显示这些发现与富有经验的冥想者的"突显网络"（salience network）对脑活动的评估相关。显然，冥想者能够经由待在当下来减少恐惧性、预期性想法，因而显示了对疼痛刺激的反应性的减少[二]。

这些发现强调了一个已经众所周知的事实，那就是疼痛体验有很多不同的维度：感知的、情感的和认知的，而这一切都可以贡献于/作用于伴随着躯体不适感而来的总体的痛苦感。当我们认识到我们自身内在总体"疼痛"体验的这些独特的成分，并能对之加以区分的话，如同我们在正念减压中所学习的那样，这会显著地减轻痛苦体验，如同我们对在上正念减压课程的有慢性疼痛的人们的早期研究中所发现的那样[三]，本章节及下面的章节会对此有详细的描述。

一些针对禅修者的别的研究发现长年践行者显示对不愉悦感和强度的敏感性均减轻，他们的那部分牵涉疼痛体验的特定大脑区域的灰质增厚[四]。

[一] Perlman DM, Salomons TV, Davidson RJ, Lutz A. Diff erential eff ects on pain intensity and unpleasantness of two meditation practices. *Emotion*. 2010;10:65– 71.

[二] Lutz A, McFarlin DR, Perlman DV, Salomons TV, Davidson RJ. Altered anterior insula activation during anticipation and experience of painful stimuli in expert meditators.

[三] Kabat-Zinn J. An outpatient program in behavioral medicine for chronic pain patients based on the practice of mindfulness meditation: Theoretical considerations and preliminary results. *General Hospital Psychiatry*. 1982;4:33– 47; Kabat-Zinn J, Lipworth L, Burney R. The clinical use of mindfulness meditation for the self-regulation of chronic pain. *Journal of Behavioral Medicine*. 1985;8:163– 190. Kabat-Zinn J, Lipworth L, Burney R, Sellers W. Four-year follow-up of a meditation-based program for the self-regulation of chronic pain: Treatment outcomes and compliance. *Clinical Journal of Pain*. 1986;2:159– 173.

[四] Grant JA, Courtemanche J, Duerden EG, Duncan GH, Rainville P. Cortical thickness and pain sensitivity in Zen meditators. *Emotion*. 2010;10:43– 53.

一些实验室研究甚至显示以呼吸为主要关注点的非常简短的正念练习，大致是 4 次 20 分钟的培训课程，可以极大地降低对不愉悦疼痛感（57%）以强度（40%）的评分，并显示出调节疼痛体验的大脑区域的变化[⊖]。

为什么不同的实验室对不同的冥想练习有些不同的研究报道，还有待研究。在科学中通常是这样的，尤其此类领域，实在还是在它的婴儿期。不过，总体上这样的研究彼此证实，并拓展了我们早年的研究发现，现在被其他的小组重复，显示了正念减压训练对有着一系列慢性疼痛状况的病人有着引人注目的、长期的积极作用。

减压门诊对疼痛效果的研究

在进一步探索应用正念与疼痛工作的其他方法之前，我们来回顾一下对在减压门诊里接受正念减压训练的慢性疼痛患者的早期研究所取得的一些结果。这些研究发现，在正念减压课程的八个星期里，经由麦吉尔 - 梅尔扎克（McGill-Melzack）疼痛评分指数量表所得的疼痛平均水平有了极大的降低。这是一个可以被重复得到的发现。年复一年，在每次课堂上，我们都可以在慢性疼痛患者身上看到。

在一项研究中，72% 的慢性疼痛患者在疼痛评分指数上至少降低 33%，61% 的疼痛病人则至少减少了 50%。这意味着大多数带着疼痛而来的人们，在八周里，他们在家里练习冥想，在医院里参加每周一次的课程，他们体验到了临床显著降低的疼痛水平。

除了疼痛之外，我们也看了这些人对负性身体意象有多少变化（他们对不同身体部位的评分认为是有问题的程度）。我们发现，在课程结束

[⊖] Zeidan F, Martucci KT, Kraft RA, Gordon NS, McHaffie JG, Coghill RC. Brain mechanisms supporting modulation of pain by mindfulness meditation. *Journal of Neuroscience*. 2011;31:5540–5548.

时，他们对躯体问题的看法平均降低了30%。这意味着有关身体的负性看法和情感，当疼痛限制了人们可以做什么时，这样的看法和情绪尤其强烈，而这可以在短时间里得到显著的改善。

同时，同样这些人也显示出疼痛对他们参与正常日常生活能力的干扰程度改善了30%，譬如准备食物、开车、睡眠和性。该改善伴随着55%的消极情感状态的降低，积极情感状态的增加，以及改善了焦虑、抑郁和躯体化的倾向，即过度的、对身体感觉的先占观念。课程结束时，该研究中的慢性疼痛患者汇报减少了疼痛药物的服用、更加活跃、总体上感觉更好。

更加鼓舞人心的是，这些改善持续了下来。在随访研究中，检查人们在正念减压培训四年之后他们应对疼痛的情况，我们发现，平均地来看，他们在课程结束时候所获得的，要么得以维持，要么甚至有进一步的改善。

另外，随访研究发现疼痛病人继续保持冥想练习，很多人在很强程度上坚持着练习。93%的病人说他们在某种程度上继续练习某种冥想。几乎每个人都汇报在日常生活中依旧在练习呼吸觉知以及别的非正式练习。一些人当感觉到有需要时，会做正式练习。在三年之后，大约42%的人依旧在做正式练习，每周至少三次，每次至少15分钟，虽然在第四年的时候，这个数字降低到30%。所有这一切，考虑到他们是在早些年学的正念练习，这一切都代表着一份约律和承诺，令人印象深刻。

在以下的研究中，当疼痛病人被要求回应的时候，也被问及去评估他们所接受到的正念减压培训对他们有多重要。在一个 1～10 的评分量表上，44%（在三年时）及67%（在四年时）的评分在 8～10 之间（10分意味着"非常重要"）。在第四年时，超过50%的人的评分是10。在6个月、一年和两年的随访回应也在这个范围之内，6个月和两年，分别有67%和52%的人的评分在 8～10 分之间。

至于他们在诊所里所学对疼痛减少有多大作用，在随访中，43%的人汇报80%～100%疼痛改善是因为所学的正念减压课程。另外25%把50%～80%的疼痛改善归功于他们从正念减压中所学习到的。因而根据他们的报告，冥想训练对疼痛管理有着持续的效果。

在另一个研究中，我们对两组疼痛病人进行了比较。该研究中所有42个病人都在我们医院的疼痛门诊里接受了常规的医疗处理及诸如理疗等支持性治疗。但除了疼痛治疗外，一组21个病人也被转介到减压门诊参加正念减压培训，而另一组则还没有。两组病人都被随访10个星期，冥想者从正念减压课程开始到课程结束；另一组则从疼痛门诊接受治疗开始到10周之后。

从早些的研究所了解到的，我们可以预期冥想者会显示出在疼痛和心理痛苦评分上更大的减少。问题是，冥想者与疼痛门诊里没有参加冥想，但在接受了诸如利多卡因注射等强大的疼痛医疗的病人相比如何呢？

我们发现，在接受疼痛门诊治疗的非冥想者在10个星期里显示没有变化，而冥想者显示了重大的改善。譬如，正念减压小组在麦吉尔-梅尔扎克疼痛评分指数上显示平均有36%的改善，非冥想者则无改善。正念减压小组显示在负性躯体意象（negative body image）上，有37%的改善，而非冥想组有2%的改善。正念减压小组还显示在情绪上有87%的改善，而非冥想者则只有22%的显示；正念减压小组在心理痛苦上显示77%的改善，而非冥想组则只有11%的改善。

尽管这个前期研究并非随机实验，这些结果相当强烈地提示：为你自己做些什么（如同减压门诊里的人们所做的，除了接受疼痛的医疗之外，他们投入于正念减压课堂以及每周布置给他们的各种正念冥想练习），这可以带来很多积极的改变，而这些变化在仅接受医疗时可能不会出现或者出现得不够强大。该发现强调了一个更具参与性的医学的潜在力量。

在这里，病人是全然的合作者和参与者，尝试着去帮助他们朝着更高层次的健康和安适迈进，触及学习、成长、疗愈和转化的内在的深层资源、经由他们自身的系统努力去培育智慧的关注以及与自身身心的更大的亲密与熟悉。

在正念减压课堂上，最有趣的发现之一是，当有着各种疼痛问题的医疗病人投入到规律的正念培育中时，显示出相似的改善。由诸如关节炎、椎间盘突出、交感神经萎缩等一系列问题所导致的腰痛、脖子痛、肩痛、脸痛、头痛、腹痛、胸痛、坐骨神经痛、足痛，都能够应用冥想练习来取得长期、持续的疼痛的重大减轻。这意味着很多不同种的疼痛状况及体验可能受到正念减压课程的积极影响，其中包括，最重要的是朝向、进入到每一时刻里的疼痛体验，带着极大的自我慈悲和善意，并从中学习，而非向它关闭，并试图让它消失，一言以蔽之，去邀请那些即使不愉快、不想要的体验成为你的老师。

用冥想练习来与疼痛工作

有些人难以理解，当他们就是憎恶他们的疼痛，就是想让它消失时，我们为什么要强调他们努力去"进入"疼痛。他们的感受是，"为什么我不该只是去忽视它或让自己分心，而当它太厉害的时候，去咬紧牙关，忍受它呢？"一个原因是，有时候，忽视或者分心不一定有用。在这种时候，除了试图忍受或者依靠药物来缓解之外，拥有一些别的杀手锏会是很有帮助的。几个针对急性疼痛的经典实验室研究发现，当疼痛很强并持续时间很久时，比起分心，转向知觉能够更有效地减轻疼痛体验的程度。事实上，即使分心确实可以减轻疼痛或有时能够帮助你应对疼痛，但将正念带入其中可以带来对你自己和身体在新的层面上的洞察和理解，这是分心或者逃避永远无法做到的。当然，理解和洞察是与你的现状达成共识（或妥协）过程中极其重要的一部分，不仅仅只是去忍受它，还要去真切地学习如何与之共处。我们论及疼痛体验的一种方式是它的感官的、情绪的和认知／概念的维度是可以彼此分开的,这意味着这些维度可以被当作体验的独立的方面被抱持在觉知中。譬如,一旦你看到对知觉的想法并非知觉本身,对疼痛体验的感官维度和认知维度可以独立地改变。我们对不愉快感官体验的情绪反应同样如此。这种可分开的现象可以给予我们更大的自由度,以全然不同的方式安住在觉知中,并抱持这三个维度中涌现出来的任何的以及全部的体验,并极大地减轻体验到的痛苦。

那么,你从哪里开始呢?如果你有慢性疼痛,至此,希望你已经开始实践第一部分所建议的一些冥想练习。在阅读或实践正念减压练习时,你发现自己会从不同的角度考量自己的处境,或有一份去对以前想当然的事情加以注意的欲望,甚至让你自己真心地去对所谓的疼痛现象变得好奇。你可能也已经开始按照第 10 章中的一览表在练习一种或多种正式的指导下的冥想。如果你还没有,现在可做的第一件事情(如果你想承诺把正念减压课程当作你生活的一部分,至少在接下来的八个星期里),是对自己做出一个坚定的承诺,你会在生活中,每一天(或每周至少 6 天)留出一段时间去练习,无论你觉得是否想!以身体扫描开始是最好的。现实地来说,这意味着使用 CD 上的指导冥想录音,或下载身体扫描指导录音,让自己去按照它说的那样去做。再说一遍,每天至少 45 分钟,每周 6 天。这也意味着形成一种练习的意图,仿佛你的生命仰赖于此,无论你在特定的哪一天是否喜欢身体扫描,即使你并不能立刻感觉到你在"到达任何地方"。

第一部分里所有的建议,对需要与疼痛相处的人们以及没有慢性疼痛的人们同样的相关。这包括培育第 2 章中所描述的态度。对把你自己认同为"慢性疼痛病人"的倾向保持觉察。取而代之的,常常地提醒自己你是一个完整的人,正好须得尽量机智地去面对慢性疼痛并与之相处,为了你的生活质量和安康。如果你有着漫长的疼痛史,并因目前的处境和过往的经历而感觉到被淹没和击败，以这种方式来重新构建你的观点将是格外重要的。

当然，比起别的任何人，你更加懂得，疼痛并不会让你免遭他人所拥有的其他种种问题和困难。你也需要面对其他的生活问题。你可以用与疼痛工作的同样的方式去与它们工作。提醒自己，特别是当你觉得沮丧和抑郁的时候，你依旧有能力去感受生活中的快乐和愉悦，这很重要。如果你记得去培育这样一份更加宽广的、对自己的观点，你对冥想的努力将会拥有更为肥沃的土壤，可以令它扎根，并产生出新的方法，去看待你的体验并与之相处，这些体验包括疼痛的存在及其强度。冥想练习也有可能最终以与疼痛无关的、未曾猜想到的方式帮助到你。

如我们在上一章节中对症状的讨论那样，让疼痛消失并不是非常有帮助的即刻目标。有时，疼痛可以全然消失，或它可以缓减，变得更加便于管理。究竟会发生什么有赖于很多不同的情形，只有一些可能是在你的掌控中的，很多则有赖于疼痛的种类。

譬如，比起腰疼，头疼更有可能在短时间里消失，而且不重犯。总的来说，改善腰疼需要在更长一段时间里更多的冥想练习。但无论你有什么疼痛问题，最好有规律地将自己沉浸于冥想练习中。记住甚至去培育在第2章中我们所论及的态度因素，并看看会发生些什么。你每日的冥想练习将是你的疼痛实验室。你的调节或调整疼痛体验及与之发展出更为健康的关系的能力会从身体扫描、坐姿冥想、瑜伽练习中（如果你被建议去做的话）获得增长，会从你每时每刻、日复一日地带入到日常生活的正念中获得增长。

❋ ❋ ❋ ❋

对有慢性疼痛的人们，尤其是静坐或运动有困难的人，在开始时身体扫描是最好的练习。你可以仰躺着，或者以其他方便、舒展的姿势来做。只是去闭上眼睛，转向呼吸，在吸气的时候感觉腹部微微扩张，在呼气时回缩。然后，如第 5 章中所描述的那样，用你的呼吸来把注意力带到左脚的脚趾头。从那里开始，保持了了分明的觉知。当你的心念在身体的一个部位上时，尽力让它持续聚焦在那个部位，去感觉任何及所有的知觉（或者如果你感觉不到什么，则是没有知觉），并且从那个部位吸气和呼气。每次呼气时，你整个身体的肌肉的张力都会释放、放松，看看是否能让你整个身体更多一点地陷入你所躺着的那个表面。当它要离开那个部位、转到下一个部位时，在你思维之眼中，完全地释然，在你转向此旅程的下一个部位时，在止静中安住，至少呼吸几次，然后由你的左腿往上，接着是你的右腿，接着是经由你身体的其他部分。当你的心念散乱时，如何与它工作的基本冥想指导语依旧适用（除非你的疼痛如此大以至于除了疼痛之外，你无法集中于别的任何事情上；本章后续内容描述了如何与这种状况工作）：当你在某个时间留意到心念到了别处，观察它去了哪里，接着温和地把注意力护送回到你正聚焦的身体部位。如果你使用身体扫描的指导语音频，当你意识到自己的心念散乱时，就把注意力重新带回，并重新按照指导语的声音所建议的那样，去集中。

　　慢慢地移动，以这种方式扫描你整个的身体。当你移经一个有问题的特定部位，或许是不适和疼痛感比较强烈的部位，或者过去曾经如此，看看你是否能如同对待身体其他部位那样去聚焦。换句话说，温和地从那个部位吸气和呼气，仔细地观察知觉，允许自己去感觉，并向它们开放，每次呼气的时候，让你整个的身体柔软、放松。基本的邀请是去"安住"在身体的每个部位，带着全然的觉知，并欢迎任何涌现的知觉，再一次，带着对你自己和你的身体的温柔和友善。与此同时，你也可以邀请与身体不相关的任何思想和情绪，去全然地确认、感觉、相遇，而完全不需要在这个当下去修理它，或去解决任何问题或困难。你只是驻扎在有问题的部位，安住于觉知中。之后，当是放下这个部位，继续往下的话（如果你不用引导语练习的话，你自己可以决定那个时刻是在何时），将之全然放下（如果有帮助，请在呼气时，在你的头脑中默念"再见"），看看你在这一刻是否能够安住于止静中。即使痛苦的感觉根本没有改变或变得更加强烈，只需尽可能地移动到下一个部位，用全然地觉知去进驻它。

如果特定部位的痛苦感觉确实发生了某些变化，那么看看你能否准确地看出这个变化的品质。让它们在你的觉知中被充分注意到，并继续身体扫描。

期望疼痛消失是无益的。事实上，根本不期待任何事情是有帮助的。不过你可能会发现，痛苦体验的强度会变化，有时会变得更强或更弱，或者感觉发生了变化，从锐痛到钝痛，或刺痛或烧灼痛或冲击痛。了解到你可能会对疼痛、对身体、对指导语、对冥想本身或其他任何事物有些想法和情绪反应也是有帮助的。只需保持感知和放下，感觉和放下，在每一个时刻里的保持呼吸。

当你在身体扫描中保持聚焦的时候，任何关于痛苦或想法和情绪的事情都应该被非判断地觉察到。在正念减压课程中，我们在数周里每天都会做这个。这可能很无聊，有时甚至很可气。但是没关系，无聊和气愤也可以被看作是想法和感觉，并可以放下。正如我们多次提到过的，特别是身体扫描的练习中确实如此，我们告诉病人，"你不必喜欢，你只需这样去做。"所以，无论你有没有发现身体扫描是非常放松和有趣的，困难和不舒服或可气的，这与它是否能够很好地服务到你无关。正如我们所看到的，这可能是在这个整个过程中开始的最好的地方，善待你的体验，并且如其所是地以身体安住在你的觉知中。几周后，如果你喜欢，你可以用坐姿冥想和瑜伽来与身体扫描切换。但即便如此，不要太快放弃身体扫描。

此外，当你这样练习着，重要的是不要因为"成功"而过分激动，也不要因为缺乏"进步"而过度失望。每一天都会有所不同。事实上，每一刻和每一次呼吸都会有所不同，所以在一两次课程后，既不对练习本身，也不对它于你的价值跳入结论是非常有帮助的。成长和疗愈的工作需要时间。它需要在几个星期的时间里，如果不是几个月和几年，在冥想练习中保持耐心和恒常。如果你有多年的疼痛问题，那么期待由于你已经开始冥想，它会在几天内神奇地消失，这是不合理的。但是，特别是如果你已经尝试过其他一切，仍然有疼痛，你需要规律地练习八周甚至更长时间会令你失去什么呢？比起在一天的45分钟时间里，触及自己的根本（无论在那些时刻，你有什么想法和情绪），以及，以一定程度的善意和自我慈悲（与自怜非常不同），安住在存在中，还有比这更好的事吗？在沮丧的时候，只要看着自己的沮丧的感觉，随它们的意，然后将它们放下，尽可能地继续练习，练习，练习。

当你遇到的疼痛是如此强烈，以至于你不可能将注意力引导到身体的其他任何部位时，放下身体扫描，如果你使用指导语音频，请将它关掉，只是去直接把注意力带到那一时刻的疼痛处，并聚焦在那里。除了我们已经讨论过的那些以外，还有很多应对疼痛的方法。所有这一切的关键是你坚定不移地把你的注意力温和地，微妙地，但是坚定地放在疼痛上，无论看起来有多糟糕。毕竟，这是你现在感觉到的，所以你可以看看，你是否至少可以接受一点点，只因为它就在这里。

在某些时候，当你进入你的疼痛并公然面对它时，看起来好像你被锁在了肉搏战中，或者好像你正在遭受酷刑一样。认识到这些只是想法是有帮助的。它有助于提醒你自己，正念的工作并不意味着你和你的疼痛之间的战斗，除非你把它变成战斗，否则它就不会是。如果你将它变成一场争斗，那只会造成更大的紧张，因此有更多的疼痛。正念涉及一份坚定的努力，在一个瞬间一个瞬间里，观察和接受身体的不适以及激越的情绪。记住，你正在试图了解你的疼痛，从中学习，更好地了解它，熟悉，甚至亲密，而不是去终止它，或摆脱它或逃避它。如果你能采取这样的态度，平静地与你的疼痛相处，以这种方式来看待它，"善待"它哪怕一口甚至半口呼吸，这是向正确方向迈出的一步。从这里开始，你可能会延伸自己的拥抱，保持冷静和开放，同时面对可能两三次呼吸甚至更长时间的疼痛。

在诊所，我们喜欢使用"铺出迎宾垫"来描述我们如何在冥想过程中与疼痛和不适相处。由于疼痛（或者也许我们应该开始将其称为强烈和不想要的感觉）已经在某个特定的时刻存在了，我们尽可能接纳和接受它。我们试图尽量以一种中立的方式与不适体验相关联，不带评判地观察它，细致地感受到它切实的感觉。这包括开放原始的感觉本身，无论它们是什么。我们呼吸着它们，随时与它们在一起，驾驭着呼吸的波浪，感觉的波浪，安住于我们的注意，安住于觉知本身。

我们也可能会做出进一步的探究，问自己一个问题："现在有多糟糕，在这个时刻？"如果你练习这样做，你可能会发现，大多数时候，即使你感到很糟糕，当你进入觉知并问："在这个时刻，它是否可以忍受？可以吗？"很有可能你会发现这是可能的。困难在于，下一刻即将到来，而下一个，你"知道"它们会充满更多的疼痛。

那么解决的方案呢？你可以尝试一个瞬间一个瞬间地来，看看你是否在某一瞬间里百分之百地临在，然后同样对待下一瞬间，如果需要的话，一直持续45分钟的练习阶段，或者一直到强度消退，此时你可以返回身体扫描。你也可能会发现，我们所说的"疼痛"的体验并非一成不变，当我们将感觉抱持在觉知中的时候，它们有时会在每一个瞬间里发生变化。

正如我们已经指出的那样，除了观察赤裸裸的身体感觉之外，你还可以探索疼痛体验的另外两个非常重要的维度。你也可以把觉知带入到任何有关感受的念头或情绪中。一方面，你可能会留意到，你将你所有体验的集结都在头脑里默认为是"疼痛"。这也是一个想法，只是一个名字。这不是体验本身。如果你以这种方式标注感觉，请留意。也许没有必要把它们称为"疼痛"，也许这个称呼甚至可以使它们看起来更强大。为什么不自己看看是否如此？那么也许你会以一种更加开放、好奇的方式来接触他们，非常轻柔地触碰，就像你去接触一只在丛林的一棵树桩上晒太阳的害羞的动物。

当你开始以这种方式看你的体验时，你可能会发现，还有各种各样的其他的想法和情绪，磨合着、出现和消失着、评论着、反应着、判断着、灾难化着、感到郁闷或焦虑、渴望解脱。诸如"这会杀了我""我再也不能忍受了""这会持续多久""我的一生都被毁了""我没有希望"，还有"我永远不会从这份疼痛中好了"，可能会一次又一次地出现在你脑海里。你可能会发现这样的想法不断地来来去去。它们中的很多都以恐惧为基础，是对未来可能有多糟糕的预见性思考。注意到这些都不是疼痛本身会是很好的。

你练习时对此有觉察吗？这是一个关键的认识：这些想法不仅不是疼痛本身，也不是你！它们也并非特别真实或准确。它们只是你自己头脑中的可以理解的反应，当它没有准备好接受疼痛，并希望事情与原本的模样不同时，换句话说就是无疼痛。当你将体验当作单纯的感觉来看到和感受，你可能会明白，在那个时刻关于感觉的这些想法对你来说是无用的，它们实际上可以让事情变得不必要的更为糟糕。然后，把它们放下，你们可能会记得，这意味着让它们按照自己的原样，只是因为它们已经在这里了，你去接受。为什么不接受它们呢？

然而，你不能放心地放下，去接受感觉，直到你意识到，是你的想法在将感觉标记为"坏"的。是你的想法不想接受它们，现在或永远，因为它不喜欢它们，希望它们离开。但是请注意，现在并非你不想接受感觉，只是你的想法不想，而你已经知道了，因为你已经亲眼看见了自己的想法不是你。

这种视角的转变是否为你显示出面对痛苦的另一种选择？当你有很

多疼痛的时候，作为一个小实验，尝试把这些想法放在一边如何？面对事情并非如你所愿的无可争辩的证据时，放下你心中想让事情如你所愿的那部分又如何？接受事情在此刻如其所是，即使你讨厌它们，即使你讨厌疼痛如何？有意从仇恨、愤怒和灾难性面前退后一步，不去评判事情，而只是去接受它们，这意味着，记着，只是随它们去，又如何？在与强烈感觉的关系中，这是一个非常勇敢的立场。这与被动退缩或放弃无关。

也可能在某个时刻你猛然醒悟，特别当内在的动荡中有片刻平静的时候，你对感觉、想法和情绪的觉知与感觉、想法和情绪本身不同，你那个觉知的部分本身并不是痛苦，那份觉知也一点都不会受到这些想法和感觉的束缚。它了知它们，但它自己是不受它们约束的。下一次当你体验到强烈感受或强烈情绪的时候，你自己可以看看是否如此。你可以安住在觉知中，并问自己："我对疼痛的那份觉知是否也在疼痛中？"或"我对恐惧、愤怒、忧伤的觉知是恐惧、愤怒、忧伤的吗？"哪怕是片刻的探寻，经由问你自己这个问题并看看是否有助于你培育更大的亲密感，有助于培育你对自身苦难的本性的理解，有可能就在当下此刻揭示出新的可能性，去转变与它的关系。

当你投入到身体扫描或其他正念练习中的时候，你可能会留意到，比起你安住于警醒而爱意的关注，安住于非评判的空阔感，或就是安住于觉知中，除了保持觉性，而并没有其他的议程时，当你认同你的念头、情感或身体中的感受的时候，会有更大的不安和痛苦。

在整个冥想练习中，我们采用开放式临在和接纳的视角。不过，你可能记得，在身体扫描的结尾处，有一个明确的顺序，鼓励对无拣择觉知的培育，不去把自己等同于所有的内在体验，无论是呼吸、感受、看法、念头还是情绪。在身体扫描末尾，当我们有意地把身体放下，我们有时会去邀请念头和情绪、我们的喜恶、我们对自身和世界的概念、我们的想法和见解，甚至我们的名字，进入到觉知之域中。当我们单纯地安住于觉知本身时，我们有意地将它们也放下。你可以与此刻的一种完整感达成谐调，如其所是，无须去解决你的问题，或纠正坏习惯或付账单或去上个大学或别的。能否在此刻，认识到自身的完整和圆满，与此同时，你也是一个更大的、圆满的一部分？你能感受到你纯粹"存在"的那部分，要大于你的身体，超越你的名字，你的念头和情绪，你的见解和概念，甚至超越你对自己的年龄或男女性别的认同？

在放下这一切时，你可能会到达一个点，所有的概念都消融于止静，唯有觉知，一份超越可知的"任何"事物的了知。一份非概念化的，不仅仅是认知上的了知。在这份止静中，你能够去认识到无论你是什么，"你"绝对不仅仅是你的身体，虽然它与你一起工作，需要你的关照，并为你所用。它是一种非常方便和神奇的工具，但它又不是你。它也不是你的念头和情感。你的见解难道不是随着时间推移而演变的吗？之前你极度自我认同的东西，可能你已经不再作如此想或者不那么喜欢了。这提示，处在不断变化的因缘际会中的你，你的本性比起其他的一切，更接近于觉知。尤其当你学着把觉知作为"默认模式"，你存在的自然基线，并在每时每刻里，风雨同舟般地，友善地体现这个"默认模式"。

如果你不是你的身体，那么你也不可能是你身体的疼痛。你的本性要大于疼痛。当你学着去安住于存在领域中时，你与疼痛的关系，与身体强烈不适感的关系，可以发生深刻的转化和疗愈性的变化。这样的体验，即使稍纵即逝，即使是一些隐约的提示，也可以引导着你在发展与疼痛和解的方式上，为它留出空间，善待之，与它共处，就如同我们很多病人所学习到的那样。

当然，如同我一直在强调的，规律练习是必需的。存在领域说起来比体验起来要容易。为了使它在你的生活中变得真实，在任何时候与其保持联系，需要一定程度的意图和努力，我可否说，纪律。需要某种挖掘，一种内在的考古学，以揭示你内在的整体，覆盖着它的可能是层层

第22章 与躯体疼痛工作：你的疼痛不是你 329

的意见，喜欢和不喜欢，以及自动的、无意识的思维和习惯的浓雾，更不用提来自过往的以及现在的痛苦。正念的工作没有任何浪漫或多愁善感，你内在的整体也不是浪漫或感伤或虚构的结构。现在是在这里，因为它一直是。它是作为人的一部分，就像拥有身体和情感一样，感觉疼痛是作为人的一部分。

如果你患有慢性疼痛症状，并且发现这种看待事物的方式与你产生共鸣，则可能是为自己测试此方法的时候了，如果你还没有。唯一的办法是开始练习并继续练习。使用你的痛苦作为你的老师和指导，找到并培养自己内在的平和、止静和觉知。

这是艰苦的工作，有时你想放弃，特别是如果你没有看到痛苦减轻的快速结果时。但是，在做这项工作时，你还必须记住，它涉及对自己，甚至是对你的疼痛的耐心、温柔和爱心。这意味着在你的极限里工作，但轻柔地，不要太努力，不要耗尽自己，不要太努力地突破。如果你秉承自我发现的精神，并去投入精力，突破将在它自己的时间里到来。正念不会在抵抗中去推翻突破。你必须在边缘四围轻柔地工作，这里一点点，那里一点点，保证你的眼光在你的内心里鲜活，特别是处于最大的痛苦和困难的时候。

第 23 章

更多有关疼痛

亲爱的乔恩和佩吉:

我有很多疼痛,但感觉很好。我能够铲我的 250 英尺长的车道。呼吸、冥想以及频繁的胳、腿、背部和颈部运动中的休息。我有肌肉酸痛,但并没有令我丧失工作能力。三十年来,我从来没有试图铲过我的车道。

谢谢。

派蒂

正念地与慢性腰背部疼痛和问题进行工作

从未曾患过慢性疼痛的人不知道与疼痛一起生活可以多大地改变你的一生及你所做的一切。许多背部受伤的人无法工作,特别是需要抬高或驾驶或长时间站立的工作。有些人多年靠工人补偿金生活,与此同时,努力康复以便能够恢复工作,过上类似正常的生活,或被确认为残疾人,以便能够领取残疾补助金。在获得福利的过程中,通常有法律问题和纠纷。靠极大地减少了的固定收入生活，加上被困在房子里的痛苦，日复一日，周复一周，甚至成年累月地如此，无法去做曾经可能做的事情，是非常令人沮丧和郁闷的，不仅对疼痛中的人，对他整个家庭和朋友圈都是如此。它可以使每个人都感到生气、挫败、无助。

无论你是随时都受到痛苦的伤害，或者只有慢性疼痛的"糟糕的背"，你须得小心，低腰疼痛对你生活的影响可能会使人委顿和郁闷。刷牙时弯向水槽或拿起铅笔，或者进入浴缸或从汽车上出来都可能会激发数天甚至数周的剧烈疼痛，这可能会迫使你卧床去忍受它。不仅痛苦，而且如果你做出错误的举动可能会带来痛苦的威胁，不断地影响着你去过正常生活的能力。成千上万的事情必须缓慢而小心，什么都不能想当然。抬起重物是不可能的了，即使提起非常轻的物体也可能导致重大问题。而在那些没有疼痛的时候，身体中心区域的不稳定和脆弱的奇怪感觉仍然会让你感到不安全和不稳定。你可能无法直立，转身或以一种正常的方式行走。你可能会觉得需要支撑自己，或者保护自己免受可能使身体失去平衡的人或环境的影响。当身体的中心支点感到不稳定和脆弱时，很难让你的身体感到"对头"。

有时即使你很小心，你还是可能闪了腰。你可能没有留意到你所做的事情有何特别的，即便如此，有时你的背部肌肉可能会痉挛，导致复发，持续数天或数周。在一分钟里你可以比较好，下一分钟你就有麻烦。慢性背痛患者往往会有"好日子"和"坏日子"。通常情况下很少有好日子。在日常生活中无法确定明天会有什么感觉，或者你将会还是不能做什么，都是非常令人沮丧的。很难制订明确的计划，这使得几乎让一份常规的工作成为不可能，并使其在社交上也很困难。如果你时不时地有一个好天，你会感到如此生机勃勃，因为你的身体感觉到做些变化是"对头"的或正常的，你可能会做过头，以弥补你无法做任何事情的时间，然后你需要在稍后还债。这可能是一个恶性循环。

背部问题几乎迫使你去正念，因为对身体和你所在做的不觉察的话，会导致你的身体感觉虚弱。为了系统地围绕你的局限性工作，为了变得更强大和更健康，至少能做一些你想要做的事情，正念变得绝对必要。

减压门诊的那些患有慢性疼痛的人们中，学习与疼痛相处并调节疼痛最为成功的那些，他们自己培养了长期的康复观点。在正念减压课程的八周内，大幅度的运动改善和疼痛减轻有可能发生，但也不一定。你最好考虑 6 个月甚至一两年的时间，不管事情开始的时候有多好，都要耐心而坚持地进行下去。但是，正如我们在菲尔（第 13 章）的例子中所看到的那样，你的生活质量可以从第一次练习身体扫描开始就得到改善。如果你愿意缓慢而系统地与身体和背部问题一起工作，这一点尤其如此。这样的承诺和策略应该包括一个合理的看法，经由恒常工作你有可能会达成什么。它可能有助于去想象你的背在三五年之后会是怎么样的，如果你保持一个稳定、正念的体育锻炼项目，鼓励你整个身体，不仅仅是你的背，去变得更加强大和灵活。我认识一位非常成功的有严重疼痛的科学家，他在每天早晨出门去面对世界的时候，会花一个小时"把他的身体放回到一起"。

如果你将自己视为在参加长期培训，如运动员一般，可能会有所帮助。你的项目是修复自己。当然，你的出发点就是此刻你决定要投入去如其所是地善待你身体的状况。你从这里开始练习，持续一辈子，如果需要的话，在此，所有的双关语都用心良苦。就是没有其他的地方可以开始了。康复一词的深刻含义来自法国的动词习惯 *habiter*，这意味着"住""居住"。因而，康复并不仅仅意味着重新启用。在一个更深的层面上，它意味着去学着重新生活在里面。而那，事实证明是深刻的重新启用。

将身体作为一个整体来康复，或者如果有慢性背痛的话，背部康复的一个长期的方法可能包括了正念地去做你规定的体疗锻炼，或者尽量地，在你可掌控的范围内做瑜伽。首先看看你的理疗师或医生，以确保这些具体的练习适合你的情况。以任何看上去适当的方式去修改它们，即使是日复一日地修改，包括完全跳过某些姿势以及添加其他姿势。你不需要去做全部，只去做那些你能做的练习，避开那些你的医生认为对你来说不明智的或者你觉得对此时的你不合适的。如我们见到的，如果你正念、爱意地投入，你做的任何运动，以及你所采取的任何姿势都是瑜伽。

任何你决定投入的正念身体工作课程，都需要被缓慢、温和地接近，特别当你有背部问题的时候。一个与我们很多病人工作的理疗师曾经说她喜欢在人们完成正念减压课程后工作。她说，比起不了解正念的人（从来未曾被教过如何与他们的伸展和运动共呼吸，如何去与身体和疼痛感工作，而不是去作对），他们明显有更好的回应，更加放松，在理疗中与他们的身体更加协调一致。而参加者自己述及同样的事情，一旦当他们学会在提重、弯身和伸展时如何使用他们的呼吸，他们的理疗发生了变化。

如果你有背疼的话，比起没有的人，经由规律练习照顾你整个的身体甚至更加重要。记住，"如果你不用它，就会失去它。"不要让你的背部问题成为不关照你身体其余部分的借口。在正念瑜伽练习中除了你发现有用的外，作为正念瑜伽的补充，你可以规律地行走或者每周使用固定式自行车，或者游泳或者在泳池里做些流动的运动，你也许可以整体强化你的身体。秉承正念减压的精神，如果你有意去做你所能的一切去复原身体的话，如第 6 章中所描述的，每天或者至少隔天去做一些伸展和强化身体的事情是很重要的，即使开始时只做 5 分钟。

除了尽量以这些方式来与你的身体工作外，我们建议你每天练习身体扫描，如第 5 章和第 22 章中所描述的，作为你核心的康复策略。无论你使用身体扫描，在一开始时是喜欢它还是讨厌它，你都可以把它当作"重回身体"的时间。在每个时刻里深深地接触你的身体，在止静中，与所呈现的感受工作，无论是什么。特别要为你所可能遭遇的不适或疼痛铺展出迎宾垫，尽量地善待它们。不断地将正念减压的基本态度带回到你心中，特别是那份温柔善待自己的意愿。虽然你可能颇执着于"进步"，当然这是自然的，看看你能否让自己时时刻刻，日复一日，只为了身体扫描本身而练习，不执着于结果。随着时间过去，这可能是朝着真正疗愈和康复的方向，令一切成长和深化的、最佳的短期和长期策略。

如果你失业或者退休了，你会有很多时间来做这个。当我们困于家中或觉得生活正从我们身边溜走的时候，时间会令我们感到沉重。你可能发现自己觉得无聊和受挫，不安适和烦躁，甚至为自己感到抱歉，任何人都会。但是那些评估无一是基于真相之上的。它们本身更多的只是想法而已。如果你有意地去做出决定，使用一天里的一些时间，去服务于自身的康复和疗愈，经由冥想和瑜伽，你可以把一个糟糕的或孤立的或令人害怕的处境变成富有创意的一个。显然，你并没有去要你的背部问题发生，但既然它已经发生了，你最好还是做出决定，你将最好地使用你的时间，以便于最好地令自己康复，并对它将如何展现抱有长远的目光。记住，这是你的身体，没有人跟你一样了解它，也没有人如你一般，你的健康仰赖于它，无论你的处境如何，无论你多大年纪。

在一天当中，你能为身体所做的最疗愈的事情之一是阶段性地使用你的呼吸，并如前一章中所描述的那般，以身体扫描练习中我们所使用呼吸那样，去让感觉疼痛不适的部位沐浴在呼吸中，被呼吸所抱持，邀请疼痛的部位去放松和柔和。你可能有意识地把呼吸导向疼痛部位，当它进入背部，与它融合在一起的时候，感觉它，然后想象和/或在呼气的时候感觉疼痛感的软化和消融。整个身体，包括该身体部位，放松到它所能达到的程度。采用日复一日，甚至每一时刻的视角很重要。有意识地提醒你自己当一天来临时，我们只是在观察呼吸做着它自己的工作，尽可能地把更多的善意、慈悲和接纳给予我们自己以及我们的处境，一个瞬间接着一个瞬间，一口呼吸接着一口呼吸地。如果你需要调整身体扫描的姿势，以让它更有效地为你工作，那么，请尽量在那个方面发挥创意。那将包括你选择怎样的平面去躺在上面的决定，是地板上的厚垫子还是床上，抑或你有时觉得想侧着卷曲着身体躺着，而不是摊尸式的仰卧，或任何你直觉会助益于支持你的持续练习。记住，当我说练习很重要，仿佛你的生命有赖于它的时候，我并没有开玩笑。这确实如此。

疗愈真的是一个旅程。这条路起起伏伏。所以你不应该太惊讶，如果你有挫折感，有时感觉像是向前迈一步，然后向后滑动两步。它一直是这样的。如果你正在培养正念，并寻求医生及支持你努力的其他人的持续建议和鼓励，你将能够捕捉到事物的变化，并且能够灵活地调整自己在做什么，以适应变化着的处境和当下的局限性，无论它们可能是什么。我们都有局限，这些局限值得被善待，它们教会我们很多。它们可以向我们展示我们最需要注意和尊重什么。它们成为我们学习、成长，并让我们自己温和地、如其所是地进入到当下。最重要的是要相信自己的能力，在各种跌宕起伏中，坚持不懈地努力，不要忽视自己内在的完满，就在当下此刻，以及在你唯一可能的时刻完全实现它的承诺，此刻。为了超越进步以及到达某个更好地方所做的所有努力，尽管进步和疗愈可以并且随着时间的推移而展开。事实是，在一些非常深刻的方式上，无论你正在寻找或希望的是什么，它已经在这里了。你已经完整了，你已经完美了，包括你所有的缺陷。真的没有地方可去，没有什么事情要去做，没有什么要去达成。当你带着这种态度练习时，就像一条直抵心脏的氧气线。悖论就是，伟大的成就是可能的。这是无为和不强求所体现的力量。另一个字就是智慧。

把正念融入日常活动中是特别有价值的，实际上，当你有背部状况和背部疼痛的时候，这是不可缺少的。正如我们所看到的，有时甚至举起铅笔或去伸手取卫生纸的错误方式（令人惊讶的是，为了拿到卫生纸都可能会有一个"错误的方式"），打开一个窗口，或者从汽车上出来都可以触发痉挛和急性疼痛。

所以，在做这些事情时，你越是知道你在做什么就越好。在自动导航状态中做事情可能会导致严重的挫折。你可能知道，避免同时提起和扭转，即使是非常轻的物体，这是特别重要的。先是提起，膝盖总是要弯曲着，保持物体靠近你的身体，然后转动。它有助于使你所有的运动与呼吸和体位感联系在一起。当你离开汽车时，你是否同时扭曲和站立？别。相反的，先做一步，然后另一步。当你把一扇窗推上去的时候，你有没有倚靠在你的腕部上？别。相反的，在你试图去提起窗之前，走得离它近一些。这些小事情上的正念在保护你免受损伤和疼痛中会带来很大的不同。

然后，在家里做事情也是一个挑战。有时你根本不能做任何工作。但还有其他时间，取决于你背部状况的严重程度，如果你能够适度地做到这一点，就有可能去做这些事情，并将它们看作是增强你实力和灵活性的课程的一部分。以吸尘来做例子。如果你有背部状况，提起和拉动吸尘器可能是危险的。但是，如果你要这样做，你可以设计出些方法来正念地去做。吸尘的动作可能对背不好。但是带着一些注意力和想象力，你可以把吸尘的动作变成一种正念瑜伽的动作。如果可能，在吸床底和沙发底下的时候，你可以双膝和手着地或者蹲着，带着觉知去弯腰和伸手，用呼吸去指导你的运动，就如你做瑜伽练习的时候那样。如果你以这种方式吸尘，你做得缓慢而正念，很有可能你会知道什么时候身体觉得已经做够了，而你会聆听它的信息。然后你可以停止，在接下来一两天里再做一点。那么你可能会在一两天内停下来再做一点。等你停下来后，可以试试做 5～10 分钟的瑜伽，让你的身体放松，"去压力"，去伸展一下可能有些紧张起来的肌肉。

不用说，这不是大多数人吸尘或做任何事情的方式。但是，如果你尝试了，你可能会发现，一点觉察再加上你常规的瑜伽和冥想练习所带来的技能，可以在很大程度上将苦难转化为治疗，将令人沮丧的限制转化为疗愈的机会。你聆听你的身体，在可能的边缘工作。你这样做着，在几个星期几个月的时间里，你可能会发现变得强壮了。当然，没有背痛的人经由同样的方法吸尘可能会避免背部的损伤。如果对你来说吸尘是不可能的，那么可以试试其他的家务事，以相似的方式去与之工作。

在减压门诊里，我们建议有背疼的人采用一种非常谨慎、试验性的方法，去把被他们的状况所削弱最多的生活的方面重新要回来。单单因为你有疼痛并不意味着你应该放弃你的身体。这给了你更多的理由去与之工作，让它尽可能的强健，这样当你需要它的时候，它可以为你而来。放弃性生活或行走或购物或打扫或拥抱并不能令事情好转。

正念的尝试！当你在日常生活中投入到一些最重要的活动中去的时候，找出什么对你是有效的，以及如何去修正，如此至少坚持做一段时间。不要出于恐惧或自怜，而自动地剥夺你自己，不去做正常的可以令生活有意义，让生命有一致感的事情。记着，如我们在第12章中所见，如果你说"我不能……"那么你当然不能。那样的念头或信念或话语会变成自我实现的预言，它创造了自己的现实。但由于只是一个想法，这并不一定是完全准确的。在这些时刻最好能抓住自己，看透"我不能……"或"我永远不会……"的想法。而是去尝试"也许，不管什么原因，这是可能的。让我试试吧……正念的……"。我无法告诉你，这么多年来，有多少人来告诉我说：以这种方式工作"救了我的命"。

记得菲尔，这个背部受伤的加拿大籍法裔卡车司机吗。在第13章里，我们简单地描述了他在课程头几周里对身体扫描的体验。他花了几个星期的时间，学着如何在身体扫描时与身体在一起，这种方法转化了他与强烈不适感的关系。他体验到了疼痛戏剧性的、持久性的减弱。在头几个星期里，他经历了很多起伏跌宕，但依旧坚持练习。最终，他觉得自己更能调节背痛，对生活的其他方面也更有把控。

在菲尔开始冥想前，他每天带着一个叫TENS的仪器（经皮电神经刺激仪，一种带在皮带上，向皮肤发出微量电脉冲以减轻疼痛体验的装置），这是疼痛门诊为他开具的治疗处方的一部分。他觉得没有它，就无法过日子，因此整天带着它，每天都带着它。但是在练习身体扫描几个星期后，他发现他连着两三天可以不带它。他对自己能够如此调节自己的疼痛非常欣喜。对他来说这是他自身力量的象征。

当课堂到了做瑜伽的时间，他再一次来到了岔路口。课程结束后，他是这般描述的："你知道，当你在第三周开始谈到瑜伽还有那些事的时候，我几乎放弃了。我说，'哦，我的上帝啊，那样做会杀了我的，'但是你接着说，如果那会困扰到你，你可以不做。所以我几乎都是在做身体扫描。但我还是做了一些瑜伽，在一日静修中我做了很多。有时它困扰到了我，去做有些练习令我困扰，像抬腿，卷起身体，然后让颈部贴着地朝后滚动。我不太能那样做。我能做的事不会困扰我，我就常常去做。我切实感觉到更加灵活了。"

在八周课程结束，菲尔在回顾他的体验时说，"不，疼痛并没有消失，它依旧在那里，但你知道，当我觉得太疼的时候，我就在一边坐着，花10分钟，15分钟时间，做我的冥想，那似乎可以接管疼痛。如果我能够至少待15分钟或者30分钟或更多，根据天气情况，我可以走开，而不用花上五六个小时，可能是一整天去想着它。"

他还留意到在家里与他妻子和孩子们之间也有些不一样了。用他自己的话来说："当我刚开始来门诊的时候，我们有一点小问题。我们有问题，你知道。这个疼痛问题占据我的头脑如此之多，我还要去找另一种工作，而我又没有得到过相应的教育，这是大多数工作所需要的……这一切加起来都造成了压力的累积，我没有意识到，我像一个疯子，你知道吗？我的妻子或多或少像是一个为我工作的奴隶。有一个晚上，我们坐下来，我有点懊恼，我们之间没有多少性生活了，而这令我很抓狂。我不是一个几个星期能没有性生活的人，你知道，因此我说，'来，现在就让我们……'这样最终她让我意识到究竟发生了生么。她说，'你有多久没有告诉我你爱我了？多久了？'我们坐下来，我们有一把双人躺椅，你知道，就像双人沙发。她说，'让我们坐下来，一起看电视。'但当我在看电视的时候，我在看电视。她会讲话，我会说，'呃－哦，呃－哦'。但你知道它很快就让我明白了。她会说，'恩，我告诉过你……'我则会说，'对不起，我没有在听，我在看拳击'或者别的什么。最终，她让我意识到究竟怎么了。在我开始减压门诊后，我说，'哇，我现在确实认识到了，你知道。'因此现在我们不看电视了。晚间，我们不再坐下来看电视了。我们到外面去。天气好的时候，我们和邻居们在每个晚上点起营火。我们坐下来讲话，你知道，有时我们会跟另一对夫妇一起，有时就是说说话或者坐着看篝火，它会吸引我的注意力。你知道的第一件事，是他们在讲话，但就好像他们隔着很远的距离。我发现自己会自动地进入到呼吸练习中，而之后我感觉好多了。它完胜于看电视。我与我妻子的关系改善了百分之一百，与孩子们的关系也如此。"

论及尝试新事物，菲尔也观察到，"从课程中我的另一个收获是……之前，我从未能够像在课堂上那样公开讲话。之前每一次尝试，我能感到我的脸在发烧，变得如西红柿一般红，因为我是个羞涩不安的人，我一直是这样的。我不知道是什么让我能够在这个课堂里以这个样子讲话。你看，我所说的，当我说了一些什么，我感觉很好。它并非出自我的嘴，它来自内在，你知道吗？来自心。"

密集冥想和疼痛

冥想练习在如何应对疼痛上可以教会我们一些东西，这并非偶然。在过去的2500多年间，冥想修行者从疼痛中学到了很多经验，并发展出了超越它的方法。密集的冥想训练在传统上属于寺庙和静修中心的领域，它们就是为了那个明确的目的所设立的。长期的冥想练习可能给躯体上和情感上带来痛苦，同时也可以令人振奋和解脱。想象去到某处，做我们一日静修中所做（见第8章），但要在静默中待上七天或两周或一个月、三个月的。人们在为此目的而设的冥想静修中心中就只是做这些。事实上，它是你交给自己的一份非常深厚的礼物，当你准备好的时候。

当你坐着不动，特别是盘腿坐在地板上，坐上一段时间，典型的是半小时到一小时之间。有时，你也可以选择坐更久些。你每天10小时或甚至一次几个星期这样做，你的身体开始剧痛，主要在背、肩和膝。大多数时间里，躯体的疼痛最终会自行减弱，但这样坚持哪怕几天也是挺挑战的。有目的地将自己放置入这种处境中，你往往会对自己有更多的了解，对疼痛也有更多的了解。如果你愿意转向疼痛，接受它，观察它，而不逃开，它可以教会你很多。最重要的，你学习到你能与它一起工作。你学习到疼痛不是一种静止的体验，它一直在变化。你开始看到感觉就是感觉，而你的想法和情感则是与感觉分开的东西。你开始看到你的心念在你的苦痛中扮演了很大的角色，它也可以在让你从苦痛的解脱中起到很大的作用。疼痛可以教会你这所有的一切。

参加冥想静修的人总要面对长时间打坐中所呈现出来的躯体疼痛。在静修早期，这是不可避免的。它来自于我们对静坐姿势的不习惯，来自于开始面对身体所携带的累积起来的紧张，这份紧张在我们身体当中，而我们未加以注意。从很多方面来说，这种疼痛的性质与很多慢性疼痛的感觉的谱系非常相似：酸痛、烧灼痛、阵发的锐痛、背或膝或肩的发射性疼痛。任何时候，你都可以起身，走动来停止疼痛。但是更多时候，如果你是一个冥想者，你可以选择与它待在一起，将它当作又一种体验，对它保持正念。作为回报，它教会你如何在不舒适面前培育平静、专注和平等心。但它并非是一个容易学的功课。你须得愿意去一再地面对疼痛，一天又一天，与它共呼吸，探究它、接纳它。这样，冥想练习可以成为探索疼痛，更多学习疼痛是什么，如何往它深里走，以及最终如何与它达成共识的实验室。

正如我们在前一章中所看到的那样，对有经验的冥想者的近期研究表明，与新手冥想者相比，他们对疼痛强度的忍受度可能要高得多，因为他们对同等程度的感觉比起新手所做的评估的不愉悦程度要低很多。它们还显示与感觉和身体中调节情绪表达的相关的大脑部位的增厚。冥想者似乎能够把疼痛体验的感观维度与通常伴随着的可以令苦痛体验复杂化的情绪和思维脱开。他们就将它单单看作是感觉，并不把它个人化。把疼痛体验的感官维度从情绪和思维维度的脱开可以带来与暴露于疼痛体验相关的痛苦程度的显著降低。在正念减压课堂里，我们每天都看到它的发生。

运动员和疼痛

如冥想者，耐力运动员也第一手地了知某种自我导致的疼痛。他们也知道与他们的疼痛工作时，头脑的力量，因而他们不至于被疼痛所击败。运动员不断地把自己放到终究要产生疼痛的处境中。你不能以最快的步子来跑一个马拉松而不面对疼痛。事实是，极少人能够以任何速度跑一个马拉松而不遭遇疼痛。

那么为什么他们要这么做呢？因为跑步的人，以及所有别的运动员，从第一手的经验知道，他们可以与疼痛工作，并超越之。当身体尖叫着喊停，因为代谢性疼痛（来自未能及时得到足够氧分的肌肉）在比赛结束前是如此的巨大，无论是一个100米的冲刺或是一个26.2英里的马拉松或是一个终极马拉松或铁人三角，无论是游泳、骑车或跑步还是别的，一个运动员须得向内触及自己，并切实地需要在每一个瞬间里决定是退出比赛还是去寻找新的资源去超越常人所认为的绝对的局限。

事实上，除非出现躯体损伤（产生一种急性损伤性疼痛，让你停下来，这是很恰当的，以防止进一步的损伤），总是头脑先做出放弃的决定，而不是身体。运动员可能会因为注意力缺陷、恐惧和自我怀疑以及知道在训练和比赛中要面临一定痛苦和竞争而受到困扰。由于这些以及许多其他原因，很多运动员及他们教练现在认为，如果他们希望能够达到表现高峰，系统的心理训练与体能训练一样必不可少。事实上，在新的范式中，任何任务，如果没有精神适应性，都不可能有完全的身体适应性和最佳表现。这些需要被一起培育。

1984年，我有机会与美国奥林匹克男子划船队工作。训练划船运动员与正念减压课程中疼痛患者所使用的同样的冥想练习以应对他们的慢性疼痛。这些世界级的运动员能够运用正念策略去提高他们面对和应对训练和比赛中的疼痛，就如同患者能够应用它去与他们的疼痛工作，虽然这两组人群是不同的人群，他们在躯体适应性谱带的两个对立端工作。

有腰疼的读者可能会有兴趣了解一下约翰·比格娄（John Biglow），1984年美国奥林匹克单人划船队成员。尽管带着1979年划船中的损伤后腰椎间盘突出所致的慢性背部问题，他获得了该年度美国最佳男子划船手的位置。受伤后，他又遭遇一次挫折，在1983年再次受伤，他再也不能用力划船一次超过5分钟，5分钟后他需要休息3分钟，然后才能再用力划。但是凭着他对自身局限的了知，他能够非常小心地训练，让自己康复，直到他能够让他的背应对世界级比赛所需要的巨大努力。为了入选奥林匹克国家队的单人划艇项目，比格娄须得与国内最快、最强、最具竞争力的选手比赛并打败他们（比赛是200米，在大约5分钟内完成）。想象一个有着慢性疼痛的人，哪怕开始去朝这样的目标努力都需要多么大的信念、决心、身体的智慧和正念，更不用说是去达成这个目标。但他为自己设立的目标足够有意义，可以支持他一路沿着一条极端艰辛、痛苦和孤独的道路走下去。

在伦敦举行的2012年奥运会上，一名伊朗超级重量级的举重运动员贝尔达德·萨利米科达西比在挺举项目的第一次试举中举起了545磅。跟他的抓举分数一起，他的总分是如此之高，以至于很明确地他已经赢得了此次比赛的金牌。由于他依旧还有两次试举，观众们催着他去打破由他自己的老师和教练创立的世界纪录。在一次失败的试举之后，他拒绝再继续，哪怕观众催促着他，那种令人熏醉的热火朝天的感觉，即使在练习时他举过的要重得多。他后来说在几次举重之间他休息得太久了，他的身体已经"凉下来了"，去冲世界纪录是不明智的。他说还有很多其他的场合可以尝试去打破世界纪录。这是一个对自己身体的正念，尊重它在当下的局限的了不起的例子，不管观众的情绪或者还有他自己的心念如何。我们可能不能像举重那样，但我们每个人都拥有那种相同的能力，去遵循来自我们身体的内在信息，并与它们工作，以便更好地推进我们总体上的目标。那样，我们都是那种具有可能性的运动员。

我们每一个人，无论我们的处境如何，或者有什么残疾，如果我们以我们自己的方式，为自己确定一些有意义的目标，然后智慧地朝着达成它们而工作，都有能力去获得这样的成就。即使我们没有完全达成目标，如果我们在过程本身中发现意义，并带着觉知努力，一刹那一刹那一天又一天，尊崇我们的局限但不被它们所囚禁，那么努力本身就可以是支持性和疗愈性的。如果你对此有任何疑问，就去看看任何当地比赛中的轮椅运动员，或是在 YouTube 上看看残疾人奥运会。它可以让你振奋和景仰以至落泪。

头痛

大多数头痛并非脑肿瘤或其他严重病理性状况的迹象，虽然如果你常常地遭受慢性、严重的头疼之苦的话，这样的想法很容易进入到你的头脑中。但是如果头疼持续或极端严重，那么在用药物或冥想去控制疼痛前，接受至少一次全面的诊断检查以排除病理状况，是很重要的。大多数情况下，一个受过良好训练的医生都能够在把头痛患者转介给正念减压训练之前确保把这个做好。减压门诊中的慢性头痛患者大多数都有紧张性头痛、偏头痛的诊断，或者两个诊断都有。所有人都接受过全面的神经学检查，通常包括 CAT 扫描以排除脑瘤。

大多数被转介到门诊的慢性头痛患者对冥想练习的回应很好。一位女士来的时候有 24 年的偏头痛史，她为此每日里服用易克痛。她在无数多的头疼诊所里诊治，都没有缓解。在加入课程的两周之内，她就有连着两天没有头疼。在 20 年间，这没有在她身上发生过。在整个课程中以及之后一段时间她保持没有头疼。

如果疼痛是持续和慢性的话，你只需要一次头疼消失的体验就可以知道这是一件可能发生的事情。这可以完全转变你对你的身体和疾病的看法，能够为你提供对自己对先前看似无法掌控和无法管理的东西的掌控和调节能力。

最近，一个年长的妇人告诉她班上的同学，为她的偏头痛放出迎宾垫的想法特别的合适。因而下一次她觉得偏头痛要来了，她就坐下来冥想，并与她的头疼"讲话"。她说了诸如"如果你想的话，就进来吧。但你应该知道，我不再会被你统治。今天我有很多要做的，我没有办法跟你在一起很长时间"等话。这对它挺有效，她也对此发现感到高兴。

当我们扫描完整个身体后，可以经由头顶上的一个想象出来的洞来呼吸，像鲸鱼经由气孔呼吸那样。这个建议是让你去感觉一下，就好像气息真的经由这个孔能够进出，然后在当下真切地感觉一下，无论是什么，带着全然的觉知和接纳。你并非试图去让任何事情发生，只需好玩和尝试。

很多疼痛患者用过那个"洞"作为头痛的释解阀。你就是经由头顶上的洞吸气和呼气，让张力或压力感或那个区域的其他任何感觉经由那个洞，从身体流出，无论他们能够做到何种程度。当然，如果你尚未经由常规的冥想练习发展出专注的能力，这会比较难一些。但倘若作为身体扫描练习的一部分，在每日练习这种方式的呼吸的话，当你真的有类似头痛的症状，在它们累积成一个头疼的全面发作之前，你有可能会发现它们比较容易就被驱散了。不过，即使你的头疼全面发作，这个方法也能够有效地让它不那么尖锐，缩短它的时长，甚至令其消融。

当他们开始常规地进行冥想练习时，在练习当中，无论他们是否有头疼，大多数来到减压门诊的头疼患者都汇报说头疼的频率降低，严重程度也减轻了。

随着练习的深入，你可能会留意到你的头疼并非空穴来风。通常会有可以识辨的事先的情况触发它们的发生。问题在于我们对很多生理性刺激的理解非常贫瘠，而且我们通常忽视或者否认心理或社会性的刺激。当然，压力处境可以引发头疼，很多人，特别是有紧张性头痛的人，至少对此联结有所觉察。但很多人汇报他们醒来时就有头痛或者在没有明显的压力下，当一切都好好地，在周末，或者在别的没有感觉到压力的时候，他们有头痛。

几个星期的正念练习通常能够让那些人对头痛，以及为何及何时他们会有头痛带来一些新的领悟。有些时候，人们发现他们可能比他们认为的更加紧张和紧绷，即使是在周末。有时他们看到头痛发作之前的某个特别的念头或者担忧。即使在早晨醒来，在起床的时候也有可能发生。在你的脚踩到地板上之前，一个焦虑的念头可以让你紧张，虽然你可能对此念头毫无觉察。你所知道的就是"带着头痛醒来了"。

这是你度过一天时，另一个可能有助于保持正念的方法。在早晨醒来的第一个瞬间，与你的身体和呼吸保持谐调会有助益。你甚至可以在醒来的时候，对自己说，"我现在醒来了"或者"我现在醒了"，并在你起床前，把觉知带到你的身体，作为一个整体，躺在床上，至少做几次呼吸，感觉一下醒来是怎么样的感觉。你甚至可以提醒自己去迎接一个崭新的一天，充满了你无法知道的可能性。但是，当一天展开的时候，可以为可能发生的一切开放和觉醒。

随着时间推移，这份单纯的安住于觉知的能力能把你导向一些联结，这些联结之前可能没有被留意到，譬如认识到你醒来时的一个念头或者一天中早先发生的情况，可能甚至是你醒来后头几分钟发生的事情，以及之后的头疼之间的联结。这可以将你导向有意图地去尝试绕过头疼产生的可能的事件链，当念头呈现时，直接地把觉知带入，看到它是个念头，并将之放下。或者你可以采取行动，去改变与令人烦恼的压力处境之间的关系，并且监测你努力的结果。也有可能你会对比较容易让你头疼的时间和地方变得更有觉察，这样，你可以辨识出诸如污染、过敏源等可能在触发某些头痛中起到作用的一些环境因素。

对一些人来说，慢性头痛真的可以是他们生活中失去联结、失去协调的一切事物的比喻：身体、家庭、工作、环境、全然的灾难。他们整个的生活可以被描述为是头疼。他们通常在每日的生活中有那么多的压力，以至于难以得知对头疼的原因该从何考虑。如果这个描述正符合你目前的处境的话，你该知道，你不必要去解决任何问题才开始，了知这一点可能是有帮助的。你现在真正需要做的是开始在一天中的每个时刻里，更多地留意在真切地发生着的一切，无论是否有头疼。换句话说，练习更加全然地临在，更加全然地具身体现，觉醒和觉知。随着时间过去，朝向自我调节的变化会自然发生，如同我们看到的那样。稳态重建，你可能会发现头疼其实甚至象征性地会自我消融。要让你自己完全从中出来可能需要几年的时间，但是尝试本身，加上当你准备好时去接纳的意愿，去保持耐心的意愿，可以在别的问题解决之前，给你的头疼带来戏剧性的改善。

下面的两个故事是两个例子，关乎慢性头疼如何在一个人整个生命的某一时刻，成为一个隐喻；以及如何与这份两难处境一起工作，或扭转局面。最终，不仅仅带来头疼的减轻，更重要的是，带来一些对更广大的处境的领悟和答案。

弗雷德，一个38岁的男子，因焦虑相关的睡眠呼吸停止而被转介而来，这种情况以睡眠中呼吸暂停为特征。呼吸暂停由他的肥胖所导致。

弗雷德 5 英尺高（约 1.5 米），当时体重 375 磅（约 170 千克）。除了焦虑和睡眠呼吸暂停外，弗雷德还有慢性头痛。每当他感到压力大，就会头痛。去搭公车总会导致头痛。他憎恨公车（"它们让我生病"），但他没有车，需要依赖公车四处走动。他有一个室友，工作是管理一个摊位。他很沉以至于当他躺着的时候，他的脖子会妨碍他呼吸。这导致了睡眠呼吸暂停。他的呼吸科医生告诉他如果不立即减肥的话，他需要气管插管。这个预期给弗雷德带来了很大的焦虑。他不想要气管插管。一个为他提供减肥咨询的同事提议他来参加减压门诊的正念减压课程以应对他的焦虑。

弗雷德来上了第一堂课，一点都不喜欢。他对自己说："我巴不得快下课。我不会回来了。"他答应来参加时，他还不知道与大约 30 个人在一个课堂上会是怎么样的。他向来在人多时感到不舒适，从来不能在小组里讲话。他羞怯，并直觉地回避任何可能会导致冲突的处境。但当课程结束时，他对我所描述的，有一种"直觉"把他带回到第二堂课上来。他发现自己在说，"如果我不是在现在做它，我可能永远都不会做，"以及"别的每个人都有问题，不然的话，他们不会在这里。"因此，不管他第一堂课的感觉，弗雷德决定继续来。他在第一周开始练习身体扫描，因为那是布置的回家作业，在第二堂课时，他已经知道，它会对他"有用"。如他所说，"我真的立即就进入其中了。"他现在能够在课堂上说当他与他的身体保持谐调的时候，他感觉到多么的放松。

从开始做身体扫描起，弗雷德的头痛就消失了。这个发生了，尽管他生活中的压力在上升，因为越来越明显的，他的体重又增加了，没有减轻，且需得要气管插管。但是就凭着"放松、顺遂，并享受它"他能够搭公车，而不会头痛或觉得不舒适了。

他也变得更加自信。当他的室友不再付房租的时候，他能够让室友走人。他觉得这是一件以前他永远都不可能做的事情。当他变得愈加自信的时候，弗雷德也开始感觉到身体上更大的放松。由于他的体重，瑜伽令他困扰，他没做多少。虽然他在课程期间增加了体重，但他没有抑郁。之前，即便增加一丁点儿的体重都会把他送入一次严重的抑郁中。

弗雷德也有高血压。在参加正念减压课前有一段时间，他的血压是210/170，高得危险。在服降压药时，平均血压大约在140/95。当他完成课程时，平均血压大约为120/70，是15年来最低的。

作为补充，他在一个星期里，尝试两次气管插管，但都不工作，因为他的脖子是如此的粗，以至于他们无法让管子留在里面。两次尝试中，插管都在几天后滑落了。因而他从来没有气管插管。

当我在课程结束后一个月再次见到他的时候，他在控制饮食，并明显地减掉了体重。他继续着冥想练习。他说他很多年来第一次感觉到幸福，随着他的体重减轻，睡眠呼吸暂停也较少了。在完成课程后，他只有过一次头痛。

在另一个班上，一个45岁离异的叫劳瑞的女性因为偏头痛和工作压力经由她的神经科医生转诊而来。她从13岁开始就有偏头痛，通常在一个星期里有四次。这包括眼前看到光，常伴随有恶心和呕吐。虽然她在服药，除非她在恰恰好的时间里，在头疼积聚之前服用才管用。这个时间通常难以判断。在她被转介到门诊来前的四个月，劳拉的头疼变得愈发的糟糕了，到了有好几次她需要到医院的急诊室寻找帮助的地步。

劳瑞在上正念减压课程时，我们让课程参加者在第四周除了继续每日冥想练习外，填写霍尔姆斯和拉赫的社会再适应评分量表。如我们在第18章中所见，该量表是个单纯的生活事件的清单。任务是在过去一年中发生在你身上的条目打钩。该清单包括了诸如丧偶、改变工作状态、家人生病、结婚、大笔房屋贷款以及其他的事件。每一个条目有一个特定的分数，目的是衡量这样的生活变故带来的压力程度。该量表的说明语中表明，超过150分意味着你处于相当大的压力下，需要确保你采取措施去有效地适应这些处境。

我们在课堂上讨论回家作业的那天，劳瑞是班上生活事件量表得分最高的一个。她说有一天晚上，她和她的男朋友一起算他们得分的总分，简直不敢相信。她得了879分，而他得了700多分。他们的回应是对得分如此之高而大笑了起来。他们发现原来他们要比自己认为的更加强大，因为，她这般说，"我们两个都还没有死真是奇迹。"她知道，他们很容易可以是哭而不是笑。她说她把笑当作是个好迹象，这本身就是一个健康的回应。

在当时的生活中，劳瑞被她的前夫试图杀死她的担心所主宰。据她说，他实际上尝试过。最重要的是，她的两个儿子最近在车祸中受伤，虽然不是很严重，而且，她在工作中经历着非常高的压力。

她在一家大型公司担任中层经理，公司正在进行重大改组，每个人都感到不安全、压力很大。她的男朋友和她的前夫都为同一家公司工作，这令她的处境变得更为复杂。

在第五堂课中，她说，在那一周她看到通常意味着偏头疼发作的先兆性的"光"了。但是，她是第一次在一开始时就意识到它们。仅仅是一些光亮，不是那种令人淹没的光，那意味离头疼不到一小时了，而且已经，如她所说，"无法遏制了。"她当即服用了一颗药，上床做身体扫描，想着可能她可以避免去吃接下来几小时要吃的另外三颗药，可以避免以药物来控制头疼。

劳瑞自豪地报道说，打从她是个女孩子以来，她第一次靠自己绕过了头痛。她没去吃那另外三颗药。她做了身体扫描，在接近结尾时睡着了，醒来的时候觉得全然鲜活。她把成功归结为两件事：第一，她觉得在前几周做的冥想练习帮助她对自己的身体以及她的感觉更加敏感了。她推测，这就是为什么在偏头痛大发作前几个小时，她能够对早先的预警有了觉察，并采取行动。第二，在这样的时刻，当她足够早地认识到预警，她现在可以做点什么了。至少，她觉得现在除了吃药外，她还有了别的可以尝试的事情，去控制头疼。她以一种新的方法来接触即将到来的头疼，实验着靠她自己的内在资源，经由正念练习来调节头疼和她自己。

虽然她的生活状态一派混乱，劳瑞在接下来四个星期继续没有头疼。她在办公室墙上贴上了九点练习，她尝试着去回应生活中的压力源，而不是对它们去做出自动反应。

课程结束后的几个星期里，劳瑞又有一次大的偏头痛发作。它在感恩节前一天开始，一直持续到第二天。比起与家人在一起，她更多时间里是在洗手间里呕吐，但她不让自己被带去急诊室。他们求她让他们带她去医院。但在她头脑里，她的儿子们为感恩节晚餐回家来，她尽想着在看到他们的一天，她病得如此重，该有多么糟糕。

当我第二天上午看到她的时候，她面色苍白，忧心忡忡，眼中含着泪。她说在课程中所拥有的所有的好结果之后，她觉得这像是一次"失败"。她希望如果能够保持不头疼，她的医生会把药撤了。现在，她觉得"可能性破灭了"。更有甚者，她觉得自己也像是一个失败，因为她不知道头疼的原因。她说她并没有因为想到感恩节而感到压力。相反，她一直在期待它的到来。但当我们谈到节日之前的几天时间，事情变得对她清晰起来了。因为那一年对她确实有着特殊意义，她比往年有着更高的期望，因为她的儿子们要来，而她觉得她看不够他们。她还回忆起来，在星期二，在头疼全势到来的时候，她看到了发作前的光亮和斑点，但它们并没有被她的觉知所记录。她回想起在某个时间她的男朋友问她想吃什么晚餐，她说："我不知道，我无法思考。我的头脑一片空白。"

这可能对她就是个关键点。这是来自她身体的偏头疼要来的预警。但这一次，不知何故，这个信息没有抵达她。她后来说，虽然前一次，当她感觉到预警的时候，经由立即采取行动，她有成功绕过头疼的经验，这一次，她可能觉得太忙太赶太疲惫了，以至于无法聆听她的身体。

当自寻烦恼稍好些的时候，她能够意识到这一次可怕的头疼并不意味着她是一个失败者。如果有什么的话，这意味着她可以从更多地与身体的信号相谐调中获益。她开始看到，对于27年的偏头痛问题期待着在四周时间里学习控制它们，以至于它们再也不会成为她的问题，可能是不现实的，尤其是她目前的处境还很混乱。

不把这次头疼泛化，把自己弄成一个失败者，劳瑞能够看到在这个特定的时间有这次特定的头疼是在教导她某些她还没有完全认识到的事情，这样，可以把它看作是有助益的。它教会她在那个时间里，她需要尊崇她生活中的诸多危机，尊崇开庭时间即临，尊崇工作中的问题，以及她对前夫的愤怒。它在教导她这样的压力并不会因为假日来临而消失。事实上，它们可以把假日变成一个更加情绪化的处境，并导致一件事情按某种方式发展的无意识的但强大的期待和欲望。

最为重要的是，头疼教会她，特别是在她生命的这个时刻，她已经不能够去忽略或无视身体的信号了。她需要去尊崇它们，甚至比以往更好地准备好，在早期预警来临的时候，她须得立即停下手中的活，吃药，做身体扫描。如果这是她的全然灾难的处境对她的要求，她认识到，如果她希望与生活达成更大的和谐，在实际意义和象征意义上从头疼中获得自由的话，这是她起码要做的事情。

Chapter 24
第 24 章

与情感痛苦工作：你的苦难不是你……
但有很多你可以做的，以疗愈它

苦难对身体并没有单行本。情感的痛苦，我们内心里的痛苦，比起躯体上的痛苦更加广泛，且一样可以令我们颓废。这种痛苦可以有很多种形式。有自我贬低的痛苦，如我们因为自己做了什么事，或者没有做什么事而责怪自己。如果我们给他人造成伤害，我们可能会体验到内疚之苦，混合着自责与悔恨。有焦虑、担心、恐惧和惊吓之苦。有丧失和哀伤之苦，受辱和尴尬，怅然绝望之苦。在我们生命的很多时间里，我们的内心和身体的深处通常可以背负着这样或者那样的情感之苦。这些情感之苦，有时候如同一个沉重而隐秘的负担，有时候我们甚至并不自知。

正如躯体疼痛，你可以对情感痛苦保持正念，并运用它自身的能量去成长和疗愈。关键是要愿意为苦难留出空间，去欢迎它，观察它，不要试图去改变它，有意地去善待它，去欢迎它的临在，换句话来说，如同一个躯体的症状、躯体的疼痛或反复冒出来的一个念头那样，与它共处。

无论发生着什么，当情感痛苦冒起来的时候，把你的视角转化到对当下的接纳，这种能力的重要性难以表述。无论是，如发生在诊所中的人身上那样的，为一个把你带进重症病房的医疗急诊感到恐惧；还是在半夜里，警察来到你家，不顾你的意愿，把你带走；还是由于一个新来的医生当着候诊室里满屋子的人冲着你喊叫，并拒绝给你这个诊所几年来给你的常规处方，最为重要的，是在这些时刻里以及事后你去培育正念的那份意愿。当你在体验痛苦的时候，把觉知带入到在呈现的一切，无论它是什么，对与你的情感相处十分关键。

当然，自然的倾向是想尽办法去回避感受痛苦，去尽我们所能，把自己与它隔开，或者自动地被情感之浪冲走。在这两种情况中，我们的头脑被占据着，太过混乱，记着在这种时刻，去带着圆满的眼光直视，即除非我们在训练我们的信念去看到自身的烦恼，无论它们是什么，无论有多痛苦，将这些混乱时分当作是以新的方式做出回应的机会，而不沦为我们自身的自动反应的受害者。最终，我们否认或回避我们的情感或是迷失其中所带来的伤害只会加剧我们的苦难。

与躯体疼痛一样，我们的情感痛苦也想试图告诉我们一些事情。它也是一个信使。情感须得被确认，至少被我们自己确认。须得全力以赴地去面对它们，感受它们。去到它们的另一边，别无他法。压抑、压制或急于去升华它们，它们会溃烂，没有结果，没有和平。如果对我们所做的毫无觉知，我们则会夸大它们，令它们戏剧化，被它们的动荡不安和我们所制造的有关它们的故事所占据，以证实我们的体验，它们也会经久不去，让我们陷入一种可能会持续一生的模式中。

即使是在悲伤或愤怒的折磨中，在懊悔和内疚中，在悲伤和痛苦的浪潮中，在恐惧的膨胀中，依旧有可能去保持正念，依旧有可能了知，在这一刻，我感到哀伤而哀伤感觉起来就是这样的，我感到愤怒而愤怒感觉起来就是这样的，我感到内疚或悲伤，伤害或害怕，或困惑，而它感觉起来就是这样的。

听起来可能有点奇怪，在情感痛苦的时候，有意识地去了解你的情绪本身就包含着疗愈的种子。就如在躯体疼痛中所见，觉知能够了知你的情感，能清晰地看到它们是什么，能够在当下接纳它们，当它们正在发生的时候，无论它们是什么，看到它们的全部，看到不乔装的愤怒，或者看到它们的很多伪装，如困惑、僵硬或孤立，觉知本身有着独立的视角，在你的苦难之外。它不受心灵和头脑风暴的影响。风暴依然遵循其轨迹，它们的痛苦须得被感受到。但是，当它们被抱持在觉知中的时候，它们实际上可以以不同的方式展开。意识不是痛苦的一部分。意识抱持痛苦，就如同天气在天空中展现。

一方面，当被抱持在觉知中的时候，风暴已然不再仅仅是发生在你身上，就好像你是外力的受害者一样。此刻你正在担负起感受你的感受的责任，因为这是此刻你生活中所呈现的。如同生命的其他时刻一样，这些痛苦的时分里你也须全然地活着，而它们可以切实地教会我们很多，虽然我们很少有人会心甘情愿地去寻找这样的教训。但是，有意识地与你的痛苦相连，它已经在这里了，会允许你更加全然地投入到你的情感中，而非成为它们的受害者。

即使你感觉到的痛苦可能大到无法令你看清，完全没有更大图景的有意识的觉知，所以把注意力融入情绪可以让你以一定的智慧看到和拥抱你的感受。痛苦可能如此巨大，但是当我们去探究谁在受苦，当我们去观察我们狂乱的心念，拒绝着、抗议着、否认着、谴责着、幻想着、伤害着并制造着可能是完全不准确，因而没有真正助益的述说时，我们至少可以从痛苦的边缘解脱出来。

正念得以让我们更加清晰地看到痛苦的实质，看到我们所编造出来的有关痛苦的故事。有时，它会帮助我们直接切入困惑、受伤感以及情绪的漩涡，这些可能由误解或夸大以及我们对事情的欲望所造成。下一次当你发现自己处身痛苦中的时候，试着去听取一个平静的、内在的声音，它可能在说："这难道不是很有趣吗？一个人可能会经历什么难道不是很惊奇吗？我能够感觉到或者为自己制造如此多的痛苦和煎熬，令自己越陷越深，难道不是很惊奇吗？"在你的内心里，你的痛苦中，聆听一个更加平静、更加明晰的声音，你会提醒自己去带着智慧的关注，带着一定的无执去观察情绪的展现。你可能发现自己在思忖着，事情终究会如何解决，且知道你不知道，知道你就是需要去等待看看。不过，你可以确信，答案会到来，你可以确信，你所经历的如同浪潮的波峰——它无法无限制地持续，因而它会放松、释然。而你也会知道，在波峰时候，你如何应对正在发生着的一切会影响到答案是什么。譬如，在震怒中，你说了些或做了些深深伤害另一个人的事情，你令此刻的痛苦加剧了，答案自然会离得更加遥远，甚至可能更不令你喜欢。因而，在巨大的情感痛苦的时刻里，可能你会接受不知道事情如何在当下解决的事实，甚至可能不再制造或相信你通常告诉自己的故事。在那份接纳中，你可以开始疗愈的过程。

你可能在你的痛苦中觉察到，甚至当你感受它的时候，这些痛苦的一部分源自于不接纳，源自于对已经发生的或已经说的或做的的拒绝，从希望事情是另一个模样的，更多是你所喜欢的，更多受你掌控的。可能你还想要另一个机会。可能你想让时间倒流，以不同的方式去做某些事，或者说出你没有说出的话，或者收回你说过的一些话。可能在尚未知道故事全貌的时候，你跳入了结论中，并因为你对事情的不够成熟的反应而感觉到不必要的伤害。我们有很多种不同的方式遭遇苦难，但它们通常是一些基本主题的不同变化而已。

当情绪风暴发生时，如果你能够保持正念，可能你会看到自己不情愿接受事已至此，无论你是否喜欢。可能能够看到这些的那部分你，以这样或者那样的方式，已然与已经发生的或你的处境达成了默契。可能，与此同时，那部分的你已然认识到你的情绪需要得到释放，它们还没有准备好去接受或者平静下来，那么这也是可以的。

就如同在冥想练习时，当涉及我的疼痛、我的困境、我的哀伤的时候，我们的心念往往会强烈地倾向于不去接受事物的真相。如爱因斯坦所指出的（见12章），这会令我们被分离的认同所桎梏。如同我们所见，这样的看法能够把我们与明察及疗愈的能力所割裂，可能在我们最需要它的时候。

如果在痛苦展现的过程中，一份瞬间的领悟呈现，那么就让它成为一个观察。不要自此跳入到对自己平白无故的责备中，责备自己不能如其所是地接纳，或者不能与一个更广大的圆满联结。这一切都只是更多的思考，是对它的评判性的、浪漫化的和理想化的想法。在这种时刻里我们所需要的仅仅是去感受需要在此感受的，让它流淌过我们，无论这个过程可能有多长久，尽力地带着某种程度的平等心，安住于觉知中，观察念头、情绪去做着它们可能做的事情，无论是什么。你可能会被一份即临的灾难或宿命感所威胁，或你可能在遭受一份忧伤的丧失，被某人所错怪，或做出了令你后悔的错误判断，并不愿意"就去接受"。

如同我们在第2章中所见，接纳并不意味着你喜欢所发生的或者你只是被动地去向它认命。它不意味着投降或臣服。我们在此使用接纳这个词，它意味着唯有你接受这个明明白白的事实：已经发生的，无论是什么，都已经发生了，因而，它已经过去了。常常地，接纳唯有随着时间推移方能来到，如同风暴和风的平息。但是在这份绝望之后究竟有多少疗愈能够发生，则有赖于你能有多觉醒，面对风暴的能量，带着智慧的关注去观察它们，当它们咆哮着的时候，无论那可能有多痛苦。

在情绪痛苦发生的当下，以及事后，如果你愿意深深地去看到，那么深刻的，具有疗愈力的领悟有可能会呈现。你可能会获得的一个理解是：变化不可避免，一个直接的视角是，无论我们是否喜欢，**无常恰恰是事物和关系的本质**。当我们观察着躯体疼痛的强度，不同感觉的来来去去，甚至有时是疼痛从一个身体部位到另一个部位的转换的时候，我们可以看到无常。我们也在对疼痛的一直变化着的想法、情感以及态度中看到无常。

当我们在感受情感痛苦,并深深地去看的时候,很难不去留意到你的念头和情绪也处在一种极端的漩涡中,来来去去,出现消失,极速地变化着。在压力很大的时间里,你可能留意到一些念头和情绪反复地发生,带着不依不饶的频率。它们一而再,再而三地回来,令你重活已经发生过的,或者思忖着你可能如何可以做得不一样或者发生着的一切是怎么会发生的。你可能发现自己一再地责怪自己或他人,或者一再地重活某个特定的时分,或者一再地思忖着接下来会发生什么,或者现在你又怎么了。

但是,如果你能够在这样的时刻保持正念,小心地观察,你也可以留意到,即使是这些反复出现的意象、念头和情感也有一个起始与终结,它们如同心念的波浪,时起时伏。你也可以留意到它们从不相同。每次回来,它也会稍有不同,永远不会与前一个波浪完全一样。

你可能留意到情感周期的强度也如此。一个时刻里可能是一种钝痛,下一个时刻里是强烈的痛楚与愤怒,接着又是钝痛或者是精疲力竭。在某些片刻,你甚至可能会全然忘记你在受着伤害。看到情感状态的这些变化,你可能会了解到你所体验到的一切没有什么是恒常的。你可以自己切实地看到,疼痛的强度不是恒定的,它变化着,时强时弱,来来去去,就如同呼吸的来来去去。

正念的那部分你只是看着从一个瞬间到一个瞬间在发生着什么。它不拒绝坏,也不谴责任何事或任何人,它不希冀事情不同,它甚至并不烦恼。觉知,如同处于你内心的慈悲智慧之域,把一切全然地吸收,并在混乱中作为平静的来源,对一个不开心的孩子来说,很像一个母亲作为平静、慈悲以及察觉之源。她知道,令孩子烦恼的,无论是什么都会过去,所以她能在她自身的存在中提供安慰、确认以及平静。

当我们在内心培育正念的时候,我们可以把相似的慈悲导向我们自身。有时,我们需要关照自己,如同那部分受苦的我们就是自己的孩子。为什么不向自己显示慈悲、善意和同情,哪怕我们全然地向自己的痛苦敞开?带着尽量多的善意来对待我们自己,就如同对待另一个在疼痛中的人那样,这本身就是一个很棒的冥想。它培育慈悲心,那是无边无际的。

一个"什么是我自己的道?"的冥想

生活中痛苦的主要来源之一是我们通常希望事情如我们所需要的那样。因而,当事情如愿发生的时候,我们会觉得一切都顺遂,我们感到幸福。而当事情似乎有违我们的意愿时,当它们并不按我们所愿、所期待或所规划的那样发生的时候,我们往往会觉得受了阻碍,感到困扰、愤怒、受伤、不开心,因而我们受苦。

具有讽刺意味的是,我们通常并不知道什么是我们的方式或道,即使我们总想要它。如果我们得到我们想要的,我们通常还要些别的什么。心念不断地寻找它想要的新鲜事物以便觉得幸福或满足。从这方面来看,对处境很少能够如其所是地感到满足,即便事情相对比较平静和满意。

当小孩子在没有得到他们想要的一切而不开心的时候,我们总是很快就会告诉他们,"不能总是由着你来。"当他们问:"为什么不?"时,我们说:"因为……"或者"等你长大后你会懂的。"但这是一个我们加在他们身上的故事。事实上,大多数时间里,我们成年人的行为并不显得比孩子们更懂得生活。我们也希望事情如我们所愿。只是我们想要的东西跟他们想要的不同而已。当事情没有如我们想要的那样,我们难道不也会不高兴吗?根据我们心念的状态,我们发现可以很容易地去笑看他们的孩子气,或者对他发怒。可能我们只是学会了如何更好地去隐藏我们的感情。

去挣脱总被我们自己的欲望所驱使的羁绊，时不时地问问自己是个不错的练习："什么是我的道？""我究竟想要什么？""如果我得到了它，我会知道吗？""一切是否须得在此刻就完美，或一切是否现在就在我的掌控之下，以让我快乐？"

或者，你可以问自己："一切难道不是已经基本上都好好的了吗？""是否我只是没有留意到事情已然安好的方式，因为我的心念持续地冒出一些念头：它应该如此或者须得摆脱一些什么才能令我感到高兴，就像一个孩子一样？"或者，如果并非如此，你可以继续追问："看着我此刻的不快乐，是否有什么特定的步骤我可以走，会帮助我朝着生活中更大的平静与和谐迈进呢？""是否有我可以做的决定以帮助我寻找到我自己的道？""我有任何力量可以去开启我的道路吗，或者我命中注定将在余生无法体验快乐或平静，因为命运，因为我在几十年前，当我还年轻、傻气，或者盲目、感觉不安全、没有现在这份觉察时所做的决定？"

如果在你的冥想练习中整合进有关你自己的道的问题，你会发现它会非常有效地把你带回此刻当下。你可以尝试带着这个问题打坐，并去问"此刻，什么是我的道？"这个问题就足够了。并不需要试图去回答它。只是去考量这个问题，时不时地保持它的鲜活，聆听你内心的回应更有成果。"什么是我的道？""什么是我的道？"

减压门诊中很多人很快就发现，他们自己的道可能其实就是他们在过的生活。有什么别的道可能是他们的呢？他们开始看到疼痛也是他们的道的一部分，不一定是敌人。他们也开始看到至少他们的一些情感痛苦，如果不是大多数，来自于他们自己的行为或者不作为，因而可能是可以管理的。当带着圆满的目光去看问题，他们开始认识到他们并非他们的苦难，就如同他们不是他们的症状，不是他们的躯体疼痛，或他们的疾病。

这些认识并非抽象的哲学。它们有着非常实际的结果。它们直接导向一种能力，去对你的情感痛苦做些什么，就在重症病房里、在警车里、在医生办公室里或者任何地方。当你的生活转了个不可预期的弯，你发现自己在一个不熟悉的领地，强烈的情感正在你自己或他人身上涌现出来。在这样的时刻，对自己的心念负责可以提供令人安慰的通路，带你走过看似无法穿透的障碍、囚禁你的恐惧、绝望或缺乏自信的高墙。当你开始认识到"这就是它了"，认识到此刻的生活是你唯一的生活，你唯一的拥有的时候，走出苦难的通路便开始呈现。当你愿意以此方式看待，那么全然地、如其所是地接受你的生活，无论它究竟是怎样的，就成为可能。至少对那个时刻，在发生的就是在发生着的。将来是未知的，过去发生的已然过去了。

如实地沉浸到当下，无论如何，经由安住在觉知和接纳中，安住于一定程度的平静和明察中，你对恐惧和绝望等这些可能在这种时刻出现的情绪变得不那么脆弱了。就在痛苦当中，你已经可以采取需要的策略，朝向对你本自圆满的确认，朝向对疗愈的确认。

提议这样一个路径是可能和现实的，它是可以实施的，并非小觑你的痛苦或者苦难。它们都太真实了。它想说的是，当情感的风暴来来去去的时候，或者我们的坏感觉逗留不去，沉沉地压着我们的时候，我们也要知道，因为我们是在品味它，我们去成长，做出改变，去超越伤痛和最深的丧失的力量及能力并不仰赖于外在的力量或机遇。它们依然安居在此，在我们自己的内心里，在此刻。

问题聚焦的应对和情感聚焦的应对

正念地与情感相处始于对自己确认你此刻的感受和想法。即使短时间的，全然地停止，与伤害同处，与之共呼吸，感受它，不要试图去解释它、改变它或令它消失都是有助益的。这本身能够给内心和头脑带来平静和稳定。

再一次，回到第12章，记着带着圆满的目光去看待你的处境会有帮助。从系统的角度来说，情感痛苦有两大交互作用的组分。一个是你情感的领域，另一个是你所处的处境或问题的领域，它们是情感的根基。与伤痛共处时，你可能会问，你能否把情感状态与实际已经发生或正在发生的细节区分开来看待？如果你能够将你困境的这两个组区别开来，你更有可能开创出一条走出困境，找到对整个处境有效的解决方法，包括你自己的情感。相反，如果，情感的领域和问题本身的领域混杂在一起，变得繁复，它们通常如此，那么明察并知道如何决绝地行动就变得非常困难。这份困惑本身会制造更大的疼痛和苦难。

开始谈论问题聚焦的应对方法，你可以稍微花点时间，去试着聚焦于你所体验到的处境的问题层面。问自己是否看到它的全部，除开你对这个问题强烈的感受外。接着问你自己是否有切实可行的行动可以采取以帮助和解决问题领域的事情。如果整个问题看上去太大了以至于无法应对，试着在头脑里把它分解成可以管理的部分。然后行动。去做点什么。聆听并信任你的直觉，你的心。你可能试图去尽力纠正问题或减少可能的损害程度。

另一方面，你可能会看到有时绝对没有任何事情可做。如果这是你的看法，那么就真的什么都不要去做。无为而为吧！纯然地安住于觉知本身，让事情如其所是。这样，你可以应用你对无为的理解，与此刻在一起，带着全然的意图。在你自己的心中，安静地抱持正在展现的一切，与其他任何你可以做的事情一样，是一份回应。有时候，这是最合适的可能的回应。

当你觉得可以的时候，去正念地行动，无论它导致行动还是无为，你在把过去放到身后。当你在当下行动的时候，事情会因着你所做的选择而发生变化，而这随之会影响问题本身。这种进程有时被称为问题聚焦的应对。它能让你有效地运作，无论情感反应有多么强烈；它也可能防止你去做一些会令事情变得更糟的事情。

同样的，你可以把觉知带入到你的情感中。试着去觉察你的苦难。它来自于内疚还是恐惧或者丧失？有什么样的念头流经你的头脑？它们准确吗？你能否只是去观看着念头和情感的演绎，带着全然的接纳，把它们当作是一个风暴系统或是波浪的峰，有着自己的结构和生命？它们影响你评判和明察的能力吗？它们在告诉你去做那些你明知会令事态变得更糟的事情吗？把智慧的关注带入到情感的领域是所谓情感聚焦应对的一部分。如我们所见，只是把正念带入到风暴系统本身就会影响它如何解决，因而帮助你去应对它。当你能够考量一种别样的方式，去看见你的情感，并与之共处的时候，当你能够把情感和自己抱持在自我悲悯中的时候，如同你是你自己慈爱的父母，带着足够大的心给自己以温柔、慈心以及更广大的视角，当你处身疼痛和苦难时，无论它们可能以何种形式出现，那么这个过程更深入的一步就会到来。

让我们来看看一个结合了问题聚焦和情感聚集应对的具体例子，看看如何可以同时应用到两者。

很多年前，我和我的儿子威尔，在西缅因州爬山。那是个春天，他 *11* 岁。我们的背包很沉。已经到了傍晚时分，而且看上去一场风暴即将来临。我们往一系列挺难爬的高石崖上爬，到了半路，发现行进得挺艰难的，特别是背着背包。在某个时刻，我们发现自己抓着一棵从岩石中长出来的小树，看着我们下面的山谷，看着正在聚拢的风暴。突然，我们两人都感到害怕了。一点都不清楚如何往上爬到下一个突出的岩崖。感觉好像我们中某个很容易就会滑倒，摔下。威尔发着抖，在那个时刻因恐惧而僵住了。他绝对不想继续往高处走了。

我们的恐惧非常强大，但它也是一种尴尬。我们两个都不想承认感到害怕，但它就在那里。对我来说我们似乎只有两种选择：我们可以不顾我们的情感，继续前行并"抗过去"，或者我们可以尊崇它们。特别是当风暴即将来临，恐惧和不确定的感觉似乎可能在告诉我们一些非常重要的事情。我们紧抓着小树，有目的地与我们的呼吸和情感保持协调一致，悬隔在山顶和山脚之间的某个地方，不知道该做什么。

当我们这样做的时候，我们稍微平静了一些，能够更加清晰地思考了。我们谈论我们的选择，我们想要继续前往山顶的强烈欲望，不想觉得我们的恐惧正在"击败"我们，但同时也权衡着我们对那个时刻里的危险感和脆弱感。没多久，我们就决定去尊崇我们的感受，遵从我们的本意退后一步。我们小心翼翼地往下走，当风雨交加之时，找到了庇护所。我们在庇护所里安适地度过了一夜，很高兴我们尊崇了我们的感受。但我们依旧想爬山。事实上，我们比以往更想爬，所以，如果可能，就不会留下是我们的恐惧最终阻止了我们去到达峰顶的感觉。

因此，第二天，在吃着早餐的时候，我们制订了一个策略，把问题分解成几个部分。我们决定在向每一阶段攀登的时候随机应变，同意我们并不知道背着背包上到石崖上有多困难，我们也同意我们不知道会发生什么或我们是否可能爬到山顶，但无论如何我们会尝试，并应对我们遇见的任何问题。

因为雨水，岩石上非常滑。这令攀登甚至比前一天更加困难。我们几乎立马决定试着赤脚走，看看是否能够增加摩擦力。确实增加了很多。我们背着背包，攀爬到我们觉得舒适的距离。当我们到达岩石的时候，威尔的包对他来说似乎太大太重了。当他试图找到岩石上搭手脚的地方时，背包总是把他往后拉。因此我们决定放下背包，往上走，尽量走得远一些，看看事情看起来如何。我们再次来到那棵小树，这一次，我们两个人的恐惧荡然无存。赤着脚，没有背包，我们觉得全然的安全。在前一天看来似乎是难以征服的妨碍现在看上去容易了。现在，我们可以确切地看到如何从树这里往上走。我们于是继续攀爬，一直到山顶下的更加容易攀登的地方。

风光壮美。我们在迅急消散着的风暴云之上，看着群山沐浴在早晨初阳的光芒中。过了一会儿，我把威尔留在那里。他一个人在那里全然快乐着。在早晨的静谧中，他蹲坐在岩石上，放眼望着山谷和群山，有一个多小时。我则下山去把背包带上来，一次一个。接着我们继续上路。

我讲述这个故事，是因为我清楚地看到，当我们在小树边停下来的时候，我们感到恐惧以及我们能够去对之加以确认是多么的重要。我们的恐惧阻止我们鲁莽行动。在那个时刻，我们也看到在第二天，在处境更好一点的时候，采用问题聚焦方式，沿着老路再次去尝试，对我们两人来说有多么重要。当我们这样做的时候，我们以富有想象力的方式对待路滑和背包的重量。这让我们得以再一次来到我们在前一天感觉到恐惧的地方，并看看我们能否穿过它，超越它，在一个不同的时间里。

我想威尔从这次经历中会有所收获，对我来说则确切地强化了这份感觉，即恐惧是可以一起共处的，他可以去观照并尊崇恐惧的感觉，恐惧甚至可以是有帮助和机智的，以那种方式去爬山既不是弱小的象征也不是爬山的一个不可避免的结果。某一天事情可以令人恐惧，接下来一天就并不如此。同样的山，同样的人，但又是不同的了。愿意把问题与情感区分开来看待，并尊重两者，我们能够保持耐心，不让恐惧的蘑菇云变得愈加危险或让它打败我们的信心。这个策略让我们把登到山顶的问题化解成小一些的问题，之后，我们可以逐个地去着手、体验，看看事情会如何发展，不知道我们是否能够成功，但至少再尝试一次，动用我们的想象力，在一个瞬间一个瞬间里来对待事情。

当你发现自己处于情绪的漩涡及痛苦中时，双轨齐下可以非常具有疗愈性。一轨涉及对念头和情绪的觉知（情感聚焦的视角）；另一轨则涉及与处境本身工作（问题聚焦的视角）。两者对有效地回应压力和令人害怕的处境都很关键。

在问题聚焦方式中，如我们刚看到的，我们试着去辨识问题的来源和程度，带着独立于情感的明察，如同第 12 章中的九点练习那样。我们试着去明察需要达成什么，可能需要去采取什么行动，前行的潜在妨碍是什么。当我们理解了问题所在，也要明察有哪些内在或外在的资源可供我们使用以承受问题。以这种方式进行，你有可能需要去尝试你从未试过的事情，寻求他人的建议和帮助，甚至自己去获得新的技能，以便应对一些问题。如果你把问题分解为可以管理的片段，并一次着手一个问题的话，你可能会发现即便是在情绪痛苦的漩涡中，你也可以有效地采取行动。在一些情况下，以这种方式接近问题可以减轻你的情绪唤起，或者令它搁置足够长，而防止它蒙蔽你或者令问题复杂化。

问题聚焦的应对方式也可能有陷阱，特别当你如果忘记这只是双轨之一。有些人倾向于对生活中所有的一切都采取客观、问题解决的模式来相关联。在这个过程中，他们可能把自己从他们所面对处境的情感中割裂，并且未能带着足够的情商去认识和合适地回应他人的感受。这个习惯难以导致一份平衡的生活。它可以制造很多不必要的苦难。

聚焦于我们的情感，我们从正念的角度来观察情感和念头，并提醒自己我们可以与情感工作，就如同威尔和我在那棵小树边做的那样。经由持续的练习，你会发现，情绪危机是"可处理"的，在最为困难艰苦的时刻，你通常可以有意识地去拓展围绕着情感的视角，以便把它们抱持在觉知中。有时，你可能听到这个策略被称为是"重构"，就是，把在疑问中的问题放在一个更大的或者不同的框架中。重构可以用于你的情感、问题本身或者两者。将问题看成是一个机遇或者挑战就是重构的一个例子。把自己的伤害与其他比你处境更糟的人比较也是。正念本身是最终的框架，在它里面可以看到事情的真相。我把它称为是经历一个"觉知的正交旋转"。在某一个刹那，由于从开放的、内在的智慧空间里所涌现的觉知和领悟，一切都变得不一样了。崭新的开启和可能便可以在此刻呈现，虽然除了你之外，其他一切都照旧如此。

＊＊＊＊

在有很大的情绪不安、动荡、悲伤、愤怒、恐惧和哀伤的时刻,当我们感到受伤、失落、羞辱、挫败或被击败的时刻——所有这些时刻,都是最需要知道我们的核心是稳定和有韧性的时刻,我们可以挺过这些时刻,并且在这个过程中变得更人性化。我们可以在这个时刻变得更加具有韧性。在这样的时刻,进入到止静是有助益的。当我们观察着情感之痛展开的时候,带着对自身的开放和善意,同时对处境本身采取问题聚焦的方法,当情绪之痛在表达自己的时候,我们在每一个时刻在面对、尊崇和从情绪之痛中学习与有效地在这个世界上行动之间取得一种平衡。这本身将很多被卡住和被情绪所盲目化的方式最小化了,这份盲目会被一生中根深蒂固的,常常是未经检验的情绪模式所促发及复杂化。对念头和情感的正念,特别是那些来自于我们跟他人关系的,在高压力、令人恐惧的和情绪化的处境中,可以起到很大的作用,帮助我们在处身最深的情绪之痛时有效地行动。与此同时,它也播下了疗愈心灵和头脑的种子。

正念和抑郁

这些正念之种可以以很多不同的方式播撒及灌溉。你可能知道,情绪的失调可以给我们带来巨大的痛苦,而抑郁症是最普遍的。它被描述成是"夜里的一条黑色的狗"。"黑洞"则是另一个恰当的比喻。在世界范围内,抑郁是一个重大的公共卫生问题,特别是在高度科技化的社会里,它是一个慢性不快乐的、无止境的源头。在过去20年里,出现了一个重要的发展,使用同样的范式,冥想性的练习,以及正念减压的总体形式,已经可以有效地针对重症抑郁被成功治疗之后的复发风险。我所指的是正念认知疗法(mindfulness-based cognitive therapy,MBCT)的发展和普及应用。

正念认知疗法是由三位世界著名的情感研究者及认知疗法专家所发展而成的，他们的主要兴趣在于抑郁症：他们是多伦多大学的辛德尔·西格尔（Zindel Segal）、牛津大学的马克·威廉姆斯（Mark Williams）以及之前在剑桥大学的约翰·蒂斯代尔（John Teasdale）。他们发展出正念认知疗法的故事在他们的书《抑郁的正念认知疗法》（*Mindfulness-Based Cognitiv Therapy for Depression*）中得到很生动的讲述[⊖]。正念认知疗法沿用正念减压疗法的八周形式，是专门为有多次临床抑郁发作的（另外一种称呼是重症抑郁障碍），但当下没有抑郁的、被认知疗法或者抗抑郁药成功治疗的人们所制定。

一旦某人有过三次或以上发作次数的话，复发率超过90%。而个中的耗费，包括人的痛苦是巨大的。在2000年的第一个随机研究中，蒂斯代尔、西格尔和威廉姆斯及他们的同事报道，相对于对照组，有过三次或以上重症抑郁发作史，参加正念认知疗法课程的人在12个月内的复发率降低了一半。而对照组的病人从他们的医生那里接受常规的医疗关照，并继续常规的治疗方案，无论它是什么。由于重症抑郁障碍的普遍性，以及成功治疗后的高复发风险，这个结果是令人吃惊的。基于此发现的出色的科学基础，对正念和正念认知疗法的兴趣在认知疗法社区得到迅速的蔓延。他们的第一本书，主要是为认知疗法咨询师写的。之后，很快有了第二本，《穿越抑郁的正念之道》（*The Mindful Way Through Depression: Freeing Yourself from Chronic Unhappiness*）[⊖]则是我与他们一起写的，针对的是一个更广的读者群。正念认知疗法的关键是认识到任何想说服自己走出抑郁的努力，或以这样或那样的方法去改变事物或修正自己的抑郁感的修正努力，都只会令它更复杂。所需要的就是我们从一开始就在探索的：从"修正"你认为自己出了什么错（行为领域的又一个误导因素）的态度转向一份更加允许和接纳的纯粹的觉知。这正是

⊖ Segal, ZV, Williams JMG and Teasdale, JD *Mindfulness-Based Cognitive Therapy for Depression*. 2nd ed. New York: Guilford; 2012.

⊖ 此书简体中文版已由机械工业出版社出版。

我们在冥想练习中所试验的，以及至少在某种程度上，对存在领域的体验。在这个领域中，如同我们反复强调的那样，无论念头的内容以及情感色调，我们只是把念头看作是"觉知视野中的事件"，如同天空中来来去去的云彩。它们不必被个人化，不必被当真。如前面所提到的，在英国国家健康服务的指导中，正念认知疗法被推荐给有三次或三次以上慢性抑郁的人们，作为复发预防。对正念认知疗法及其对反复发作性抑郁的预防的研究正在增加。它甚至被成功地用来治疗所谓"治疗抵抗性抑郁"。正念认知疗法在诸如慢性焦虑等其他情况中的应用也已经被发展出来了。⊖

⊖ Orsillo S, Roemer L. *The Mindful Way Through Anxiety: Break Free from Chronic Worry and Reclaim Your Life*. Berkeley: New Harbinger; 2011. Semple R, Lee J. *Mindfulness-Based Cognitive Therapy for Anxious Children: A Manual for Treating Childhood Anxiety*. Oakland: New Harbinger; 2011.

… Chapter 25 …

第 25 章

与恐惧、惊恐和焦虑工作

20世纪70年代末,有一部叫《重新来过》(*Starting Over*)的电影,当中有一幕很棒,在这一幕中,伯特·雷诺尔兹(Burt Reynolds)和一个年轻的女士吉尔·克莱伯(Jill Clayburgh)在一个大百货公司的家具部,而她在那里有了一次焦虑发作。当他慌乱地要去帮助她安安神,并掌控她的情绪的时候,他抬眼看到被一群惊呆了的购物者包围着。他喊着:"快,有人有安定片么?"这时,几百双手都着急地往外衣口袋和背包里去掏。

这自然是一个焦虑的时代,自电影发行之后的30年来,焦虑并没有变少。由于我们目前的生活速度,以及我们在电子时代里要求头脑去工作的速度,事实上是相反的。很多人来减压门诊是因为他们有与焦虑相关的问题,由生活中猖獗的压力所造成,并混杂着医疗问题。焦虑是我们在门诊中见到的最普遍的心理状态。这并不令人吃惊,我们的大多数病人被送来,是因为他们自己或者他们的医生觉得他们需要去学习如何更好地放松,学习如何更好地去应对压力。

如果对自己坦诚的话，我们大多数人须得承认，我们生活在一个恐惧的海洋上，并花费很多时间去回避认识到这个事实。每隔一阵子，那些恐惧的感觉就会重新浮现，即使在我们中最坚强的人。它们可能是关乎死亡或者被抛弃或者被背叛的。它们可能根植于我们所曾经经历的创伤，大创伤和小创伤，譬如曾经遭受慢性的无视和忽视，或是被直接虐待、侵犯，甚至折磨。它们可能来自于感觉到的疼痛，或者来自于对疼痛的预期，或者来自于孤独、疾病或残疾。我们可以担心我们所爱的人，担心他或她可能受伤或死亡。我们可能会担心失败或成功，害怕让别人失望，或担心地球的命运。我们大多数人在内心里怀着这样的担心。它们总是存在，但通常它们会在某些情况下浮现出来。

有些人能比其他人更好地处理恐惧感。通常，我们通过忽视这些感觉，或者完全否认这些感觉，或者将其隐藏不让人看到来应付恐惧。但是以这种方式来应对增加了以其他方式损害的可能性，通过发展习惯性的适应不良行为模式，如被动或侵略性来弥补我们的不安全感，而当它们浮出表面的时候，我们被自己的感觉所淹没，不知所措，无能为力，或通过关注身体症状或关注更能掌控的、不太危险的生活的其他方面。即使以这些有问题的方式，许多人也依旧无法应对。他们可能会发现很难，如果不是不可能的话，去否认或忽视或隐瞒自己的焦虑。没有有效的手段来解决这个问题，他们的焦虑就会对他们的功能产生重大的不利影响。慢性焦虑也可能引发严重的所谓经验性回避的模式，人们试图不计代价地去回避任何可能导致痛苦的想法、情感、记忆或身体感觉。这等于自己从自己的生活本身退出，出于对自己内心体验的恐惧。慢性焦虑也可能引发一些人的抑郁症。当然，在所有的形式下，它往往会使我们屈服于许多我们在第19章中回顾过的适应不良性应对途径，以避免或减轻我们的痛苦。

如20章中所讨论的那样，正念的培育可以经由应激回应通路对焦虑反应产生积极的影响。与我们精神病学系的同事合作进行的几项研究发现，在同时具有医疗诊断和继发性广泛性焦虑障碍或惊恐障碍的患者中，在八周课程后，他们的焦虑和抑郁评分显著降低，而这些改善一直持续到三年之后的随访中[1][2]，下面我们会更详尽地介绍这两个研究。

正如你可能想象的那样，正念在慢性焦虑中的应用包括使焦虑本身成为我们非判断性关注的对象。我们有意地观察恐惧和焦虑，就像痛苦一样。当你靠近你的恐惧，当它们以思维、情感和身体感觉的形式出现时，去观察它们，你将会更好地认识到它们是什么，并且知道如何对它们做出适当的反应。那么你就不会那么容易被它们淹没或被带走，或觉得你必须最终以自我毁灭或自我限制的方式进行补偿。

恐惧这个词意味着有一些特定的东西导致了这种情绪状态的出现。在某些威胁性的情况下，我们大家都可能会遇到恐惧，甚至是恐怖。这是逃跑－战斗反应的主要特征。譬如突然无法呼吸会触发它。患有慢性阻塞性肺病的人必须面对这种恐惧，并学习与它所引起的恐慌工作。其他的一些例子还有：成为被攻击的对象，或者得知你患有致命疾病。在更加普通的层面上，即将来临的截止期也可能引发恐慌。

在这种情况下，可怕的想法或经历可能会导致恐慌状态，由绝望和完全丧失控制的感觉所驱动。但是，在威胁性情况下恐慌是一个非常危险和不幸的反应，因为在最需要保持你的智慧并去非常快速、明晰地解决问题的时候，恐慌会令你无法动弹。

当论及"焦虑"时，我们谈论的是类似的、强烈的反应性情绪状态，但没有明确的、即将到来的原因或威胁。焦虑是几乎任何东西都可以触发的、广泛的不安全感和激惹。有时似乎没有任何东西触发它。你可以

---

[1] Kabat-Zinn et al. Eff ectiveness of a Meditation-Based Stress Reduction Program in the Treatment of Anxiety Disorders *Am J Psychiatry*. 1992; 149:936–943.

[2] Miller TK, Fletcher TK, Kabat-Zinn J. Three-Year Follow-Up and Clinical Implications of a Mindfulness Meditation-Based Stress Reduction Intervention in the Treatment of Anxiety Disorders *General Hospital Psychiatry* 1995; 17:192–200.

感到焦虑，但不知道为什么。正如我们在第23章中看到的那样，当我们讨论头痛时，可以在醒来时感到发抖、紧张和害怕。如果你受到焦虑感的困扰，你的焦虑往往似乎与你所处的实际压力不成比例。你可能很难指出你的感觉的根本原因。你可能会发现自己一直在担心，即使没有什么了不起的事情也没有什么重大的威胁。你可能总是紧张、长期紧张。你可能会发现自己在做灾难化的推测，陷入一种默认的模式，即"如果不是一件事情，那就是另一件事"总有一些令人担忧的事情。当这种心理状态普遍存在并发展成为慢性状态时，它被称为广泛性焦虑症。其症状可能包括颤抖、发抖、肌肉紧张、烦躁不安、容易疲劳、呼吸急促、心跳加快、出汗、口干、头晕、恶心、咽喉肿胀感、感觉紧张、容易吃惊、集中精神困难、入睡困难或保持睡眠困难以及烦躁不安。

* * * *

除了广泛性焦虑外，还有一些人受到所谓的"焦虑发作"或"惊恐发作"的困扰。这些是一个人经历一个单独的强烈恐惧和不适的时期，没有明显的原因。经常遭受惊恐发作的人不知道为什么他们会得惊恐发作或者它什么时候会发生。第一次发生时，你可能认为是心脏病发作，因为它经常伴有急性的躯体症状，包括胸痛、眩晕、呼吸急促和大量出汗。可能有不真实的感觉，你也可能认为你正在死亡或变疯，或者失去对自己的控制。如果你的医生告诉你，你没有心脏病发作，你不会疯，这可能是非常令人不安的，并不会令你安心，因为显然有些事情非常不对劲。不幸的是，许多惊恐发作的人会继续去急诊室就诊，被告知"没有任何问题"，但并没有得到帮助或者拿着一张镇静剂的处方被送回家。

虽然知道什么是惊恐发作，知道你不会因之而死或疯是令人安慰的，但最重要的是要知道经由改变对头脑中的思维和反应性的看法，经由改变关注的方法，你可以与这些心身的风暴工作。内科医生、精神科医生、心理学家和心理治疗师把慢性惊恐发作的病人转介到减压门诊来参加正念减压课程就是让他们去做这样的工作。

如前所述，在20世纪90年代中，与精神科同事合作，我们在22位转诊到诊所来的病人中进行了研究，来看看正念减压训练的效果。这些病人有着各种医疗诊断，同时，经一步的检测发现，他们还有广泛性焦虑和/或惊恐发作等第二诊断。之所以会有这个研究，是因为在汇报生活中有着高焦虑的人们中，我们看到了戏剧性的改善，我们觉得对这种改善值得进行一个更加系统的调查。除了人们汇报他们对惊恐的感觉有了更大的掌控外，课程完成之后，在焦虑、惊恐性焦虑和医疗症状的自评量表上，他们也显示出重大的减轻。我们想以更加严谨的测试来看看这些结果，利用更加精确的测量工具来监测心理状态。我们也觉得需要独立地去确认那些被医生因焦虑和惊恐发作症状而转介到减压门诊来的人的诊断的正确性。除了医学诊断外，确定第二个焦虑诊断，并随着时间过去，对它们进行检测，与心理学专家和精神科医生的合作令这一切成为可能。开始研究时，我们邀请被转诊到减压门诊，在一个问卷上汇报有高焦虑的人们来参加研究。每个同意参加研究的人由一个精神科医生或临床心理学家进行一个长时间的访谈，以建立准确的心理学诊断。当他们在参加八周正念减压训练的过程中，每周测量他们焦虑、抑郁和惊恐的程度。在课程结束后三个月，再进行测评。这样随访了22个人。三年之后，我们也做了一次随访研究。

我们发现，在八周正念减压课程中，参与研究的几乎每个人的焦虑和抑郁都显著性地降低了。惊恐发作的频度和严重度同样如此。三个月的随访发现，他们在完成课程后保持了他们的进步。在三个月的随访中，几乎每个人都没有了惊恐发作。三年之后也如此。三年后的随访研究还显示大多数人依旧在进行着某种形式的冥想，以他们觉得重要和有意义的方式。

这些研究，虽然人数不多，而且没有随机对照作为比较，但清晰地显示，惊恐发作和焦虑障碍的患者能够把正念练习派上实际的用处，来调节他们的焦虑和惊恐感。研究同时显示，参加者在八周课程里所学习到的有着持久的益处，就如同我们在第22章中看到的慢性疼痛患者一样。

在焦虑研究中接受正念减压训练的人，指导老师对他们与课程中的其他人一视同仁。事实上，指导老师甚至并不知道谁在研究中，而研究本身也从未在课堂上提及过。正念减压的教案也没有作任何的调整以便让焦虑患者取得好的结果。研究参与者与别的人——那些有着慢性疼痛、心脏病、癌症和所有因其他医疗原因而转诊的人都无法区分开。最有意思的部分是，虽然研究结果显示以此种方法随访的22个人中有着显著的改善，如同每个来过诊所的人一样，他们都有着独特的体验和故事要说。虽然结果提示练习正念可以戏剧性地低降低焦虑以及惊恐发作的频率和严重度，他们的个人故事可以让我们最好地看到正念冥想练习如何才能对焦虑患者产生深刻的用处和助益。下面是一个人如何在患病11年之后，成功地解决了慢性焦虑和惊恐的叙述。

克莱尔的故事

克莱尔，33岁，婚姻幸福，有一个7岁的儿子，当她怀第二个孩子6个月的时候，她来到了减压门诊。在过去的11年间，自从她父亲去世后，她间间断断地感到惊恐，并有实际的惊恐发作。在过去四年里，发作变得更加糟糕了，并妨碍着她去过一份正常的生活。克莱尔描述道她在一个过度保护的少数族裔中长大。当她父亲去世的时候，她22岁，并已经订婚。她承诺会立刻结婚，即使他会在婚礼前去世，就如同发生的一样。她的父亲在一个星期四去世，在星期六落葬，她在星期天结婚。她说在那个时候，她对世界一无所知，由于一直住在家里，所以一直被保护着免遭各种问题。

一直到那个时候，克莱尔认为自己是幸福、适应良好的。她的焦虑问题在她父亲过世后以及她结婚后不久开始。她发现自己会对一些她知道并不重要甚至不是真实的小事情感到焦虑、烦心，她觉得既无法解释也无法去控制这些感觉。她开始认为自己"要发疯了"。几年里，这种焦虑的念头和情感模式变得更加糟糕了。她觉得越发地没有掌控感。在来到诊所的四年前，她开始有些发作，她会在发作中晕过去。那时，她去见了一个神经科医生，医生给她开了镇静剂，并告诉她，她的问题源自焦虑。

从那以后，她最大的恐惧就是在人群中像傻瓜一样晕倒。她害怕独自开车或外出。她开始见一个精神科医生，医生让她继续服用镇静剂。他也要求她服用抗抑郁药，但她拒绝了。

经过一段时间的治疗之后，克莱尔和她的先生开始觉得所采用的那些治疗方法加起来就是试图给她洗脑，让她去服用药物，而并非认真的将她当作一个人来看待。

她的精神科医生看她时，只给她换药，与此同时有一个咨询师有规律地看克莱尔。她记起精神科医生和咨询师都反复地告诉她，药物是解决问题的方法，告诉她，她"就是那种人"，那种需要每天服用镇静剂来度日的人。他们据理力争，她的处境与那些有高血压或甲状腺状况的人没有什么不同。这些人需要每天服药，来调节他们的状况，她也如此。信息是她应该停止抗拒他们帮助她的努力，而要合作。他们坚持，她的惊恐发作只能经由服药来控制。她几乎都这么做了，至少在开始的时候。

但在她的心里，克莱尔觉得她的医生和咨询师对她没有兴趣，除非她愿意接受他们有关她需要药物的立场。当她进去告诉他们药物没有效果，她依旧有惊恐发作的时候，精神科医生只是提高剂量。她全然不觉得自己被当作一个人。

她也觉得被责备。因为拒绝抗抑郁药以及对无限期服用镇静剂的需求提出疑问的时候，她被责备"顽固而不可理喻"。他们从不会告诉她她需要服用它们多久，这令她感到困扰。她觉得他们可能在暗示她可能需要服用它们几十年，她可能永远需要在咨询中。当她问及别的、可能替代药物的方法，诸如减压、瑜伽、放松和生物反馈时，她被告知如果她想的话，她可以去做，"它没有伤害，但无法帮到你的问题。"

最后一根稻草是她知道自己怀孕了。回过头来看，她觉得这次怀孕是一份福报，因为它戏剧性地扭转了她与医疗界的关系。她一发现自己怀了孕，就坚持要撤掉所有的药，不顾她的精神科医生和咨询师的劝告。她看了一个咨询师一段时间，这个咨询师支持她的立场，她最终决定完全停止去见精神科医生，因为有关药物一直是一场战争。因而她开始寻找其他方法。她找人给她做催眠以控制焦虑，这有一点帮助。至少，在治疗本身中她觉得被支持。但她依旧非常神经质和惊恐。最终，她的神经科医生建议她去减压门诊。

此时，她的焦虑已经到了让她难以进到车里，去任何地方的地步。她无法忍受站在人群中，她的心脏总是跳个不停。她完全不习惯自己应对任何压力。怀孕6个月后，克莱尔报了减压课程。

在第一堂课上，她发现自己在身体扫描时能够放松。当她做身体扫描的时候，她没有焦虑，虽然她是躺在地板上，怀着孕，还有一共30个陌生人，如沙丁鱼般挤在塑泡垫子上。在第一堂课的两个半小时里，她通常的焦虑念头和感觉不知何故消失了。

有这样的体验，克莱尔很惊喜。这确认了她可以为自己做些什么，从而把她从慢性焦虑中解放出来的信念。她每天练习指导下的冥想，每周都有进步可以汇报。当她在课堂里发言的时候，她看上去兴高采烈、热情洋溢，显得相当自信。有一天她说她停止在车里放收音机了，而可以跟随自己的呼吸取而代之。她说那样子，她觉得更加平静。

没有人告诉她去那样做。这是当她实践着把冥想练习整合到每日生活中去的时候自己发现的。

当她觉得自己变得紧张的时候，她会让自己进入到紧张中，并去观察它。在课程的八个星期中，她仅有一次非常轻微的惊恐发作，相比她服用镇静剂，每天几次发作，这是一种戏剧性的变化。

在八周结束时，她说她觉得好多了。她更加自信，不再担心她可能在公共场合失去控制。她不再担心在停车场停车或在拥挤的街道上行走。事实上，她开始故意将车停在距离她要去的地方几个街区的地方，这样她可以在其余的路上正念行走。她也睡得很好，以前她一直无法做到。

克莱尔说，总而言之，她现在感觉前所未有的好，虽然她指出她的问题没有真的改变。但不知何故，即便她因为怀孕早期服用了药物，因而对怀着的孩子有点担心，她的恐惧想法并不会导致紧张和恐慌。

事情似乎不再那么具有淹没感了。如果她不得不"当时间到了"要去处理事情时，她对自己的能力充满信心。以前她从未能够这样去感觉或这样去说。过去，哪怕是最轻微的消极想法都会让她马上陷入紧张的恐慌状态。

即使她已经怀孕9个月了，她依旧每天练习冥想。她早起一个小时做练习。她把闹钟设在早晨5∶30分，在床上躺15分钟，然后到另一个房间里听着指导语音频做一个练习。她一天做正念瑜伽，一天做坐姿冥想。比起身体扫描，她偏好坐姿冥想，因而坐姿冥想是她用得最多的。

一年后，我和克莱尔交谈，得知了她的生活近况。那时，她已经完全停药一年，并没有惊恐发作发生。她有大概六次小的焦虑发作，每次她都能自己控制。原来，她的宝宝在出生后18天必须手术修复幽门狭窄（胃和肠之间的瓣膜狭窄的情况，导致婴儿把食物呕吐出来，并可能妨碍足够的营养吸收及体重增加）。在那段时间里，克莱尔几乎住在医院，和她的宝宝在一起，发现自己几乎不断地专注于呼吸，以保持冷静和明察，并提醒自己不要让她的头脑遁入假想中。手术后，她的宝宝很好，正常地成长。如果她没有学会她在正念减压课程中所学的，克莱尔就觉得她无法有效地处理这样一个紧张的情况。

克莱尔的故事说明，慢性焦虑和惊恐可能经由正念冥想练习来加以控制，至少对于一个有很高的动机的人来说。她和减压诊所的许多其他人的经验表明，基于正念的方法可能是这种情况的一个很好的一线治疗方法，而不是立即进行药物治疗，特别是对于不想服用药物的人。

这并不是说在焦虑和惊恐发作治疗中药物没有适当的用途。已经证明某些安定药和抗抑郁药在治疗急性焦虑障碍和惊恐发作方面是非常有用的。它们有助于人们摆脱困境，恢复自我调节的状态。药物治疗也可以有效地与良好的心理治疗和行为咨询结合使用，采用一系列不同的方法，如认知疗法、催眠以及越来越多的正念干预。然而，不巧的是，克莱尔的医疗经历远非非典型。许多焦虑症患者觉得他们所服用的药物并不能帮助他们太多，药物被经常使用，而非倾听和指导他们自己定位，并学习安住在自我调节和内部平衡的领域。克莱尔决心面对她的焦虑，试图自己管理，因为她清楚地看到它如何破坏着她的生命。她觉得她对镇静剂的依赖只是强化了自己是一个神经质的人，一个无可救药的案例的观点。她自己证明，她的直觉一直是正确的，她不必一生一世如废人一般生活，一直服用药物来管理她的精神状态，就像是甲状腺功能不全那样。

现在让我们详细探讨冥想练习如何用于处理恐慌和焦虑的感觉，使它们不再控制你的生活。

这些建议与我们在上一章中介绍的向各种情绪痛苦开放，并与之工作的方法并行。

如何应用正念练习与焦虑及惊恐工作

你的冥想练习是一个与焦虑和惊恐工作的完美的实验室。在身体扫描、坐姿冥想和正念瑜伽中，我们致力于识别和接纳所发现的身体上的任何紧张感，以及当我们安住于"存在"领域中时所出现的任何激越的想法和情绪。冥想练习的指导语强调，除了对身体感觉或焦虑情绪加以觉察外，我们不需要去做任何事，拒绝去评判它们，拒绝去贬低我们自己。

这样，在每个时刻里培育非评判性的觉知，一直到形成一个系统性的方法，教导你的身心在可能存在的焦虑情感之中，去发展一份平静和平等心。这恰好是克莱尔在她的练习中所做的。练习得越多，你会越发觉得自在。越是觉得舒适，你就越能够更加贴切去看到：**你的焦虑和恐惧不是你，它们也不须统辖你的生活**。

当你开始尝到哪怕是瞬间的舒适、放松和明晰的时候，你可能会觉察到，在正式冥想和其他时间里，你并非总是感到焦虑的。当你观察着这些的时候，你看到焦虑有着不同的强度，它和别的一切事物一样，来来去去。你发现它是无常的，它是一种暂时的心理状态，就如同无聊或者幸福一样。这是一份重要的领悟，一份可能令人释然的领悟，因为它向你显示，不在这种压抑的心理状态中去生活是有可能的，这部分地可以经由不把它们个人化，并采取一种更加宽阔的视角来看待它们与你的完满之间的关系来达成。

回忆一下第 3 章中，格雷戈的故事，消防员，他因为焦虑而无法工作，当他戴上面罩的时候就无法呼吸。在正念减压课的开始，仅仅是在身体扫描中观察呼吸就会导致激惹和惊恐的感觉。但是，经由与对自己呼吸不良的反应工作，他很快就看到，有一些方法可以转变他与最可怕的事情之间的关系，而不需要与自己作战。换句话说，他学会了如何去到他的激惹之下，而不试图去摈弃它或者修正它，并沉入到当下此刻的觉知中，安住于平静、明晰和平等心中。原先，格雷戈一点都不知道有这种可能。

经由持续的正念练习，你学会触及和汲取内在深处的资源，以获致生理上的放松及平静，哪怕在那些时间里有些你需要面对和解决的问题，有时甚至需要面对自身健康的危机和严重的威胁。这样做，你也学到要去信任一个稳定的、内在的核心是可能的，这份核心是可靠、值得依赖、不会动摇的。渐渐地，你身体中的紧张，以及心理上的担忧和焦虑会变得不那么具有侵入性，并且失去一些势头。虽然你心里的表面有时依旧可能是不平静和激荡的，如同海面一样，但你可以学会去接纳心理上的那份状态，与此同时，去体验底下的那份内在的平静，这个领域一直就在这里，在这个领域里，波浪的效果会被缓和，最多变成一个温和的涌动。这就是我们一直在叫的"存在的领域"。经由持续性的练习，你会学会安住在觉知的深处本身，全然觉察，安住在无为和不争中。你也会学到，经由持续性的练习，带着明晰和目的去行动（在合适的时候，采取行动），这份行动出自于觉知之地，作为一个已然全然整合的人，一直就是这样已然全然整合的人。

这个学习过程中的关键一部分是去看到，如我们已经多次强调过的那样，你不是你的想法和情感，你不需要去相信它们，对它们做出自动反应，或者被它们所驱使或欺霸。当你练习聚焦于冥想练习中关注的事物时，无论它们是什么，有可能你会看到你的念头和情感是独立的、短暂的事件，很像是海洋中单个的波浪。这些波浪在刹那间升至觉知的层面，然后消退。你可以看它们，将它们看成是独立的"你的意识领域中的事件"。它们来来去去。它们去的时候，至少在那个刹那走了。如果不被喂食，它们就会消融，而在那个消融的刹那，你是自由的。

当你一刻接着一刻地观察在展现着的思维的时候，你会留意到念头是携带着不同程度的情感色彩的。有些是高度消极和悲观的，满带着焦虑、不安、恐惧、阴郁、宿命和蔑视。另一些则是积极和乐观、喜悦开放、接纳和呵护的。还有一些是中性的，在情感内容上既非积极也非消极，只是就事论事。我们的思维以反应性和联想的混乱模式进行，在它自己的内容上铺叙，构建想象中的世界，用忙碌填满寂静。带着高情感色彩的念头会有办法一再重来。它们来的时候，会如同强大的磁铁那样牢牢地抓住你的注意力，把你的心念从呼吸上或者身体觉知上带离。

　　当你把念头只当作念头来看待的时候，有目的地不对它们的内容及情感色彩做出自动反应，对它们的吸引力或者抗拒至少变得略微自由了一些。你不会那么强烈或频繁地深陷其中。情感色彩越强烈，念头的内容越容易抓住你的注意力，并把你从此刻带离。你的功课只是看到和放下，看到，放下，如果需要的话，有时需要大胆而无畏地，永远保有意图和勇气。就是看到，放下，看到，随缘。

　　冥想中所呈现的想法，无论在内容上是"好的""坏的"还是"中性的"，当你都以这种方式去与之工作的时候，你会发现那些在内容上令人焦虑和恐惧的念头显得不那么有力和不那么具有威胁性了。它们不再会那么牢牢地抓住你的关注，因为你将它们看作"就是念头"，而不再是"事实"或"真相"了。提醒自己不要被裹挟在它们的内容中，这变得容易些了。也更加容易地能够去看到你如何去经由惧怕念头而为它们的力量添砖加瓦。具有讽刺意味的是，当你惧怕它们的时候，你其实是在抱着它们不放。

　　这样去看它们，打破了一个焦虑念头带来一个又一个焦虑念头的恶性的锁链，否则你会迷失在一个自我创造的恐惧和不安全的世界中。相反，它只是一个带着焦虑内容的念头，看到它，将之放下，回到平静和开阔的空间；另一个焦虑的念头，看到它，将之放下，回到平静开阔中；反复如此，念念相续……保持呼吸（亲爱的生活，如果你必须如此）带你度过不太平静的时光。

　　与带着高度情感色彩的念头和情绪去正念地工作，并不意味着我们不重视强烈情绪的表达，或强烈的感觉是坏的、有问题的或危险的，并且应该尽一切努力来"控制"它们，摆脱它们或压制它们。留意你的情绪，接受它们，然后将它们放下，而不一定对之自动反应，这并不意味着你试着去否定或摆脱它们。它只意味着你知道你在经历什么。你全然地觉察到，它们是情绪，认识到愤怒感觉起来是这样的，忧伤是这样的。你对愤怒的觉知不是愤怒，你的觉知也非恐惧。它也不是坏的。扎根于当下此刻的强烈情绪中，并不意味着你不会去因念头和情感而采取行动，或者不去全然地表达它们。它只意味着当你采取行动的时候，你更有可能带着明晰和内在的平衡。因为现在，在那个时刻里，你对自己的体验有了更多的视角，而不仅仅是受盲目的自动反应所驱使。在觉知的拥抱中，情感的力量可以被创造性地使用，可以被适好地用来解决问题，而不是去令困难更加复杂，给你或他人造成伤害。当你不那么沉着的时候，这是经常会发生的事情。这是情感焦点及问题焦点的视角如何在正念中互补的又一个例子。它也是一个如何把冥想练习带到每日的生活中，带到生活中情绪的波动中去的一个例子，它是生活本身的瑜伽，邀请我们与我们所发现的任何张力去顺畅地工作，很好地使用它们，以助于看清我们的习惯性的方法，看清把强烈情感个人化及对它的自动反应是如何囚禁我们的。

当我们对思考的过程加以关注的时候，我们改变了与念头的关系，我们可以看到我们可能需要改变思考的方式，完全改变我们论及念头和情感的方式。与其说"我害怕"或者"我焦虑"，这两句都把"你"变成了焦虑或者恐惧，事实上，说"我在体验着很多充满恐惧的念头"更加准确。这样没有了与谁或者"你"是什么之间的强烈的认同，因为你比你可能有的任何念头或情绪都要大很多。你更接近觉知本身，特别是当你从持续的练习中学会安住在觉知中，将安住在觉知中作为你的默存模式或存在的根基。你可以进一步，对自己说诸如这样的话，"此刻，它是害怕"如同说"它在下雨"。这可能有助于提醒你自己这些情感和与之紧密相连的念头的非个人化的性质。这样，你对自己强调，你不是你念头的内容，也不是你的情绪。倘若这样，那么，你既不需要认同念头的内容，也不需要去认同它们的情感色彩，无论它们可能有多么强大。相反，你可以只是对这一切保持觉察、接纳它、仔细地聆听它，或者去感受一下在任何一个时刻里它是如何在身体中表达它的，又是在身体的那些部位表达它的。然后，你的念头可能就不再将你往更多的恐惧、惊恐和焦虑驱使，但可以被用来帮助你更清楚地看到你的头脑里究竟有什么。你可以把这称为是"善待信念"的最基本的姿态，一种对它的来来去去变得亲密，而不深陷其中的方法。这份亲密感并非一份理想，如我们之前已经提到的。它是练习。确实，它是正念练习的根本。

当你以平静和正念来深深地看待自己的思维过程时，你可能会看到，如同第15章和24章中所提到的，大多数的思维和情感都以可被识别的模式发生，而这份模式则受这样或那样的不舒适所驱使。当中有对当下不满，希望有更多事情发生，去占有更多东西以让你感觉更好、更完整、更圆满的那份不适。这种模式可以被描述为去获得你想要的并牢牢抓住它的冲动，很像第2章中的猴子，抓着香蕉不放，因而陷在那里，虽然要自由所需要做的仅仅是从它的掌中将香蕉放下。

如果你更深入地探究的话，你可能会发现，虽然可能我们不太想承认，在这一切之下，这样的冲动是受某种贪婪所驱使的，那种"给我更多"以让我幸福，那种对我们所没有东西的渴望，想要感到完整的渴望。它可能是钱，或者更多钱、更多时间或掌控，或认可，或你想要的爱，或虽然你已经吃过了，还想要更多的食物。无论此刻你渴望什么，被这样的冲动所驱使意味着，事实上，你不相信你已经是圆满的，不相信你已经是完整的。你很容易就会成为你自己欲求的奴隶。我们都冒着这样的风险。

然后还有一个相反的模式，被希望一些事情不要发生或者停止发生的念头和情感所掌控，那份想要摆脱生活中某些事情或元素的欲望，你认为它们在妨碍你去感觉更好，更幸福，更满足。这些念头的模式可以被描述为受憎恨、厌恶、拒绝和摆脱你所不想要或不喜欢的事物，以便感觉到幸福。在这种情况中，你成了自己的厌憎的囚徒。

当正念融入实际行为中的时候，它可以驱使我们认识到，在我们的头脑和行为中，我们可以夹在喜欢/想要（贪）和不喜欢/不想要（嗔）两种趋力之间，无论它们可能有多么微妙以及多么无意识，以至于我们的生活成为一种不停歇的摆动，在追逐我们所喜欢的以及逃离我们所不喜欢的之间㊀。这样的过程极少能够给我们带来平静或幸福。它怎么能呢？永远存在着焦虑的原因。任何时刻里你都有可能失去你已经拥有的。或者你可能永远得不到你想要的。或者你得到了，却发现其实它并不是你想要的。你依旧可能觉得不完整。

除非你能对头脑的活动保持正念，你甚至不会意识到正在发生着什么。无觉知的空白，我们的老熟人自动导航模式，会确保你将继续无谓的奔忙，并在大多时间里觉得失去控制。这是因为你在根本上认为你的幸福完全取决于你是否得到你想要的东西。（参见第 24 章 " '什么是我自己的道？' 冥想"）这种生活方式最终会浪费大量的精力。它也让我们生活的大部分被无知所蒙蔽，以至于我们几乎从来没有觉察到现在的生活其实基本上还是可以的。在此刻，在全然灾难的恐惧和焦虑当中，从内在找到和谐及其核心是有可能的。事实上，你想想看，还可以在别的什么地方找到和谐与幸福呢？

㊀ 这种二元的动机或趋力反映出行为的"趋近"和"回避"模式，是所有有机生命体所具有的特征，我们的大脑结构以功能的不对称反映了这份二元。趋近行为主要与左前额叶特定区域的激活有关，回避则与右前额叶相似区域的激活有关。注意这份不对称与我们在企业中所做的正念减压研究的结果相关。在这个研究中，我们发现了情绪设置点的转换，从更多的右侧激活转为更多的左侧激活，或者从一个更加回避/嗔的模式转向以趋近/允许/接纳为特点的更大情商。那并不意味着"趋近"永远是健康的，"回避"永远是不健康的，特别当它们以"贪"和"憎恨"的方式呈现，而并非将两种冲动皆保持在明察的觉知中的时候，这份明察可以区分有益与无益。或换句话说，就是智慧。

让自己从被思维过程所暴虐的一生中解脱出来的唯一方法，无论你是否饱受过度焦虑之苦，去认识到你的念头就是念头，并去明察微细（但大多数时候里并非那么微妙）渴求和厌憎的种子，贪和嗔的种子在其中作祟。当你能够成功地往后退一步，看到你不是你的念头和情绪，你不需要去相信它们，你当然也不需要去付诸行动，当你活生生地看见它们很多是不准确的、充满评判的、根本上是贪或嗔，你将寻找到理解自己为何如此恐惧和焦虑的关键。与此同时，你将会找到保持平等心的关键。恐惧、惊慌和焦虑将不再是无法驾驭的恶魔。相反，你将把它们当作自然的精神状态，可以与之工作，并接纳它，就如同别的精神状态一样。然后，瞧，恶魔可能不会常来打扰你了。你可能会在很长时间里完全看不到它们了。你可能会纳闷它们去了哪里，甚至它们曾经是否存在过。偶尔，你可能会看到一些烟雾，这足以让你想起龙的巢穴仍然被占领着，恐惧是生活的一个自然的部分，但不是你必须害怕的东西。

无论出现什么，相信自己有承担的能力，是你正在培养的疗愈力的基础。贝弗利在扫描仪中来参加正念减压课程，因为她活在一份非常令人恐惧的，不确定的状况中。一年前，她有脑动脉瘤，已经经由手术修复，但在一根动脉的某处留下了一个比较薄弱的地方，有可能导致第二个动脉瘤。她来到减压门诊，因为她体验到很多焦虑。她觉得她已经不再是过去的自己了，她的身体、她的神经系统有时候会失控。她有不可预期的令人害怕的抽搐、头晕发作，眼睛也有问题。当她与别人在一起的时候，她对自己感到不确定。她认为比起以往，她更加情绪化了，但对此她也不确定。她感到既困惑又害怕。

需要有大量的CAT扫描对她的病情进行监测。它们让她焦虑不安。她不喜欢把头放在一台大机器里面，不得不长时间地完全静止地躺着。当然她也担心这些测试的结果。

进入减压课程两周后，又约了一个CAT扫描。她对此根本不抱期待。但是，当她把头慢慢地滑入机器的空间中的时候，不知怎么地，她想到可以把意念放到她的脚趾头上，就如同两个星期里她做身体扫描练习时那样。结果，在整个检查过程中，她都把注意力放在哪里，并从她的脚趾头吸气和呼气，而脚趾头是离开机器最远的身体部位。聚焦于她的脚趾时，她感到更大的掌控力，并能够保持放松。整个过程，她完全平静，没有惊恐。她不同寻常的平静令她自己和她丈夫都感到吃惊。她发现了去控制看似无法掌控之事的能力，这个新发现让她来上下一堂课的时候，显得格外惊喜。

贝弗利在扫描仪中的身体继续做着一些古怪的事，令她很担忧。但如今她发现有了一些工具，她可以每天里使用它们，以保持更大的平衡。她发现在任何气候的包绕中，稳固、岿然不动的山的意象特别有助益。在冥想中以及其他时间里，她常常会调动"内在的山"⊖。她说现在她能够接受她的状况的不确定性了。单是这就给了她更多的平静。全然的灾难并没有消失。但她这样的应对方式，能够令她对当下的自己感觉更好，对未来则更加乐观。

拥有自信和想象力，去担当起所发生的一切，并与之工作，需要你有很多有力的工具可以使用，以及有足够的使用它们的经验，在被困境召唤的时候，也需要头脑的灵活性和临在感。当贝弗利在扫描仪中，决定把注意力集中在脚趾头上，并动用她的冥想的时候，正好展现了这些品质。

在 CAT 扫描后的几个星期里，她还须得去接受另一种脑影像检查，这次是核磁共振。她想她可以使用在 CAT 扫描中帮到她的相同的方法。当她试着去聚焦于脚趾头的时候，她发现她没法做到，因为核磁共振仪发出很大的轰然声响（因为它的磁铁），这让她太懊恼。不过，她没有惊

⊖ 更多的有关山的冥想的信息，参见《正念：此刻是一枝花》(*Wherever You Go, There You Are*) 一书，以及指导下的正念冥想练习系列 2 中的"山的冥想"。本书简体中文版已由机械工业出版社出版。

慌失措，她把注意力转向声音本身，并发现她可以在整个过程中安住于一种平静的状态中。因而，除了发展出应对焦虑的一套工具外，贝弗利也能够富有想象力地灵活使用它们。在压力很大的处境中，她没有只是去自动反应，而是去回应核磁共振仪声响的新挑战。如果你希望能够在意外面前保持平衡淡定，这样的灵活性是必需的。再提一次，所有一切都是正念练习的一部分，如我们在多种场合所见到的那样，涉及把它带入到平常生活的每个方面，甚至，或者特别是，把正念带到在你意料之外的困难处境中。

另一名男子在减压课堂上分享了又一个与焦虑成功工作的故事。在人群中时，他往往会感到惊恐、害怕。但他在大约6个月的时间里，都没有一次惊恐发作。他因为与医疗问题相关的焦虑而来上课。在课程进行中的某个时间，他和朋友去看凯尔特人在他们的主场——老波士顿花园进行的篮球比赛。当他坐下来，离镶木地板高高的，他感觉到一种熟悉的幽闭恐惧，怕自己被困在一大群人围住的封闭的空间里。

在过去，这种感觉预示着全面的惊恐发作。这样会使他跳起来去找出口。事实上，恐惧首先会让他不去看比赛。但他没有跳起来，而是提醒自己他在呼吸。他靠着椅子坐着，花了几分钟时间驾驭他的呼吸，聚焦于呼吸上，而将恐惧的念头放下。几分钟后，这种感觉过去了，他全然地享受了余下的傍晚时光。

这些只是人们用正念冥想练习及其在日常生活中的应用去与焦虑和惊恐工作，令其平复的例子。与书中其他的一些故事一起，它们可能会提供给你一个方法，在有时会威胁到我们生活的恐惧、惊慌和焦虑的风暴中，帮助你回到你自己稳定和平静的核心，从它们的掌控中以更加智慧和自由的方式脱颖而出。

> 为无为，则无不治。
>
> ——老子《道德经》

Chapter 26
第 26 章

时间和时间压力

在我们的社会，时间已经成了最大的压力源之一。随着数码时代、互联网、无线设备以及社交网络的到来，我们进入了一个每周 7 天、每天 24 小时关联的神奇世界。原本指望这可以让我们的生活变得更为容易些——在诸多方面也确实如此。但同时也发现我们对技术产生了依赖，由于交流一刻不停地到来，我们在感到方便的同时也感到压抑。而且周围一切都在不停地加速发生，即便是那些确实很重要的事情，也让人感到力不从心。这样一来，我们有时会觉得既难以与技术共存（想想总也处理不完的电子邮件），又觉得离不开它。其实，这仅仅只是开始！我们当中年纪较轻者从未知道真正非数码世界是什么样的，于是他们和其余的我们全然沉浸于新奇而不停变幻、前所未有的世界中。如果继续对此一无所知，未来既充满希望也充满潜在的代价，这些代价甚至都难以被我们察觉到。

毫无疑问，任何情况下，一旦交流越来越多，时间则越过越快。通过工具、脸书、推特或类似的东西，我们似乎可以接触到世界上的任何他人，然而我们与自己的接触却没有这么多。由于太过忙碌或者全神贯注以致我们可能对此浑然不觉。

时间背后似乎总有着巨大的秘密，而且没有迹象表明以后会有所不同。在生命的某些阶段，我们总会感到时间好像总是不够用，事情总是做不完。岁月匆匆，我们常常不知时间去了哪里。而另一些阶段，时间则沉沉地压在我们身上，时光看似永无止尽。我们对时间无所适从。这听起来可能有点疯狂，但我认为时间压力的解药，是有意识的"无为"。无为可以应用于不够或有太多需要打发的时间所带来的痛苦中。对你而言，挑战在于如何在你的生活中检测一下这个主张，看看可否因践行无为。换言之，经由培育正念而转化你与时间的关系。如果你感到要被时间的压力完全压垮了，你可能会好奇，怎么可能在一件件必须要做的事情上分出时间来去践行无为？另一方面，如果你觉得疏离、无聊、大把的时间无以打发，你也可能会奇怪无为怎么可能充填空虚时间这份负担。

答案很简单，而且还不太离谱：安适、内在平衡，以及平和是存在于时间之外的。如果你能承诺自己每天花些时间让内心宁静，即便只有短短的两分钟、五分钟，或者十分钟，在那些时刻，你全然地跨出了时间之流。将时间放下所带来的那份安然、平和、幸福而觉醒的临在感，可以转化你重回时间之流后的体验。纯然地把觉知带到当下此时此刻的体验中去，在一天中随顺时间之流成为可能，而不是去持续地对抗时间的流逝，或感觉自己被时间所催逼。

每天练习"无为"的时间越多，则会有更多"无为"的完整一天；换言之，根植于充满更多觉知的每时每刻，从而置身于时间之外。也许在践行坐姿冥想、身体扫描或瑜伽时你已经体验到了这一点。

或许你已经观察到，觉知不需要额外的时间，觉知只是围绕着每一个此时此刻，还原其本具的圆满，生命在其中呼吸并自然呈现。倘若你感到被时间催逼，只要回到当下，便可以重获你已拥有的每时每刻的圆满，从而获得更多的时间。无论此时正发生什么，你都可以集中精力于感知和接受事情本来的样子。当然你也可以觉察到在未来仍然需要做的事情，不至于让它造成过多的焦虑或令你失去对事情全貌的了解。这样你就可以着手去面对和解决它，此时你的作为出自你的存在，出自安稳、整合，出自此时此刻的内在平衡、淡定以及平和。你甚至可以把这种定位带入电子通信，无论是发短信、写电子邮件、在脸书或者推特上打发时间，或分享照片、视频等，无论你的喜好是什么都可以。那怎样才能做到呢？首先，在你使用电子设备时，要回到自己的身体，这样可以让你处在当下；然后，你可以正念地编写短信，全然地觉知自己正在做什么。如果你在处理海量的电子邮件，你可以调整自己的节奏，不要让自己感觉像是在玩"打地鼠"游戏般，回复得越来越快，而又感到落下得越来越多。你只是在意识中落后而已，尤其当与正在做所有这一切的人失联之后，即你是谁，以及那份完整的、作为人的存在。不然，就像你所知道的那样，你会在按下发送键之前最终意识到说了不该说的话，或者忘记了最重要的事情。同时，你可能觉察到上推特去分享某个瞬间或某个想法的冲动，也可能觉察到这其实很容易挡在你和你觉得拥有的体验之间，其实你并没真正拥有这份体验，因为你太忙于传播你所处的方位和印象，而没有时间去沉浸到体验中，去真正地感受它，并让这份体验自由地发展，不被评价，不被分享，哪怕是片刻。这正是几乎所有一切的加速所带来的无休止的挑战，我们有无止境的欲望、冲动去记录和分享自己的体验，甚至在我们允许自己真正拥有它们，和它们一起呼吸、消化它们，把它们吸收到我们的内心和思想中之前就这样做了。

这些都是我们的口袋和手提包中携带着的无线多功能微型超级计算机所带来的新型职业危害。我们这么做仅仅因为我们能做到。但我们不曾停下来，哪怕在一瞬间或者一个短暂的呼吸间，问问自己这么快速地记录和分享这些东西时，我们可能会失去什么。

＊＊＊＊

既然我们多少触及到了"从来没有足够的时间"感觉如何以及可以为此做些什么，接着让我们假设你发现自己正处在相反的生活情景中，你不知道如何打发所拥有的时间。不幸的是这正是我们变得衰老，因衰弱而与社会疏离后常见的情况。也许随着感觉变得不像之前那么敏锐，我们更容易与世界失联。时间可能在你的手上沉甸甸的。也许你感到空虚，与世界以及所有那些世上有意义的事情不再有关。也许你不再外出，无法保持一份工作，也不能离开床太久，甚至不能阅读来"打发时间"。也许你感到孤独，没有朋友和亲戚，或者离他们太远。也许你甚至不懂互联网，也并不在意去了解。无为又如何能帮助到你呢？你已经啥事都没做，而没事做快把你逼疯了！

其实你可能还是做了太多，即便你并没有觉察。你或许正在制造不幸、无聊和焦虑。你至少花了一些，甚至大把的时间让自己沉湎于思想和记忆中、重温往日的好时光或者是不愉快的事件。你或许为发生在很久之前事而对某人有很大的愤怒。你可能正在制造孤独、怨恨、自怜自艾或无望无助。这些意识中内在的旋涡可能耗损你的能量。它们可能让你精疲力竭，让时间的过去显得冗长无尽。

孤独是损害健康和造成死亡的危险因素。有如我们在卡耐基·梅隆研究中所见，经过正念减压练习可以减少孤独感，而且其作用可及基因及细胞水平。其中发挥作用的途径之一是转化我们与时间的关系。

时间流逝的主观体验似乎以某种方式与思维活动关联。我们思考过去，思考未来。时间被作为思想的空间，在永无止尽的流动中。当我们练习正念地观察思想的来来去去，培育安住于宁静和镇定的能力时，这超越了思维流本身，在无限的当下。

由于当下总是在这里，现在，它已然在时间的流逝之外了。T. S. 艾略特在《四个四重奏》的《焦灼的诺顿》第一节的结尾如此表达：

荒谬的被浪费的忧伤时光。

拉伸着，之前和之后。

整个《四个四重奏》，他最后和最伟大的诗作，是关于时间的，关于时间的魅力、时间的奥妙和时间的"欺辱"。

无为是可以采纳的一个激进的态度，哪怕只有一个瞬间。这意味着放下一切我们所执着的事物。尤其是，这意味着看着你的各种想法，并任由它们来来去去。这意味着让你自身如其所是。如果你感到陷于时间的陷阱，无为是你手中在任何时候都可以迈入无限时光的方式。这样做你还可以走出疏离、不幸，以及参与、忙碌、成为某事的一部分和做有意义之事的渴望，至少短时间可以这样。通过在时间之外与自己连接，你已然在做你可能做到的最有意义的事情了，也就是说让自己的内心平和，与完整的自己连接，与自己再度连接。这里有艾略特的说法，仍然来自《焦灼的诺顿》：

过去和未来的时光，

允有少许的觉知，

待在觉知中，而非时间中。

你可以把你所拥有的时间看成是参与、存在和成长之内在工课的机会。这样的话，即便你的身体没有"正确"地发挥作用，你被困在室内或床上，即便你感觉比从前更衰弱了，依然存在着一些可能性，可以把生活变成是一场探险，并在每一个瞬间找到意义。

如果你能承诺践行正念，你与身体的疏离可能变得对你有些不同的意义。你外在的活动受限、躯体的疼痛和因此产生的懊恼可以因为有了新的可能性的喜乐而得到平衡，因此你对自己可有新的期冀，从中你可以乐观地看待事物、重新架构时间，时间在你手中成了存在的工作、无为的工作、自我觉察和理解的工作、安住于当下的工作，以及友善和慈悲地待人、与人相处的工作。

这份工作没有止境，当然，也无法得知这会把你引向何处。但无论是哪里，都会让你远离痛苦，远离无聊、焦虑以及自艾自怨，而走向疗愈。当那份无限的时光得到培育，负性精神状态就难以存在了。它们怎么可能存在呢，当你已然拥有平和？你全神贯注和稳定的觉知充当着一口坩埚，在其中，负性精神状态得以被包容和转化。

而如果你的身体足够健全，可以在外部世界完成至少一些事情，安住于无为则可以引领你洞察如何与人连接，参与各种活动以及处理事情，这些对你既有意义也有助于他人，对他们也有用。每个人都对世界有所贡献，事实上有的事情是他人无法给予的，是独特而无价的。当然，这也正是每个人自己的独特存在方式。如果你践行无为，你可以发现，即便把所有的时间抓在自己手中，时间也未必足够做你需要做的事情。无为则需要让所作所为基于存在。在这份工作中，你永不会被解雇，无论你是否有一份工作。

* * * *

如果你用宇宙观看待时间，我们每个人都不会存在太久。人的一生在地球上停留的时间短暂得有如眨一下眼睛，个体的生存时间在浩瀚的宇宙时间里极其渺小。哈佛大学古生物学家史蒂芬·古尔德指出，"人类这一物种定居这一星球的时间仅有25万年，或多或少，粗略估计这仅占生命史的0.0015%，是宇宙一英里长中的最后1英寸。"然而在对时间的意识中，我们感觉好像我们有很长的时间去生活。事实上，我们常常自欺，尤其是在生命的早期，带着永生和不朽的错觉。而另一些时候，我们又太过敏感于无法避免的死亡及快速流逝的岁月。

或许正是有关死亡的知识，有意和无意地从根本上迫使我们感到时间的压力。所谓"截止期"（deadline，直译是"死线"）显然携带有特定的信息。我们有许许多多最后期限，来自我们的工作、来自他人或我们自己。我们冲向这里那里，做这做那，试图"及时"完成一切。

我们常常因为挤时间去做事而感到压力，为了做事而做事，为了在检查永无止尽的待办事务清单时可以对我们自己说："至少这已经完工了。"然后转向下一件需要做的事情，向前推进，推着走过我们的每一个瞬间，直到再度进入打地鼠状态，只是做、做、做，能有多快就多快，把所有的事情做完，虽然知道这些事总也做不完。有时候也能幡然醒悟，如果不够小心的话，则可能错过生活中真正珍贵的和最重要的，而且也是最容易忘记的，也就是去具身体验谁在做着这所有的行为。换句话，再说一遍：我们的存在！

有的医生认为时间压力是当代疾病的基础。时间紧迫起初被认为是冠心病倾向的突出特征，或者称之为A型行为。A型综合征有时被描述为"催促病"。被归为这一类的人受时间压力的感觉驱使，让日常生活所有活动加速，在同一时间内考虑进行多项工作。他们往往不是好的聆听者。他们不停地打断别人说话，显得很没耐心。他们很难单纯地坐着不做事或站着排队，倾向于说话很快，在社交和职业中表现强势。A型人格还倾向于高度竞争性、易激怒、愤世嫉俗和怀有敌意。像我们所看见的，有证据表明，敌意和愤世嫉俗是最具毒性的冠心病倾向的行为因素。其他一些人则认为这些行为因素来自时间紧迫感。尽管后续的研究表明时间紧迫感本身不是心脏病的主要危险因素，但其自身依然有害。如果处理不当，时间压力很容易侵蚀个人的生活品质，并威胁个人健康及福祉。

心脏病学家和压力研究者罗伯特·艾略特描述了他自己在遭遇心脏病突然发作之前的精神状态及与时间的关系，那还是互联网时代之前的事情，他描述到：

> 我的身体迫切需要休息，而我的头脑却置若罔闻。我已经落后于时

间表的安排。按照我的时间表,在40岁时我必须做到一个重要大学的心脏科主任。当我离开位于盖恩斯维尔的佛罗里达大学,去接受内布拉斯卡州大学心脏科主任的位置时已经43岁了。我需要做的是稍微加速以跑得更快,好让时间表重归轨道。

尽管发现自己奔忙着去扫除各种障碍,以建立创新性心血管研究中心的,依然觉得机会之门已对他关上,他始终无法打破藩篱,实现自己的梦想。

我对我毕生所作所为极度绝望。我要快点!我试图推动事情向前,我跨州为内布拉斯加州的基层心脏科医师提供现场教学,又同时为大学的心血管研究项目建立支持系统。我的时间表上满是全国的巡回学术演讲,按着日程安排不停地飞来飞去。我记得在一次旅程中,我的妻子菲利斯协助我安排日程,学术交流进行得非常圆满,在回家的航班上,菲利斯在尽情享受着回忆。而我则不,我在快速地填写评估表,操心如何让下次学术交流更完美。

我没有给朋友和家庭的时间,也没有放松和消遣的时间。一次菲利斯给我买了辆运动自行车作为圣诞礼物,我甚至觉得被冒犯。我怎么可能有时间坐下来蹬自行车?

我常常感到过度疲劳,但我尽量地驱赶这样的念头。我不在意健康。什么是我最为在意的呢?我身为心脏疾病的专家,我认为我没有任何危险因素,我父亲活过了78岁,我母亲活到85岁,都没有心脏病征象。我不抽烟,体重不超重,血压也不高,胆固醇不高,没有糖尿病。我以为我对心脏病免疫。

但我由于其他原因承担了很大的危险。我奋斗得太过用力,时间太长。现在看来我的这些努力徒劳无益……一种幻灭的感觉袭击了我,像是无形的陷阱。然而当时我对此并不了然,我的身体却对此内在的混乱不停地做出反应。9个月后我才因压力舒缓而变得柔软。事情发生在我

44岁生日后的两周。

如他所描述的，有一天，在一次令人失望的争执后，他感到异常生气、无法平静。他度过了一个彻夜不眠的夜晚，接着又长途开车去参加一个演讲会，在那里他做了个医学讲座。在饱餐一顿之后，他尝试为一位病人做诊断，但这时他的意识开始朦胧、双眼模糊。感到头晕目眩。这种情况意味着他遭遇了心脏病发作。

艾略特医生的心脏病发作致使他写了一本书，名为《值得去死么？》（*Is It Worth Dying For?*）。在这本书里，他描述了如何得到以响亮的"不"给出这个问题的答案，继而改变了他与时间和压力的关系。它描述在心脏病发作前的生活是"枯燥地单调工作"，而这显然源于他爱他的工作。

诺曼·卡森斯，一位杰出的杂志编辑、知识精英，描述了在他心脏病发作前的情形，与此极为相似。那是机场因911设置严格安检前的岁月，在他的书《疗愈心脏》（*The Healing Heart*）里写道：

我生活中的主要压力源来自机场和飞机，由于众多的演讲和会议迫使我经常乘坐飞机，进出机场。在去机场的路上要对抗交通拥挤，最后不得不跑着冲向航站楼，不得不排队等候登机，又不得不因为飞机超售而无功而返，在行李台等候行李，却总也等不到，时区变更，不规律就餐，缺乏睡眠——这些飞行旅行的特征多年来成了我郁闷的负担，而在20世纪80年代则更为显著……

圣诞节前我从东海岸返回的旅途极度兴奋，却发现过不了几天又要出发去往东南方。我询问秘书有无可能性延期或者取消。她和我仔细地检查了每一项预约，每一件都有特别的原因需要遵守约定，显然……只有极端的事情能够让我不遵循约定。我的身体听到了这个，次日，我心脏病发作了。

留意在上面两段中面临时间压力和紧迫时的感觉的语言："按时间表落后了"，职业生涯"时间表"，"我赶上了""我尽力去推动事情""没有时间留给朋友和家庭""无聊的差事""与交通较劲""不得不跑着"赶飞机"不得不排队"，"等候"行李，应对"时区变更"。

时间压力不仅仅是常需旅行的高管、医生、学者的事。在当今这个后工业化和完全数字化的社会，每个人都面临着时间的压力。我们早晨系上手表的带扣，在口袋里装上智能手机，随身携带日历和预约安排，带着电子邮件和推特上路。我们的生活被时钟引领，把所有事情挤在适当的时间段内和"在路上"的每时每刻。时钟命令我们在何时出现在何处，或者因为我们忘记太多次而朝我们哀叹。时间和时钟赶着我们从一件事到下一件事。这已经成了一种"生活方式"，我们中的许多人每天被义务和责任所驱使，到了晚上带着疲倦把自己扔到床上来结束一整天。如果我们长时间保持这样的方式硬挺着，而得不到必要的休息，补充自己的能量储备，则不可避免地会出现各种方式的崩溃。无论你的应变稳态回路有多么稳定和强健，都终将被推向超越极限，除非随时重新设定或者重新校正——减轻应变稳态负荷，减轻每日的磨损。

当今，我们甚至把时间的急迫感传递给了孩子。是否发现多少次你对小孩子嚷嚷"赶紧的，没时间了"或者"我没时间"？我们催促他们赶紧穿衣、吃早饭、做好上学的准备。通过我们的言语和身体语言，通过让我们自己处于紧张状态，我们传递给他们清晰的信息：永远没有足够的时间！

这个信息被他们清晰地理解了。现在对孩子而言，小小年纪就感到压力和被催促司空见惯。

不能跟随自己的内在节奏，而是被铲上了父母生活的传送带，被教导不得不加快速度并要有时间意识。这在根本上对其生物节奏有害，并像对成年人的作用一样，导致不同类型的生理失调和心理不适。例如，现今社会，儿童患上了高血压，这甚至发生在 5 岁儿童身上，尽管发生率不高，但可检测到比以往显著增多。非工业化社会不会是这样，那时高血压实际上不太为人所知，我们生活方式的压力中有某种东西超过了饮食因素，导致了高血压的升高。或许这正是时间的压力。

* * * *

在过去，我们的活动更能跟随自然世界的节奏。人们更多地在原地活动，不会旅行得太远。多数人在出生地终老一生，城镇或乡村里的每一个人都相互认识。日出日落决定着与今天不相同的生活节奏。夜晚由于没有光线，不适宜做很多工作。入夜人们围坐在篝火旁，那是仅有的热源和光源，以这种特别的方式可以让人慢下来，这个时刻温暖且宁静。人们凝视着火苗上蹿下跳，可以专注于火焰，多么不同却又总是一样。人们可以观察火焰一时复一时，一夜复一夜，月复月，年复年，穿越季节，看着光阴在火焰中驻留。或许围坐在火焰旁的仪式正是人类最初的冥想体验。

在过去，人类的节奏就是自然的节奏。那是全然的非数码世界。农夫一天靠双手和牛只能耕种那么多地。靠双脚甚至靠骑马，你只能走这么远。人们与动物和它们的需求紧密相连。动物的节奏决定于一天的时间限制。如果你看重自己的马，你也不会太过驱赶它们，让它们走太快或太远。人与人只能面对面地交流，偶尔，在紧要关头，通过击鼓或者稍远的烟火传递信息。

现在的人们大可不必按照这些自然的节奏生活，电力让黑夜有了光明，结果是也从此让日夜不再分明，如果人们需要或者想要的话，可以在日落后接着工作。我们不再因没有光线而慢下来。我们有了汽车和拖拉机、电话，我们乘坐喷气飞机旅行，有了无线电和电视、复印机、笔记本电脑和所有各种越来越小的无线电子设备，有了存在于互联网的替代世界。世界变小了，这是由于可以利用大量的时间来做事情，找事情干，交流，出游或者完成一项工作。电子计算机放大了我们纸上文字工作和计算工作的能力，虽然这在某种程度上大大解放了我们，人们却发现自己处于更大的压力之下，在有限的时间里有更多的工作需要完成。随着技术为我们提供越来越多和越来越快的能力，我们对自己和他人的期待成指数级增长。人们不再围坐在篝火旁取暖或借光，不再无所事事，而是打开开关继续做我们不得不做的事情。也可能选择看电视或者观看YouTube视频，在网上冲浪，浪迹于博客圈，以为这样我们是在放松或者慢下来。但实际上这只是更多的感官冲击。

在不远的将来，还将会有下一波技术浪潮，它们正在被创造或者正在形成中，即网上购物、智能电视、小众广告广播、带声控功能的电子住宅，当然还有智能化的机器人，你可以与之交谈，让它打理本该你打理的事务，我们有越来越多的方式分散我们自己，有越来越多的方式让我们越来越忙碌，同时做越来越多的事情，期待也随之越来越高。

我们已经能边开车边做生意（由于注意力不集中以及在车轮后履行多重任务，车祸概率巨幅增加），我们可以边运动边处理信息，边阅读边在平板电脑的分区屏幕上看节目，在电视上同时观看三到四个节目。我们总在与世界接触，其内容和需求让我们很容易上瘾。但我们真的和我们自己连接了么？

四种让自己从时间胁迫中解放出来的方法

世界因科技而加速，但这并不能成为我们被其胁迫的理由，让自身面临的压力超过许可的边界，甚至过早地被现代生活的跑步机带向坟墓。有些方法可以让我们从被时间的胁迫中解放出来。首先是提醒自己，时间是思想的产物。分钟和小时不过是约定俗成，人们都这样认为，只是因为这样可以让我们便利地相互交流和协调地工作。但却没有绝对的意义，有如爱因斯坦对外行听众指出的那样。在他解释相对论概念时曾经这样说过："如果你坐在火炉旁，一分钟看似长过一小时，而如果在做一件愉悦的事情，那么一小时则快过一分钟。"

当然我们知道这出自于个人的经验，事实上，自然是相当公平的。我们每天有24小时。如何看待和怎样对待这24小时可以产生各种差异，让我们感觉有"足够的时间""太多的时间"和"时间不够"。所以需要着眼于对自己的期待。我们需要觉察究竟需要完成什么，或者是否需要为此付出太多的代价，用艾略特医生的话讲，这是否"值得去死"。

第二种从时间的胁迫中获得解放的方式，是用更多时间生活在当下。我们花费了太多的时间和能量去缅怀过去或者担心未来。这些时刻很难令人获得满足。通常会带来焦虑和时间紧迫感，产生"时间不多了"或"过去的好时光"等念头。现在可以反复看到，练习正念地度过当下的每一个此时此刻，可以让你置身于生命中唯一你得生活其中的时刻，也就是现在。无论正在从事什么，从自动导航的模式中抽离，进入觉知和接纳，就具有极大的丰富性。假如你正在进食，那就在这段时间真的去吃。这意味着选择不再在阅读杂志和看电视的同时，稀里糊涂地把食物胡乱塞进身体。如果你正在照看自己的孩子，那就真正地和他们在一起。全身心地投入正在做的事情，时间将消失。如果你正在辅导孩子做作业或者正与他们谈话，那就不要边忙碌边做，不要暗中接电话或者回复电子邮件。努力地安住在此时此刻。进行目光接触。真正地拥有当下时刻。让时间慢下来。安住在自己的身体内，这样就不会看着别人把属于你的时间"拿走"。每一个瞬间都是属于你自己的。如果要回味过去或者计划未来，同样也要带着觉知去做，在当下回忆，在当下规划。

日常生活中正念的精髓，就是去真正拥有每一个时刻。即便你正在忙碌中，有时候这是必要的，那至少要正念地去忙碌。去觉察你的呼吸，觉察需要奔忙的必要性，带着正念去忙碌，直至你不再需要奔忙；然后有意识地尽可能地放下和放松，假如需要，再给自己一些恢复的时间。如果你发现在脑子里编写列表，强迫自己把列表中的每个最后事项都按时完成，那么就把觉察带到自己的身体，带到可能增加的心理和躯体压力，提醒自己其中有些事情是可以等待的。如果你真的接近极限了，完全地停下来，然后问问自己，"这值得去死么？"或"是谁在跑向哪里？"

　　从时间胁迫中解放自己的第三种方式，是每天有意地奉献一些时间任其存在，换言之，去冥想。

　　我们需要拓展并保护我们做正式冥想练习的时间，因为这很容易被列为是不必要的或奢侈的而被划掉；毕竟，这看似没有作为。当你真的划掉冥想，把时间再度用于做事，你正在丧失你生命中最具价值的东西：让自己纯粹存在的时间。

　　我们已经看到，通过探索和投入到各种践行正念的方式，我们根本上在跨出时间之流，安住于安宁、永恒的当下。这并不意味着每个练习正念的时刻都是无限的。

　　这有赖于你带入每时每刻的专注和安宁的程度。只要承诺践行无为，放下执着，不再评判你有时候是多么具有评判性，在那个时刻放慢节奏，滋养你内在的那份永恒。

　　当内在和外部世界的节奏变得愈发无情的时候，每天留出一定的时间来放慢节奏，给自己一个正式的时间作为礼物，让自己置身存在的状态，这实际上是在增强从存在来采取行动，以及在一天中余下的时间里安住当下的能力。这说明为何需要系统地在生命中存储一定的时间来让自己仅仅是存在状态，就只是安住于觉知之中，除了醒觉着，没有其他议程。

　　从时间胁迫中解放自己的第四种方式，是以某种方式简化生活。就像本书前面叙述过的那样，我曾指导一次为法官开设的八周正念减压课程。法官们常淹没在海量的待处理案件中。一位法官抱怨道，他从没有足够的时间去阅读卷宗，或者为了更充分的准备，而去阅读与案子相关的额外背景资料，同时，他感到也没有足够的时间陪伴家人。当他检视不工作时他是如何使用时间的时候，结果是每天他仍然虔诚地阅读三份报纸，看一小时的电视新闻。报纸占用了他一个半小时时间。这也像是一种成瘾。

当然他知道他是怎么度过时光的。但由于某些原因，他并没有与每天花两个半小时看新闻这个事情建立连接，而报纸和电视上的新闻几乎都是千篇一律的。当我们讨论这事时他马上意识到，他其实可以获得更多的时间去做他想做的事情。只要他放下两份报纸或电视，他有意识地打破了对阅读报纸和观看电视新闻的成瘾性习惯，这样每天可以腾出两个多小时做其他事情。

简化自己的生活，哪怕一点点就可以有很大的不同。如果你把时间充填太满，你便不再有时间。但你未必觉察到为什么没有时间。简化意味着优选那些不得不做和愿意做的事情，与此同时，有意识地选择放弃一些事情。这可能是说你要学会在某些时候说"不"，甚至有些事情是你愿意做或者针对你在意或想帮助的人，这样你保护和存储了一些空间，为静默、为无为——为所有你已经答应要做的事情。

医院举办的正念减压课程第六周一日止语正念静修之后，一位曾患慢性疼痛数年的妇女发现次日整天都完全没有疼痛。同时在早晨醒来时，她发现自己对时间的感觉不同了。这种方式让她感到弥足珍贵。当她接到他儿子一个惯常的电话，说会把孩子们带过来，这样她和她丈夫可以为他们看孩子时，她发现她居然亲口对他说不要带过来，她那时无法那么做，她需要一些独处的时间。她感到她需要保护这个奇妙的时刻，没有疼痛。她感到她需要维护早晨体验到的宝贵安宁，而不是用事情去充填它，即便是与孙孩们在一起也不行，当然她极其爱她的孙辈。她也希望能在儿子外出时帮助他，但这次她要说不，她要为自己做些什么。她丈夫感觉到了她的某些不同，也许是内在的宁静，非同寻常地支持着她。

她儿子觉得难以置信，她此前从未说过不。那天她甚至没什么事情要做，这对她而言简直是疯了。但她知道，这也许是很长时间以来的第一次，有些时刻是值得捍卫的，便于让什么都不会发生，因为这样的"没事"是非常富饶的"没事"。

＊ ＊ ＊ ＊

有种说法"时间就是金钱"。但某些人有的是钱却没什么时间。想想放弃一些金钱换取一些时间不会对他们造成伤害。很多年以来我每周工作三到四天，获取相应的收入。我需要全职工作的收入，但我感觉时间更有价值，尤其是孩子们还年幼的时候。我需要尽可能地与他们待在一起。那时，我在医院和医学院全职工作了若干年。这意味着我不在家的时间更多了，我以不同的方式更多地感受到了时间的压力。尽我所能，我在所有事的领域内时时刻刻地践行无为，并做各种尝试，尽管许多没有获得成功，记住，不要让自己过度承诺。

很幸运，在我需要做多少工作，以及我想要做什么上，我有很多决定权。而且我所做的工作，透过各种伪装，其实是一份爱的劳作。大多数人对他们自己要做什么以及做多少没有什么发言权。即便如此，依旧有很多可能的方式去简化自己的生活。或许你无须东奔西跑那么多，也无须承担那么多的义务和承诺；也许你不需要整天在你房间里开着电视机；也许你无须开那么多车；也许你无须在手机上花那么多时间。而且也许你并不需要那么多钱。花些心思和注意力关心一下你可以简化事情的方式，这可以开始让你的时间属于你。这本来就是你的，你知道的。你可能也很享受如此。你同样可以安住于所有你的每时每刻中，它们不会"永远"属于你。

有一次记者问圣雄甘地,"你每天持续工作 15 小时,这样做了几乎 50 年了。你难道不想花些时间去度假?"对这个问题,甘地如是回答,"我总是在度假"。

当然,假期这个词隐含有"空闲""空"的意思。当我们练习全然地处于当下时,生活以其自身的饱满始终与我们同在,恰恰因为此时我们置身于时间之外。时间变得空灵了,我们也是。我们也可以总是在假期中。如果我们践行正念,我们甚至可以学习如何一整年都拥有更好的假期。

但,只有在时间中,在玫瑰花园的那个刹那
在雨打凉亭的那个刹那
在烟雾缭绕的阴冷教堂里的那个刹那
可被追忆;关乎过去和未来。
唯经由时间,时间才能被征服。

——T. S. 艾略特《四个四重奏》之《焦灼的诺顿》

Chapter 27
第 27 章

睡眠和睡眠压力

在所有我们有规律地做着的事情中，睡觉是最不同寻常又最少被意识到的一件事情。想象一下，每天一次，我们躺在一个舒适的表面上，我们每次可以置身体于不顾长达数小时。这也是神圣的时光。我们非常执着于睡眠，以致几乎从未考虑为实现个人的目标而放弃睡眠。多少次你听别人讲过，"我要睡足 8 小时，否则我就是行尸走肉？"如果你建议有的人尝试早起一小时甚至只早起 15 分钟，这样可以多些时间做其他有价值但又没时间做的事情，你会发现巨大的阻力。如果你侵犯了他们的睡眠时间，人们会感到威胁。

然而具有讽刺意味的是，最为常见和早期的压力表现就是睡眠困难。你既可以因为有各种想法停不下来而难以入睡，也可能半夜醒来后难以再入睡，或者两者都有。通常你在床上辗转反侧，试图清理头脑，告诉自己明天对你很重要，休息显得如何重要，但毫无用处。你越想睡着，却变得更加清醒。

事实证明，你不能强迫自己入睡。这是个动态的过程，像放松一样，你得放下后才能进入。你越是努力地要睡着，产生的压力和焦虑越多，这反而让你醒着。

当我们说"去睡觉"，言语本身的含义是"到某处去"。正常情况下，说"睡意袭来"或许更为精确。能够睡觉是我们生活和谐的象征。得到充足的睡眠是良好健康状态的基础。如果睡眠被剥夺，我们的思考、情绪、行为会变得不稳定和不靠谱，身体变得耗竭，变得易于患病。

睡眠模式与自然界密切相关。地球围绕地轴旋转，每24小时转一圈，给了我们光明和黑暗的昼夜循环，生物看似也跟着循环，如同我们所看到的昼夜变化，称之为昼夜节律。这种节律在脑和神经系统释放神经递质、所有细胞生物化学的每日的起伏变化中得到显现。这种基本的地球节律建构在我们的系统中。事实上，生物学家认为存在"生物钟"，由下丘脑控制，调节我们的睡眠-觉醒循环，可以被气机旅行、加夜班和其他行为模式所打乱。我们跟随地球的循环，我们的睡眠模式反映了这种连接。当其被扰乱，需要一些时间去重置，以恢复到正常的模式。

一位75岁的女性因始于1年半前的睡眠问题而被送到减压门诊。她最近还高血压发作，用药物控制。之前她在公立学校工作，已于十年前退休。她报告说多数夜晚她就是无法入眠，整夜都感到"非常舒适，不会感到烦躁"，但就是睡不着。她的医生给过她小剂量的镇静剂以帮助其放松，但她依然想着药物就"战战兢兢"。她尝试过若干次只吃半片药。这的确可以帮助她入睡，但她怨恨吃药，并停止了服用。她来到减压门诊，希望能够学习不依赖药物而睡得更好。

她做到了。整个课程中她诚心诚意地坚持练习正念冥想。尽管不喜欢坐姿冥想这种形式，因为这时她经常走神，但喜欢瑜伽，每天都练，练得比我们要求的还多。在八周结束的时候，她能睡着了，像她说的那样，每晚都"奇妙无比"，而更令她高兴的是，她自己具有了这种能力，无须借助药物。

如果你有很多睡眠问题，你的身体可能在告诉你，你指导生活的某些方式存在某些问题。像其他的身－心症状一样，这个信息值得聆听。通常这只是你正在经历生活中压力时刻的信号，你可以期待如果或者当这些问题解决了，你的睡眠问题自可改善。有时候可以帮助你了解你做了多少运动。有规律的运动，像行走、瑜伽或者游泳，可以给任何年龄的人的睡眠带来很大的不同，通过实验你自己就能发现这些。

有时候人们陷入一种思考，觉得需要比实际需要更久的睡眠。我们对睡眠的需求随年龄的增长而变化，已知到了老年会缩短。很多人每晚仅有4、5小时或者6小时的睡眠而各项功能正常，但他们会感觉"应该"能够睡得更久。

当你无法入眠，你可以尝试起床去做点别的事情。做些你喜欢的事情，或者你感觉会有益于让你平静下来的事情。我愿意假设，睡不着可能是因为我那会儿还不需要睡，即便是我真的想睡了。当我遭遇睡眠困难，第二件事我可以做的是正念冥想（第一件事是在床上翻来覆去，心烦意乱，直到意识到我在做什么）。如果我一时半会儿没办法入睡，我干脆就起来，裹上毛毯，坐在垫子上，仅仅去观照思维。这给了我机会，让我仔细地观察究竟是什么这么迫切和搅扰，让我远离平和的睡眠。或取而代之，我可能会采取大摊尸的体式平躺在床上练习身体扫描。有时候，这样冥想半个小时可以让思维平静下来，直到你可以重新回去睡觉。而其他时候会引领你去做其他的事情，如做喜欢的计划、编写列表、读一本好书、听音乐、散步或者开车兜风，或者只是接纳事实，你现在正在焦虑、不安、生气、害怕，或者任何你在这个时刻经历的，用觉知拥抱它们而不需要对他们做任何事情。如果你恰巧起来了，半夜也是做瑜伽的绝好时间，虽然这可能让你更加清醒。

用这种方式对待失眠，需要你认识并接受这个事实：不管你是否喜欢，你已然醒了。如果不赶紧睡着，会因太过疲倦，明天将是糟糕透了的一天，这种灾难化的想法丝毫无助于睡眠，甚至是不真实的。你或许并不知道，强迫自己赶快睡着也无济于事。那何不让未来的自己关照自己，尤其是因为现在你已经是醒着的？为何不干脆彻底觉醒？

* * * *

就像在前言中简短地提到过的，正念练习基本上源自佛教禅修传统，不同形式的打坐尽管亦可见诸不同的冥想传统。有趣的是佛教中并没有神，这使之成为非比寻常的宗教。佛教基于对佛法的崇敬，体现于历史性的人物佛陀的表述中。据传说，一些接近佛陀的人把佛陀看作伟大的贤哲和导师，请教他："你是神么？"或差不多这个意思，佛陀这样回答："不，我是觉醒者。"正念练习的精髓是让人从自我催眠的半睡眠无觉知状态中觉醒，我们太过习惯于此，而且不可避免地沉迷其中。我们有太多时间倾向于在自动导航下生活工作，这可以说，我们是沉睡多过觉醒，即使我们是醒着的。在《瓦尔登湖》中，这是本真正的正念狂想曲，亨利·大卫·梭罗说："我们必须学会重新觉醒并保持清醒，而非借助机器的帮助，而是因为对黎明的无限期盼，这份期盼在最香甜的睡眠中也不会抛弃我们。"

如果我们致力在醒来的时候彻底觉醒，那我们关于在某些时间无法入眠的观点，以及对所有其他事情的观点可能都会改变。无论何时，我们在地球自转的 24 小时循环中碰巧醒着，我们可以把这看作是个练习全然觉醒，接纳事情如其所是的机会，包括你现在正在焦虑和无法入眠的事实。当你这么做的时候，通常你的睡眠会自己照顾自己。当你认为应该睡的时候可能就睡不着，睡的时间也可能不会持续到你以为应该的那么长，或者睡眠可能比你想的应该的状况更零碎。"应该"到此为止。

如果这个方法听起来对你太过激进，那值得花时间思考一下替代的方法。有数百万美元建立起来的制药产业来调节睡眠。这个产业是我们内稳态或应变稳态共同丧失或失衡的见证，从中可见该基本生物节律失调的例子是如何广泛地存在的。很多人定期依赖安眠药，以获得睡眠或者保持睡眠。把自然的内在节律的控制和调节留给了化学药品，靠这个恢复内稳态。难道这不该是所有其他的方法都失败之后最后的解决之途吗？

在减压门诊，我们让许多人睡着了，我们的本意并非如此。只是身体扫描非常放松。在非常疲倦的时候做这个，令人惊讶的会让人入睡而不是"清醒"，即使清醒是最初做身体扫描的基本邀约，在我们渐次地访问和安住于身体的不同区域时，进入开放和放松的觉知状态。这是为何有的人必须做出努力，以使自己在整个身体扫描过程中保持清醒，有时甚至在练习中保持睁眼，甚至坐着练习。有的人数周都没有听到指导语音频的尾声。有的在到达左脚趾时便"出走"了，而左脚趾通常是我们开始的地方，有的到左膝部则必定睡着。在我们课堂一同练习时，指导者的引导语时不时被呼噜声打断。这常常引起学员微笑甚至笑出声来，但的确可以预料。多数人有不同程度的睡眠剥夺，一旦完全放松，必然趋势就是变得无意识。所以当我们越来越放松时，我们得学会清醒。但这是一门可学习的技能，非常值得去学。它需要的就是练习、练习、练习。

若人们来到诊所的主要目的是寻求解决睡眠问题的话，我们明确地允许他们就寝时播放身体扫描指导语音频帮助入睡，只要他们承诺每天在其他时间也使用一次指导语音频以保持清醒。这确实有效！多数有睡眠障碍的人报告说，他们的睡眠在数周练习身体扫描之后有了显著的改善（案例可见第5章玛丽的睡眠图），许多人在八周课程结束前放弃了使用安眠药。你可以在此教室内感觉得到，随着课程的进行，内稳态得以修复。

正念减压课程的很多人发现，当其需要入睡或者重新入睡的时候，同样有效且更加简便的方法，仅仅是在上床后关注于自己的呼吸，让心随呼吸进入身体，再沿路返回，让身体随每次呼气沉入或融入床垫。你可以想象好像呼气至宇宙的末端，而又从那里吸气，回到身体。

让我们稍事思考我们夜晚设法"睡觉"的细节。在某个特定时间，在暗下来的房间内我们躺在床垫上，闭上眼睛，我们拥着床单，垫子抱持着我们。一切开始有些朦胧了，当甘甜的睡意一来，我们就睡过去了。由于我们非常熟悉在特定条件下入睡，在我们做身体扫描时，特别是我们躺在舒适的表面，闭着眼睛，我们得学会带着觉知安住当下时，沿着深入放松的道路前行，无论观照身体的哪个部位，认识到我们来到了分叉路口。一个方向是朦胧、失去觉醒，然后睡着，正如我们看到的那样，这是条极其有益的道路，我们要定期前行。这可以帮助我们保持健康，储备身体和心理资源。睡眠是种福祉。而另一个方向则是觉醒，高度的觉知，深层的安适，在时间之外。这同样是可以栖息的极具补益的状态，值得定期地去培育。这在生理上和心理上与睡眠有很大的区别，理想的情况是在一生中定期地培育睡眠也培育觉醒，知道哪些时候哪个比另一个更重要。它们都是福祉，以不同的方式。

* * * *

我们对睡眠的极度依恋，导致我们对失去睡眠的恶果担心太多。但如果你认同你的身心可以自我调节，并能够修正某些我们不时体验的睡眠模式紊乱，那么你可以把睡眠失衡当作进一步成长的媒介，如像我们看到的，你可以利用其他症状，甚至疼痛或者焦虑，去体验深层次的圆满。这需要生活中许许多多深层的聆听。

以我自己为例，在我的孩子们还小的时候，我少有整夜不被打断的睡眠。这意味着，在孩子们还小的时候，需要学会接受在夜晚多次起床。时不时我会很早上床，以此种方式补足睡眠。但大多时候，我的身体似乎可以适应少睡眠少做梦，那时候，我做得相当不错。

我认为我没有完全耗竭，没有因此得病的原因之一是我没有与它对抗。我接纳了并且把它用为我践行正念的一部分。在第 7 章提到过，当孩子们还很小的时候，夜晚我常会和孩子在地板上走动，安抚、低吟、摇摆，用走动、歌声、摇动和轻拍去觉知这是我的孩子，觉知他们的感觉、他们的身体，我的身体、他们的呼吸、我的呼吸，觉知我是他们的父亲。真的，我宁愿很快回到床上，但我不在床上也不能回到床上，我利用醒着的机会去练习尽可能地醒着。这么看来，半夜起身成了另外一种为人和为人父的训练和成长。

现在我的孩子们早就长大，过着他们自己的生活，有时我仍然会发现自己在半夜醒来。有时我会玩味这些午夜醒来的时间。醒来时我便起身，打坐或者做些瑜伽练习，或者两者都做。然后，跟随我的感觉，可能回到床上或者做想要完成的工作。这样的夜晚非常宁静，没有电话，不被打扰，尤其当我不去看电子邮件时，那些等着我去查看然后引诱我去与世界交流的邮件。不过，联系同样也很棒，特别是带有一点正念与喜悦，与想要连接的人联系。其实夜晚提供了别样的礼物，太过珍贵不容忽略。其中之一是安静。星星月亮和黎明也蔚为壮观，令人产生一种关联性的感觉，如果你没有看过夜晚的天空，就不会得到这种感觉。当我不再尝试回到床上睡觉，脑子立马松弛下来，代之以集中精力，尽可能多地利用这一珍贵礼物，把这份特别的时光作为给自己的馈赠。

当然，人各不相同，我们各有不同的节律。有的人在深夜发挥得更好，而别的人则在早晨效率更高。找到如何最佳利用所拥有的每天24小时中最好时光的方式，这会格外有益。你只能通过仔细聆听你的内心和身体，让它们教会你那些在艰难时刻和快乐时光里你应该知道的事。通常，这意味着放下你对改变和实验的一些抵抗，或者允许自己勇于探索生命中未被检验的通常是约束性的处境。你与睡眠的关系，与日夜所有时光的关系，是正念非常富有成果的对象。它会教会你很多关于你的事，前提是你能对失去睡眠的担心少些，并代之以把更多注意力投入全然的觉醒。

Chapter 28
第 28 章

来自人的压力

也许你已经注意到，你之外的他人可能是你巨大的压力源。我们都曾有过这样的时候，觉得别人在控制我们的生活、占用我们的时间，不同寻常的难以相处或带着敌意拒绝做我们期望他们做的事情，或者看似对我们毫不在意，也不在乎我们的感觉。我们或许都认为正是某些特定的人造成了我们的压力，那些如果可以的话，我们想尽量回避而事实上又无法回避的人，因为我们和他们一起生活或工作，要不然就是有必须承担的义务涉及他们。事实上，许多造成我们最多压力的人，可能正是我们深深爱着的人。我们都知道，爱的关系既会产生愉悦和快乐，同样也可能导致深层的痛苦。

与他人的关系为我们提供了无尽的践行正念的机会，从而可以减轻有时我所谓的"人的压力"。正像我们在本书第三部分中看到的那样，我们的压力很难完全归咎于外部的压力源，因为心理压力产生于我们和世界间的相互作用。所以在面对所谓"导致我压力的人"，我们需要承担起关系中自己这方面的责任，自己的认知、思想、感情和行为。就如处在其他各种不愉快或存在威胁的情形中，当我们与另一个人之间产生了问题的时候，我们可能用某种版本的无意识战斗–逃跑进行反应，而这样做最终会使问题更糟糕。

我们中的许多人养成了根深蒂固的处理人际关系中不愉快和冲突的习惯方式。这种习惯是传承来的，是被我们的父母如何处理他们相互之间以及和他人的关系所塑造的。有的人太害怕冲突，及其他人的愤怒情绪会不顾一切地回避爆发。如果你也有这个习惯，你会倾向于不表现出来或不告诉别人你的真实感受，会不计代价地回避冲突，而变得被动、讨好他人、容易让步、责备自己、假装糊涂——无论代价如何。

而另外一些人，在做任何事情时都会通过制造冲突来应对不安全感。他们把任何互动都看作权力和控制。

每一个互动都以这样那样的方式变成施加控制的机会，按自己的方式行事，不考虑也不在意别人。以这种习惯建立关系的人，倾向于好斗和敌意，常常不会觉察外部世界对此如何感知。

他们可能习惯于粗鲁、虐待、麻木不仁。他们的言语无论是用词还是语调都显得严苛。他们表现得好像所有关系都是一场维护支配地位的争斗。结果是他们通常会给别人留下一阵阵不太好的感觉。

我们每个人或许都是不同方式的混合体，也许不够极端，虽然如此，都会表现出或潜在的处于某一端，体验回避，或者另一端，发起攻击、出重手和麻木不仁。在第 19 章我们已经看到，深层的自动化战斗–逃跑冲动影响着我们的行为，即使我们的生活并未处于真正的危险之中。当感到我们的兴趣或者社会状态受到威胁时，能够不由自主地反应，在知道我们正在做什么之前去捍卫自己的位置⊖。通常，这些行为混杂着我们的问题，增加了内在和外部冲突的水平。或者相反，我们会过于顺从。

⊖ 丹尼尔·戈尔曼（Daniel Goleman）形容这个为"杏仁核劫持"。这发生于负责执行功能、换位思考，和情绪调控等其他一些功能的前额叶，没有对杏仁核发出的信号进行调整，当杏仁核探测到威胁生命的情况，哪怕只是想象，就会发出这些信号。

当我们这样做的时候，通常以我们自己的观点、感觉和自尊为代价。但由于我们还有反思、思考和觉察的能力，仍有相当多的其他选择，远远超越无意识和根深蒂固的本能。但最为重要的是我们需要有目的地培育这些选择。它们不会奇迹般地冒出来，尤其是当我们的人际关系模式被自动防卫和攻击性行为所左右，而我们没有真正地去觉察和对待。再次强调，这就是选择回应，而不是被反应带走。

关系基于关联性和互联性，我们所说的内在的关联性。人们期望能够坦诚地沟通，同时相互尊重，那样就会交换观点，引领相关的人以崭新的方式相互看待和相处。一旦我们的情绪进入觉知的合理视野，交流的能力远大于相互恐惧和不安全感。即使感到威胁、愤怒或恐惧，假如把正念带入沟通的领域，我们仍然具备极大的改善关系的能力。在15章提到过，例如参加减压课程的人，他们亲和力的信任动机会得到增强，成为在关系中漠然无情、一意追求强势的健康的替代。

* * * *

沟通这个词意涵能量在一个共同的连接中流动。沟通时，蕴含联盟、参与和分享。所以沟通就是联合，是思想的相遇和结盟。这不一定非得表示同意。这表明把情境看作一个整体，理解他人和自己的观点，表明我们在任何情况下，都可以这样的方式让心开放和自然呈现。

若我们沉溺于自己的感觉、想法或进度，而没有认识到这一点，是没法诚恳地沟通的。任何不按我们的方式看待事情的人都会让我们感到受威胁。我们会发现，遭遇持有强烈对立观点的人是非常有压力的。当我们以受到威胁的情绪去反应，很容易划定战线，使关系退化为"我们"对抗"他们"。

这可能使沟通变得非常困难。当我们被锁定在某种受限的思维模式中，很难超越"九点"的限制，也难以感知，我们以及我们的观点仅仅是整个系统的一个部分。如果关系的双方扩展他们思维的区域，并愿意去考量另一方的观点，牢记系统是个整体，那么新的非凡可能性就会像想象那样浮现，而思维中一切过于局限的边界就会消融。

即使有一方承担起把系统看作整体的责任，而另一方没有，整个系统也已然被改变，新的解决冲突和相互理解的可能性也会浮现。当然这种潜在的开放可能是短暂的，非连续的，甚至在受到威胁时又会因单边的逆转而恢复到旧的、专制的思维和行为模式。我们在新闻中每天都可以看到这样的消息。尽管如此，除了因可以从现状中获利带来的巨大阻力，或由于意识形态受到某个特别视角的限制，我深信，随着虚拟的和现实的信息分享载体的增长，以及促进社会、经济、教育和文化交流开始在全球范围内影响着沟通，不仅在政府间，也见诸组织间、个体间，通过沟通达成相互谅解的整体愿景依然乐观。越来越多的严肃经济学家和社会科学家在寻找能够包罗万象的框架去理解这些社会、经济和地缘政治趋势，理解它们的起源和长远影响。例如，哥伦比亚大学的宏观经济学家杰弗里·萨克斯在其新书《文明的代价》(*The Price of Civilization*)中，列举了一个引人入胜的事例说明正念可以作为基本的载体，在每一个层面调和众多威胁世界和个别国家福祉的根本分歧元素。我们将在第32章"来自世界的压力"中详细地重温这一话题。

* * * *

在正念减压课程中，通常在第六周，当讲到人的压力和困难沟通这一主题时，我们有时会把整个班分成两人一组，去参与一系列的觉察练习，这些练习由作家及合气道修习者乔治·伦纳德设计，起初改编自合气道击技技艺。这些练习帮助我们与另一个人结伴，用我们的身体把对威胁和压力情景的回应而不是反应表演出来。我们有两人间模拟不同可能情绪动作的脚本，探索这些在关系中不同方式的能量，以及内心如何感受的直接体验。

在合气道中，目的是，在受到身体攻击时练习维持自己的平静和重心。这里的挑战是要利用攻击方自己的不合理和不平衡的能量去化解他或她的攻击，同时又要避免伤害自己并避免伤害攻击者。包括要能够接近攻击者，实际上要在接触到他或她而同时，不把自己置于最危险境地，即来者正前方。

我们在课堂上做这个练习的方式是，人们交替扮演攻击者和被攻击者。

练习的结构是，在每一个脚本中扮演攻击者的人总是制造一种情景，成为"要碾压你"的人，也就是说让你有压力，或者说代表着压力源。被攻击的人（接受压力）则有不同的选择，他或她可以表现出各种对压力源的反应。每次，攻击者攻击对方的方式总是一样，也就是伸展手臂，然后从前方迅速跨步直接到对方的肩膀，以明确的意图给对方有力的一击或撞击，换言之，像我们说的，碾压对方。

在第一个脚本中，当攻击者接近你时，你立即躺下，说些这样的话，"好吧，你想做什么就做吧，你是对的，我该受惩罚"，或者说，"别这样，这不是我的错，是别人干的"。我们和合作者在一旁观察其感受，每个人都交替这样做。人们毫无例外地发现这个脚本的两种方式都令人不快，但承认这在现实生活中经常发生。许多人自发地分享他们当受气包时的感觉，或者由于自己的被动，受强势人的恐吓，感觉陷入困境的故事。而攻击者通常会承认，这个脚本让他们感到挫败，另一个人只顾服从和投降。他们是在寻求之前没有的某种连接和影响，但这并没有发生。

我们接着按脚本继续进行。这时，当攻击者靠近你时，你在最后一刹那，以尽可能快的速度躲开，这样他或她只能在你的侧面。没有身体接触。这样的话，攻击者感到更加挫败。他们本想接触到你，结果却没做到。而闪开的人这次则感觉甚好。至少这次没有被撞倒。但他们同时也意识到，你不可能认为你每次都能像这次这样，躲避或者从常有的压力情境或者别人那里跑开。配偶就常会陷入这样的行为方式，一位追赶着要接触，另一位不惜代价地拒绝或者躲避。这些攻击和被动（有时，要是你总是回避接触实际上是对另一个人的被动攻击）的角色，一旦变成了持久的习惯，对双方都异常痛苦，因为没有接触，没有沟通。这令人孤独和沮丧。然而，人们真的可能，而且实际上就是过着这样的生活，习惯性地以这样根本上被动或攻击性的姿态，即便是对待自己最亲密的人也如此。

在另外的脚本中，你不再躲开，而是在被攻击时推开他。你站稳脚跟拼力抵抗。双方铆足劲伸直双臂相互推着对方的肩膀。为了让场景更紧张充满情绪张力，我们可以让他们相互冲着对方喊："我是对的，你是错的！"这会很快变得精疲力竭。活动停下来后，闭上眼睛，把注意力带到这一时刻我们的身体和情绪，人们在喘过气来后总是说，这个脚本比起那个总是被动的脚本感觉要好得多。至少这次有了接触。他们发现争斗拼尽全力，但同时也能以自己的方式让人感到愉悦。我们在接触、在坚持自己、释放我们的感觉，这种感觉棒极了。当我们做这个练习的时候，看似更明白为什么我们中的那么多人事实上已经对这种建立关系的方式上瘾了——并且深陷其中。这实际上也会让人感觉不错，只是非常有限。

但这个练习也让我们感到空虚。通常争斗中的两个人都认为自己是正确的。每一方都尝试强迫对方以"我的方式"看待事情。双方都深切地知道对方不大会改变看事情的方式，无论是强迫、恐吓还是争斗。现实中发生的是，要么我们适应永无休止的争斗，要么其中的一人每次都服从，通常声称他或她之所以这么做是为了"挽救关系"。我们甚至深陷这样的想法：我们的关系模式之所以这样，是因为本该如此。即便他们为此感到痛苦和精疲力竭，我们在一定程度上会对那些我们已知和熟悉的东西感觉舒服和安全。至少我们无须面对选择，面对以不同的方式看待和处置带来的未知风险，从而对现状构成威胁。

太多时间，我们忽略了以这样的方式生活所付出的身心代价，不仅对关系中的双方而言如此，对其他与我们关联的人诸如孩子和祖辈，他们可能正夜以继日地观察这样的联结方式，甚至因此首先受到冲击。最终我们的生活可能因我们非常局限的观点、我们的关系和我们的选择而陷入困境。无休止的争斗，难以被看作非常好的、有利于成长和改变的沟通模式。

这一系列的最后练习在合气道中被称为：进入与调和。这呈现了正念觉察的压力回应，与在其他脚本中接触的习惯性的压力反应相对应。进入和调和的姿态基于聚精会神、觉察和正念。需要我们觉察另一方作为压力源，同时又不丧失身心整体的平衡。同时又扎根于我们的呼吸，并且看清楚当下情境的全相，而不完全随恐惧而反应，哪怕我们正在遭受恐惧，这很像我们在现实生活中遭遇人际压力时的样子。在身体层面，进入与调和包括走近攻击者，你伴随攻击者，在他身旁跟随他的脚步，同时抓住他或她伸向你的手腕。在合气道中这个动作叫作进入。通过进入攻击者，你设法在冲击力前横跨一步，同时移动、接近并主动地与攻击者接触。你全然地参与进去。这个身体的不同位置，宣示了你希望去碰触并共同面对正在发生的事情，亦即你不再期望躲闪。

你并非尝试以强力去控制攻击者，而是抓住他或她的手腕，通过身体的旋转去调和攻击者的能量，转动他或她的动能这样让你和他都最终面对同一个方向。你依然紧紧抓住对方的手腕。这个时刻你们所见相同，因为你们朝同一个方向看着。这一瞬间你们分享相同的视角，攻击者的视角。

进入与调和的优势之一是这种方式让你避免了迎头撞击，如若不然，你会被对方猛烈的势头弄得严重受伤或被击倒，但那样你也全然参与并且有了实在的接触。通过转身希望与对方的动能互动，你是在沟通、用自己的身体以隐喻的方式，告诉对方你希望能以对方的视角看事情，你可以接纳并且希望观望和聆听。这允许攻击者保持了尊严，但同时也展示了你并不害怕接触，也不允许他的或她能量击倒或者伤害你。这个时刻，你们变成了合作者而非敌手，无论另一方（攻击者）是否意识到这一点，或者想不想知道这一点。

当然通过进入与调和到了这一点，你仍然不确定下面会发生什么，但现在你有了更多的选择。可能性之一，就是随着攻击者的能量消减跟着他或她转，巧用你的接触点，你抓着攻击者的手腕，影响着他和你再次一起转动，现在你给对方显示了你看问题的角度，因为现在你们都面对另外一个方向了。接下来变成了跳舞。我们实际上不知道接下来会发生什么。你不是在控制，另外一人也不是。但通过维持你们的重心，你们至少都在这个时刻控制了你们自己，从而不大可能受到伤害。这时你可以为下一步做很多计划了，毕竟这取决于众多当下不同的情境。你得相信自己的想象和能力，能够在那个时刻以崭新的方式看待事情。

当然，在现实生活中，如果正遭受身体的攻击，你不能尝试这么做，除非你受过良好的合气道训练。即便如此，最明智的做法还是转身走开，如果需要的话或者跑开。就是最高段位的黑带也会这么做。这被称为智慧。

这里我描述的练习有隐喻意义，如果你在感到受到身体或在沟通中或是环境的攻击时，记得进入与调和，轻步到侧面，抓住并转身，你会发现，你现在有了多得多的选择去回应而不是在高张力、压力的情形下去反应，特别是在沟通中的另外一方与我们有着特别不同的视角或议程。

在医院我曾经有过一位顶头上司，那时我还没有加入医学院，刚刚开始减压门诊，他处事的方式是简单地说，"婊子养的"而同时会面带微笑。这给我造成了很大的压力，由于他的敌意让我们难以建立有效的工作关系。

但后来在数次非常令人失望的沟通尝试之后，我理解了，他并没有意识到他的敌意。他会迫使向他报告的人分心或者绝望。通常人们会跟他激烈争吵，然后带着愤怒离开、受伤，最终感到没得到支持的挫败，甚至感受不到被看见或得到确认。这极其不够职业化。一天在其办公室，我去见他并请求在一些常规的项目上签字，门诊工作需要这样做，他微笑着说着一些对我有敌意的话。霎时间，我决定引起对这件事的注意。非常温和但实事求是地，我问他是否知道每次与我交流，他总是说些打击我的话。同时我以我所能的坦率抓住机会告诉他，我一直以来感觉他不喜欢我这个人，不赞成我所做的正念冥想和瑜伽，包括我尝试为医院建立有效的减压门诊的各种努力。

他对此的反应是完全的惊愕。他坦白地说，他没有意识到骂人给了我他不喜欢我的感觉，并让我以为他不赞成我所做的。这一次谈话的结果，让我们的工作关系改善了一大步，对我的压力也大大减轻了。我们开始更好地理解对方，这部分的是由于我选择了辨识情境，进入与调和他的无意识攻击，而不是抵抗它们，也没有因为我感到愤怒、受伤和挫败而竭尽全力地回击。别的被他管的人，也发现在那次事情之后他变得容易接近了。当他离开医院找到另一份工作时，实际上他还请求我给他写一封推荐信，我愉快地照做了。

在感到受到某种方式的攻击或者威胁的时刻，进入与对方调和的途径显然会承担一定的风险，因为你不会知道那个对手下一步会做什么，而你将如何回应。但如果你承诺正念地对待每时每刻，尽你所能地带着安宁和接纳，带着你自己的尊严和平衡感，新奇和富有想象力的解决方案自会带领你达到全新层面的理解，更多的和谐会在你需要的时候出现在你的脑海中。这部分地需要与你的情感接触并接纳它们，在合适的时候，甚至以不带敌意和防御的方式，承认并分享它们。这种与自己的以及与有着不同看法的人的思想和情感智慧相处的能力，被称为"情商"。当一个人在长期敌对的关系中承担责任，以不同的方式建立关联，关系的整体动力会发生变化，即使另一方完全不愿意去接受这种方式。你在面对不想要的事、困难以及威胁时，以不同的方式看到不同的事实，保持自己的中心就意味着你自己会比较少地陷入情绪反应的陷阱，并且不会去尝试强求某个问题或结果，即使这是你渴望的。在你最需要内在资源以保持清晰和强大的时刻，为何要让对方议程的势头弹射到你，导致严重的身心失衡呢？

在秉持正念的时刻，耐心、智慧和坚定的信念会在颇具压力的人际关系的热力中喷薄而出，并几乎会立获硕果，因为关系中的另一方通常会感知到你不会屈服于威胁或被击倒。他或她会感受到你的镇静和自信，并期望迈步走进来、参与，而且十有八九会被此吸引，因为这体现了敞开心扉的临在和淡定、一种内在的平和与平衡，这有着一种微妙的感染力。再次，我们并非在此描述一种理想状态，而是一种关系的方式，一种持续的，一种本身就在不断展现的实践——简单地说就是把正念带入到关系中。我们可能一次次遭受"失败"，但每一次，如果我们保持开放，我们会学习和成长得更加强大，更加智慧。

当你乐意去聆听他人的需求，聆听他们看待事物的方式，而不去不停地自动反应、拒绝、争吵、争斗、抵抗，认为自己是正确的，他人是错误的，他们会感到被听到、受欢迎、被接纳、遇见。这对任何人来说都感觉很好。他们一样会更愿意去听你所说的，也许不是马上，但当情绪稍有缓解时就会尽快地去那样做。

这样会有更多的机会去交流和实现各种各样的恳谈，更多的求同存异。如此，你的正念练习可能对你的关系具有疗愈作用。

* * * *

关系可以被疗愈，有如身心可以被疗愈一样。在根本上，这是出于爱、善意和接纳。但为了促进关系的疗愈或发展有效的沟通，疗愈取决于你去培育对关系能量的觉知，包括身体和心理领域，思想、情感、言语、喜恶、动机和目标，不仅是对方的也包括你自己的，当其在当下的时时刻刻呈现的时候。如果你希望疗愈或者解决有关你与他人相互间的压力，无论他们是谁，无论是孩子还是父母、配偶、前配偶、老板、同事、朋友或者邻居，沟通中的正念至关重要。这是情商的核心。

在沟通中的增加正念的一个好方法，是坚持用一周时间记录压力性的沟通。我们在课程中有关沟通主题的前一周（第五周）这样做过。这个家庭作业要求每天觉察一件在此期间发生的有压力沟通的事情。这包含觉知你感到困难的那个人、如何发生的、你从那个人或者该情境下真正希望得到什么，另一个人希望从你这里得到什么，觉察究竟发生了什么，得到什么结果，你在事情发生时有什么样的感觉。每天在工作日志上记录下这些项目，然后在课堂上分享和讨论。（参见附录中的日历样本。）

人们会带着丰富的有关沟通模式的观察来到课堂，而此前对此并不非常清晰。仅仅保持记录压力性的沟通和事情发生时你的想法、感受和行为，这足以为你提供以不同的行为有效地实现你的愿望，以达到最佳效果的主要线索。课程中在这一节点，有的人开始理解，很多压力来自于不知道他们在与其他人互动时，如何坚定而自信地坚持自己应有的优先顺序。他们甚至不知道如何表达自己的感受，或者认为他们无权拥有他们正在体验的情绪。或者他们会感到害怕去坦诚地表达自己的感受。有的甚至感到绝对没有能力对别人说不，即便他们清晰地知道如果一味说是，意味着自己的资源会超出极限。他们对为自己做些什么，或者为自己打算会感到内疚。他们总是准备以牺牲自己为代价去为他人服务，这并非因为他们超越了自己的身心需求，成了圣人，而仅仅由于相信这是他们要成为"好人"而"应该"做的。不幸的是，这常常意味着他们总是帮助他人，但感到无法让自己得到滋养和帮助。他们相信那样会太"自私"，太自我中心了。因此，他们把他人的感受作为优先，但却出于错误的原因。在深层却可能是在逃避自己而服务于他人，或者做这些以获得别人的认可，或由于他们被教育去这样做，而现在认为这就是成为"好人"的方式。这其实是假的无私。

这种行为会制造巨大压力，因为你没有能够补充你的内部资源，也没有觉察你对习惯角色的依附。这可能耗竭自己，东奔西跑地"做好事"和帮助他人，最终耗尽所有，你不再有能力做任何好事，甚至也没有了能力帮助自己。这里压力不是来自为他人做事本身。而是你在做所有这些事情的时候，意识中缺乏宁静与和谐。

如果你决定了你必须更多地说"不"，并在你的关系中设定一定的边界，那么你的生活会有更多平衡，你会发现可以选择很多方式。

许多说不的方式制造的问题多过解决的问题。如果你以愤怒的方式对别人的要求说不，你制造了四处不落好的感觉，而且更有压力。通常当我们感觉自己成了牺牲品，会自动地攻击其他人以回击，使他们感到受谴责，或受威胁，或不足。粗暴的语言以及语气常见于这种攻击。通常此时我们的第一反应是以强硬无比的口吻说不。在有些情境中你会发现，你甚至在骂别人。这种情况下自信心训练将很有用。所谓自信心训练相当于情感、言语和行动的正念。

自信，是以能够与自身真切感受保持接触的，假设为基础的，这远远超出你可否在需要的时候说不的那个层面。这涉及了解自己的最深层能力，恰如其分地认识实际情形，并清醒地面对它们。如果你能够觉知到感受只是感受，则有可能突破被动或敌意模式的局限，那会让你在感到被不公平地对待或被威胁时不假思索地暴跳如雷。所以能够更有信心的第一步，是练习觉知你实际的感受。换言之，练习正念觉察自己的情感状态。这样做并不容易，尤其是假如原本在你的整个生活中，你都习惯于认为有某种想法和感情是错误的。每次当它们出现时，习惯的反应是变成无意识因而完全地失去觉察。或者，以在思想上谴责自己，为自己的感受感到内疚，尝试向他人隐藏真实感受。你可能深陷于自己有关好坏的信念中，并以否认或压抑自己的感受告终。

自信心训练的第一课是你的感受就只是你的感受。它们既不好也不坏。"好"和"坏"是你和他人对你的感受施加的评判。要做到带着信心去行动，真的需要非评判地地觉察自己的实际感受。这本身就是自我慈悲、善意，而最终，是智慧的具身体现。

许多人在这样的世界中长大，这个世界中占主流的信息是"真正的男子汉"不会有某些类型的感情，因而也当然不应表现出来。这种社会认知让男孩或男人在许许多多时间里很难觉察自己的真实感受，因为他们的感受"无法被接纳"，因此被快速地编辑、否认或被抑制。这使得在高度情绪化时尤其难以有效沟通，比如我们感到受威胁或攻击，或者正在体验不幸或哀伤或痛苦时。

突破这一困境的最佳时机是当我们觉察到自己正在这样做的时候，搁置对情绪的评判和编辑，代之以冒险去聆听我们的感受并接纳它们本来的样子，因为它们已经在那里了。当然，这意味着我们需要更加开放和诚实，至少对我们自己，然后或许再以不同的方式去沟通，基于对自身看待事情和对事情的感受的那份更加具身觉知力。

即使在不那么有威胁的情境中，男人们也有交流自己感受的困难。我们太过习惯于贬低真实情感的价值，以致忘了这其实是可能的。我们只是投身于正在进行的事情，期待他人"知道"我们需要什么，或者知道我们有什么感受而不需要自己说出来。或者我们自己就不在意自己需要什么和有什么感受，我们自顾自地做，结果听天由命。告诉别人自己的打算或意图以及感受，会危及我们的独立自主。这种行为方式会成为女性无休止恼怒的源泉。

当你知道你的感受，并富经由实践提醒自己，你的感受仅仅是感受而已，可以有这样的感受，可以去感觉它，然后你可以开始探索真实对待自己感受的方式，而不让它们为你制造更多问题。它们既能够在你变得被动和低估它们的时候，也能在你变得有攻击性、夸大并对它们自动反应的时候开始制造问题。树立起信心和用情商指导行动，意味着了解自己的感受并与之沟通,以允许自己保持气节的同时也不威胁到他人的气节的方式进行。例如在某些特定情境中,得知自己想要或者需要说不的时候,你可以尝试以不把此当作武器的方式去说。你可以尝试首先知会对方,如果情形不同你很乐意去满足对方的要求(如果事实如此),或者你可以以其他方式承认你尊重别人和他的需要。你可以不必告诉对方为什么你得说不,但如果你愿意也可以选择说。树立自信,记得说出你的感受和看到的情形非常有益,说"我……"而不是"你……"。"我……"传递的是你的感受和观点的信息。这种说法不会错:这只是表明你的感觉。但若你对自己的感受不舒服,你可能会责怪自己怎么会对他人有这样的感受,甚至在不自知的情况下。这时你极有可能会这么说:"你让我非常生气。""你总是对我有要求。"

你能看到这是在说别人在控制你的感受?你简直在把自己感受的权力交给他人,而不对关系中自己该承担的那部分承担责任,关系的动力显然应该包括你们双方。

另一种说法,你或许可以这么说:"你这么说或者做,我感到非常生气。"这样更为精确。这说的是你对某事的感受。这给对方预留了空间,可以聆听你说些什么和有些什么感受,而不必感到被责怪或受到攻击,也没有被告知他拥有比实际更大的力量。

也许对方不会理解。但至少你尝试了沟通而不是战斗。这就是舞动开始的地方,就像合气道一样。

接下来你做什么和说什么取决于具体的情景。如果你秉持对整个情境的正念,也正念地对待自己的想法和感受,这更有可能获得某种程度的理解,达成和解,或求同存异,而不损失和放弃你的尊严和气节——既非通过被动也非通过攻击的方式。

有效沟通的最重要部分,是对自己想法、感受、言语和身体言语的正念，对于整个情境也是一样。同样至关重要的是记住你和你的"位置"是更大的社会系统的一个组成部分。如果你拓展觉知的领域去包涵整个系统，这会允许你去观察和尊敬对方的观点同时去感受（亦即共情）他或她的想法和情绪。你将会更能聆听并真的听到、去看并理解、去说并知道自己在说什么，去有效、自信地作为，带着尊严和对对方的尊重，作为完整的人。大部分时间，对这一方法的培育（我们可以称之为觉知之路）可以解决潜在的冲突，并创建出更多的和谐与相互尊重。在这个过程中，你更有可能从你与他人的遭遇中得到你想要的，以及你所需要的。而且他们也如此！

… Chapter 29 …

第 29 章

角色的压力

有效沟通的最大障碍之一，一个甚至阻止我们去了知自己真实感受的阻碍，是我们很容易陷入不同的个人或职业角色中。我们要么对此无所觉察，要么无力突破角色对我们的态度和行为所施加的约束。角色有着自身的能量，一份来自过去的能量，是人们曾经的行事方式，是对自己应该如何做事的期待，或者以为他人持有的我们应该如何做事的期待。男性可能无意识地在女性面前承担习惯性的角色，女性相对于男性，父母相对于孩子，孩子相对于父母都是这样。工作角色、团体角色、专业角色、社会角色，我们在患病后所采取的角色，这些都会限制我们，如果我们对这些角色没有觉知，也对它们在很多情景下如何钳制我们的行为没有觉知。

当存在的领域变得黯然无色，角色压力是我们根深蒂固做事习惯的副作用。这可能成为我们作为人类持续发展，我们称之为心理甚至精神成长的主要障碍，也可能是许多挫败和痛苦的源头。我们都对我是谁、面临的情景、所做的事、应该如何做事、我们工作的界限、游戏的规则和局限有牢固的观点。通常这带有强烈的信念色彩，关于我们可以做什么，不能做什么，在特定的情形下什么是恰当的行为，什么会让我们感到舒服，作为＿＿＿＿意味着什么，这个空格里你可以填：母亲、父亲、孩子、兄弟姐妹、配偶、老板、工人、爱人、运动员、老师、律师、法官、牧师、患者、男人、女人、经理、执行官、领导、医生、外科医生、军医、政治家、艺术家、银行家、保守派、激进派、自由主义者、资本主义者、社会主义者、老年人、祖父母、长辈。

世上的所有这些行事方式都有其风格化的成分，它们通常是不成文的关于自己的期待，关于我们做事的所谓"好"意味着什么。每一个角色传达了一种身份，同时是重要性、权威和权力的外衣。虽然这其中有些对于认识这些角色或者称谓基本上是必不可少的，更多的只不过是故作姿态，是自己头脑的创作而已，没有什么实际意义，是一种附加于自己的特定观念和期待，我们则据此行事并深陷其中。如果我们对于陷入这样的歧途失于觉察，这种错综复杂的情况可能最终导致诸多痛苦，并会在当为所为时阻碍我们呈现真实的自己。我们角色的动能和对角色的要求，与这些自我施加的无意识期盼一起，使得我们的角色可能感到太受约束，有时甚至像我们自己制造的牢狱，而非表达我们独立存在的圆满和智慧的独特方法的载体。

正念会帮助我们从过分角色压力的负面效应中解放自己，再次说明，压力大多源自失去觉察、偏见和错误认知。一旦我们能够观察我们自己被卷入责怪自身角色的压力之中，则能够以富有想象的方式去恢复平衡与和谐，摆脱困境。

这件戏剧性的事发生在某次课程进行推动练习时。艾伯，一位64岁的犹太牧师，因为心脏病来到诊所，最近有很多人际关系方面的麻烦，有着上一章所描述的进入和调和方面的困难。在与一位合作者尝试之后，他只是站着不动，看着好像很困惑。他的身体反映了他的困惑状态。然后，他突然开始大叫："就是它！我从未转身，我害怕转身时会受伤！"

他意识到正当受到攻击时没有及时转身，当其试图抓住对方的手腕时他的身体僵硬。这就是为何他没能和谐地调和他和攻击者的能量。

接着，一个隐喻灵光闪现，他把这个与他的总体人际关系联系起来。他看见他在关系中从未"转身"，他总是显得僵硬，总是保持自己的观点，即使在假装看见别人的时候。全是因为他害怕受伤。

艾伯又进了一步。他指着练习中的伙伴说："我可以信任他。他在尝试帮助我。"

随着完整的体验展开，看到了其影响后，艾伯摇着头，目瞪口呆。他称此为一种新学习类型。他的身体在几分钟内教会了他一些言语教不会的事。在这一时刻，他从深深缠绕的角色中释放了出来，而在角色中他几无可能看清楚。现在他得让这种新发现的觉知保持鲜活，并找出与人建立关系和处理潜在冲突的新方式。

有时，很容易感到自己备受约束的角色是最坏的角色。我们很容易投射认为，其他人在其他的角色里甚至在与你相同的角色里，不会有这类和我们一样困惑的问题，但这不是真的。与和你有相同情形的人交谈，或者与在完全不同的情景中感到巨大压力的人交谈，具有疗愈效果。因为这相当于把事情放在更大的视野中去观察。我们会认识到我们的痛苦不那么隔离也没有那么孤独。我们得知其他人感觉和我们一样，他们也置身或者曾经置身于相似的角色或处境。

如果你愿意探讨你的角色，其他人可以成为你的镜子，帮你看到新的选项，一些过去你的意识中可能认为是"不可思议的选项。之所以不可思议"是因为你的思维太过执着于一种看问题的方式，或者对于你的角色太过于失察，以至于根本看不到它们。

一位40多岁的妇女因心脏病和惊恐发作被转介到这里，一天在课堂上她讲述了她与已经成年的儿子的故事，他对她极度虐待但却拒绝搬出去住，虽然她和丈夫希望儿子能搬出去。他们陷入了僵局，儿子拒绝搬出，妈妈则一方面告诉儿子搬出去，一方面又因不想要他在身边而感到内疚，同时担心一旦他真的离开会发生状况。她的讲述引发了其他人自发流露的同情和建议，他们中的一些人曾经经历过类似的情景。

他们尝试帮助她理解，她对孩子的爱阻碍了她看清楚儿子需要离开家，有人甚至要求她用行动让其离开，把他踢到真实的世界中。但是父母对孩子的爱是那么的强烈，以致常常导致深陷角色的动力中，虽然那角色不再发挥作用，也不再对孩子和父母有益。

在所有的角色中我们都会痛苦。通常不是角色本身而是我们与角色的关系令我们倍感压力。理想的情况是把角色当成机会，有好工作的机会、学习和成长的机会、帮助他人的机会。但需要提防对单个看法或感觉的太过强烈的认同，那会蒙蔽我们，让我们看不清楚实际发生情况的全相，局限了我们的选择，约束使我们重蹈覆辙，让我们遭受挫败，妨碍我们成长。

每一个角色都因领域不同而有其特殊的压力源。比如你在工作中的角色，你被认同为是领头人、创新者和改革者，是精力十足的问题解决者。但如果恰巧你将企业带到一个或多或少受控制的节点，可能会让你感到不舒服和心情不佳。

你可能是这样一类人，在压力下发挥更好，经常的惊吓、危机、迫在眉睫的灾难可能会使你倾尽全力。在你建立的情景中你反而不知道如何适应，因为你已经成功地建立了一定程度的稳定性。你可能依然咄咄逼人地寻求新的风车去转动，只是为了感觉舒服和获得参与感。这种模式可能是你正陷入某种特定角色的象征。也许这时候你只是在满足你的工作狂瘾，同时又低估你的其他角色和义务。

如果这个工作狂瘾最终侵蚀了你的家庭生活品质，比如播种了不幸福的种子。你会发现你在某些"角斗场"上非常成功，同时却与自己的孩子、配偶或孙孩的关系不好，正如我们在第 26 章中看到的心脏学家艾略特博士关于时间压力的例子。你会发现你与他们的鸿沟在扩大。你脑子里满是工作的细节，全神贯注于你自己的问题，而他们对此却一无所知且毫无兴趣。身体和心理上你都常不在他们身旁。你甚至不再知道他们的生活，不了解他们的感受以及他们如何度过每一天。

由于知之甚少，你已逐渐地丧失了聆听你最爱的人和最爱你的人的能力，甚至表达对他们的情感的能力。你完全陷入自己的工作角色中，而无力舒适地运转自己生活中的许多其他角色。你甚或忘记了什么对你最为重要，甚或忘记了你是谁。

所有在工作上身居权力和权威位置的人都会冒这种疏离的危险。我们把这叫"成功的压力"。

权力、控制、注意、尊重，你在职业角色中获得的这些可能让人陶醉和成瘾。从发号施令、做重要决定以影响人们和机构政策的权威人士转换成为父母、丈夫或者妻子并不容易，在后面这些角色中你只是个普通人。你的家庭不会因你做了个百万美元的决定或者是个重要的有影响力的人物而留下太多印象。你还是得倒垃圾、洗盘子、花时间和孩子在一起，做回普通人，像其他人一样。你的家庭知道你真的是谁！他们知道何谓好、何谓坏、何谓丑陋，知道哪些事情你可以隐瞒，让你以某种方式看起来更完美、更加有权威。他们看见你在何时迷惑和不确定，在什么时候有压力、生病、生气、愤怒、抑郁。他们爱你是因为你是谁，而不是因为你做了些什么。如果你低估了自己在家里的角色，忘记了如何放下自己的职业角色，他们会深深地想念你并变得疏远你。事实上，如果你太过迷失在工作的角色里，或者太过执着于此，以使自己获得满足，你可能置你所制造的人际关系鸿沟于无法弥合的境地。这时，当然不再有人愿意为此做出任何努力。

你多重角色的冲突和在不同方向的角力，是新奇世界全然灾难的持续表现，我们现在正以神奇的速度持续地改造这个世界。这是我们必须面对和与之工作的世界。有些平衡需得达到。若对角色压力的潜在威胁缺乏觉察，损害则可能早在你认识到发生了什么之前便已经发生。这是为何众多家庭中的男人与女人、父母与幼孩、成年孩子与老年父母之间有许多疏离的原因之一。当然我们有可能在角色中获得成长和变化而无须抛弃它们。但角色也可以变成我们的约束并限制我们的继续成长，如果我们把自己或相互把对方困在角色中。

如果把觉知带到我们不同的角色中，我们更可能有效发挥而不是陷入其中。我们甚至可在所有的不同角色中冒险成为自己。在某些点上我们可能感觉足够安全可成为真实的自己，并能够更加真实地做每件自己选择做的事情。当然，这意味着看见并放下对我们已无作用的旧包袱。也许你曾身陷坏人、受害人、受气包、弱者、无能、强势者、大权威、英雄等角色，一个总是忙碌的人、总在冲锋、总没时间，或者病人、受苦者的角色。任何时候当你受够了这些，你可以决定把明智的注意力带到这些角色。你可以练习放下它们，允许自己通过变换实际行事和响应事情的方式，把自己的存在扩展到更大完整的范围。其实唯有一个途径可以这么做。这需要无情，同时又包容和自我慈悲的承诺去看待自己坠入熟悉的、习惯的模式以及约束性的思维模式的冲动，并且在这样的念头升起的当口，心甘情愿地放下它们。就像艾伯清晰地看到，你需得转身、转身、转身，保持清新，避免覆辙。

也许我们可以从中文用"转变"字代表"突破"中学习到些什么。

··· Chapter 30 ···

第 30 章

来自工作的压力

　　所有我们前面涉及的潜在压力源,包括时间压力、来自其他人的、约束性的角色,都可能在工作的竞技场上汇集。这些压力因我们需要工作赚钱而更显复杂。我们中的大多数都需要做些什么来赚取生活所需,而且所有职业都至少存在潜在的各式各样的压力。然而,工作也是我们与更大的世界联结的方式,是对世界有用的做事方式,是为一份有意义的努力奉献自己的劳作方式,希望这本身就是一份奖励,而不仅仅是为了一张支票。这份奉献的感觉,可能通过提供人们食物,帮助他们到要去的地方,照顾他们的健康,或者以其他的方式提供帮助,这是一种创造性的感觉,用我们的知识和技能去工作,让我们感到自己是一件更大的、值得做的事情的一部分。如果我们能够以这种方式去看待我们的工作,这可以让工作变得更能容忍,即便在艰难的环境中。或者更好地,在工作中获得深深的满足。

　　有的人因为疾病或者伤残完全无法工作,常常觉得宁愿付出任何代价以重新工作,不需再待在床上或者因被关在室内而被逼疯。如果你受能力所限不能外出与外界联系,任何工作都是值得拥有的。我们常常理所当然地忘了，正是工作才让我们的生活更有意义和具有关联性。其意义和关联性与我们对它有多么在意和相信成正比。当然，在高失业时期，对工作的需要以及被解雇或无法重新找到工作的屈辱和艰辛，或有份薪水比之前少很多而又不想要做的工作，会制造多层面的个人、家庭和社会压力。

如我们所知，有的职业特别有损身份或易受剥削。有的工作场所对生理和/或心理健康极其有害。工作可能对健康有危险。有的研究发现，男性（这项特别研究在男性中进行）在有的职业中没有多少决策权但需要高绩效，如服务员、办公室计算机操作员或快餐厨师，与职业中有更多控制权的男性相比，他们有更多的心脏病发作。这是独立于年龄和诸如吸烟等其他因素之外的因素。

但即便有一个拥有很多自主性的职业，收入也可观，做着你愿意甚至喜欢的事情，工作总依然会呈现其独有的挑战并让你知道你无法完全控制，哪怕以为是你在控制。世事依然无常。事情总在变化，这些你就无法完全控制。总会有人或某种力量可能打断你的工作，威胁你的职业和你的角色，让你某天说出"没法干了"，无论你以为积聚了多少力量。此外，对于你究竟在组织或企业内能在多大程度上改变事态，阻止某些变化还存在着一些固有的限制。花片刻时间稍加思考，调整华尔街和全球的金融业以获取稳定的利益究竟有多难，即使你刻意这样做。就是美国总统也没法做到，而且或许他也不愿意做。想想 2008 年的经济衰退，由银行产业的聪明人激发和加剧，由于房地产行业陶醉于房屋巨大销售量的展望，他们知道他们客户负担不起，最终耗竭了中产阶级的储蓄，让大量人失去工作。平衡和明智的方法最终可能得以恢复，但对个人的伤害可能是巨大并持续很久的。这样的事周期性发生，是因为在商业和金融业，这种现实教训的集体性记忆非常短。这本身就是一种病，由于我们的意识丧失了道德指南而自己带来的，由于很容易发生在所有竞争性压力下要取得成功的工作场所，或为了取得"企业的成长"。

在工作中个人的层面，职业压力、不安全感、挫折和失败是任何职业和工资等级的人都会体验到的，从看门人到首席执行官，从服务员到工厂工人、公交车司机，到律师、医师、科学家、警官或政治家，无一例外。许多职业固有高压力，像我们看到的，那是因为低决策权和高责任的复合。要纠正这些需要重新架构职业本身，或更好地补偿雇员使之更能令人容忍。然而，许多职业的内涵无法为了降低员工压力而说变就变，人们被迫需要用自身的资源去尽力应对。而面临此种压力环境所受影响的程度，则可以受你自己的应对技巧的积极影响。正如我们在第三部分所见，你所体验到的心理压力水平取决于你如何解读事情。换言之，取决于你的态度、你是否能顺随变化。若非如此，工作中每一个涟漪都可能会变成一场战斗、担忧或者陷入绝境。

* * * *

如果不够留意，任何职业都可能会产生耗竭，无论控制权和决策权的大小。通常这是由于投入过多的时间去获得更多，甚至在对每个人而言都是仅有的 24 小时之内做得更多，无论想得到的是什么。但在近代永无休止的密集电子通信更是如此，它们驱使着我们去工作，或者更像是如果我们不留心，不去停止这样做，从做任何真实的工作的意义上说，我们会过分地陷入自我分心和多项任务中，这会降低做好任何事情的能力。东尼·施瓦兹是个作家也是长期优秀绩效的企业研究学者，他在纽约时报上写道，研究显示，"充满悖论的，能够完成更多任务的最佳方式是多花些时间让自己少做点，策略性地重新开始，包括日间锻炼、短时午休、充足睡眠、更多时间离开办公室，和长一些更频繁的假期——这会提升创造力、职业绩效，当然也增进健康"。换言之，需要发展一种个人的策略以保护我们的能量和注意力，更新资源，避免持久地分散我们的注意力，避免超长时间工作以致实际绩效遭受损失。

显而易见，这需要时时刻刻地觉察究竟在我们身上和身边发生了什么，并能够转化我们其中的所有关系，使之朝着健康的方向。但这说来容易做来难，除非在我们生活的方方面面践行正念。

如果你有工作，要有效地应对工作压力，事实上需要用整体性的眼光看待你所面临的情境，无论你的职业如何特别。如果能够持续地询问自己："我正在做的是什么工作，在当下所处的情形下怎样才能最好地履行职责"？这些将有助于我们保持对事态的预见性。我们很容易坠入昔日角色的覆辙，尤其很长时间从事同样的工作。如果不加留心，我们会不再把每时每刻看作是新的时刻、每天都是新的探险，而是淹没在每天重复和毫无新鲜感的感觉中，并且可能会抵触创新和变化，变得过度保护业已建成的东西，因为新的主意或变化的标准以及角色会让我们感受到威胁，也害怕新加入的人。

对我们而言，在工作中启动自动导航的状况并非罕见，以和生命中其他情况相同的方式工作。如果不能把正念看作生活不可或缺的部分，又怎么能够指望全然觉醒并在工作中活在当下？自动导航模式可以让我们混过每一天，但这无助于解脱我们被每一天做事的压力、常规、单调、千篇一律所磨透的感觉，尤其是疏远了更大的目标。我们感到只是每天努力地工作，就像生活中的其他领域一样，甚至更有过之而无不及。可能感到没有选择，受经济现实所限，因早期生活的选择，或者因为各个方面的限制，使我们无力改变工作或者进步，做自己真正希望做的事。但实际上我们并未如想象般被卡住。在很多工作领域，工作压力可以被较大地降低——只须经由有意识的承诺去培育安宁和觉知，让正念指引我们的行动，对不得不面对和忍受的压力源加以回应。我们可以因此变得不那么反应强烈，而是更多地依赖主导感回应。

像我们一次次看到的那样，思维可能产生比实际上要多的限制。虽然我们都生活在一定的经济现实中，需要靠做自己力所能及的事情生活，我们通常并不知道那些真正的极限是什么，就像并不知道身体疗愈力的

第30章 来自工作的压力

极限是什么。我们所知道的是清晰的愿景通常不会被伤害,可以为我们提供新鲜的深刻见解,去了解各种各样的可能性。我们可以训练自己也能看到开放,而不仅仅看到对改变的限制和障碍。

把冥想练习带入职业生活可以给职业品质带来巨大的改变,无论你是什么职业。你甚至不必离开高压力的工作,就可以以积极的方式去开始改变。有时仅需决定让工作成为你冥想练习的组成部分,是你自己工作的组成部分,像是个实验,从工作要求你做转为知道你在做什么并选择这样做,这就能获取平衡。

这种视角的变化可以直接引来工作对你的意义的改变。工作可能变成为你有目的用来学习和成长的媒介,障碍则成了挑战和机遇,挫折的场合则可以锻炼耐心和同情心,其他人做的事情和没有做的事情可让你更坚定或者更有效地沟通,权力斗争让你看清他人和自身的贪、嗔和失察。当然有时你不得不离开岗位,那是因为在当前的处境中,不值得你去努力、去继续走这条路。

如果你引入正念,作为每天、每时每刻里指导你去看事情和行动的线索,那么,在工作中,从早起准备工作,到结束工作回家,工作成为你真正选择每天要做的事情,这超越了有份挣钱工作或者"获得一些成果"。你把在生活其他方面培育的同样态度,作为正念的基础,带入职业生涯,在每个时刻与之无缝融合。工作就不会掌控你生活的全部,你现在与工作有了更大的平衡。

是的,我们必须面对和处理自己的义务、责任和压力,这可能超出你所能控制的范围,从而导致你的压力,但难道生活的其他方方面面不也是这样的么?如果不是眼前这个压力,难道不会是稍后的另一个(人无远虑必有近忧)?你得吃饭,你得以这样那样的方式与广大的世界相连。在某时某地,你总会在某个方面需要面对飞来横祸。你如何面对它们至关重要。

一旦你正念地看待工作，无论是为自己工作，还是为大的机构工作，或为小机构服务，无论你在办公楼工作还是室外作业，无论你爱还是恨你的工作，你都在工作日把你所有的内在资源带入工作。这能使你更接近问题解决办法，也能更好地应对工作压力。这样，即使你需要面临巨大的转折，也许是因为你被解雇、下岗或者你自己决定离职，或者你要实行罢工，你会妥善准备面临这些变化，再困难，也带着平衡、力量和觉知。你会更好准备去处置情绪混乱和反应，他们总伴随着生活的危机和转折出现。由于这些事情发生时，你必然会度过一段艰辛异常的时光，你得动用你所有的资源和力量去尽你所能地应对。

* * * *

许多来减压门诊的人是因起源于工作压力相关的问题而来。这种情况并不少见，他们首先因一个或多个长期的躯体症状见过自己的通科医生，比如心悸、胃痉挛、头痛和慢性失眠，他们曾期待医生做出诊断、治疗这些问题，修复某些出问题的地方。而医生则建议说，没啥大不了的，"只是压力"，这很容易激怒患者。

一位男子，这个全国最大的高技术生产企业的工厂经理，因为一段时间里，工作时眩晕和觉得生活正在"失控"来到减压门诊。

当医生告诉他，他的症状是工作压力引起的，起初他并不相信。即便他实际担负着整个工厂生产效率的职责，他仍旧否认感到压力。虽然工作中的确有些事情搅扰他，那就是没有"大不了的"。他怀疑脑子里可能长了瘤子或者其他一些"身体"的原因导致了他的问题。他说："我想一定是我的内部出了什么问题……如果你感觉你在工作时要倒下来了，你指望抓住什么，你会说'压力是一回事，但一定是真的出了什么问题才导致这个发生。'"他感觉工作时身体非常糟糕，每当晚上要下班回家的时候，总是感到精神上紧张，他会频繁地把车停到路边，休息一下以重新恢复自我控制。他认为他发疯了。同时认为他会因缺乏睡眠而死。他形容自己好像连着几天没睡觉。他会看新闻直到 11：30 再上床。可能只睡个把小时，从凌晨 2：00～3：00。然后醒来思考明天会带来些什么。他妻子意识到他面临巨大压力，但他却莫名其妙地不愿意这么看，也许因为他只是不能相信区区压力就让他感觉如此之糟。这与他的角色不相称，他的自我形象是强有力的领导。当他被转介到减压门诊时，已经被工作问题困扰长达 3 年，正在接近崩溃的边缘。

在课程结束时，他不再有阵发性眩晕发作而且可以整夜酣睡。变化发生在第四周，他听到同班的同学形容了与他的感觉类似的事情，而他们则成功地调节和控制了事态。他开始接受这一概念，也许他也可以做些什么来调节他自己的身体，让目前一些症状受到控制。他开始理解，的确他的症状真的与其工作压力直接相关。他开始看到快到月末的时候，他感觉更糟糕，这时必须发货了，也要计算利润了，压力越发明显了。每当这时，他发现自己疯狂地跑来跑去驱使员工按他要求的那样"加工"。由于他开始每天练习冥想，现在他可以觉察到他正在做的和感觉到的，而且他可以用自己的呼吸觉知放松，并在过多反应前打断自动的压力反应循环。

课程结束后回顾时，他感觉到他对工作的态度发生了很大的变化。现在他学会了关注自己的身体，关注是什么困扰了自己，他开始在新的视角下看待自己、自己的意识和行为，理解了没必要太过认真的对待所有事。他会对自己说："他们最多解雇我，不必担心这个。我已经尽可能地做得最好了，就这样一天天干。"他会用呼吸去让自己保持平静和集中，保持自己远离他所叫的"不归之处"。在他认识到自己处于压力情境后，现在他可以立即感受到肩膀张力增加，会对自己说："慢下来，让我们向后退一点。"他对我解释道："我现在可以立马后退，甚至无须坐下，就这样做就行了，我可以正在与人谈话并马上就进入放松的状态。"

他的视角变化反应在他早晨如何去上班。他开始走小路，驾驶得更慢，在上班的路上练习呼吸。到达工厂时，他已经为一天做好了准备。他过去只走城市的主干道，正如他说："在交通灯前与人战斗。"现在他看到并承认，过去他实际上在到达工作地点之前就神经过敏了。现在他感觉要做不同的人，他说到，现在的他比过去年轻10岁。他妻子甚至不敢相信，而他也十分震惊。

他震惊地想到他之前已经到了极其糟糕的程度，现在竟然得以进入了如此"难以置信的精神状态"。

"当我是个孩子时曾经是个最冷静的人。后来，工作中的事情渐渐地渗入了我，特别是钱越来越多。真希望十年前就参加了这个课程。"

但不只是他对工作的态度，他对反应的觉知也发生了变化。他采取更有效的措施与员工沟通，而且做事情的方式也发生了真正的变化。

"自我练习冥想数周后，我便决定开始给那些为我工作的人更多的信任，我真的得这么做。我召集了个大型会议，在会上我说，'看看你们自己，伙计们，得付一大笔钱雇你们来做这份工作，我不准备带你们了。这是我料想的，梆、梆、梆、梆，如果太多了，我会找更多的人，但这很有必要，我们所有的人一起来，我们要作为团队来工作。'这个计划很好。他们没有百分百如你意，但无论怎样，你必须乐意做些让步并这样生活。这就是生活，我可以更加有效，而我们正挣大钱。"所以现在他感觉到工作更高效，他体验到的压力也大大减少。他看到他过去浪费了许多时间，做别人应该做的事情。"作为工厂的经理，你得做正确的事保持航船不沉，而且总是在正确的航向。我发现尽管现在工作没有那么费劲，却做得多了。现在我有时间坐下来制订计划，而过去总有50个人跟在我身后，不断地为各种事情找我。"

这是如何把冥想练习带入到职业生活中的又一个例证。他得以看到结果是实际产生了更为清晰的工作，降低了压力，使自己摆脱了症状，而无须辞去工作。如果在开始时就告诉他，这是八周时间每天躺下扫描自己的身体 45 分钟或跟随自己的呼吸的结果，他可能会有充足的理由认为我们疯了。但好在由于他当时已无计可施，因此做出了遵循医生和我们建议的承诺，尽管那看起来有些"疯狂"。事实上，用了四周时间让他开始看到冥想练习如何和他所面临的情境相关。一旦建立了连接，他则能够挖掘他的内部资源。他能够慢下来，品鉴当下时刻的富足，聆听自己的身体，让自己的智慧发挥作用。

* * * *

在这个星球上，除了我们从事的工作，很少人能够从觉知中获利。这不仅是因为我们会更加安宁和更放松。十分可能，如果我们把工作看作竞技场，这里我们可以一刻又一刻地磨砺内在的力量和智慧，我们可以做更好的决定，更有效的沟通，更加有效率，或许在每天结束时更加快乐地下班。

降低工作压力的提示和建议

1. 醒来时，花片刻时间确认今天是你选择去工作。如果可以，简短地回顾一下你认为今天你会做些什么，也提醒自己事情也许会也许不会那样如愿。

2. 把觉知带到整个准备去工作的过程。这可能包括洗澡、更衣及和一起生活的人打招呼。时不时地与你的呼吸和身体保持谐调。

3. 离开屋子时，不要机械地对人说再见。用目光接触他们，触摸他们；真正地"在"那个时刻，让它们稍微慢一点。如果你离家的时候还有人没有醒，你可以尝试写张字条说早晨好，表达你对他们的感情。

4. 如果你步行搭乘公共交通，觉察你的身体呼吸、行走、站立和等待、搭乘和下车。正念地走向工作。尽你所能地远离你的手机。尝试向内微笑。如果开车，在启动车之前稍事关注呼吸。提醒自己你现在准备出发去工作了。至少某些天试着关闭收音机驾驶。只是和自己待着并开车，一刻接着一刻。把手机放一边。停车时，在离开车前用片刻只是简单地坐着和呼吸。正念地走向工作。保持对呼吸觉知。如果你的面部已然发紧或冷峻，尝试微笑，或至少试着半微笑。

5. 在工作时，花点时间监察身体当下的感觉。肩膀、面部、手或背是否发紧？此时此刻你如何站立或坐着？你的身体语言在说什么？尽你最大可能有意识地随呼气放出所有紧张，转换你的姿势选择一个表达平衡、尊严和警醒的姿势。

6. 在工作中行走时，放轻脚步。正念地行走。除非必要不要急匆匆。如果非得快步，知道你在快走。正念地快走。

7. 试着一次只做一件事情，投入全部注意力，花值得的时间做事，不要分心或者允许被分散注意力，比如被接收电子邮件或者文件分心。总体来说，研究证据表明，多重任务不仅不灵，而且会降低你在所有需要应付的任务中的表现。

8. 可以的话就常小歇一下，利用这段时间真正地放松和更新。而不是喝咖啡或抽烟，要么走出去走个三两分钟或者站立呼吸。旋转颈部或肩膀。要么关上办公室门，静坐5分钟左右，跟随呼吸。

9. 休息和午餐时间和自己感到舒服的人在一起。不然最好独自相处。午餐时变换环境很有用。一周选择一到两次安静正念地进餐。

10. 或者，不吃午饭。如果可以，每天或者每周几天出去锻炼运动是减压的最好办法。进行运动减压的能力取决于你在工作中的灵活性。如果可以运动，这是清醒头脑的好办法，可以减轻张力，以新鲜的状态带着充足的能量进入下午的工作。许多工作场所现在建有健身房，为员工在午餐时和下班后提供运动项目。如果你有机会在工作中运动，利用好它们。但要记住，运动项目需要与正式冥想同样的承诺。做的时候正念地去做。这可以改变一切。

11. 每个小时尝试停顿一分钟，觉察自己的呼吸。我们在工作中浪费的时间远多于这个白日梦。用这个迷你冥想转入当下和存在模式。把它用作重启和恢复的时刻。只需要记得这么做。这并不容易，我们很容易被有所作为的势头带走。

12. 利用环境中的日常提示作为自己集中和放松的提示器，比如电话铃响、会议前的不太忙碌的时间、等待他人的时间、开始任何工作之前。与其"走神"放松，不如随时都谐调来放松。

13. 工作时间中，正念地与人沟通。他们满意吗？是否有些问题？思考如何改进。觉察那些倾向于带有被动或敌意模式与你联结的人。思考如何才能有效地靠近他们。尝试用圆满的目光看待你的员工。思考如何才能对他们的感受和需求更加敏锐。思考如何才能更好地在工作中帮助别人，如何正念地和全心全意地帮助他人。如何觉察语音语调和身体语言，注意自己的和他人的，用其协助沟通。

14. 每天结束时，回顾完成的工作，把明天需要做的列表。在表上区分优先顺序，这样会让你知道什么最为重要。

15. 当你下班时，再度带着觉知行走和呼吸。觉察，我们称之为"下班"的转换。监测你的身体，你是否疲倦？是笔直站着还是伏身？面部表情如何？是否在当下时刻，或者已然提前离开自己，陷入思考头脑？

16. 如果搭乘公共交通，把注意力带到呼吸、行走、站立和坐。注意你是否急行。可否稍退一步，真正拥有这个工作和家庭之间的时刻，就像你需要生活中的其他时刻一样。觉察用煲电话粥来充填它们的冲动。尽可能地觉察使用电话的冲动，把电话扔在一边，尽可能长的时间。看看能否至少多花点时间陪伴自己。如果你在开车，再度花片刻时间在出发前静坐。正念地开车回家。把手机放在一边，除非有免提或者有必要立马打电话，而不是稍后再打这通电话。可否觉知这个决定？可否觉察直接忽略这个决定依旧去打电话的冲动？

17. 在进门之前，觉知你准备这么做。觉知这个我们称之为"回家"的转换。尝试正念地与每个人打招呼，与他们目光接触而不是大声嚷嚷我回来了。

18. 尽快地脱下鞋，换下工作服。穿上居家服装，完成从工作到家这一转换，允许自己尽快有意识地整合进入你的非工作角色。如果能挤出时间，在做其他事情之前甚至如做饭和吃饭前，用大约5分钟左右的时间冥想。

19. 记住真正的冥想是你如何时时刻刻地过自己的生活。以这种方式，你做的每件事都成为你冥想练习的一个部分，如果你希望安住在当下的时刻，用觉知拥抱当下，在你的身体里，在思想的下面。

以上所述仅是一些提示和建议，让你把正念练习带入工作领域。最终，当然需要你自己决定是什么最能够帮助你减轻与工作相关的压力。其实，你在这一方面的创造性和想象力，将是你最重要的资源。

… Chapter 31 …

第 31 章

来自食物的压力

在全球化的社会，如果不多少注意点吃进身体的东西，则难以获得健康的生活。过去几十年我们与食物的关系发生了巨大变化，以至于有必要运用一种依旧还在发展中的新智能，去弄清楚那些呈现在我们面前的多得不可思议的食物中，哪些是有价值和营养的。

例如，吃那些直接来自地里的食物，消耗种类较少的主食，这种单独、一成不变的文化存在了数千年之久，而这个时代已经离我们远去了。直到 20 世纪初，我们的饮食历经世代仅发生少许改变。这密切仰赖于个人获取食物的能力，人们打猎、采集、农耕和养殖。经年累月，人们开始了解自然界哪些是可以食用的，哪些不能吃，而我们的身体适应了不同独立区域、气候、种群和文化的饮食。获取或种植食物耗费了社会群体所有成员的大部分能量。我们吃从居住当地环境收获得到的食品，尽力地去过上良好的生活。

无论这样是好是坏，以所有不可预见性和变化无常而言，我们生活的自然环境在固有的内在稳态下持续保持平衡。我们在自然中，而非在自然外生活。

很大程度上我们依然是自然的一部分，但现在我们对与自身与自然密切连接的那份觉知变得薄弱了，因为现在太多时间里人们可以去按自己的目的来操纵自然。

在第一世界国家，我们与食物的关系经受了巨大而且错综复杂的转化，现在为我们所称的"消费者"提供了无限多的选择。在过去的日子，我们全都是食品生产者。而现在社会的绝大多数人在身体上和心理上都远离了食品生产。

虽然从生物学上我们仍然为了能活着才吃，而在心理上很多人莫如说是为了吃才活着，我们心理上对食物过多的专注与切实的饥饿没有多大关联。此外，我们现在常吃的食品中许多在一二十年前甚至都不存在，食品是在工厂中合成和加工的，它们与我们从野外采集或培育的食品的相隔甚远。在发达国家，由于物流系统，现在可能在任何季节获得我们想要的食品，可以在数天时间内把食品长途运送到任何需要它们的地方。这个社会中，仅有很少人依然完全依靠自己种植或者狩猎或从土地里直接觅食。我们不再需要花费所有的时间和精力去获取足够的食物。

我们已经成了消费食品的国度。只有极小比例的人口仍然参与食品生产，这与早年已大不相同了。现在我们在大型超市购买食品，那是真正意义上富饶的聚宝盆，是富饶和消费主义的殿堂。我们的经验是，超市的架子上总有食品，有成千上万的各种食品可供选择。这样的安排把我们从每天获取食品中解放出来。我们只需要有足够的钱去购买它们。冷冻和冷藏，罐装和包装，添加防腐剂让我们可以在家中存储食品，这样我们实际上可以在任何时间吃到任何想吃的东西。这样的发展奇迹般地解放了我们，每个人都从中受益，享受这么多可供我们享用的食物，其中不乏过去一两个世纪以来，经由精心基因育种和栽培的产品，包括市场上可见的许多水果和蔬菜：想想那些形状漂亮的柑橘、葡萄柚、苹果、李子、牛油果、羽衣甘蓝、胡萝卜、甜菜，不一而足。

食物产品和配送系统是集体互依互联的完美实例。食物配送的渠道则是社会躯体的大动脉，那些冷冻卡车、铁路货车和飞机就是特别的载体，为社会的组织和细胞供应极其重要的养分，假如可以暂时把它们巨大的碳排放量放在一边，把是否容忍继续以这种方式生活放在一边。一场卡车司机的大罢工可以在数天内导致城市缺乏食品。商店内就将不再有人们想要的食品。我们似乎不太考虑这些事情。

另一件我们也不太考虑的事是，有太多的食品集中地来自少数巨型公司和农业综合企业，它们提供了几乎所有超市货架上几乎每一件食品。我们的祖辈恐怕认不出货架上 70% 的是什么食品。但却可能很快地对其上瘾，他们既会惊叹现代社会获取食品的方便（我们称为购物），也会痴迷于那些奇迹般超出想象诱人的高热卡和高脂肪食品。

*　*　*　*

毫无疑问，现代人作为一个整体，我们比以往任何时候都更健康。许多人把此归因于现代食品，其实这只有部分正确。清洁的饮水和环境在降低死亡率和延长寿命方面作用巨大。我们可能正处于社会健康的转折点。越来越多令人信服的证据表明，现在美国和其他一些发达国家的健康在我们带领下，正在不幸地受到一些过度消费食品相关的疾病的损害，这既包括食品的总体消费，也包括一些特别食品的消费，这些疾病来自于我们的富裕和丰沛。据说这在历史上是首次：我们的孩子比起父母们可能更不健康和更不强壮。

肥胖流行的证据自 20 世纪 70 年代以来不可逆转地快速增长，不同的因素推动着它的发生，但最根本的是由特大号饮食和庞大的高能低营养、合成"食品"如碳酸饮料所推动。

暴露于环境中的化学物质同样威胁着我们的健康，这些物质即使不是数以千计也是数以百计的，人类在过去整个进化过程中从未接触过，因为它们只是在过去数十年才被发明出来的。许多此类化学物质是与农业综合企业相关的肥料和农药的残留物，同样许多污染物源自其他产业，随着环境污染的加重而进入了食物链。或者作为防腐剂和添加剂被食品企业广泛使用，有的甚至没有经过足够的测试。这一切加起来，化合物将我们进化的精致生物化学内稳态置于未知程度的细胞和组织瓦解或损害的危险之中。无论专家说什么，我们就是不知道暴露在食物的某些化合物中在数代后或者吸收一生后会导致什么样的后果。我们知道的是，我们在用身体和孩子来玩某种化学俄罗斯轮盘赌，在几乎所有场合没有消费者知道他或她无意中成了这个游戏的参与者。作为讨论这一话题的公共电视节目的一部分，深受尊重的电视新闻记者比尔·莫耶斯，与西奈山医学院协作，用自己的身体进行了有毒化合物负担试验。结果揭示84 种化合物存在于他的血液和尿液中，包括普通用途的危险化学品，如二噁英、PCBs（多氯联苯）和邻苯二甲酸，同样也有如 DDT 等化合物，其使用在美国已被禁止超过 40 年。许多此类化合物经由食物进入我们身体，虽然也存在着许多其他环境暴露途经，包括日用家庭消费产品。

由于我们毕生所吃食物对健康有重要影响，需要以明智、不大惊小怪、不盲信的方式去关注我们摄入体内的所有食物，如果到现在还没有开始关注的话。有句谚语"你是你吃的东西"多少有些道理。坦白说我们需要把一定程度的正念带入我们采购和吃进身体的东西上，为的是能够在毕生时间驾驭和调整健康的潜在危险，特别在易受伤害的时期，如在怀孕和哺乳期间，童年时期和青春期。

肥胖正迅速在儿童和成人中，在全球范围内流行，同时伴随着糖尿病、代谢综合征和心血管疾病的流行。1990 年，本书首次出版，据疾病控制和预防中心数据，美国有 10 个州的肥胖发生率低于 10%，没有一个州等于或大于 15%。到 2000 年，没有一个州肥胖发生率依然低于 10%。23 个州发病率在 20%～24% 之间，没有一个州患病率等于或大于 25%。到 2010 年，没有一个州的患病率低于 20%，36 个州的患病率为 25%，其中 12 个州（亚拉巴马州、阿肯色州、肯塔基州、路易斯安那州、密歇根州、密西西比、密苏里州、俄克拉荷马州、南卡罗来纳州、田纳西州、得克萨斯州和西弗吉尼亚州）显示的患病率为 30% 或更多。这是一个令人难以置信的现象，到现在还不十分清楚如何能减缓或逆转这一趋势。根据 2012 年新医疗保健法案，美国在数年内投入了数十亿美元，让所有类型的媒体用于这一领域，包括基层努力在他们自己的社区组织课程来教育高危人群，教授如何选择健康饮食，有规律地锻炼和采用其他健康生活方式。

非常清楚，饮食在一系列慢性病发病中有影响，即使对新近发现的疾病也是如此，比如代谢综合征，似乎细胞和组织水平的炎症过程是引发此类疾病的根源。饮食为基础的疾病在某些人群和社会团体中影响更大。当然也与贫穷有着密切关系。

众所周知，富含动物脂肪和胆固醇的饮食是冠心病的主要危险因素[一]。在冠心病中心脏的动脉被脂质斑块堵塞而变硬。这一过程儿童时期就开始了。心血管疾病的发病率高于其他疾病发病的总和，因而如果希望有健康的人生和体验强健的福祉，有必要极其重视我们的饮食和与食物的全部关系。幸运的是越来越多的证据表明，论及食物时，我们有很多可以做的以便以一种更加健康的方式去生活。科学家在复制冠心病动物模型时，只需给动物相当于腌肉、禽蛋和黄油的饲料约 6 个月左右。这种饮食可以高效地堵塞心脏的动脉。黄油、红肉、汉堡包、热狗和冰淇淋中有非常高水平的胆固醇和饱和脂肪酸，这几乎囊括了所有美国的流行食品。在亚洲国家，饮食肉类和动物脂肪少而鱼和谷物较多，他们的心脏疾病发生率要低得多。然而，这些国家的某些癌症发病率比较高，如

[一] 新近的研究表明，食物中的胆固醇含量与血液胆固醇水平没有直接关系，血液中胆固醇增高主要是代谢因素导致的。因而 2015 美国居民饮食指南已经更改了建议，不再认为胆固醇含量高的食品是引发冠心病的不健康食品，无须限制其摄入，但仍然建议限制动物脂肪的摄入。——译者注

食道癌和胃癌，据认为与大量食用腌熏食品相关。

有趣的是，随着这些亚洲国家越来越多地采用美国式饮食，现在那里的心脏病和肥胖也在急剧增加。这不是说饮食中不能有腌肉和鸡蛋，只是这让你处境危险，最好的办法是获得某种平衡，觉察你大量未经检验的和潜在的不健康购物和饮食习惯，发现滋养自己和家庭的健康方式。

饮食与癌症的关系不如和心脏病的关系那么清楚，有些证据认为饮食在乳腺癌、大肠癌和前列腺癌发生中有一定作用。同样，食物中脂肪的总含量似乎起着重要作用。也有证据认为高脂饮食的人免疫功能受损（比如自然杀伤细胞活性，如我们看到的，它们在保护身体免受癌症方面发挥着作用），一旦改变为低脂饮食（包括动物和植物脂肪），自然杀伤细胞的活性开始增加。许多动物研究也表明饮食与癌症存在关联，饮食脂肪作用最为突出。过量摄食酒精，尤其是再加上抽烟，同样会增加患某些癌症的可能性。

早在1977年，参议院营养委员会宣布，美国人因为过量饮食正在杀死自己。当时他们并不知道这条预警有多具先见之明。那时，他们建议把从脂肪中摄取热卡的量从40%降低到30%，而其中只有10%应来自饱和脂肪酸，而另外20%应来自单不饱和或多不饱和脂肪酸。他们还建议减少从脂肪中摄入的热卡，应增加从复杂碳水化合物中摄取来补偿。之所以这样建议是认为这很容易做到，而不是因为饮食中30%脂肪是最佳水平。传统中国饮食只有15%的热卡来自脂肪。在一些传统文化中如墨西哥的印第安塔拉乌马拉人，以出超级马拉松选手著称于世，仅有10%的热卡源自脂肪，几乎没有来自动物脂肪的。对塔拉乌马拉人的研究表明其族群中几乎没有心脏病或者高血压。在美国，对营养感兴趣的科学家们研究了星期六安息日耶稣再生论者，因为他们大多数是素食者，而又同样有着非常低的心脏病和癌症发病率。

结果，有很多方式可以让我们在各个层面觉察我们与食物的关系，也可以转换我们与食物的关系。然而在正念减压课程的正式大纲中，现在不再明确包含这个主题，我们在最初十年曾经这么做，把正念带入购买食物，准备食物和进食的过程，以及进食后我们的感觉，带入进食后身体给我们的信息，可以让生活品质有很大的不同，也可影响我们的健康和寿命。

迈克尔·波伦有一条建议，在购物和考虑准备什么作为伙食时，你若能够把它牢记心间的话，可以带来深远的影响。他著有《渴望的植物学》(*The Botany of Desire*)和《杂食者的困境》(*The Omnivore's Dilemma*)，以及有关国家食品危机的重要且有影响力的著作。他优雅而简洁地建议："要吃，多吃植物，勿过量。"

真是好建议。然而说得容易，做起来难。这可以作为易记的短语牢记，并付诸行动，只要我们接受挑战。有一点，会让我们感到挑战，问问自己吃进身体的是食物还是别的什么？波伦的处方，虽然简单但却对我们看清现实并应用于每天饮食模式至关重要。这种短语正是禅所说的公案。如果我们能牢记，历经时日，它会向我们昭示越多。如果我们能将其保留在觉知的前景中，日复一日，月复一月，年复一年，它将教会并塑造我们去选择体验不一样的生活。

历经超过30年的开拓性工作，索萨利托预防医学研究所、加州大学旧金山分校的迪尼·欧尼斯博士及其合作者确切证明，以合理的方式改变生活方式，包括选择吃什么和不吃什么，可以减缓，停止甚至逆转严重冠心病的进程，对早期前列腺癌也有同样作用。

欧尼斯的成果不仅包括改变饮食习惯，同样重要的也要改变其他生活方式。这些生活方式含吃完整食材，富含纤维，主要为植物的饮食，低脂和少含精制碳水化合物如糖和白面，多吃水果和蔬菜、全谷物、豆类和豆制品，补充鱼油或亚麻油。此外，适度的运动如快走和练习瑜伽和正念冥想。

特别强调要培育个人关系中的爱和亲密行为。这可以在不需服用降胆固醇药物时，显著降低心脏病和前列腺癌症患者的胆固醇水平。这样的成果也适用于逆转 II 型糖尿病的进程，它们也是致肥胖饮食的主要后果。

前列腺研究的受试者以这种方式饮食，也表现出显著的表观遗传学改变，为染色体受到这样生活方式改变的积极影响提供了证据，这与早些艾丽萨·埃佩尔、克里夫·沙龙、大卫·克里斯维尔和其他人的工作中我们看到的一样。特别是我们所说的"促炎症基因"被关闭了（学术名词为"下调"），因而降低了疾病诱导的体内炎症过程。已知上百种促进前列腺癌、乳腺癌和大肠癌的原癌基因亦被关闭。同时，一些增进健康的基因表达则增多（上调）。

在随机临床试验里，只需三个月时间就可以看到改变发生，为我们的身体实际上受生活方式影响提供了强有力的证据，尤其是食物的选择，如果我们足够重视这些选择，修正我们的生活，可以在分子水平促进健康。

再者，还有老朋友端粒酶，我们可以记起正是这种酶通过修复和延长染色体控制衰老，参与欧尼斯计划的早期前列腺癌患者的端粒酶活性显著增加。这提示我们，他们采取的全面生活方式改变，可能使细胞生物学朝着延长寿命和降低压力的方向调整。跟随这个计划超过 5 年的人，实际上延长了端粒的长度。

欧尼斯博士的工作引人注目地证明了如果给予机会，人类身体有强劲的抗压力和适应性，而且具备自我疗愈的能力。由于这类疾病在体内的进程在出现疾病表现和被诊断前已历时数十年，他的研究发现极具重要意义。这告诉我们，即使体内慢性的病理过程迁延了数年，我们依然可以通过做些改变来终止，而且不止如此，甚至可能逆转其损害。而且这种情况的发生可能不是由药物引起，而是人们变得更加觉察自己改变生活方式和健康的能力，随即实际上去改变生活方式，智慧地选择吃什么、如何吃。

在欧尼斯博士的心脏病研究中，对照组的人们在研究持续时期内接受很好的传统医学照护。他们遵循心脏科医师最新的建议，降低饮食中脂肪的摄取至30%左右，并坚持有规律的运动。但没有像其他组那样做根本的生活方式改变，包括承诺每天练习瑜伽和冥想。尽管遵循了对心脏病患者的传统医学指南，对照组患者的疾病仍然加重。通常他们的冠状动脉一年后更加狭窄，对于这类进行性疾病这是预料之中的事情。

欧尼斯博士对冠心病患者进行的工作首次证明，改变生活方式可以改善心脏功能，并实际上逆转了动脉硬化，而这非借助高科技的医学干预的结果，那在任何情况下都无法逆转心脏病。可以认为这些男男女女能够诱导心脏疗愈，而方法是改变生活方式：常规练习冥想瑜伽（每天一小时），迈开腿（每周三次），定期聚会练习和相互支持，当然，也改变了饮食。

超过5年的随访研究表明，如果继续保持此种改变了的生活方式，疾病则得以继续逆转。美国联邦老年人医疗保险现在将欧尼斯计划列为被认可的生活方式干预。记住这不仅是减轻体重的事，而是事关健康饮食和正念选择。如果我们为了健康而吃，不是为了减轻体重，我们会更健康，同时也会减轻体重并加以保持。不是所有能够减轻体重的饮食都是健康的。一项持续超过16年时间，有4万瑞士女性参加的研究揭示"低碳水化合物－高蛋白饮食……与增加心血管病危险相关"，另外，《新英格兰医学杂志》上发表的一篇文章表明，高蛋白、低碳水化合物饮食即使不增加高血压和胆固醇的危险因素也会促使冠心病发生。

欧尼斯博士研究的一个有趣且重要的发现是：生活方式和饮食的改变越多，则改善越多，在任何年龄段都是如此。最为重要的是饮食和生活的总体方式的改变，以及带入整个过程的善意和自我慈悲的程度。欧尼斯博士喜欢强调，心存善念和正念，你则免于衰退。不认为自己在

"节食"：因为节食被定义为什么你不能吃和什么你必须吃，而是心甘情愿地转向健康的方向，并逐渐为此做出改变。患者保持此种新改进的生活方式若干年后的变化，部分证明了瑜伽和冥想练习的有效性，至少我是这么看的。这是训练和意向性中融入了存在方式。与其认为这是"我必须遵循的饮食"或"这就是我们必须练习的瑜伽和冥想"，莫若变为"这是我的生活方式"。秉承这样的态度后，所有其他的事便会轻松到来，如在第 2 章中所详细讨论过的那样。

即使如此，改变你与食物的关系依然不甚容易，哪怕你决定了你想要或者你需要这么做，以便使自己更加健康。所有那些失败了的试图减肥的努力证明了这一点。不管什么原因，如果你决定需要改变饮食，以便促进健康和预防或延缓疾病进程，你必须带着深深的承诺，带着内在约束着手进行，这是智慧的结晶而不是出于害怕、偏执，出于对外表和体重的过度关注。你的外表和体重大致上会照顾它们自己，如果你把自己交给过程本身并给予信任。这包括正念觉察你与食物关系的所有层面。这需要你更加觉知你的那些有关食物和吃的自动和成瘾行为。在这一领域我们常常不能系统和非评判地观察我们的行为，除非我们坚定地承诺，让自己从不利于适应和习惯驱使的与食物关系中解脱，并发展出更加健康、更能依从和正念的生活方式。

如曾经看见的，对心念的系统训练可以极其有益，在这个时刻，我们寻求与自己相遇，寻求在各个方面从自动化和无意识的行为中、从驱使它们并增加痛苦的潜在动机和冲动中解放自己。我们与食物的关系并非例外。出于这个原因，践行正念对于发展和维持健康的改变非常有益，就食物的购买和烹饪、进食而言尤其如此。事实上，随着冥想练习逐渐增强，并将正念带入日常生活的所有活动，饮食领域的觉知和改变会自然发生。也许你已经意识到了这一点。开始关注日常生活，一定避不开关注饮食的领域。葡萄干练习可能已极具启发性，但它同时包含了一粒种子，让我们可更深地探讨我们与吃入体内的东西在营养层面上的关系。

食物在我们的生活中占有中心地位。我们在购买、准备、烹制和食用食物，顾及进食的物质和社会环境以及事后的清理上投注努力和能量。所有这些活动都涉及我们可以加以关注的行为和选择。此外，我们可以更加觉察我们所食用食物的质量，它们是如何种植和制造的，来自哪里和含有什么等。也可关注我们吃了多少，吃多少次，何时吃以及进食后的结果。比如我们可以觉察进食一定量某种食物后的感觉，觉察快吃和慢吃或者在特定时间进食后感觉有否不同。可以把正念带入我们对特定食品的依附或渴望，我们和孩子们希望吃或者不愿吃的食物，以及家庭的饮食习惯。也可以从把觉知带入我们谈论食物和饮食的多少、时间和地点中获益。当我们在食物的领域带入正念，所有这些都成为关注的焦点。

多数饮食大致类似，例如从饮食中获得的愉悦和快乐，营养和美味饮食的体验：首先通过我们的眼睛真正注视，再认真的品尝食物的气味，然后才是放进嘴里体验，真正地品鉴味道。食物的准备和享用的社会层面同样必不可少，而且很滋养人。坐下来与家人或朋友围坐一起，在工作社交和家庭聚会中品鉴美食，这是人类生活中最为深远和最具人文情怀的内容之一。

多数人发现改变生活习惯极其困难，饮食习惯也不例外。从社会层面和文化层面来讲，饮食可以是高度情绪负荷的行为。我们与食物的关系在整个一生不断随环境改变和强化。吃对我们有多重意义。我们对特殊的食品怀有特别的情结，这些情结针对特定的数量、特别的场合、特别的时间以及特别的人。这些食物相关的情结关乎我们的自我认同和福祉。我们非比寻常地执着于它们，轻易改变这些与进食相关的模式，就会感到抛弃了某些对我们有特别意义的东西，这种担忧可以理解，它让改变饮食比改变其他的生活方式要困难得多。这就是为何温和、非强迫性地将正念带入饮食领域的方法可以兼具转化性和疗愈性的原因。与其失去那些我们害怕失去的，你会看到这是在重新构建对你最为有意义的联结，让其更有潜在的意义，使人愉悦、令人满意。

起初也许最好不要试图去做任何改变，而是把注意力放在你究竟吃了些什么以及它们是如何影响你的。尝试观察你的食物看起来究竟像什么，吃的时候到底是什么滋味。下一回当你坐下来吃饭时，仔细看看你盘子里的食物。其品质如何？观察食物的颜色和形状。闻起来怎样？当你看它们的时候有何感觉？滋味如何？让你愉悦还是不快？吃完之后感觉如何？是你想要的？适合你么？注意在吃完一小时或两小时后有何感觉。你的能量水平如何？吃了那些食物是让你有能量，还是让你感到慵懒？腹部感觉如何？现在你如何看待你所吃的东西？

减压门诊的人们以这种方式把注意力放在其饮食上时，他们分享了一些有趣的体验。有人发现他们吃某些特殊食品更多地是出于习惯，而非因为喜欢或者想要吃。另一些人则注意到，吃某些食物扰动了他们的肚子，或者引致稍后的疲倦，这种联系之前从未被留意到。许多人说他们现在从吃上获得了更多的快乐，因为现在是以崭新的方式对它有了觉知。

在课程的早期阶段，我们注意到，某些参加者曾经报告，在我们具体地触及正念和饮食话题之前，他们就已经开始改变饮食习惯了，因为这个话题是在接近结束的第八周才被提及。也许这是第一堂课正念吃葡萄干冥想和分享体验的结果。随着参与者更多地把正念带入饮食，作为日常非正式冥想练习的一个部分，这种饮食模式的自发性变化至今仍在发生。

很少有病人来诊所是为了减肥或者改变饮食。不过，许多人自然地开始吃得稍微慢些，这或许又是葡萄干冥想的馈赠。在后面几周，他们常报告发现吃得少了些但依然能够获得满足，并更能觉察用食物来满足心理需求的冲动。

有的人实际上在八周时间里减轻了体重，仅仅是由于以这种方式觉察，而并非有意识地尝试减肥。比如菲尔，那位背痛的卡车司机，我们在 13 和 23 章中认识了他，也在正念减压课程中改变了他与食物的关系。事实上，他减去了 14.5 磅（约 6.5 千克）。他说道："实际上我没有特别节食，我在进食时关注食物，有时在开始吃时突然住嘴；轻轻放缓呼吸，放慢一点。人生总在为名利竞争，哪怕你根本去不了哪里，但却总在跑、跑、跑。做什么事情都快，你只是把食物塞进嘴里，两小时后你又饿了，因为你根本没有品尝，你只是吃完它。你饱了，但像我说的那样，味蕾有太多的事情要做。如果你不品尝食品，你会很快就饿，因为你不品尝你吃的东西。这是我现在的看法，如果我让自己慢下来，因为我要更好地咀嚼食物，我吃得少了，我在品尝食物。以前我从来不这么做，你知道。我想再减 15 磅。如果能保持慢些吃，你知道，就像现在这样每周减一点点，以后我也可能继续保持这样。这好像，如果你匆忙减肥，节食过后，体重很快反弹。在冥想时，我学会你得为自己设立个目标，你知道，一旦你设定了目标，去照着做，不要放弃。你外出时也总会看到，因为这在你头脑中。它会让你反省。

对我们所有人而言，至少一定程度地关注我们与食物的关系，关注已知的饮食与健康的关联是非常重要的。那样可以开始对如何选择我们的生活做出更有依据的决定。在这里，觉知照例是主要的。在正念减压课程中我们不提倡特别的饮食。而是提倡人们把注意力带到生活的这个领域，就像其他领域一样，而不是任其被自动导航模式控制。我们的确鼓励人们充实自己的知识，去决定做他们认为是重要的改变，在相对长的时间里这样做，使之向更有利于整体健康的方向转变。多数与我们一同工作的人都确信，他们的饮食模式有做出健康改变的空间，而正念减压对他们而言常常是一个转折点。

但即使你决定了要改变饮食，以增进健康并减少罹患心脏病和癌症的风险，或者纯粹为了更好地享受食物，为了感觉更好，获得更多的能量，也并不总是很容易知道如何开始实施健康的改变。也不容易长时间坚持这么做。我们终身的习惯和习性有其自身的惯性，需要尊重它并明智地与之工作。在欧尼斯博士的心脏病研究中，参与者得到许多支持，以改变他们的饮食和对新养生之道的依从。他们被教授如何烹制蔬菜，需要完全放弃某些食物，当他们学习如何烹制和购买新的食物的时候，起初也为他们供应一些制备好了的健康食品和零食，保存在冰箱里以供使用。

如果你要减少胆固醇和脂肪的摄取，减少某些食品的消耗量或食物的总量，改变进食周期，倘若你独自做出改变则很难与此相同。如果没有外部的支持，终身的习惯和习性很难改变。为了改变饮食模式，首先需要真正知道为何要作此改变。然后需要在每日里，甚至在每一时刻里记住，你会遭遇很多可以让你脱离预定轨道的冲动、机会和挫折。

换一种说法，你需要真正相信你自己，相信你关于健康和什么对你才重要的远见。当然也需要关于食物和营养的可靠信息，觉察你与食物、饮食模式的关系，从而可以做出明智的选择，到哪里采购、购买什么、如何以最好的方式制备食物。这就是可以把时时刻刻的觉知带到食物和饮食的地方，这对于产生积极变化起着关键作用。如同正念能对我们与疼痛、恐惧、时间和人际关系产生积极的影响，它也可以用以转化我们与食物的关系。

例如，很多人把吃东西作为主要的减压方式。当我们焦虑时，吃东西；孤独时，吃东西；无聊时，吃东西；空虚时，吃东西；其他所有不爽的时候，吃东西。许许多多自动化的进食。我们这样吃，并不是为了滋养身体或者缓解饥饿。多数时间这么做是为了让我们在情绪上感觉好些，或是为了充填时间。

我们在那些时候所吃的可以累积起来成为非健康饮食。让我们感觉好些或感到满足的食品，多半是那些富含脂肪的食品和甜品，如饼干、糖果、蛋糕、甜点或冰淇淋。所有这些东西含有较高的隐形脂肪和大量的糖。或它们往往比较咸，如各种各样的炸薯条和蘸着吃的食物，同时也富含隐形脂肪。

我们也需要有自己的方式去寻找可用和便捷的食物。快餐食物链专门提供富含动物脂肪、胆固醇、盐和糖的食物，虽然它们现在也变得供应更多的健康替代品，如沙拉自助柜台并以烘焙食品替代油炸食品。尽管现在很多餐厅强调对心脏健康的食物，如烤鱼和鸡，但多数仍然不关心这个，依旧用过多的脂肪去烹制食物。如果你离家在外，要出去找吃的，还是很难发现健康食物的。有时候干脆不吃可能还会健康些，直到找到你真正认为可以放进体内的东西。此时，我们可以回头练习我们的耐心，并尝试放下不完整或被剥夺的感觉。

如果要改善健康，着眼于饮食变得极端重要。这不仅是动物脂肪胆固醇和心脏病癌症的问题。有相当多的证据说明美国人吃得过量，就这样，而且高糖饮食能促进全身性慢性炎症过程。有一个崭新的领域，称为"功能性医学"，尝试阐明这方面的问题，并与我们的个体遗传特性联系，因为我们每个人都有着独特的基因配置，能使我们中的某些人倾向于对特殊的食物过敏，对某些食物敏感或引发炎症过程。

其他生活方式因素与饮食相互作用，产生或好或差的影响。男性一天吃差不多2500热卡食品，女性吃约1800热卡。然而，当今社会我们习惯于久坐。与我们的前辈相比，我们的工作没有燃烧相应程度的热卡。我们开着车去到各处，工作时常坐着。驾驶和坐着不如走路和手工劳动那样燃烧热卡。疾病控制和预防中心2006年报告说，女性热卡摄入量自1971-2000年增加了22%，同时男性的增加了7%。这些数据反映了过去30多年的总体变化，和肥胖的流行病一致，他们强调为何生活方式因素在面临这一危机时如此重要。所有证据表明极其有可能仅仅少吃一点，在其他饮食不作改变的情况下，也能保持稍微健康一些。

然而在当今社会，即便提示少吃一些也会变得危险。进食障碍的患病率，尤其在女孩和年轻女性中，对自己身体的形象可能过于敏感而极度失调。有时人与进食的关系变成病理性的了，一直到既可能忍饥挨饿，认为她们骨瘦如柴的身体依然过于肥胖（神经性厌食症），也可能暴饮暴食无法抵抗进食，然后再有目的地通过呕吐排出，从而不会增加体重（暴食症）。这些紊乱下面有着强烈的情绪成分，通常有创伤经历。持久的痛苦和自我厌憎极其巨大，令人心碎，若无根本的坦诚和广大的慈悲，以及在创伤后重建值得信赖的联结和互动，则难以接近并应对。

进食障碍一部分可能是后工业化社会对人外表严重成见的恶果，同样也反映了对身体和对美观的物化倾向，这在女性中尤其如此。如果我们没有符合人为制定的体重、身高和外形标准，我们不是关注于内在的体验和仁善接纳自己，反而倾向于苛责自身。因而我们的社会已然成了一个与自己身体的本真疏离的社会，热衷于寻求永恒和理想化的形象。我们成了速成节食和节食失败者的社会，消费所谓无糖饮料的化学混合物的社会——一切都为了追求"完美"的身材。所有饮食和节食相关的时尚中智慧几乎已经荡然无存。为何不用饮水代替无糖饮料？为何煞费苦心地节食然后又狂饮暴食？也许是时候明白我们的能量被误导了。也许我们过于专注于我们的体重和外形，而非关注疗愈自己和优化自身的福祉和幸福。假使能够开始把注意力投向基本的事，例如让心念观照当下时刻，观照我们吃进去什么，为何吃，则可能朝着实现更好的健康取得实质性进展，而大大减少神经质和耗费能量。这种生活方式的转变，始于在一整天或者哪怕只有片刻，带着善念和自我接纳，更好地觉察安住于自己身体的感觉。如果起初你仅仅能做到这些，则可实现转变。在此之后，更具体地，把觉知带到时时刻刻的体验中，带到选择你所吃的东西、去看它们、闻它们、咀嚼、品味，体验在进食之前、过程中以及之后的感觉。比起人为僵化，正念进食与获得温和、灵活的平衡更为相关。你待在过程的体验中越久，接纳各种各样的感觉和可能升起的各种情绪，无论其如何令人生厌，你的身心和食物本身就能教会你更多你需要了解的。以健康的方式进食的转变就会从这个过程中自然呈现。

一旦触碰到与食物和健康关系的正念这一主题，我们有时会和患者一道重温国家科学和职业协会的指南，这涉及美国人自己的饮食。比如，美国国家医学科学研究所建议减少消耗腌渍食品、烟熏食品和加工过的肉类，或者避免吃它们，因为这些食物可能与某些癌症的发生有关。在实践中，这意味着放弃或者彻底减少消耗意大利蒜味腊肠、博洛尼亚腊肠、咸牛肉、香肠、火腿、熏肉和热狗。美国心脏协会建议减少消耗红肉、喝低脂或脱脂奶，放弃全脂奶和奶油，减少脂肪高的奶酪，限制摄入鸡蛋，因每个鸡蛋含约 300 毫克胆固醇。（欧尼斯饮食计划中每天胆固醇的摄入量为 2 毫克。）

不过，我几乎每天都吃鸡蛋，而且已经很多年了。然而我胆固醇水平却自然很低，比例正常。所以在遵循特别的饮食指南以获得最佳健康时，许多你做出的饮食选择关键还是取决于你的基因。

这些机构建议用什么来替代那些他们告诉你该避免或者减少消耗的食物呢？他们建议增加新鲜水果和蔬菜的消耗，尽量不加工或者小心地烹饪，以免其营养成分被过多破坏或水解。有的蔬菜如花椰菜和花菜，似乎具有一些保护作用能抗某些癌症，也许是由于其自然所含的抗氧化物质。这些机构也推荐多把全谷物如小麦、玉米、稻谷和燕麦等列入食谱，虽然玉米和大米有比较高的血糖生成指数，但可能对某些个体不利，尤其是大量摄入时。全谷物可制成面包，作为早餐和小吃，也可作为晚餐的重要部分。它们是最佳的复合碳水化合物来源，它们理应构成我们从食物中获取的 75% 热量来源。面筋过敏也应考虑，因为现在有许多人对含有面筋的谷物和含面筋的加工食品过敏。总体而言，抗炎饮食最有利于健康。

除了提供复合碳水化合物和营养素，全谷物、水果和蔬菜同样增加了饮食的体积，因为它们包括谷物的外衣和植物组织，被称为粗粮或纤维。纤维有助于帮助食物通过肠道，减少消化道组织与暴露于消化所产生的废物的时间，这些废物可能有毒，身体需要尽快有效地排出它们。

＊＊＊＊

扼要地说，把注意力带到你与食物的关系对于你的健康十分重要。聆听身体和观察与食物相关的心念活动，有助于做出和维护有利于健康的饮食改变。如果你的正念冥想足够有效，你会自然地更加了解你的食物以及它们作用于你的方式。你会对某些特定食物的渴望更有正念，你将能够更容易地把那些渴望看作想法和感觉，从而在依据它们行动之前把它们放下。我们在自动导航模式时，倾向于先行动（在这里，就是吃），之后才觉察做了什么，想起我们实际上不想这么做的原因。如果坚持练习正念，觉察什么时候吃、吃什么、什么滋味、食物来自何方、含有什么以及吃了以后有什么感觉，轻轻碰触，带着幽默感，而非强迫去做，这非常有助于为这个极端重要而又常常高度情绪化的生活领域带来改变。

有关食物和饮食正念的提示和建议

1. 开始关注生活中关于饮食的整个领域，就像关注身体和心念一样。

2. 尝试一次正念进餐，安静地进行。让你的动作足够慢，这样你可以仔细地观察整个过程。见第1章正念吃葡萄的描述。尝试在进餐时关闭手机。

3. 观察食物的颜色和纹理。思忖此种食物来自哪里，它们是如何生长和制作的，是合成的么？是否来自工厂？是否添加了什么？可否看见他人在把这个食物带给你的过程中所做的努力？可否看见它们是如何和自然连接的？可否在你的蔬菜、水果和谷物中看见自然的元素、阳光和雨露？

4. 在吃进去之前，问问自己是否想要这种东西进入你体内。你

第31章　来自食物的压力

需要多少进你的肚子？在进食中聆听自己的身体。在它说够了的时候你是否听到？此时你会做什么？这时有什么冲动出现在脑中？

5. 觉察进食后1小时身体的感觉。感觉轻松还是沉重？感觉疲惫还是充满能量？这是在对你表达什么？你是否有不寻常的肠胀气或其他失调症状？能否把这些症状与某种食物或食物组合关联起来，这是些你可能敏感的食物？

6. 购物时，试着阅读食物标签条目，如谷物盒、各种面包、冷冻食品。里面有什么？是否富含脂肪，是动物脂肪？是否添加盐和糖？所列的第一项材料是什么？（依据法律这需要按含量递减排列，第一项是主料。）

7. 觉知自己的渴望。问自己它们来自何处。你真正需要什么？是否准备通过吃特别的食物来满足它？是否可以只吃一点？是否对其成瘾？这一次可否尝试放下渴望，然后观察渴望是想法还是感觉？可否在此刻想到其他可能更健康、比进食更能让人满足的事情做？

8. 在制备食品时，是否正念地做？尝试土豆削皮冥想或者切胡萝卜冥想。可否全然地安住当下去削皮、切片？尝试在削皮和切蔬菜时觉察自己的呼吸和整个身体。以这种方式做事有什么作用？

9. 看看你最喜爱的菜谱。需要什么材料？需要多少奶油、黄油、鸡蛋、猪油、糖和盐？看看周围有什么替代品，假如你决定不再按照这个菜谱去烹饪。现在有许多低脂、低胆固醇、低盐和低糖的美味菜谱。有的使用低脂奶酪代替奶酪，橄榄油代替猪油和黄油，用水果汁代替甜味剂。

Chapter 32

第 32 章

来自世界的压力

  我们的世界，这个我们称之为地球的天体，属于行星的一颗，它显然染上了热症，诊断严峻，预后不佳，甚至会变得更糟，这是来自主流行星科学家的观点。尽管他们运用了所有的知识和超级计算机模型，由于之前从未见过类似病例因而无法确定该如何治疗这个病人。导致这一诊断的症候中有全球范围的温度上升——来自燃烧含碳燃料，排放到大气层的巨量增加的二氧化碳和其他温室气体，以及冰川和极地冰帽的极速融化。此种发热在根子上是人类活动的结果，而生存在地球上的我们人类现今有那么多。我们的农业、畜牧业、工业，外加我们对热带雨林的摧毁和大洋的污染，正在扰乱保持行星稳态平衡达数千万年的自然周期。结果，地球本身，我们独一无二的家园，如今正承受着人类历史上前所未有的压力。正在加速的这一趋势有着潜在的后果，对于未来，对于我们的孩子和他们的孩子以及孩子的孩子的未来，的确，对于我们整个物种和其他物种，前途未卜但预兆不佳。

  所以可能是时候了，我们该醒来了，不仅作为一个个体也作为一个物种，我们需要看到，我们的行为带来了无法预知的结果和需要付出的代价，这也不仅限于我们自己的健康，而是整个世界的健康发展方向。所有这些现象都是互联的。都起源于人类的意识和人类的活动。当人类的内心能认识到自己，便会获得智慧，获得所有人类历史能给予我们的美丽、理解和慈悲：艺术、科学、建筑、技术奇观、音乐、诗词、医学、所有能在世界最宏伟的博物馆、大学和音乐厅里发现的东西。若人类的内心不能认识自己，则会遭受愚昧、残酷、镇压、暴力种族灭绝、大屠杀、死亡和大规模的毁坏。

出于这个原因，正念，无论是大是小但都不是奢侈品。论小，它是个体的解脱之道，以获致健康和幸福。论大，它对于我们作为物种的生存和繁荣生死攸关，如果我们全然地体现和演绎出我们物种的姓名：晚期智人（现代人）……"知道并知道所知"的物种，换言之，这个物种能够觉知并且知道那是觉知。无论人类历史自此会呈现什么，对于我们脆弱的星球和其生态系统以及稳态循环，正念必然地成为重要和潜在的关键因素。所以我们将会看到，正念看似找到了通往政治和经济论述以及行动的道路，这是件好事情。

* * * *

回顾前一章关于食物和食物的压力，我们往往想当然地认为第一世界拥有丰富的、有益健康的食品。然而星球的变化（如干旱）正严重地损坏世界各地的食物供应，随着星球变暖，食物的压力只会增加。所以再一次，考虑到我们生活在高度互联的世界，我们最好开始认识到，我们个体、家庭和后代的福祉和健康，将会依赖于宏观的生态和地理政治力量。比如，未来在一个污染和食物压力下的世界，我们选择健康饮食将愈发困难。有太多我们未知的因素可能会对健康有着长期的负面影响。

比如，你或许进食低胆固醇、低脂、低盐、低糖饮食，富含复合碳水化合物、水果、蔬菜和纤维，但你仍然可能处于患病的危险，因你的饮用水可能受到化学物质和非法倾倒物的污染，或者你食用的鱼受到汞或多氯联苯的污染，或食用的水果和蔬菜中有残留农药。

所以如果考虑健康与饮食的关系，在比往常更广的范围内考虑饮食问题非常重要。我们购买食物的质量、食物是在哪里种植或捕获、食物是如何培育以及添加了什么东西都是非常重要的参数。觉察饮食和健康的这些相互关联的方面，至少可以让我们做出明智的决定，什么可以多吃，什么只能偶尔吃，这样做可以是为了在对特定食物缺少绝对知识的时候对冲我们所下的赌注。早先提及的迈克·波伦的作品对此非常有帮助。

也许在当今这个时代，我们需要扩展关于所有食物的定义，以及它涵盖了什么。我会认为任何我们吃进去或者吸收的东西都是食物，那些提供热量或允许我们使用其他热量源的东西，都是食物。如果以这种方式思考，当然需要把水也考虑在内。那绝对是生死攸关的食品。同样还有我们呼吸的空气。在马萨诸塞州，有些饮水已被污染，以至于有些城镇必须从其他地方引进水源。很多水井同样遭受了污染。由于空气中含有高浓度的化学污染物，洛杉矶有许多天发布空气污染警报。那些日子里，儿童、老年人和怀孕妇女被建议待在室内。如果你驾车从西部进入波士顿，许多日子你可以看见大团黄褐色空气笼罩在城市上空。简直难以相信每天吸入这样的空气是健康的，好比一份持续一生的饮食。现在很多城市都这样，有的甚至多数时间如此。而在某些国家，那是个更大的麻烦。

显然，我们需得开始考虑把水和空气当作食物，需要关注它们的品质。你可以过滤自来水作为饮水或者烹饪，这样安全些，或者购买瓶装水。我们居然需要为水付出比现在已在付出的更多，真是难为情，但长远地看这样做可能是明智的，尤其如果你正怀着孕或鼓励孩子多饮水而不喝碳酸饮料时。当然，这有赖于你的确知道所用的水质或者瓶装水的水质是否更加优良。瓶装水的水质并非总是优良的，还有赖于瓶子是用什么材料制作的。

保护自己免受空气污染是另一件利益攸关的事。如果你生活在发电厂或其他工业的下风区，甚至生活在城市里，作为个人你能做的不多，除非远离吸烟者或者在城市公交车开过身旁时屏住呼吸。只有持久的法律和政治行动，才可能对保护空气和水质发挥作用。这就是那些关心自身健康的人们把精力投入社会变革行动中引人注目的原因。关心自然世界是每一个人的利益。环境很容易遭受污染，但却不易治理。作为个人我们无法检测食物的污染。我们得依赖机构保持食物供应免受污染。如果他们做不到，或没有建立恰当的标准和检测程序，我们和子孙后代的健康可能处于极其危险的境地，只是到了现在我们才开始意识到危机四伏！

现在能够发现，有的农药或者工业化合物分布于自然界各处，例如DDT以及来自电子产业的多氯联苯，包括我们已看到的，存在于我们自己的身体脂肪和母乳中。已经在美国禁止的农药如DDT仍然被美国制造业销售到其他第三世界国家。具有讽刺意味的是，这些农药被用于种植农作物出口到美国，如咖啡和凤梨，因而，我们得到了报应，在我们自己的食物中有着我们出口供其他地方使用的有毒残留物。（此事在《毒药的循环》中有着翔实的描述）

麻烦的是，生产农药的厂家对此心知肚明，而大众消费者却一无所知。我们以为我们受法律保护，有哪些农药可以或者不可以用以农作物栽培，但我们的法律无法限制生长于其他国家的食物使用农药的水平，如哥斯达黎加、哥伦比亚、墨西哥、智利、巴西和菲律宾，我们正是从这些国家进口咖啡、香蕉、菠萝、胡椒和番茄。更糟的是，第三世界在农田使用这些农药的农场工人没有得到有关安全使用这些产品的指导，因而无法把食物中的污染降到最低，甚至也没人告诉他们在使用这些化学品时如何保护自己。据世界卫生组织（WHO）数据显示，第三世界每年超过 100 万人发生农药中毒，死亡数千人。同时全球环境迅速变得农药超负荷。环境保护署报告仅美国每年就要使用 51 亿磅农药。环境中和食物链上这种农药超饱和状态的后续效果尚不得知，但显然不会是有益的。

回到地球本身，我们只是相当晚近才开始意识到这个我们赖以生活和分享的脆弱星球可能面临的压力，而且最终可能被我们这个非常早熟物种的活动所压垮。到此处我们才了解到相互关联性延伸到了星球本身。这是生态学，好比人的身体，是个动态系统，强健但也微妙，有着自身的稳态和应变稳态机制，有可能遭受压力也可能被破坏。它同样有着自身的极限，超越这个极限可能引致迅速的瓦解。如果我们没能认识到人类的共同活动会导致整个循环的失衡，那么我们极有可能在制造自我毁灭的种子。绝大部分环境科学家认为在这条危险的道路上我们已经走得过远了。世界开始渐渐地认识到，人类活动可能使大洋污染到无法想象的程度，人类活动制造的酸雨毁坏了欧洲的森林、毁坏所剩无几的热带雨林，这些森林为我们的呼吸提供了可观的氧气，而且，无其他东西可以替代雨林这个功能。

人类活动同样使耕地退化到无法生产食物。排放二氧化碳污染了大气层，因而地球表面的温度正在升高。释放氟碳化合物毁坏地球大气臭氧层，因而增加了我们暴露于太阳紫外线辐射的危险。人类活动还制造化学物污染了水源和我们呼吸的空气、污染土地和河流以及野生动植物。

这类议题看似离我们很遥远，或者仿佛是罗曼蒂克、歇斯底里的野生生物和自然爱好者古怪离奇的磨刀霍霍，但如果不减缓对环境的破坏，如果继续不彻底停止释放温室效应气体，这种现实对我们的影响却一点也不遥远，也许就在一二十年间。我们似乎已经看到这样做的后果了，风暴的程度在增加，如卡特利纳飓风 2005 年席卷了新奥尔良州，而桑迪飓风 2012 年淹没了纽约城和新泽西的多个区域。这些风暴在未来数年会变得非常常见，成为我们生活和未来一代生活的重要压力源。

我们可能看到，如果由于臭氧层受损，大气层变得越来越不能过滤掉阳光中有害的紫外线，皮肤癌发病率将会增加，癌症患病率、小产和出生缺陷会因为一生中暴露于环境以及食物中的化学物的时间越发长久而增加。

虽然你可以每天看到报纸上都有讨论和报道此类话题，它们也见诸网络，但我们大部分时间很少去留意这些，好像这些东西不会困扰我们，要不然就好像很绝望。有时的确感觉好像我们作为个体做不了什么。但仅仅变得对此更有觉知，并更加了知这些问题及其与我们个体健康的关系，与星球作为整体健康的关系，即是向为世界带来改变迈出了积极的第一步。当你变得对此了解和有觉知，最低限度可能会改变你自己。你已经是世界微小但有意义的组成部分。也许比你想象的更有意义。通过改变自己和自己的行为，以恰当的方式，比如让可再生资源循环使用、觉察自己消耗的能源和不可再生资源，你确实在改变世界。

这类问题甚至此刻也在作用于我们的健康和生活，无论你知道与否。它们是心理和生理的压力源。我们心理上的安适有赖于我们能够发现自然中的某处，我们可以去到那里，去聆听自然世界的声音，那里没有人类活动的声音，没有飞机、汽车和机器的声音。

更加不妙的是，我们知道核事故和核攻击可以在一分钟内摧毁大量生命，我们知道这也是我们所处身的心理压力，但我们不想去虑及。我们的孩子们却知道，部分研究发现，孩子们会因遭受核攻击的可能性深感不安。

除非我们以基于整体性理解的全新思维从根本上改变历史进程，过去的事例能够给予我们的积极教训极其有限。除了中程弹道导弹外，毕竟从未有某种被开发出来的武器系统未被使用过。美国和苏联销毁了此类武器，外加削减核武器和尝试停止核竞赛，这是迈向消除核战争可能性的坚实一步，但仅仅是第一步。在其他情况下，当然，我们自己认为烧毁整整两个城市的人可能在道义上站得住脚。这表明，在诸方条件合适的时候，不仅仅是"他方"有可能向平民释放暴力，甚至核暴力。我们就是"他方"。也许需要停止二元对立思考，停止区分"我们"和"他们"，"好人"和"坏人"，而开始考虑更多地使用"我们"。如果我们不在深层思考和深层感受"我们"，很多专家断言，我们的政策完全有可能会制造敌人，制造希望我们受伤害的人们，而非创造在全球范围内真正疗愈的条件。

作为一个社会，我们也需要更加清醒地意识到核武器生产及核电站所创造的放射性废料对环境和自身健康产生的威胁。当下还没有现实可行的方式来防止环境被这些高放射性的废料污染，威胁将持续千万年。核工业和政府历来轻描淡写放射性对平民的危险，到现在依然如此。

武器工厂制造的钚，是已知对人类毒性最大的物质。体内有1个钚原子就会致死。数百磅、可以制造出多个原子弹的钚，从这里和海外的库存中失踪了。由此产生的担忧理所当然地值得我们有意识地去加以关注。我们每天都可能碰到此类信息，无论是否觉知。或许我们需要扩展我们关于饮食的概念，认识到这还包括信息、图像和声音，我们以这样、那样的方式获取和吸收，通常却缺乏最低限度的觉知。

我们的生活沉浸在信息的海洋中。数字革命造就了信息时代。难道我们没有暴露于不变的信息"饮食"，天天从各类报纸、收音机、电视和无线平板电脑上看到各类信息？难道这些"饮食"没有影响我们的思想和感情，难道不是比我们承认的要多得多地影响了我们对世界，甚至对自己的看法？难道信息（其内容和其本身）没有以多种方式构成主要的压力源？为何诸如"TMI"（意为"太多信息"）这样的短语会在通俗演讲中如此流行？事实如此。太多信息了，我们已然被信息所淹没。而同时，却没有培育足够的知识，可以引领我们更加理解，进而可以引领智慧。

我们距离"太多"理解和智慧仍然很远。

举例来说，拿我们时常浸泡在大多数来自周围世界的坏消息海洋中这个事实来说，这是个关于死、毁灭和暴力的信息海洋。这是份稳定的饮食，稳定到我们难以留意到它。在越南战争期间，很多家庭认为边吃饭边看当天的战斗镜头，边听着死亡人数统计没啥大不了的。这有一种超现实的感觉。如今，网络和军方重新设置了战地新闻的播报方式，所以我们不会按以前的方式看到来自伊拉克和阿富汗的图像，尽管你执意要看的话，可以在 YouTube 上找到它们。任意一天打开收音机，你几乎都能听到强奸、谋杀，很常见的。还有不可思议的校园枪击的形象描述。更不必说来自海外的消息了。

我们每天消费着这份饮食。你不禁想知道它对我们的影响，作为个体和总体，每天吸收这样一些即时的令人不安的动荡以及灾难画面资讯，而却几乎没有去直接影响它们的能力。除了我们通过社交网络，在物质和道义上努力支持那些身处危机的人们，有时这也足以令人振奋。尽管如此，啜饮所有坏消息的可能作用之一是令我们逐渐变得对他人身上发生的事情不再敏感。他人的命运可能变成暴力海洋的一部分背景，而我们漠然地生活其中。除非特别阴森可怕，否则我们可能完全不再注意它。

但这些信息的确会走进我们的生活，就像我们接触的各色广告，被我们所吸收。而正念冥想时你避不开关注。你开始看见你的头脑中充满各种类型源自新闻和广告的信息。事实上广告人拿很高的工资，琢磨出让他们的信息植入你头脑的有效方式，这样你才会更热衷于购买他们销售的产品。

电视、电影和我们追逐名人的文化，也在扮演着我们现今标准饮食的一大部分，通过有线电视、YouTube、下载网站和流媒体到我们的电视机和移动设备，每周 7 天，每天 24 小时带给我们各类资讯。在普通美国家庭，电视一天开 7 小时，有的研究揭示，有的孩子每天看 4～7 小时电视，比除了睡觉外做其他事情花的时间更多。他们被暴露于令人震惊的海量信息、图像和声音，其中很多令人疯狂，暴力、残忍和让人焦虑，所有这些都是虚假的和二维的，除了看电视以外，没有和生活中实际体验有所关联。那仅仅是电视而已。儿童也暴露于流行的恐怖电影的极端暴力和残忍画面前。各种奇形怪状的和虚拟现实的图像包含了杀戮、强奸、残害和肢解，在青年人中非常流行。这些生动的模拟现在成了年轻头脑饮食的一部分，这些头脑对这样的现实扭曲几乎没什么防备。

这些画面有着极大的能量，足以扰乱和扭曲平衡头脑的发展，如果没有等同的力量抗衡，这会在孩子生活中显得尤为突出。很多孩子在现实生活的积极性，与电影和计算机游戏的兴奋性比要相形见绌许多，即使对电影制作者而言，要想维持观众的兴趣也变得越来越难，不得不在新发布的影片中让图像更加形象和暴力。

这种到处渗透的为美国儿童制作的暴力"饮食"，肯定正在对其精神产生影响，也一定对社会有所影响——见证校园的凌霸，校园和公众场合令人毛骨悚然的群体屠杀。想象一下科隆白、奥罗拉、图森和密尔沃基的校园及公众场合的枪击案，后三者发生在几年的时间里，而后二者仅相距几周。接着，就发生了康涅狄格州纽镇桑迪岬小学儿童屠杀案。已经有太多太多青少年和青年杀死他人的报道，正是经由电影吸取的灵感。在他们头脑中，现实生活好像只是电影的延伸，好像其他人的生命、恐惧和痛苦没什么价值或后果。这种饮食似乎催化了人类共情和慈悲情感深远的失联，导致许多孩子不再认同受害人的痛苦。最近一个关于青少年暴力的新闻文章报道称，美国孩子到16岁时，平均被动地目睹约20万起暴力行为，包括3.3万起电视和电影中的谋杀。

如果再不减小，图像、声音和信息对神经系统的轰击尤其有压力性。如果你醒来即打开电视，在开车上班的路上打开收音机，下班回家看新闻，然后整晚上看电视或电影，你则是在用图像充填你的头脑，而这与你自己的生活并没有直接的关联。无论演出多么精彩，信息多么有趣，对你依然只有两个维度。他们对你很少有持久的价值。但消耗这类东西组成的不变"饮食"，喂饱了头脑对信息的饥饿感，分散了注意力，挤走了你生活中非常重要的其他选择，它们包括：宁静、平和、简单地存在的时间，没有任何事需要发生；思考、玩耍、做些什么或面对面社交的时间。我们思考的大脑被持续搅动，在冥想练习时我们与之如此生动地邂逅，现在实际上被电视、收音机、报纸、杂志、电影和网络喂养并复杂化。我们不断地向大脑胡乱地塞进东西，引发大脑的自动反应；许多事去思考、担忧和着迷；很多事要记住，好像日常生活本身所产生的还不够。根本的讽刺在于，我们做这些本来为的是从自己的担忧和当务之急中赢得一些喘息，让头脑暂离麻烦，让自己娱乐，带我们走开，让我们放松。

但这样做不奏效，看电视很难促使生理上放松。更接近于感官轰炸的范畴。这同样可以成瘾。很多孩子对电视成瘾，不知道关了电视自己能做什么。这只是从厌倦中逃离的极其便利的方式，因为他们没有挑战自己，没有去发现对待时间的其他方式，比如富有想象力的玩耍、绘画和阅读。电视把父母催眠了，让他们把它当作了临时的儿童照顾者。开着电视，至少可以让父母得到片刻的安宁。很多成年人自己也痴迷于肥皂剧、情景喜剧或新闻节目。

不禁要猜想这种"饮食"对家庭关系和交流会有什么影响。游戏机也如此，如今已经成了让孩子们娱乐和学习的必需了。

* * * *

所有观察到的这些和对此的看法不过为思想提供了食物。我在此提出的每一个问题都可以在不同的视角下被看到。没有"正确"的答案，我们关于错综复杂的这方面的知识总是不够完备。之所以把它们呈现在这里，只是作为我们与所谓的世界压力交互的例证。意在迫使和挑战你在自己的环境中，去近距离观察自己的观点和行为，这样你可以培育更多的正念和从容，以清醒的方式去生活在与这些现象的关系中，这塑造了我们的生活并让其色彩丰富，无论我们是否知道，无论是否喜欢。

我们每个人都需要找到自己看待世界压力的方式。它影响我们所有的人，即使我们认为我们可以忽略它。我们在减压门诊中触碰到这方面的问题，恰恰因为我们并非生活在真空里。外面的世界和内部世界和身心一样不再分离。我们相信去发展有意识的方法，认识和处理这些问题对于患者非常重要，同样认识和处理他们的个人问题也同等重要，前提是他们把正念带入他们生活的整体，有效地应对全方位的在内在运作的力量。

世界压力只会在未来变得更加紧张。在20世纪70年代早期，《世界概览》（*Whole Earth Catalog*）的斯图尔特·布兰德因成功预测了窄带广播和智能电视，这可以让你在你工作一天回到家时，只传递你需要知道的信息。那一天已经到了，但到来的究竟是什么，我们似乎还没有看到。尽管如此，我们已经身处这样的世界，我们获取的信息从不歇息，伴随我们到任何地方，借由各种各样的便携无线设备，推特、脸书帖子和自动下载。个人机器人已经出现在视野中，它们的技术原形已经在专门的场所工作，如火星探测器，也有商业玩具供应如菲比娃娃。完全数字化的房屋已在路上。这些和其他一些已经浮现的东西原意是为了让我们以某种方式解脱，让我们拥有更多的自由和灵活性，我们仍需要保护自己以免被吸进某种生活模式，每个人都被简化成一个行走的信息处理器和娱乐消费者。

世界变得越复杂，对我们个人的心理空间和隐私打扰越多，因此，练习无为则愈发重要。我们需要保护我们的智慧，发展超越角色对"我是谁"的理解，超越我们的个人身份密码、用户名和口令、社会保障号和信用卡号码。对于我们认识、理解和反击压力源，冥想极有可能变成一种绝对的必要，它让我们能够生活在这个不停加速变化的时代，提醒自己身为人类意味着什么。

没有任何在此触及的紧迫变化和可以预见的挑战是无法超越的，它们都是人脑制造，然后在外部世界的表达。这些挑战同样也可以充分地被人的头脑迎接和驾驭，只要学会重视和发展智慧以及和谐的价值，并认识到自身完整性和互相关联的利益。要做到这些需要我们超越头脑的冲动，我们称之为恐惧、贪婪和憎恨。每个人都可能在其中扮演重要角色，通过对自己和世界的工作让其实现。假如我们开始理解到，在一个压力超过了反应和疗愈能力的世界里，生活不可能健康，也许我们要学习以不同的方式对待世界和自己。同样在此也许不仅要学着不仅仅去治疗我们所体验的症状，无论它们是什么，尝试让其走开，而是要去理解和认真对待其底下的原因。如同我们的内在疗愈，结果有赖于我们如何有效地谐调我们的仪器——身体、大脑和心，我们与他人及世界本身的关系结果有赖于我们。要想能够对大环境的问题有积极的影响，需要我们不间断地谐调，再谐调到自己的中心，到自己的内心，在个人生活、家庭及社区中培育觉知与和谐。信息本身不是问题。我们必须要学习的是，把智慧的注意力集中到我们所掌握的信息上，并思忖和领悟其内在的秩序和关联性，使之可为我们的健康和疗愈服务，为个体、人类整体以及整个星球服务。

※ ※ ※ ※

好在政治、经济和科技的前端有了些许希望的征兆：正念越来越多地在主流社会和体系中发挥作用，成为我们口头话术中的一部分，我们可以期待它正更多地在日常实践中被具身体现出来。比如，在关于"来自人的压力"一章中我们提到，深受尊重的宏观经济学家杰佛瑞·萨克斯最近在他的著作《文明的代价》中提供了一个充满激情和备受争议的案例，作为国家，作为一个世界，在任何解决重大问题的尝试中正念都应该处于核心地位。足够有趣的是，他把他所做的称为"临床经济学"，与医生对待患者的方式平行，并从中得到启发。基于过去25年在拉丁美洲、东欧和非洲治理经济危机的卓越生涯，他对我们经济的诊断如下。

美国经济危机的根源是道德危机：美国政治和经济精英的公民道德下滑。如果富人和行使权力者不以尊重、诚实和慈悲的行为对待社会的其余部分，对待世界，仅仅靠一个社会的市场、法律和选举是不够的。美国发展了世界上最具竞争的市场体系，但伴随着也挥霍了其平民公德。如不恢复民族精神和行使公民的社会义务，将不会产生有意义和持久的经济复苏……

我们需要做好为文明付出代价的准备，通过多种行动恢复文明的公民义务；承担公平的税负，教育我们自己了解社会需求，做好后代的警示管理者，牢记慈悲是把社会聚集在一起的黏合剂……

美国人总体上心胸开阔、温和、慷慨。不是电视上我们看到的形象，也非当我们想到美国富人和有权利的精英时所冒出来的那些形容词。但是美国的政治体系已经崩溃，所以广大公众不再把信任精英。同样，政治的崩溃也涉及广大公众。美国社会深深地被媒体所充作的消费主义所分心，以维持有效的公民习惯。

沿袭佛陀和亚里士多德，萨克斯创立了"中道"的实例，一条温和并保持平衡的工作与非工作（他称这样优雅的日子和时代是"闲暇"），积蓄与消耗，利己与慈悲，个人主义与公民意识的道路。他写道："我们需要一个正念的社会，这里再次严肃地对待自己的福祉，与他人的关系和政治的运作。"之后他继续详细显示如何才能让这一切发生，他解释道这有多么紧急，我们每个人都应该为它的成功承担起自己的责任。在书的后半部分，萨克斯列举了我们生活的八个维度，在其中，正念对于个体的充实和幸福，对于社会的经济健康有着至关重要的作用。

对自我正念：个人适度以脱离群体消费主义

对工作正念：工作与闲暇的平衡

对知识正念：教育的培育

对他人正念：练习慈悲和合作

对自然正念：与世界生态系统对话

对未来正念：为未来储备的责任

对政治正念：通过政治机构，为集体行动培育公共审议协商和共享价值观

对世界正念：接纳多样性作为通往和平的道路

这是一帖以实用方式把道德和理性带给政体的非凡处方，可以恢复政体的稳态、健康及其前途。我们只能期望它能产生广泛的影响，尤其是对他所说的"千禧年一代"、互联网儿童（2010年时年龄在18～29岁之间）的影响，在他们身上，他看到了最伟大的转化和疗愈的潜力。祝愿所有人，年轻和不再年轻的人，在新的机遇面前觉醒，全然安住于我们的生活方式中，继续追寻我们的工作和梦想。反之，细想起来太过严峻、太过恐怖了。所以，本着全然了解究竟什么可以给我们带来威胁，我们所面临的状况之紧急程度会激发我们去选择在全球范围内生活得更加正念的生活。我们还可以指出一些其他鼓舞人心的努力，在美国和海外，正念已然被带入政体的不同层面。其中之一有提姆·瑞恩的工作，在14章曾经提及的来自俄亥俄州连任6届的民主党国会议员，瑞恩议员自己是正念冥想和瑜伽的坚定践行者，也不遗余力地在国会推动正念为基的减压课程，也在向诸如健康、教育、军队、经济、商业、环境、能源和刑事司法等领域推行。他说：

作为政治领袖，我知道那可以让世界成为更好的地方，我们需要已经经过尝试和测试过的实际应用。当我发现一些有效的应用时，我喜欢让人们了解它们。如果我不能尽职让我国尽可能多的人接触正念，我会

认为有负于我作为国会议员的职责⊖。

现在在435位众议院成员和100名参议员中至少有了一位,致力于在自己的生活中践行正念,而且致力于在政体的关键领域采纳和长期推广应用正念。随着时间推移,我可预见他的更多同事将会与他一起。提姆·瑞恩可能对于成为杰弗瑞·萨克斯所指望的"千禧年一代"的成员稍许老了几岁,他向年轻一代展示了他所提倡的有效的物质性支持,更多的正念为基础项目的科学研究和战略实施,以促进整个国家的深层福祉。他如此描绘他的愿景:

作为一个移民、创新家和冒险者的国度,我们理解如何适应和改变并发现前沿。现在我们还要改变我们的集体神经通路,在美国创造新的活力。我们需要团结起来更新经济和政府体系。工业化模式导致了过于庞大和过度官僚化的组织,它们相互间沟通不良,不接地气,这是一种陈腐的组织和管理我们社会的方法。我们需要崭新的思维方式,新的让我们行动起来的方法。我们需要对国民重新投资,以让我们能够触及革新的深层能力,去帮助我们创造一个新的模式来组织我们的社会。今天可能还不能精准地知道哪些创意会积极地转化我们的生活方式,但正念会在快速变化的时代帮助我们看到最佳创意的脱颖而出……单单是正念不能让其发生,但会允许我们挖掘每个市民的潜力,引领集中这个伟大国家的所有天才。一个正念的国家更能改变其进程,并在处境需要的时候开拓新的道路。

瑞恩的叙述深刻而鼓舞人心。我希望千禧年一代,及世世代代不仅去聆听,而且会爱上可能发生的一切,拥抱一份更大的联结,并真实地自处。

⊖ Tim Ryan, *A Mindful Nation: How a Simple Practice Can Help Us Reduce Stress, Improve Performance, and Recapture the American Spirit*, Hay House, New York, 2012 pg. xxii.

这绝对真实：正念运动正以不同的方式进入新科技领域，像国会议员瑞恩在其书中叙述的那样。如谷歌有了好几个针对员工的正念项目，不仅在硅谷的总部而且在世界的各个中心促进正念。陈一鸣，早期谷歌工程师之一，他最初协助开发了谷歌的亚洲语言搜索，与包括了米拉巴伊·布什、丹尼尔·戈尔曼、诺曼·菲舍尔、马尔茨·莱塞和菲利普·戈尔丁等在内的一组声名显赫的顾问们一起开发了谷歌的以正念为基础的项目，在世界范围的商业环境中被称为：搜索内在自我（SIY）。一鸣最近出版了与此同名的著述，在美国和其他一些国家成为畅销书。此外，谷歌为其员工设立由瑞内·伯格德带领的正念减压课程已有多年。员工们来来回回地参加两个课程，随着正念练习的深入，寻求新的践行正念的途径，不仅用以调节自己生活的压力，也用于催化一个充满希望的革新领域中更大的洞见和创意。创新领袖们，如詹妮·莱肯和凯伦·梅，一鸣在谷歌的老板，都在尝试促进正念应用于创造优化的工作环境以及工作-生活的整合。在硅谷，对正念及其应用感兴趣的不止谷歌。苹果有正念减压和其他正念课程，也是由伯格隆引领。脸书的阿图罗·贝加尔和其他工程师正致力于将正念的基础植入冲突处置平台，以解决脸书 11 亿用户中可能产生的冲突，帮助人们对自己的心念状态、情绪以及如何沟通更有觉察。他们与加州大学伯克利分校的达切尔·科特纳有着强有力的合作研究项目，他们小组正研究正念和慈悲在减少用户中此类冲突和改善沟通方面的作用。

推特的领导层，如梅利莎·戴姆勒，还有别的公司则把正念引入组织有效性和学习领域。

硅谷一些最受尊重的创新者正在把正念结合进其企业。如 Medium（由推特的创始人之一创办）和 Asana（由脸书的创始人之一创办）以课程、谈话和其他努力惯常地支持公司中的正念。Asana 公司联合创始人达斯汀·莫斯科维茨和贾丝廷·罗森斯坦因这么说："没有正念的公司会迷失道路，失去最好的人才，变得沾沾自喜并停止创新。"他们这么说：

正念和反思帮助个体获得个人成长，这种实践同样帮助组织逐步成形和找到其全部潜力。

每年，一个由索伦·高德哈默发起、组织和主持的智慧2.0会议，把技术世界的领袖聚集在一起，与正念运动的领袖一起促进伟大的对话和创新。这个会议意味深长和切中要害，因为新兴的基于网络技术的发明者和管理员（大多数是千禧年一代的成员，很多人年纪轻轻就极其富有）也理解他们自身的创作有着潜在的阴暗面，对如何利用正念帮助确定使用和与新的数码创新共处的方法，而不至于促进成瘾，不至于促进失去有意义生活中的非数码元素。与硅谷有关的主要慈善家，如1440基金会（以每天的分钟数命名）的琼妮和史葛·克林斯，利用他们的资源支持正念，更宽泛地来说，支持在校园、健康和工作场所的真实关系的技能。

* * * *

再稍事回到政治领域，正念业已变为英国政治的一部分。相当一部分英国下议院和上议院成员对正念及其社会以及经济潜力怀有兴趣，而且在一起在一个由牛津大学正念中心的克里斯·卡伦和马克·威廉姆斯带领的8周正念课程中练习。小组的负责人之一是克里斯·鲁安，前学校教师和下议院成员，他代表北威尔士选民。另一位是理查·莱亚德，伦敦经济学院的经济学家，上议院议员。

2012年12月4日，克里斯·鲁安在英国下议院发表了充满激情和富有说服力的演讲，描绘了正念在解决英国庞大的青年高失业率方面的潜力。莱亚德勋爵从事倡导一种超越国内生产总值（GDP）的新经济指标，把人类心理因素纳入评估国家经济健康。他通过其建立的名为"为幸福行动"的小组来支持这一社会变革。许多莱亚德勋爵的观点在他的著作《幸福：来自新科学的教训》（Happiness: Lessons from a New Science）中得到说明。鲁安和莱亚德一起倡导另一轮正念项目，以满足国会不断增长的兴趣。另一朵兴趣和实践之花正在瑞典国会盛开，引领者为电影制作人也是正念减压导师，贡纳·米卡内克。

自2013年2月起，一份主流杂志《正念》（*Mindful*）和其网站：Mindful.org创立，旨在专注于覆盖这一领域的各种现象，尤其是实践者的全球社区和他们的努力，以各种不同的形式，转化和疗愈我们的世界。我接到来自朋友和同事的电子邮件，他们也是正念减压导师，来自遥远的地方如北京、德黑兰、开普敦、布宜诺斯艾利斯和罗马，所有的人都介绍了他们的工作和进展，以及我们何时又会在不同的国际正念会议和训练项目中相会。

所有我在此叙述的各种美好呈现，在若干年前几乎无法想象。综合起来，他们留下了不同的印象，短短几年前无法想象的事情现在已然发生。这的确是事实。正念运动进入主流医学、健康照护、心理学和神经科学本身在1979年看来简直难以想象。

然而这些都发生了。同样以前看似不可能的事情，现在已成为现实，美国国家健康研究院会设立了正念研究基金，每年拨款达数千万美元，而英国国家健康服务系统会推荐正念，以正念认知疗法的形式，作为预防和治疗抑郁复发的选择，现在也已成事实。我有时说，从1979年的视角，现在发生的事情某种程度上讲，其可能性比宇宙膨胀（由13.7亿年前的宇宙大爆炸引发）还要小，宇宙论者认为（宇宙）会突然减速停止，开始回缩崩塌回自身形成"宇宙大回缩"。然而它们发生了，而且更多。我把这些发生的事情看作非常有希望的征兆，希望这仅仅是一个全球重要运动的开端，将激励我们作为一个物种的未来的感受，与自身的各种隐藏的维度培育更加亲密的关系和理解。我曾在其他地方写过，在某种程度上，人类好像是地球的自身免疫性疾病。我们既是地球危难的原因，也是受害人。但这无须延续。我们成为地球危难的原因是没有觉察我们的活动对地球有着多重影响，很多变得有毒。但我们也可以成为疗愈的药剂，如果我们觉醒过来，也会枝繁叶茂。这样我们会成为其身呈现的智慧的巨大受益者。这项工作还刚刚开始，需要整个地球上所有的人类以力所能及的方式做实质上的奉献。也许这就是我们共同的工作和共同的召唤，去发现和从最深层面、以最佳的方式体现我们作为人类的存在——为了地球，为了所有生物，包括人类和其他生物。

所以我们兜了个圈回到原地，从外部世界回到内在世界，从大的整体回到个人，我们每个人都面对自己的生活，伴随着自己的呼吸和身体和心念。我们生活的世界飞速变化，我们无情地陷入其中，无论喜欢与否，无论知道与否。世界上当今的许多变化绝对朝着更加平和、更加和谐、更加健康的方向发展。而别的则明显在削弱它。一切都是全然灾难的部分。

挑战当然来自我们的生活方式。考虑到来自世界和食物的压力，还有工作压力和角色压力，来自人的压力、睡眠压力、时间压力，以及我们自己的恐惧和疼痛，今早我们醒来后该做些什么？今天我们如何做自己？可否立即成为平和、明智和安适的中心？可否马上生活在与身心的和谐之中？能否让多种智力为内心生活和外部世界出力？其实两者从未真正全然分开过。

数以千计非凡的普通人在过去 34 年间在减压门诊，与全球其他也许有百万人一道，通过正念减压或者其他正念为基础的项目遇见正念，带着更多自信、抗挫力和智慧共同面对生活的挑战，系统并充满爱意地在生活中培育觉知，从自己的亲为中发现正念切实的疗愈之力。

我们无法预料世界的未来，哪怕几天也很难，但我们自身的未来与世界的未来休戚相关。我们可以做，却常常未能做的，是去拥有我们的当下，全然地，尽可能地，每时每刻地拥有当下。有如我们所见，正是在这里未来得以创生，自己的和世界的。我们选择怎样的存在和如何做非常重要。

这会有所不同，是的，一切会全然不同！

现在，看过了这一部分书中大量有关正念的具体应用之后，是时候回到践行本身了，最后一节作为结束，从中你可以发现进一步练习的建议，如何细调正念的培育，进一步把正念带入生活，找到其他志趣相投的社区和人，分享以这种方式对存在和作为的挚爱。

对待来自世界的压力的提示和建议

1. 留意你饮水和食物的来源和品质。你生活地方的空气质量如何？

2. 觉察你与信息的关系。看多少报纸杂志？阅读后感觉如何？选择什么时候阅读它们？对你而言这是不是利用这个时刻的最佳方式？是否依所获信息行动？以何种方式行动？是否觉察对新闻和信息的渴望，这是否暗示成瘾？多常检查电子邮件、短信以及推特？你的行为如何受信息的刺激和在轰乱炸影响？或受到分享你在做什么想什么的影响？是否总是开着电视或收音机，即使没看和没听也照开不误？你会不会几小时阅读报纸来打发时间？你有多频繁地来积极地分散注意力，又是如何做的？

3. 觉察如何使用你的电视。选择观看什么节目？什么样的需求得到满足？看了之后的感觉如何？隔多长时间看？起初让你打开电视的心理状态是什么？是什么心理状态让你关掉电视？之后的身体感觉是什么？

4. 听到坏消息和暴力画面对你身体和心理有何影响？通常你对此领域有无觉察？注意在面对世上压力和苦恼时是否感觉无力和抑郁。

5. 尝试去找出你关心的特别的议题，如果你在这些议题上付出努力,将有助于你感到更多地参与及活力。去做些什么吧,哪怕是一件小事,都可能会帮助你感到自己是有影响力的,感到你的行为是有价值的,你与一个更广大的世界以有意义的方式存在着联系。如果你投身到你所在的社区、城镇或城市的重要健康、安全和环境问题,也许可以唤起他人意识到这些潜在的问题,或者减轻一个已经被发现的问题,你会感到自己卓有成效。因为你是更大整体的一部分,担当起部分外部世界的疗愈责任,也可能产生内在的疗愈。请谨记格言:"思考全球,当地行动。"反之亦然:"当地化思考,全球化行动"。尽可能地找到社区内其他志同道合的人一起工作,因为你总是更大整体的一个部分,即便,你已然完整。

V 觉知之道

··· Chapter 33 ···

第 33 章

新的开端

又一轮正念减压课程结束了,我最后再一次环顾着大家,感叹着这些在短短八个星期里,聚在一起,一起踏上自我观察、接纳和疗愈之旅的人们。此刻,他们的神情看起来有些不一样了,坐姿也有点不同了,他们知道如何坐了。我们今早以一个 20 分钟的身体扫描开始,接着进入大约 20 分钟的坐姿冥想。这份止静是如此美妙,仿佛我们可以一直这样坐下去。

现在他们似乎知道了一些简单的东西,而之前对他们有点难以捉摸。仍然是这些人,他们的生活也没有发生什么巨变,唯独在回顾这次旅程中,一直走到现在对他们意味着什么的时候,这些变化方以微妙的方式呈现了出来——一切都变了。

他们并不想在这个点上停下来,每次八周课程快结束时都是这样。每次都好像我们刚刚准备开始。那为何要停下?为什么不保持每周一次见面,并继续一起练习?

停止一起练习的原因很多,但最重要的是,每个人应该发展自主性和独立性。在这八周里所学到的需得在真实世界中被检验，除了我们内在的资源之处，没有别的可以支撑我们。这就是学习过程的一部分，极为重要的部分是让练习变成我们自己的。

练习无须因为正念减压课程结束了就停下来。事实上，课程的整个关键是让练习继续进行。这是一个毕生的旅程。这才刚刚开始。八周仅仅是让我们出发，或者只是为我们已踏上的轨道作新的导向。在这个课程结束时，我们只是简单地说："好吧，你们有了基础，你们可以自己把握了。你知道该做什么，那就去做吧。"或者这样表达更好："去生活吧。"我们有意地撤除了外部的支持，这样人们可以自己继续努力保持正念动力，而且造就他们自己在生活中保持正念的方式。如果我们有力量去面对全然灾难的生活，并且保持正念，我们的冥想练习需要有机会去发展自己，仅仅依靠自身的意图和承诺，而不是一个小组或者医院的课程。

34年前，当我开始这个门诊以及这个后来被称为正念减压的课程时，当初的想法是在八周的训练之后，人们离开这里可以自己练习。然而，如果他们愿意在六个月、一年或者更长时间之后返回，我们可以提供这样的选项，提供一项毕业生课程，让他们可以更加深入地练习。这些年来，这种模式运作得相当不错。毕业生课程有很多人积极地参与，还有诊所的毕业生，也定期返回，在我们的一日课程里和我们一道打坐。这种毕业生课程有多种形式，有时是五节课程，有时是六节甚至更多，有时每月聚会，有时每周聚会。有时它们有特定的主题。但在根本上都是关乎保持或者重燃个人练习的动力、深化练习，或者是在日常生活的每一个层面愈来愈多地融入正念，并且饱满地活成我们最爱的样子。

* * * *

对于你，读者，最为重要的是提醒自己，课程班级、小组、后续的课程、指导冥想的音频和书，在某些关口是有帮助的，但也不是必不可少的。必不可少的是你今天练习的愿景和承诺，明天依然起来练习，无论你的工作议程里还有别的什么。如果遵循我们的病人的正念减压提纲，如第10章所述，八周的时间可以充分地，让冥想练习开始变得自然，而且可能成为一种你愿意继续下去的生活方式。在八周还没有过去时，你必然已经注意到，真正的学习源于你自己。之后，通过反复阅读本书的章节，深入地了解本书附录中的阅读书目，如果可能的话，找到一些志趣相投的人和团体一起练习冥想，随着练习的成长和深入你可以强化和支持你的练习。在此之前从未有如此多的机会可以这样去做，无论是在本地还是全球，无论是亲临其境还是通过网络，无论你生活在哪里。

此刻环视着房间，我被每个人所拥有的高度热情所震动，他们在这么短暂的时间里所达成的，对彼此和自身的尊重，对彼此和自身的力量和决心的敬佩。他们出色的参与反映了他们对自己的承诺。

爱德华没有耽搁一天的修习。在课程开始前的两个月，我们第一次相遇，他听从了我的建议，从身体扫描开始练习，他的努力给我留下了很深刻的印象。他现在感觉生活仰赖于它。每天他利用工作的午餐时间练习坐姿冥想，要么在办公室，要么在停车场自己的车里。下班回到家，放下所有其他事情，先跟随着指导语音频练习身体扫描。之后才做晚饭。他说以这种方式练习提升了他的精神，让他感觉到自己可以处理身体和情绪上的起起落落，他过去因患艾滋病，整天都处于这样的状态，包括经常感到疲倦，作为受试者参加各种药物测试以及试验程序。

彼得感觉他的生活已经有了巨大的改变，这有助于他保持健康并且阻止了另一次的心脏病发作。他的觉察时刻是当他在黑夜的私人车道上清洗汽车时，这使他大开眼界。他也坚持每天的练习。

贝佛利，她的经历在25章有过描述，感觉到这个课程能帮助她更平静，并相信即使是在糟糕的日子她也可以做她自己。就像我们看到的一样,在把她吓坏了的医学诊断过程中,她尝试践行正念,以想象的方式去维持掌控。

玛吉在课程结束后立即接受了腹腔良性肿瘤的切除手术,所以,我在几个月后才有机会和她谈话。我借给了她一套医院减压录像的拷贝,名为《放松的世界》(*The World of Relaxation*),这是我数年前录制的,这让她除了定期练习冥想之外,在手术前和手术后恢复的阶段还可做些精神上的准备。之后她告诉我,手术为时一个小时,做的是硬膜外麻醉,她完全清醒着并且在整个手术过程都在进行冥想练习。她一边听着医生们谈论如何切下大肠肿瘤,一边仍然能保持平静。术后回家,她一遍遍练习正念冥想,希望能够更快更彻底地康复。在麻醉过去之后,她说并没有感到太疼,这和之前她经历的手术不太一样。她说在开始课程之前,她像是一个压紧了的弹簧。现在她感觉更加放松和悠闲,虽然她仍然可以感到膝盖像以往一样疼痛。

阿特现在不怎么头痛了,他感到他可以通过呼吸来预防在压力环境下头痛的发作。现在他更加放松,虽然,警察职业的特殊压力依然存在。他在期盼着早些退休。阿特最爱瑜伽,他说在一日课程进行时,随着时光的流淌,他体验到了放松的新层次。

菲尔,法裔加拿大卡车司机,在整个课程中我们见过几次,在练习过程中有着戏剧性的体验。他说话的方式及其希望分享体验的愿望感动了班上的每一个人。现在他感觉更能集中精力,当他准备保险经纪人执照考试的时候,不那么容易被他的背痛所控制了。他的背痛现在更加易于掌控,他更能享受时光,和家人相处,生活更加丰满。

八周后,罗杰仍然或多或少地对其生活状况感到困惑。他坚持完成了整个课程,这让我吃惊,他说他更放松,对止痛药的依赖也少了,但仍然不清楚如何面对他的家庭状况。至少一次,他发了脾气,他太太上诉法院要求他离开家。他显然更需要一些特别的关注,他之前也曾经历过治疗，但这一次拒不接受任何建议，尽管我一再鼓励他坚持下去。

埃莉诺今早像个闪烁的电灯泡，她来门诊的原因是惊恐发作，课程开始后她再也没有发作，现在她感觉如果再发作，她知道该怎么办了。那个全天的课程对她至关重要，让她感受到了60年来从未接触过的内在宁静。

路易斯，在第一堂课时告诉我们，是她儿子告诉她并让她来参加这个课程的，"妈妈，这对我有效，你绝对应该去参加！"课程一开始她就发现非常受益，使其对生活的整个态度发生了变化，因风湿性关节炎给她造成的疼痛限制了她过自己想要的生活，但这也开始有了变化。在身体扫描中，她发现能够深入到疼痛背后，并能够学会激励自己度过每一天。几周前，她甚至炫耀地告诉同班学员，她驾车去古柏镇度过了周末，这在以前是她想都不敢想的。当然，她和亲友一起拜访了棒球名人堂，她感觉她可以穿过拥挤、紧挨着的人群，来到户外，找个地方坐下来，她依旧可以忘我地闭目冥想。她知晓她需要这样做，虽然四周人很多，以让她在潜在的疾病折磨中保持平衡。在那个周末，她尝试了若干次，这使她得以轻畅地度过了旅程。她呼喊到："我儿子绝对正确！我以为他疯了呢，但这给了我的生命一次新的机遇！"

洛雷塔，因高血压而来，也发现了生活中的变化。她的工作是企业和公共机构咨询顾问，在课程之前她总是不敢给客户看她为他们准备的报告，现在则感到对自己的工作更加自信，宣称："即使他们对我的工作不满意，那又怎样！同样，即使喜欢又怎样？现在我自己感觉好才是最重要的，这让我对工作的焦虑大大减低而工作绩效更好。"

"即使喜欢又怎样？"这一洞察呈现了过去八周洛雷塔获得的成长。她清楚地看到了自己陷入了要积极、要认可、要称道、被批评和遭遇失败的框架里。她看到她必须用自己的语言定义她的感受，使之能反映真实的意义，其他的都是精心编织的谎言和幻觉，尽管人们很容易陷于其中。

洛雷塔的洞察和具身体现的能力给出了完美的例子，我们是如何易于被我们自己的故事和思维所卡住，以为这就是现实的，而现实并非如此㊀。

她的理解就是我们所说的智慧这一语的反映。当你不把头脑里那么容易编织出来的故事误作是真实世界的时候，当你选择将默认的自我叙事模式转为更加具体、当下的未知模式，安住于身体中，安住在一份温和而开放的觉察中的时候，一份明晰及新的可能就会呈现。练习越多，这种能力便更易于获得。

赫克托感觉到他更能够控制自己的愤怒了，他曾是摔跤手，毫不费力地挪动300磅的躯体，像是庞大但灵巧的鸟。对我而言，与他练习合气道充满乐趣，他深谙如何保持身体的重心，现在他也知道如何在情绪上把控自己了。

所有这些以及这一周跟随其他指导老师完成课程的人们，都非常努力地与自己工作。多数有着不同的改变，虽然我们强调继续保持无争和自我接纳。他们的收获并非出自悠闲和被动，也不仅仅出自每周按时参与课程以及彼此的支持，更多的是来自于被称之为"远程冥想者的孤独"，来自他们自我修行的愿望，来自他们自身，当他们想的时候或者不太想的时候，依然端坐并存在着，安住于静默和止静，与自己的心灵和身体邂逅。他们体验的每一个收获都源自践行"无为"，即使他们的心灵和身体产生抵抗并叫嚷着想要更多娱乐性的东西，一些不太费力的东西。

在课程结束前，菲尔，这次成了班级的故事讲述者，分享了他记忆中的一件事，因为当时他只有12岁，尚不能完全理解为什么，但这些记

㊀ 回顾在前言中提到的多伦多大学研究，讨论了前额叶皮质中线叙事神经网络的功能，以及讨论了随着正念减压的训练它的活动如何减少，和当下时刻侧面网络活动如何增加。洛雷塔的体验是对此现象的一个图像式的例证，是两种不同的自我参照模式，可以经由正念训练受到影响。

忆一直存在着，在本周练习的时候，突然击中了他。

那时，我们正去加拿大的浸信会教堂，那是一个小教堂，大约有90人去教堂，你知道，那时的教堂有一堆的问题。我父亲不是那种常去教堂的人，那里总是有这样那样的问题。人们期待教堂是和睦的，你知道，人们应该一起工作。所以，我父亲说，"我们离开这里一会儿吧！"我们知道在乡下有一个小教堂，周围没什么。就是四个角落，教堂就在那里，就是这样。围住着的都是农民。通常大概只有10个、15个或者最多20个人去这教堂，好吧，我们决定去那里获得支持，你知道。他们会多些人，我们则会遇见新的人，结交新的朋友。

所以，我们去了那里，但没有牧师。在不同的星期日，不同地方来的牧师会做一些服务。那一个周末，我们在那里一直等待。没有牧师。时间过去很久了，所以有人提议我们可以唱圣歌，你知道。然后我们一起唱了几首圣歌，还是没有牧师，天色渐晚。有个伙计说，好吧，有没有人愿意给大家读点儿圣经上的东西，要不说些什么，你知道的。没人响应，也没人要做点儿什么。这时有个伙计站了起来，他不像受过什么教育，不知道读点什么。他是个农夫，非常朴实，很像是人们所说的文盲，看起来他就是这样。但他并不傻，你知道的，就是朴实，没有受过什么教育。他不知道怎么读一段圣经并讲解。但是他说如果有人愿意给他读一段的话，他知道读的是哪一段。是讲给予的一段。然后，作为一个农夫，他讲了这样一个例子，他说："像是一头猪和一头牛在某天的一段对话，猪对牛说，'你凭什么有粮食吃？从商店买来的粮食，你知道的，最好的东西，而我只有桌子上剩下的垃圾，吃垃圾？'牛对猪说，'好吧，我每天都在给予，而你只能等到死了之后才能从你身上得到些有用的东西。'所以它说，'这就是上帝要你做的，每天都对上帝奉献，你知道的，把你的灵魂奉献给上帝，你知道的，每天颂扬你的上帝，你就会每天得到不止一项奖赏。你知道的，不要像猪一样，只知道让上帝等待，直到临死的那天才能从你身上获得一些有用东西的。"

这就是所要传达的全部启示。我在做身体扫描的时候，它总会在我头脑里冒出来。终于在某一天，"这和减压课程是一回事"这个念头涌上心头。你得有所付出，你必须真正地为此做些什么，你得感谢你的身体。你知道的，要珍惜自己的眼睛，别等到眼睛瞎了才毫无意义地说："哦！上帝，我的眼睛！"或者你的脚，别等到了真正瘸了才这么说。还有其他的……你的心灵，我的意思是，俗语说，信心足，积土成山！道理是一样的，几乎每个医生都说我们只使用了大脑的一小部分。大脑非常奇妙，就像汽车的电池，很有力量，但如果接触不好，你从中什么都得不到，你知道的。你得训练你的大脑让它工作，也就是说，这样才能从中得到些什么，你知道的。（菲尔的直觉先于科学研究数十年，显示了正念减压对大脑的积极影响。）

我说道："天呐，这才是正念减压的全部意义所在。"你知道的。我稍许勾画了整体意象。但那天农夫在教堂里讲述的故事，这个心灵故事具有强大的力量。我听了之后全身起了鸡皮疙瘩，现在想起来也是。正如我所说的，碰巧我听到了并记录了下来，对你也是一样，需要能够付出才会有收获。我为这个课程付出很多努力和时间，有时候我并不喜欢为这事开车一百英里。但我还是出席每一堂课，从未错过任何一次，总是按时到达。但也可以看到，当你开始获得一些东西的时候就变得容易了。假如你把心放进想尝试的事情中，尽你最大的努力，你所有的关注，你就会有所收获。你知道的。

很清楚，今天当他们离开这间教室时，大多数人都意识到，虽然课程可能结束，但这仅仅是开始。这是一趟终身之旅。如果他们找到了对自身有意义的方法，不是因为有人向他们兜售，而是他们自己探索并发现了其中的价值。这就是简单的正念之道，在自己的生活中保持觉醒。有时我们称之为觉知之道。

走在觉知之道，意味着过一种有觉知的生活，需要坚持践行正念。

如不这样，这条道将变得杂草丛生和模糊不清。即使道路布满荆棘，在任何时刻，你仍可选择重返，因为，它一直在那里。即使你停止了一段时间践行，一旦你重回呼吸，重返当下一刻，安住在觉知中，作为你新的默认模式，你的基地，你的家园，你就正在此间，重归途径。也可以认为这里并无道路，因为你无处可去，无事可做，无有所得。你已然圆满，已是完整，就是你本来的样子——那就是完美——在当下，在你自己的觉知的温暖的抱持中。

在这个视角下，一旦开始在生活中系统地培育正念，就几乎停不下来。即便不践行也会是一种践行，如果能觉察到和你有规律的践行相比有何不同的感受，而这又是如何影响到你应对压力和疼痛的能力。

维持和培育正念的途径，需要发展日常践行正念冥想的动力，并且继续下去如同你的生活仰赖于它。现在是从自身的经验而不是概念中了知，事实上你真的仰赖于它。随后的两章将会给出一些具体、实用的保持正式和非正式正念练习的建议。犹如将继续呈现的那样，觉知之道将为你的生活带来明晰、方向、意义和美好。

Chapter 34

第 34 章

坚持正式练习

　　正念工作最重要的部分就是持续鲜活地练习。做的方式就是你去做。这需要把践行作为生活的一部分，如同吃饭和工作。保持鲜活的练习就是在一定的时间内如其所是、无为，无论需要有多少的重新安排。每天留出时间来做正式的练习，就像每天喂养自己一样。它就是那么重要。

　　在某个时间里选择进行特定的练习，无论是选用在线还是下载的指导语，都不如保持定期练习本身重要。根据自身的需要选择不同的练习内容，应用带有指导语的冥想练习，就是一种把自己带回到自身的途径，这是在提醒自己，正是现在，在这一刻，无论发生什么，安住在自己的觉察之中是完全可能的。重要的是要回到这个当下。对冥想练习中各种问题的最好建议就是保持练习，在非评判的觉知中，带着善意，去看呈现的一切，无论是什么，特别是重现的模式、困扰、想法和感觉。随着时候过去，练习往往会教会你下一步需要了解什么。如果带着疑惑和问题静坐，在接下来的几周时间里，它们往往会消失。那些看起来无法参透的将可以参透，那些看起来昏暗的将变得清晰。假如让你的心念真正地沉静下来并学习安住在本真的状态，那就是纯粹的觉知。深受尊重的，来自越南的一行禅师，既是诗人又是和平践行者，用浑浊的苹果汁在玻璃杯中渐渐沉淀形象地描述了冥想。只需要坐着，无论当下呈现什么，即便有不适、焦虑和困惑，无论当下发生什么，心念都会自己沉静下来。就像这样——如果你有足够的耐心，如果你提醒自己保持简单的安住、安住，安住在觉知中，不需要做任何事情，只是保持觉醒和开放。

随着冥想练习的逐步深入，反复多次阅读与你密切相关的第一部分的正念练习和第四部分的"正念的应用"将会有所帮助。很多在你刚开始练习时认为非常明显的事情，随着练习可能变得不太明显。很多在开始阶段对你似乎没有意义的事情开始变得更有意义。指导语非常简单，也很容易引起误解。需要反复地聆听和阅读。我们都是这么做的。当我们再次遵循指导语的时候，可以带领我们愈加深入的领会，不仅仅关乎练习的细节，更是领会作为人类的我们自身是谁。听从不同的正念减压老师以不同的方式带领相同的练习也非常有益，通常来说，仅仅这样做就可以开启一些理解你自身需求的新途径。

即便是简单地觉察呼吸的指导也容易被误解。例如，很多人把"观察"你的呼吸和"关注"你的呼吸理解为"去想"你的呼吸。其实大不相同，这个练习不是要求你去想你的呼吸，而是邀请你去探索与你的呼吸待在一起的体验，观察它们、感受它们。是的，当注意力散乱的时候，想到呼吸，可以把觉知带回到呼吸，然而，在这一点上，你更应该重新返回到感受呼吸的感觉，驾驭着呼吸的起伏，全然地一刻接着一刻，一个呼吸接着一个呼吸。记住，不是呼吸，也不是注意力的其他目标，觉察才是最重要的。

如何应对想法的指导语也容易引起误解。我们并非认为想法是不好的，也并非要你去压抑想法，以便专注于呼吸或者身体扫描或者瑜伽的姿势上。应对念头的方法是当念头出现时，仅仅去把这些念头当作是念头加以观察，去觉知想法是你意识领域中发生的一件事。然后依照你正进行的练习，可以做不同的事。比如如果你正在练习将呼吸作为注意力的首要目标来培育平静和全神贯注，那么，一旦觉察到想法把你的注意力带离呼吸，即可有目的地放下想法，并把注意力带回到呼吸上来，放下不是驱赶、打断、抑制或者抗拒你的想法。放下更为温和，放下是允许想法任其所为，而你尽量保持专注于呼吸上，一刻接着一刻。

另一种和想法一起工作的方式是以观察想法替代观察呼吸，让思维的进程以及单个的念头成为你专注的首要目标。我们依照音频指导语进行坐姿冥想练习，在快接近结尾一个很简短的片段中，简单地把注意力带到意识的流动中。这么做，并不是把注意力导向关注想法的内容，虽然我们可能觉察到内容。只是纯粹地觉察想法所携带的内容和情绪能量，我们则纯粹地视想法为想法，随着其在心中自然出现，像是大气中的云朵和变换的气候类型，看着它们来来去去，而不被卷入内容之中。

在练习正念时，完全可以出现任何想法。在观察想法的时候，我们并不试图审查我们的想法，也无须做出评判。你可能发现做到这点并不容易，尤其是在成长过程中，当你还是孩子时就被告知某些想法是"不好"的，如果你有这些想法也是不好的。正念练习是非常温和的。如果有一个想法或者感受，何不承认并观察它呢？为何压抑我们不喜欢的想法，称许我们喜欢的想法？在这个过程中，削弱了更加清晰地认识自己和更为真实地了解心灵的机会。

就是在这里，可以开启那份接纳的工作，亦即人们所说的全然接纳。允许我们不仅善于接纳呼吸，而且接纳每个此时此刻可能带给我们的任何事情，并谨记温和与心存善意。与此同时，我们能够识别出有的想法可能会有帮助并减轻痛苦，而另外的一些想法则可能无益，甚至有害，会制造更多的痛苦，所有这些都是想法本身的作用。没有任何想法是敌人。如果我们去把想法视为想法，如果我们安住在对每一个念头来来去去的觉知中,不陷入其中,不被它的内容和情绪所折磨,那么,每一个念头都有其价值,可以给予我们教诲。⊖就像多次强调的那样,这种取向本身就是一种修习,如果定期培育就会不断地深化。

在生活和正式冥想练习中系统地培育正念时,我们可以一次次发现心念被一再拽走,从向内探索拖离,从内在体验的觉知中拖离。注意力被抽离向外,今天我得做些什么、生活会发生什么、还有多少未及回复的邮件,在每个逝去的瞬间和日子里。然而,每当这些想法,无论它们是什么,抓住我们的注意力,我们被卷入其内容中的瞬间,我们的觉知即刻停止了。所以,真正的练习不是我们采用什么技术,而是那份智慧地关注体验的承诺,既有内在的也包括外部的,每一个时刻——换言之,愿意看到和放下,看见和如其所是,无论何时,何种想法和情绪可能迷住了心念。

除了来自于对冥想指导语的误解而带来的问题之外,也有可能出现别的问题,削弱你的练习。一个最大的想法就是以为你要到达某种境界,如果你觉得你已经精通冥想,或者达到了某种特别的"境界"或者美好"状态",那得特别小心了,需要非常谨慎地了解心中出现了什么。人们很自然会被进步的迹象所鼓舞,比如专注的层次更深或能够更为平静,更有洞见,感受到内在的意义甚至释放,感觉到放松或自信,当然也包括身体上的变化以及身体觉察到新鲜和舒适,非常重要的是仅仅任其发生,而不必编造什么大的故事或者叙述它们,也没有必要为此过分地邀功。有一点非常肯定,像我们曾经看过的,一旦心念开始评判体验,就会让我们与这种体验产生距离,把体验变成了其他——而那只是一个叙

⊖ 在这一领域,正念认知疗法做出了突出贡献。正如我们所知,在一生中经历过多次抑郁发作的人,具有很高的复发风险,即使是在正常和非抑郁期,由于特定的思维和情绪模式,所谓的抑郁性思维反刍。正念让它们的关系以新的方式存在,不再相信想法的内容,而只是把它看作一个心灵事件。就像云彩一样来来去去,而不再被其俘获。见《穿越抑郁的正念之道》。这一疗法现在也被用以治疗广泛焦虑障碍、惊恐和其他困难情绪状态。

事。另外，让心念去声称"你"有责任，你做了什么，也并不准确。最终，练习的核心是"无为"。

心念会跟随各种形形色色的事情到处跑。这一分钟说冥想练习棒极了，下一分钟则想让你确信其反面。两种想法都非真正地来自智慧。重要的是要能识别出这种编造故事的冲动，故事是"冥想练习感觉很好"，当冲动来临时，在觉察层面与其工作，就像和其他的想法出现之后的做法一样，把它当作一个想法清楚地观察，当作一个叙事，任其所是，然后放下。不然，实在地讲，可能很容易成为你头脑中与他人的一场大段谈话，关于正念冥想有多棒，正念瑜伽有多好，给了你多大的帮助，旁人应该如何练习它，等等。逐渐地，你变得更像是个说客而非练习者。你谈得越多，那些能够在练习中帮助你的能量消散得也就越多。如果能够对这种冥想中常见的陷阱保持警觉，练习将会深入和成熟，心灵也会比较少地被妄念所控制。出于这个原因，我们明确地建议人们到减压门诊参加正念减压课程，在八周开始时，老师很少告诉人们他们正在冥想，而是尝试尽量不谈论冥想，只是练习。这种方式可以很好地利用这种出于善意和热情但常常是弥散的、困惑的、任性的心灵能量，与其立即与人分享新鲜体验，不如利用这份热情把这些能量投入到当下去进行练习。换言之，一旦冲动出现想要告诉别人冥想有多好，你有多大的收获，最好的做法是保持静默并多坐一会儿。这样的原则也适用于推特、脸书、微博和微信。

这里综述了部分最常见的关于正式的正念练习的误解，提醒你自己就很容易校正。就像我某天在一件T恤上看到的："冥想——非你所想！"

在第10章中给出了八周正念减压课程的提纲，为方便起见，这里再简要地把正式练习的内容总结如下。如果使用系统的正念冥想练习指导语音频来指导练习则最好不过了，我们的患者都是这么做的。这样你就可以了解每一时刻需要做什么，也能够从口头指导的音调维度中获益。

建议你跟随八周课程,然后继续以你自己的节奏练习,无论有没有指导语。在这个八周时间表后,我还给出了保持动力和投入程度的进一步建议。

八周正式练习日程表

第一、二周	练习身体扫描,每周至少6天,每天45分钟,带着觉察静坐观呼吸每天10分钟,与身体扫描在不同时间进行。
第三、四周	交替练习身体扫描和正念瑜伽45分钟,根据实际情况安排,每周6天。继续静坐观呼吸,每次15~20分钟,如果愿意,尝试扩展觉察的范围到包括身体作为一个整体,安坐和呼吸。
第五、六周	练习坐姿冥想45分钟,交替进行身体扫描或正念瑜伽。尝试正念行走,如未学过,则自行尝试。第六周,可以引入站立瑜伽或者正念瑜伽的其他动作混合。隔天跟随指导语音频进行坐姿冥想。
第七周	每天45分钟,自行选择练习的内容,可以选一项,也可多项结合练习,尝试不用指导语音频,最好本周的练习都是自己进行,如果觉得难度太大,也不要介意参照指导语。
第八周	再次使用指导语音频,本周至少做两次身体扫描,继续练习坐姿冥想和正念瑜伽,时间安排在自己觉得最方便的时候,如果愿意,包括正式的正念行走。

八周之后

- 每天静坐。若坐姿冥想是练习的主要方式,每次至少坐20分钟,30~45分钟更佳。在起初的几个月内,每周使用一两次指导语音频有助于深化练习。若认为身体扫描是练习的主要方式,同样需要保证每天静坐5~10分钟。如果感觉一整天都很糟糕,而且绝对没有时间,坐3分钟甚至1分钟也行!每个人都能挤出3分钟或1分钟。一旦进行练习,则让这几分钟成为真正意义上的专心无为,在这一分钟里把时间放下。聚焦于呼吸以及感觉身体作为一个整体坐着并呼吸着。

- 若有可能,尽量在早晨练习静坐。这对一整天都有积极的意义。另外的绝佳时机是:①工作过后刚回到家里,在晚餐前进行;

②午餐前，在家或者办公室；③晚间或者深夜，如果还不太疲惫；④任何时间每一个当下都是正式练习的最好时机。

- 如果身体扫描是练习的主要方式，就每天做，每次至少 20 分钟，30～45 分钟更佳。同样，起初数月每周使用一两次指导语音频。

- 每周练习 4 次以上瑜伽，每次 30 分钟以上。做的时候保持正念，尤其觉察呼吸和身体的感觉，在每个动作之间适当休息。我是在早晨的坐姿冥想前进行，最好每天进行，在留出的空间里进行。

- 观察练习进展和深化后发生的一切，探索阅读相关书单中的一些书籍，引发你的兴趣来支持继续的练习。

时不时地，你可能会发现和其他人一起练习十分有益。和其他人一同练习，尤其是平常自行练习的人，会得到很好的支持和深度体验。

我比较重视尽量多地参加演讲、教学和小组静坐活动，同时也尽量挤出时间定期扩展密集练习。我也很多次外出参加由老师带领的正念静修，这类似于正念日但时间要更长，一次七天或十天，有时更长些。正念静修是深化并将练习变成自己的极其重要的环节。同样重要的是，与不同类型的静修经验丰富及非常有效的正念老师接触，他们每个人都有着独特的方式去阐释正念练习，这些在普适之法的框架下呈现并得到发展，一旦得以充分体现，对于振奋正念修习有着不可估量的价值，并且能够深化对"无为"和高深莫测的正念的视野。

除静修之外，也可以在个人所住地区找到一些小组，这样可以偶尔或者定期一起静坐并练习。借助网络这很容易做到。也很容易找到深化练习的资源，包括 YouTube 等网站上的各种讲演、各种小组名单以及各类活动。网络上甚至还有一些在线正念减压课程可供选择参加。

我个人倾向于参加两个不同的正念静修中心：位于麻省巴瑞（Barre）

的内观禅修协会（IMS）和加州伍达克（Woodacre）的灵磐禅修中心。两个中心提供的正念静修皆由一些经验丰富和非常有效的正念老师带领。他们中的许多人常年在全美不同地区带领正念静修。在这两个网址上，可以浏览他们的课程和静修活动信息：www.dharma.org 和 www.spiritrock.org。

内观禅修协会和灵磐禅修中心或多或少有点佛教取向，尽管如此，但作为规则，他们都着重于普适与人性相关的正念精神，及其在日常生活中的践行、应用。他们并不宣传宗教信仰。人们很容易自主选择吸引他们的部分而放弃其余的部分。参与正念减压训练或其他正念为基础的课程，可以立即辨识出他们所熟悉的最基本的正念练习，这正是这些中心提供的课程的核心，虽然有某种形式和仪轨如诵经和叩拜，这些与诊所略微不同。两个中心都为深化个人冥想练习提供非常棒的支持性环境，并为那些承诺正念生活的人提供各种便利条件。

除静修外，人们也需要在居住地附近搜寻正念减压课程。很多医院和社区教育中心现在都提供正念减压和其他正念课程。我个人建议与你信赖的靠谱指导者面谈或保持联系。不要介意询问指导者自己的正念践行情况以及有过怎样的专业培训（正念减压、正念认知疗法等）。建议只有在感受到教师的真实、尊严和临在的品质之后再注册。在纽约，有正念减压教师的长期协作组织，他们共享网络平台并相互支持（具体参见 www.mindfulnessmeditationnyc.com）。纽约开放中心和莱茵贝克镇的欧米伽学院也会开设临时正念课程。世界各地和全美各地都有这样的中心开设正念课程。在波士顿地区生活的话，我也建议可以去剑桥内观禅修中心参加冥想课程和小组冥想。这里教授的正念是泰国森林传统取向，虽然也有佛教取向，这里的老师教学质量非常出色，社区服务多样且广泛。当然，全美、全球还有很多佛教中心可以作为非常有价值的支持练习的资源。除南传佛教之外，还有禅宗和藏传佛教中心，那里有德高望重的老师，如果你不觉得宗教形式和仪轨是一种妨碍，从他们那里你可以获益良多。的确,如果被正确地理解,他们会是强而有力的帮助。

* * * *

最终,只是坐着,只是呼吸,只是安住在当下,带着觉察。如果你想的话,允许自己发自内心地微笑吧,就一点点!

Chapter 35
第 35 章

保持非正式正念练习

亲爱的乔恩：自从参加减压课程，我的焦虑变得可以控制了，这完全可以写本书了……从一个此时此刻到下一个此时此刻，简直是我的灵丹妙药，每天我都感到在应对压力方面更为自信。向你致敬！彼得

众所周知，正念的精髓在于有目的地、不带评判地关注当下此刻。所以，保持非正式练习即意味着尽你所能地去多多关注、保持觉醒和拥有当下这一时刻。这也可以乐趣无穷。你可以随时问自己，"我是不是全然地醒着？""我是否知道此刻我正在做什么？""我是否全然投入于正在做的事情？""眼下我的身体有什么感觉？""我在呼吸吗？""我在想什么？"

我们触及了大量的把正念带入日常生活的策略。可以在站立、行走、聆听、讲话和进食以及工作中谐调自己。可以与自己的思想、情感和情绪、做事的动机、以某种方式去感受，当然也包括身体上的感觉相谐调。你也可以与他人的，儿童以及成年人，他们的身体语言，他们的张力，他们的感受和谈话，他们的行动和这些行动的后果保持谐调。你可以与更大的环境相谐调，感觉空气在你皮肤上的感觉、自然的声音、光线、色彩、形状、运动和阴影。

只要你醒着，就可能保持正念。所需做的只是要求和记得把注意力带到当下的时刻。

再次强调，关注什么不是思考或者考虑什么。而是直接地感知到你所注意的对象。思想仅仅是你体验的一部分。它们可能是或者不是重要的部分。觉察意味着看见整体，感知每一时刻的全部内容和脉络环境。经由思考我们无法抓住全部，如果超越思考，则可以从本质上感知到，通过直接地看、直接地听、直接地感受去接触到。正念就是看到并知道你正在看见，听到并知道你正在听见，触摸并知道你正在触摸，上楼并知道你正在上楼。你可以回应，"当然当我在上楼的时候，我知道我在上楼"。而正念意味着不仅仅是概念上知道在上楼，正念意味着在你上楼的时候你真的在上楼，意味着对此时此刻每一个瞬间体验的觉知。正念是非概念性的了知，比概念性的了知要多些，更准确地说，正念是觉知的本质。通过这种方式践行，我们可以挣脱自动导航模式的束缚，渐渐地让自己更多地活在当下，更加全然地了知生活在当下的能量。这样，如我们所见，我们就可以更恰当地对变化和潜在的压力情境做出回应，因为这时我们对整体以及我们与压力的关系有了觉知。任何时候，任何场所，只要我们保持清醒皆可如此践行。

第9章探讨了日常生活中的正念为主题诸多细节，为保持这方面的践行，应该回顾一下。在我所著的《正念：此刻是一枝花》㊀一书中可获得日常生活中正念的相关补充资料。第10章提议了许多非正式的觉察练习，在正念减压中，我们结合正式练习一同使用。首要的是练习在一天的不同时刻，把注意力放在呼吸上。正如已经看到的那样，这可以把我们锚定在当下。这让我们安住于身体中，帮助我们在每一刻保持中心和清醒。

我们也在日常活动中练习保持正念，比如早晨醒来、洗漱、穿衣、倒垃圾、做家务。非正式练习的本质总是一致的。它包含了对自己的探

㊀ 本书中文版已由机械工业出版社出版。——编辑注

询，"我在这里吗？""我清醒吗？""我是否在自己的身体里？"这份提问本身常常会把我们带回到当下。让我们更多地与正在做的事情保持接触。

下面列出的是八周正念减压课程的非正式练习的家庭作业。这些非正式练习为的是与前一章给出的正式练习的家庭作业配合使用。当然，也完全可以自行编制作业。当它自然而然地开始发生，就意味着践行已经生根了。生活提供了无限的创造机会。生活中和每一天的每一个层面都可以成为非正式练习的一部分。归根结底，真正的践行就像我们反复强调的那样，是如何让你的生命在唯一的当下活好，这一刻。

第一周：本周至少一次正念进餐。

第二周：本周，每天觉察发生的一件愉悦事件，在愉悦或不愉悦事件觉察日志中记录你的想法、情感、身体感觉（参见附录），并找出自己的模式。如果有，找出是什么让你体验到"愉悦"。此外，把觉察带入到至少一件日常活动中，例如早晨起床、刷牙、淋浴、做饭、洗碗、倒垃圾、购物、给孩子读书、照顾孩子上床休息、遛狗，等等。以轻松的方式觉察是否可以与正在做的事情同在，包括与身体同在的感受。

第三周：每天觉察一件生活中正在发生的不愉悦或者有压力的事件。在愉悦或不愉悦事件觉察日志（参见附录）上记录事件以及身体感觉、想法、情感以及反应/回应。探索底下的模式。如果有，留意是什么让你体验到"不愉悦"？这一周还可以做出努力在不同时间去"捕获"片刻，觉察到陷入自动导航模式的倾向，注意在什么情况下会发生。一般而言，记录什么让你偏离中心。什么是你最不愿意看到的？什么想法和情绪支配了你的一天？当被自动导航模式掌控的时候，对身体的觉察会发生些什么？

第四周：觉察本周任何对压力的反应，不必试图去改变它们。在任何时刻，如果你感觉到卡住、受阻、情绪封闭或者麻木，把觉知带入这样的时刻。不要试着以任何方式修正他们，只是把它们抱持在觉知当中，并鼓起你对自己所有的善意。

第五周：发现自己又在对压力做出习惯性反应的时刻，以及感到自己又陷入习惯性的想法和情绪缩窄的时候，带入觉知。在觉察到开始自动反应时，试着去回应而不是反应。如果不行，看能否把已然发生的习惯性自动反应转变成更为正念的回应，即便不够优雅亦无大碍。尝试尽你所能地带有创意。你可能发现有些事情本来不是针对个人的，但你却把它个人化了，兴许正是此触发了你的情绪反应。觉察正式的冥想练习时可能出现的这种自动反应。有没有发现在做身体扫描或瑜伽或坐姿冥想时会有自动反应？如果有，则尽你所能将这些时刻抱持在觉知当中。正式练习为辨识心中自动化反应和培育替代的回应提供了富饶的土壤。本周每天将觉察带入到一个困难沟通情境，并在困难或压力性沟通觉察日志中记录发生了什么，你在沟通中想要什么？沟通的另一方想要什么？实际沟通中发生了什么？通过本周发现自己的惯常模式。这个练习能否告诉你，在你和他人沟通时你的心理状态及其后果？

第六周：觉察本周你选择吃了些什么。食物来自哪里？看起来怎样？你选择吃了多少？你对吃或者期望吃有何反应？吃了之后的感觉如何？带着兴趣、好奇和友善而非自我评判去做这些。觉察你摄入和"消化"这个世界的其他方法：比如透过眼睛、耳朵、鼻子。换言之，你的景象、声音、新闻、电视等等的饮食是什么？特别去觉察其他人以及你与他们之间的关系质量如何？实验默默地对那些你爱着的或者不太认识但有互动，甚至在大街上邂逅的人生发慈心。

第七周：特意地觉察早晨醒来后在床上磨蹭直至意识到你已然醒来，而这是全新的一天，你生命中新的开始。或许可以在床上赖几分钟，安住在觉知中，没有日程，或许可以采取大摊尸的体式。假如这对你很重要，那就尝试比平时早点醒来，在床上做会儿冥想，躺着，不必感受时间的压力。每天结束时，当终于再次躺在床上准备睡觉，尝试温和地触及呼吸仅需一两个吸气和呼气。从白天的紧张中放松下来，让睡意自然降临。继续实验默默地将慈爱付诸他人和自己。

第八周：正念减压课程的最后的正式的一周，在第八周的课程之后，基于此，我们经常说，第八周就是你的余生。也就是说，没有终点。就像是你的练习和生命，它从当下的时刻延伸直至不再。这是你生命唯有的时刻。我们都如此。只要我们依然拥有为何不尽力珍惜，好好地活出人生？难道这不正是全然地、蕴含无限幸福和智慧的人生？

附加的实用觉知练习

1. 每小时抽出一分钟保持正念。可以将它本身作为正式练习。

2. 在一天的任何时刻，无论你在哪里，都可以触及一下呼吸，能做多少次就做多少次。

3. 觉察可能有的压力的躯体症状如头痛、增加的疼痛、心悸、喘息、肌肉紧张与之前精神状态的关联。在日志中记录整周的经历。

4. 对正式冥想、放松、锻炼、健康饮食、充足睡眠、亲密和友好，以及幽默的需求保持觉察，并尊重它们。这些需求是健康的支柱。如能充分地和有规律地关注这些需求，将会为健康提供强而有力的基本保障，增强抵抗压力的抗挫力，让你的生活增添满足以及更具凝聚力。

5. 在一个特别的压力事件或时间段之后，确保尽可能释怀和恢复平衡。尤为重要的是冥想、有氧运动、与朋友共度时光、关照和善待他人以及充足的睡眠皆有助于恢复过程。

✶ ✶ ✶ ✶

概而言之，你生命中醒着的每一刻，都是可以带来更大的宁静、觉知和具身体现的临在感的时刻。当你在生活中培育正念的时候，我们给予的如何做的建议跟你自己的相比都会相形见绌。

Chapter 36

觉 知 之 道

在我们（西方）的文化中，并不熟悉"道"这一说。这个概念源自古代中国。道是对世间万物，包括存在与不存在以及一切事物变化着的本性的普适的法则。这就是"道"，这里我们用大写的"道"表示（the Way）。道是世界按其自身法则运行的自然呈现。没有什么是做出来或外力的产物，所有一切仅仅是自然发生。依照道的法则生活，需要理解"无为"和"不争"，你的生活已经做了该做的一切。挑战来自你是否能够看见这一点，按照顺其自然的法则生活，从而获致与万事万物和每时每刻的和谐。这无所谓主动或者被动。这超越对立，是内省之道、获得智慧之道、疗愈之道，更是接纳和宁静之道，是身心审视自身、认识自身之道。它是关乎有意识地生活的艺术，了知内在的资源以及外在的资源，而且我们可以有个基本的认识，无所谓内在或外在，它蕴含着深邃的伦理。

在我们的教育中这部分依然过少。一般而言，学校并不重视"存在"，或者注意力训练，尽管这种情况正在迅速改变⊖。既然学校不教授

⊖ 现在有一股强劲的增长运动把正念带入小学和中学教育，以及学院和大学的课程。

正念，我们唯有自己从自身去寻找途径。行动，仍是现代教育的主流通用货币。可悲的是，这种作为常常是片段的、变质的，好像已从注重谁在做和可能从"存在"中学习到什么分离了。常常，甚至是太过经常，我们都是在时间的压力下行动的，好像我们是被世界的节奏挤进了生活里，没有停下来歇息，看看我们在哪里，要往哪里去的那份奢侈，我们不知谁在做着这一切，以及为何要做。觉知本身好像并没什么价值，也没谁教我们觉知的丰富性以及如何培育、使用并安住于觉知之中。觉知可以让我们突破局限和专制思维，平衡我们的思维和情绪，作为智力独立的一面发挥作用，事实上也是如此。

已经有事实表明，觉知对我们是有很大帮助的，或许通过小学的一些简单练习，我们知道了我们本身并不是我们的想法，我们可以看着想法来来去去，并学会不抓着想法不放，或者紧紧追逐想法。即使在那时候我们对此还没有十分理解，但仅仅聆听就会有很大的帮助。同样地，知道呼吸是一个同盟，对我们也很有帮助，只要关注呼吸就可以让我们回归平静。或者无所事事也挺好，我们不必总是来回奔跑、十分努力或者争来争去，以证明及感觉到自己的存在，争取获得什么认可——我们原本就是完整的。

儿时的我们不一定知道这些，除非是读过《罗杰先生的邻居》(*Mister Rogers' Neighborhood*) 或者《芝麻街》(*Sesame Street*) 的那一代人，不过，也还不算晚。任何时候，你要是决定是时候与自身的完整重新联结，那就是最佳的开始时间。在瑜伽传统中，人的年龄不是从出生开始计算的，而是从你开始练习瑜伽计算的。从这一点说，如果你已经开始练习正念，那么你现在才只有数天数周或者数月大小。真是太美妙了！

看起来有点怪？这正是我们邀请被医生们转介到正念减压门诊的那些人认真投入所做的事情。这是了知探求一种存在之道，一种生活之道，一种重新站在起跑线上全神贯注之道，它本身就是一种解脱，就在此时，在生活所有的苦难和混乱之中。但是如果从一个概念或者一种哲学层面来探求这些，将是一次思维的死亡练习，只是让已经拥挤不堪的心灵填满更多的概念。

你已被邀请，和那些受邀请的患者一样，秉承经久不变的正念和正念减压的精神，坚守在致力于和你的生命同盟存在的领域工作。沿着正念的道路，你亲自领略事物自身的变化，当你改变了你和你身体的关系，和你想法的关系，和你心灵的关系，以及和外部世界的关系。如同我们在最初所见到的那样，这是一份踏上生命旅途的邀约，一份在觉知中领略生命这场探险的邀约。

这场探险包含了一个英雄般的追求的所有要素，沿着生命的道路寻找自己。可能在你看来有些牵强，但我们见证了我们的患者就像古希腊的男女英雄，在他们自己的奥德赛之旅，被自然和命运折磨着，现在已经踏上了疗愈之旅，踏上自我完善的实现之旅，最后将踏上回家之旅。

事实证明，在这个探索中我们不必走得很远才能与我们内在的自己重新建立联系。在任何时候，我们离家都很近，远比我们想象的要近。倘若我们能简单地全然地觉知眼下这一刻、这一次呼吸，我们就可以立即在此找到宁静与平和。我们可以立刻回家，回到身体，如其所是地安住于身体，如其所是地处在此刻中。

当你行走在觉知的道路上，系统地把一份意识带入到生活的体验中，这会使你的生活更加富有朝气、更加真实。从未有人教过你怎么做，也没人告诉你这是值得去做的，这已经无关紧要。一旦你准备这份探寻，你会找到你。这是事物展现自己的方式之一。每一个瞬间都是你余生的第一个瞬间，当下是你唯一可以真正活着的时刻。

正念练习提供了一次机会，让你可以沿着你生命之路，睁开双眼，清醒着而不是半梦半醒，在世界里中做出有意识的回应，而非自动的、下意识的反应。最终的结果微妙地有别于其他的生活之道，在此，我们知道我们在沿路探寻，我们遵循道，我们是清醒的并且有觉察的。没有人命令这是一条什么样的道路。没有人告诉你要跟随"我的道"。要点在于，只有一条道路，但这条道路会衍生出众多不同的道路，由于人群，风俗习惯，和信仰而千差万别。

我们的工作，大写的工作，在于发现我们自己的道路，乘着变化之风、压力之风、疼痛之风和苦难之风航行，喜悦和慈爱之风，直到理解在某种意义上我们其实并未离开港湾，我们并未和最真实的自己分离，那个自在的家园，或者只要我们纯粹地记得，我们就在家里。

带着真挚和恒常的态度，就不会在这份功课上失败。冥想不是放松的同义词。你要是仅仅练习放松，到了最后你未必能放松，你可能认为你失败了。如果你练习正念，唯一的真正重要的事情是，你是否愿意看到并与事情在这一时刻，以其本来的状态同在，包括不舒服以及紧张，包括你关于成功和失败的想法。如果你能够做到，那你就不会失败。

同样，如果你以正念的态度面对生活中的压力，你的回应也不会失败。单单是保持觉知就是一个强大的回应，可以改变任何事情，以及为成长和行动开启新的选择。

但有时候，这些选择可能不会立即显现。也许你清楚地知道不想做什么，但未必清楚什么是你真正想做的事情。这也同样不代表着失败。它们是具有创造性的时刻，一个未知分晓的时刻，一个需要耐心的时刻，专注于未见分晓的时刻。即便是困惑、沮丧、烦乱也可以具有创造性。如果我们愿意的话也可以和这些烦扰一起工作，在一刻接着一刻的当下保持觉知。这是在面对全然灾难的左巴之舞，这是一场引领我们超越成功和失败的运动，已存在之道让我们生活的体验自行展开，无论是希望还是恐惧，在全景呈现生活的舞台上，扮演着自身，每一个瞬间都是繁花盛开，而我们全然地与当下同在，为此、在此。

觉知之道有着自身的结构。本书在某种程度上描述了这种结构的细节。我们已经触及到它是如何与健康以及疗愈联系在一起的，如何与压力、疼痛和疾患，以及身体、心灵和生活本身的起伏跌宕联系在一起的。这是一条必经之路，在每天的练习中给予培育。这并非一门哲学，这是一种存在的方式，一种在每一刻生活的方式，全然生活的方式。唯有亲自走过，这条路才属于你。

正念是毕生的旅途，但这条道路，并不通向任何地方，只是带你找到你自己。觉知之道始终存在于此，你随时可以踏上这条道路，所有该说的都说了，该做的都做了，也许其中的本质，唯有在诗歌的意境中、在你心灵的静默之处以及平和的身体之中才能够被捕捉到。

那好，我们一道来到了旅途的这个节点，让我们把这一刻融入伟大的智利诗人巴勃罗·聂鲁达的诗情画意中，有如他在诗歌《保持安静》（*Keeping Quiet*）中所吟诵的……

现在，我们数到十二，
然后，我们保持止静。

就这么一次，在地球之表，
让我们不去用任何语言诉说；
让我们暂停一秒钟，
不要不停地舞动手臂。

这将是奇异的一刻，
没有匆忙，没有引擎。
我们全然聚在一起，
在这突临的新奇中。

冰冷大海上的渔夫，
不会去伤害鲸鱼。

收盐的男子汉，
注视着受伤的双手。

那些准备着环境之战，
油与火的战争的人。
没有幸存者的胜利，
将穿上干净的衣服，
与兄弟们四处游荡，
在阴凉处，无所事事。

我所需要的，
不应与完全的闲散混淆。
生活就是那样，
我不要装载着死亡的车。

倘若我们不那么一根筋，
如此专注于
生活前行，
就一次，可以什么都不做，
或许一个偌大的静默，
可以打破这无边的悲哀，
从未了解自己，
以及以死亡威胁自己的忧伤。
或许，大地会教导我们，
当万物看似死去，
而后来证明满是生机。

现在，我将数到十二，
你保持安静，我将离去。

跋

自1990年本书首次面世以来，多个领域发生了许许多多事情。其中之一是，这里提到的正念减压门诊在2000年以来，在我多年的同事和老朋友萨奇·桑托瑞利博士的指引下，延续了过去的辉煌并取得又一个13年的蓬勃发展，这很大程度上得益于他出色的领导和独到的眼光，以及在医学领域中非常动荡和艰难的时间里沟通的善巧。2013年的9月，减压门诊庆贺了连续开诊34周年。在这里，超过2万人完成了八周的正念减压课程。减压门诊现在的职工和教师忠实于高效连贯流利地教授正念练习，以高品质的工作，对来此求助的人们产生深刻影响，这简直无与伦比。参加这个课程的人们在此获得帮助，使他们在一切可能的程度上能够更好地认识自己，更加充实地成长为自己。作为一个社区，我们对所有曾经的正念减压老师和职员心存深深的感恩，他们的奉献成就了正念减压课程过去这些年来的成功。他们的名单将出现在致谢中。

在过去的20年里，本书所描述的工作以正念减压和其他形式的正念项目出现在世界各地。从某种角度看来这似乎不太可能，但换个角度看却又非常说得通，这可以被视为非常积极的发展，恰好在合适的时机让世界注意到了正念及其潜在的促进转化和疗愈的力量。这种改变开始时来得相对缓慢，然后越来越快。它传播到医院、医疗中心、诊所和一系列其他机构，如学校、企业、监狱、军队等。这某种程度上得益于1993年公共电视特别节目《疗愈和心灵》(*Healing and the Mind*)所推动。在这部纪录片中，比尔·莫耶斯(Bill Moyers)展示了减压门诊的工作，这些年来已经有超过4000多万观众观看。由天才制片人大卫·格鲁宾（David Grubin）和编辑们制作的长达45分钟的片子本身就像是一个指导下的冥想（这是对电视的不同寻常的使用），它对观众产生了深远的影响，这让观众本身跟随着正在上课的病人一起，踏入了这个过程以及正念练习。

多年来，我们减压门诊的工作也被其他许多电视、新闻节目和文章所报道，现在国外媒体的报道也越来越多。

正念认知疗法的发展，以其强大的理论基础，及其经由精心设计并执行的临床试验证明其有效性，对正念在心理学界和心理治疗中引发广泛兴趣和传播也发挥了重要作用。意在"测量正念"的自测工具的发展也同样如此，促使了丰富而不断增长的研究成果的问世。有关正念减压和其他形式的正念冥想练习对神经活动和大脑结构和联结性影响的研究，也加速了神经科学领域工作的发展，现在已发展为静观神经科学。这些研究中的许多研究都是在有数万小时的冥想练习和训练的僧侣和其他从业者身上进行的。理查德·戴维森（Richard Davidson）及其在威斯康星大学的情感神经科学实验室和健康思维调查中心的合作者一直是这方面的先驱。威斯康星大学拥有自己的正念中心和由其创始人凯瑟琳·博恩斯（Katherine Bonus）领导的正念减压教师队伍。

心灵与生命学院及其一年一度的"夏季研究所"催生了最高层的年轻科学家和临床医生群体。通过巴雷拉研究基金（以巴雷拉老师的名字命名，他是心灵与生命研究院的联合创始人之一，一位博学的神经科学家、哲学家和言行高度一致的正念冥想实践者），为青年研究人员提供战略性资助，使其更易被接受为本领域研究的专业人员，同时也为更有经验的研究者提供更多的经费。

1995年，我们创建了一个总研究所，称为"医学、健康保健及社会正念中心"（简称正念中心），它不仅用于容纳减压门诊，而且也是当时从工作中涌现出来的各种创新和项目的源泉，这早已超越了减压门诊本身的工作。正念中心现在除了针对医院患者的工作外，还同时为学校和企业提供各种类型的正念课程。现在这里还是绿洲学院的场所，这个学院旨在教育和训练有兴趣的卫生保健人员和其他人员进行错综复杂的正念实践以及在各种不同场所推广践行正念。绿洲学院还为全球的专业人员提供正念减压导师的认证培训。

正念减压中心现在还与其他一些机构正在进行的项目进行合作。同时主办一年一度的正念国际学术会议，2013年是其第11届。来自世界各地的数百名科学家、临床医师以及教育者与会，相互分享他们的原创和研究成果，我们看到一个美好的、正在成长的全球性群体。许多正念老师正在撰写专业或者畅销书以表达他们对于正念、正念减压和正念认知疗法及其他正念干预的独特见解。他们也研究和撰写有关冥想练习培育的慈悲心，同样也用于培育一些心理学家称谓的"人的美德"，诸如慷慨、宽恕、感恩和善意。

所有这些来自世界各地的群体的努力推动了对正念作为一种实用性练习的兴趣以及对它的理解和深化，而不仅仅限于一种哲学或好主意。正念干预越来越多地显示其多面性。正念减压和其他一些由此衍生的项目目前甚至可能由佛教冥想中心提供，比如洛杉矶的内观中心。

从1992～1999年我们在伍斯特城内设立了一个免费的正念减压门诊，门诊提供免费的正念儿童照护、免费交通，课堂上既用英语也用西班牙语进行教学。这家门诊和其为数百人提供的服务证明了正念减压的普遍适用性和对多元文化的适应性。我们还开展了为期4年，针对马萨诸塞州惩戒署囚犯和工作人员的项目，证实了正念减压可以具备惠及大量囚犯的能力，并降低其敌意和压力的测量值。我们的同事之一，乔治·曼福德（George Mumford）是我们城内减压门诊的联合领导人，同时在冠军联赛赛季用正念训练芝加哥公牛队和洛杉矶湖人队。你可以通过访问正念中心的网站（ www.umassmed.edu/cfm ）了解有关减压中心和减压门诊的详细信息，这里有关于正念专业培训计划和全球范围内我们了解到的正念减压课程信息。

在为本书撰写的序言中，一行禅师称本书为"一扇门，它同时（从世界那边）向着法和（从法那边）向着世界敞开着"。尽管除了在本段文字、序言和其他一两个地方外，你找不到佛法一词，但我必须说，我们的词汇里需要这个词，而且它无法被其他词准确替代。多年以来，我对使用这个词很踌躇，在教授正念减压时我们也的确用不到这个词，在那个语境中我们也实际上没有用过。尽管如此，在训练正念减压教师时，我们需要这个词，这正如一行禅师所看到的那样，正念减压深深地植根于佛法。如果一个未来的正念老师认为正念不过是发源于西方临床心理学知识框架下的另一种认知行为"技术"，那将是一个非常大的误解。那将是对正念和正念减压起源的深深误解，也是对其深层疗愈和转化潜力的误解。由于显而易见的原因，无法教授人们他没有理解的东西。无论有多么令人渴望，正念不能够脱离其具体的培育过程，即通过不执着于特定结果的修习来被理解。如果有人对这一主题有进一步了解的兴趣，请参见我的一篇长文《对正念减压起源的反思：善巧的技能及按图索骥的困扰》（ Some Reflections on the Origins of MBSR, Skillful Means, and the Trouble with Maps ），该文收录于由我和牛津大学正念中心的马克·威廉姆斯联合主编的《正念：含义的多层解读、起源以及应用》（ Mindfulness: Diverse Perspectives on Its Meaning, Origins, and Applications ）一书中。亦可参见我为《唤醒我们的知觉》（ Coming to Our Senses ）所写的一章：佛法。 在正念干预领域中使用和确认这个词的这些尝试，意欲为那些有意去理解正念减压得以发源和赖以实践之传统的人们提供更多清晰的背景。

正念减压在其开始阶段，就有意于检验：如果采用普适的语汇和容易理解的常识化的形式以及习惯用语，佛法的转化和觉悟视角是否能够被美国主流和美国医学及卫生保健系统所接受。正念减压课程及其"表亲/堂亲"表达了一种深层智慧,虽然在某种程度上有其局限,这种深层智慧来自很久以前在印度发现和完善的实践,并通过多重传统(大部分但不完全是佛教)数千年来在亚洲的文明中保持着活力并不断完善。

愿正念以最为普适的表达,在你的生活、在你内在以及外部的所有关系中证明其价值所在。愿正念练习继续成长、开花,并夜以继日、时时刻刻滋养你的生活以及工作。愿世界受益于你内心所拥有的、无边无际的锦绣繁花。

致　　谢

　　在像正念减压这样的一份事业中，有很多人值得感谢，因为现今它得以如此广泛地在世界范围内分布、传播，这不仅因为我们彼此合作，更因为有着深具意义的法的友谊。篇幅所限，在此无法一一列举所有同事和朋友的名字，他们在本书首次问世25年来，对于正念为基础的干预手段和静观实践在整个世界更加广泛的培养做出了卓越贡献，还有本书问世之前就为正念减压工作做出贡献的人。你知道你是谁！ 请理解此刻我对你所做的、正在做的，更为重要的是对你作为你的深深敬意！你的工作和我们的过去，或这个深具目标和践行的成长中的群体之间的持续的联结，激励着我去修订和更新这本书。我希望本书能够对你的工作，对正念之花在世界的持续盛开略尽微薄之力。

　　在不同阶段，许多人对此书有直接或间接的贡献。回想最初，假如没有汤姆·温特斯、胡佛·弗尔玛和约翰·马纳翰的坚定信念及支持，减压门诊或许现在根本不会存在。他们是第一批把自己的患者转介到减压门诊的医生。詹姆斯·达伦，1988年之前任UMMC内科主任，后来担任了亚利桑那大学医学院的院长，是我们最早的坚定支持者和拥护者，至今我们仍保持着友谊。朱迪斯·奥克凯恩担任麻省大学医学院预防与行为医学系主任，至今已超过30年，一直给予我们鼓励和支持，最早是在我作为正念减压门诊主任的任期内，然后，自1995年担任医学、健康保健及社会正念中心主任时。2000年之后，萨奇·桑托瑞利担任了正念中心的执行主任。我对朱迪斯心存感念。她长期的承诺和艰苦卓绝的工作，经由改变每个个体选择如何去生活（我们对生活方式的选择），转化了医学和健保，以及我们如何制定开明的政策，以优化社会整体健康。

语言难以表达我对即是同事又是朋友的萨奇·桑托瑞利的感恩和欣赏。我们相识于 1981 年，那时他作为第一个实习生来参加我的课程，后来随着时间的推移，该课程变成了针对保健专业人员的专门培训课程。萨奇在 1983 年入职减压门诊，作为指导老师，一直在此工作到现在。我为他的雄心壮志、他的远见卓识、他的创意和在充满挑战的年代对正念中心的出色领导，为他充满洞见和坚忍不拔的、智慧的沟通，向他鞠躬。在同样的时代，他主持和指引了正念中心活动和影响力的深化和拓展，通过合作研究，通过他创立和拓展的绿洲学院提供的职业教育项目；他还启动了"医学、健保和社会中的正念研究和整合"国际科学年会，从 2003 年起每年举办。这一深有远见的开拓性行为对整个世界不同领域的正念减压和正念研究及教育有不可磨灭的深刻贡献。

我谨在此对数以千计的麻省医学中心（现在改名为麻省大学纪念医学中心），以及更大范围的新英格兰社区的医生和其他卫生保健人员诚致谢忱，是他们年复一年地把患者转介到正念减压门诊。他们对减压门诊的信任，更重要的是他们对患者成长、改变和最终影响自身健康能力的信任（作为对医学治疗的补充），为我们帮助病人调动自己的内部资源的能力，经由正念减压和一个更加参与性的医学疗愈的努力定下了一个基调。

我的妻子，麦拉·卡巴金对第一版的贡献巨大，那时她带着她对语言超乎寻常的能力和清晰的敏锐完整地通读全书的每一篇章。我非常感谢她在我超长时期专心于修改时耐心、坚定的支持和承诺，感谢她对于本版前言的编辑建议。

全心全意和深切的感激伊丽萨·艾佩尔和克利夫·萨隆耐心地教给我压力反应的最新观点。如果有关压力的章节存在任何不准确、过于简化或者模糊，那的确不是缘于她们没有给予我提示和建议，而是缘于我试图让事情更加简单的尝试。我也非常感谢鲍尔·格罗斯对压力章节富有成效的建议。同时感激迪安·奥尼什的协助对其先锋工作描述中的帮助。感谢辛德尔·赛格尔，马克·威廉姆斯和约翰·泰萨德尔，承蒙他们允许我与如此杰出而又谦逊的存在工作的特权，他们所创立的正念认知疗法及其研究基础，对世界产生了如此巨大的影响。这些年来，有许多个人的交流、专业对话以及合作和探索，让我获益匪浅，对此我感激不尽。

感谢兰登书屋的编辑普里扬卡·克里希南，与她和她的团队一起工作不胜荣幸，包括团队的索娜·麦克凯西，普力·凯南对本书的每一元素都深思熟虑，其工作在整个过程富有成效，并慷慨地为作者方预留出巨大空间。同样我也要感谢第一版的编辑鲍勃·米勒，是他冒着风险接纳了本书，并勇敢地出版了关于冥想的主流著作。感谢他在过去25年来的友谊和支持。

满怀欣赏、感激地向减压门诊的同事们鞠上一躬，无论是过去还是现在的同事，感谢他们对正念减压的巨大贡献，他们诚心地和具身体现正念，感谢他们在全球训练专业人员所树立的榜样，纯粹地做他们自己。他们是：梅丽莎·布莱克尔，阿迪·贝马克，凯瑟琳·伯纳斯，凯西·卡麦克尔，吉姆·卡莫迪，麦格·张，吉姆·卡罗西，费尔南多·德·托里霍斯，帕姆·艾尔德曼，保罗·加尔文，辛迪·吉特曼，朱迪·古德曼，布莱塔·霍泽尔，雅各·皮埃特，雅克·布森，戴安娜·卡米拉，林恩·柯尔贝尔，佛罗伦萨·梅里奥·梅耶尔，凯蒂·米克恩，大卫·莫索尔，乔治·姆福德，佩吉·罗森布克-吉尔拉斯帕，伊莲娜·罗森鲍姆，拉里·罗森博格，卡米拉·斯克尔德，罗博·斯密斯，大卫·斯邦德，鲍勃·斯塔尔，芭芭拉·斯通，卡罗琳·韦斯特，费拉里·乌邦诺夫斯基，泽达·卫罗耶，苏珊·杨，萨奇·桑托瑞利。佩吉·罗森布克-吉尔拉斯帕是减压门诊最早雇用的教师。正是她建议把愉悦及不愉悦日志植入到了第2、3周的家庭作业。

这里特别要向鲍勃·斯塔尔鞠躬致敬，20多年来他在旧金山湾区正念减压教师社团的组织和培育发展中长期扮演着充满爱意的角色，同时还在正念中心担任工作，尤其值得一提的是，他与弗劳伦斯·梅里奥-梅耶尔一道在全世界培养正念减压教师。

我深深地感谢并深深地关心着所有过去和现在的行政人员，他们始终如一创造性地为诊所和正念中心的工作提供强有力的支持。简·贝拉里，凯西·布兰迪，雷·艾玛里，莫妮克·佛利根，戴安妮·霍根，布莱恩·托克尔，卡罗·刘易斯，莱斯利·莱克，罗贝塔·刘易斯，莫林·马克唐纳德，托尼·玛西娅，克里斯蒂·尼尔森，杰西卡·诺维亚，诺玛·罗熙罗，艾米·帕尔斯咯，安妮·思科林斯，雷恩·特伯格。

我还要向现在和过去萨奇任期的正念中心顾问团成员谨致谢忱。雷恩·盖茨，克里·格林伯格，艾米·格罗斯，拉里·霍维茨，玛丽亚·克卢格，简妮斯·美特雷诺，德尼斯·麦克吉尔库迪，以及蒂姆·雷恩。拉里自1995年开始就是正念中心的顾问和挚友，当时是他协助我们完成了第一份战略规划的制定。玛丽亚·克卢格是中心的主要支持者，同时在美国和德国作为正念减压教师工作。

我希望借此良机感谢所有给予我他们天赋的教师们。

最后，我感谢那些作为患者来到正念减压门诊的人们。在课堂上他们分享自己的故事，随后愿意把他们的故事呈现在本书中。他们这样做，表达了一个共同的希望，愿他们的个人体验能够帮助和影响其他在类似的生活挑战中受苦的人们，希望他们能够在生活中获得福祉、平和与解脱。

附录

愉悦与不愉悦事件觉察日志

指导：一周时间，每天在其发生时，觉察一件令你感到愉悦的事件。之后在如下表的日志中，详细记载当时的情形和你的体验。下一周，则每天觉察一件让你不愉悦或者有压力的体验，以同样的方式记载在日志中。

	当事件发生时，你是否觉察到愉悦（或不愉悦）感受？	当时的体验是什么？	详细记录身体在体验时感觉到什么？描述身体的感觉。	在事件发生时有什么情绪、情感和想法伴随出现？	此时此刻，在做记录时，你有什么样的想法出现？
星期一					
星期二					

| 星期三 | 星期四 | 星期五 | 星期六 | 星期天 |

困难或压力性沟通觉察日志

指导：一周时间，每天在其发生时，觉察一次令你感到困难或有压力的沟通。之后，在如下表的日志中，详细记载当时的情形和你的体验。

	描述这次沟通对象是谁？沟通的主题是什么？	沟通的困难是什么？	你真正希望从沟通对象或当时情形中得到什么结果？实际上得到了什么？	对方想要什么？他们实际上得到了什么？	在沟通时你的感受是什么？事后有什么感受？	这件事后来解决了吗？如果还没有可能如何解决呢？
星期一						
星期二						

星期三	星期四	星期五	星期六	星期天

参 考 文 献

MINDFULNESS MEDITATION: ESSENCE AND APPLICATIONS

Alpers, Susan. *Eat, Drink, and Be Mindful.* Oakland, CA: New Harbinger, 2008.

Analayo. Satipatthana: *The Direct Path to Realization.* Cambridge: Windhorse Publications, 2008.

Amero, Ajahn. *Small Boat, Great Mountain.* Redwood Valley, CA: Abhayagiri Monastic Foundation, 2003.

Bardacke, Nancy. *Mindful Birthing.* San Francisco: HarperCollins, 2012.

Bartley, Trish. *Mindfulness-Based Cognitive Therapy for Cancer.* Oxford: Wiley-Blackwell, 2012.

Bauer-Wu, Susan. *Leaves Falling Gently: Living Fully with Serious and Life-Limiting Illness Through Mindfulness, Compassion, and Connectedness.* Oakland, CA: New Harbinger, 2011.

Bays, Jan Chozen. *Mindful Eating.* Boston: Shambhala, 2009.

——. *How to Train an Elephant.* Boston: Shambhala, 2011.

Beck, Joko. *Nothing Special.* New York: HarperCollins, 1995.

Bennett-Goleman, Tara. *Emotional Alchemy: How the Mind Can Heal the Heart.* New York: Harmony, 2001.

Biegel, Gina. *The Stress Reduction Workbook for Teens.* Oakland, CA: New Harbinger, 2009.

Bodhi, Bhikkhu. *The Noble Eightfold Path.* Onalaska, WA: BPS Pariyatti Editions, 2000.

Boyce, Barry, ed. *The Mindfulness Revolution: Leading Psychologists, Scientists,*

Artists, and Meditation Teachers on the Power of Mindfulness in Daily Life. Boston: Shambhala, 2011.

Brantley, Jeffrey. *Calming Your Anxious Mind: How Mindfulness and Compassion Can Free You from Anxiety, Fear, and Panic.* Oakland, CA: New Harbinger, 2003.

Carlson, Linda, and Michael Speca. *Mindfulness-Based Cancer Recovery.* Oakland, CA: New Harbinger, 2011.

Chokyi Nyima, Rinpoche. *Present Fresh Wakefulness.* Boudhanath, Nepal: Rangjung Yeshe Books, 2004.

Davidson, Richard J., with Sharon Begley. *The Emotional Life of Your Brain.* New York: Hudson Street Press, 2012.

Davidson, Richard J., and Anne Harrington. *Visions of Compassion.* New York: Oxford University Press, 2002.

Didonna, Fabrizio. *Clinical Handbook of Mindfulness.* New York: Springer, 2008.

Epstein, Mark. *Thoughts Without a Thinker: Psychotherapy from a Buddhist Perspective.* New York: Basic Books, 1995.

Feldman, Christina. *Silence: How to Find Inner Peace in a Busy World.* Berkeley, CA: Rodmell Press, 2003.

———. *Compassion: Listening to the Cries of the World.* Berkeley, CA: Rodmell Press, 2005.

Germer, Christopher. *The Mindful Path to Self-Compassion.* New York: Guilford, 2009.

Germer, Christopher, Ronald D. Siegel, and Paul R. Fulton, eds. *Mindfulness and Psychotherapy.* New York: Guilford, 2005.

Gilbert, Paul. *The Compassionate Mind.* Oakland, CA: New Harbinger, 2009.

Goldstein, Joseph. *Mindfulness: A Practical Guide to Awakening.* Boulder, CO: Sounds True, 2013.

Goldstein, Joseph. *One Dharma: The Emerging Western Buddhism.* San Francisco: HarperCollins, 2002.

Goldstein, Joseph, and Jack Kornfield. *Seeking the Heart of Wisdom.* Boston:

Shambhala, 1987.

Goleman, Daniel. *Focus: The Hidden Driver of Excellence.* New York: HarperCollins, 2013

——. *Destructive Emotions: How We Can Heal Them.* New York: Bantam, 2003.

——. *Healing Emotions: Conversations with the Dalai Lama on Mindfulness, Emotions, and Health.* Boston: Shambhala, 1997.

Hamilton, Elizabeth. *Untrain Your Parrot and Other No-Nonsense Instructions on the Path of Zen.* Boston: Shambhala, 2007.

Hanh, Thich Nhat. *The Heart of the Buddha's Teachings.* Boston: Wisdom, 1993.

——. *The Miracle of Mindfulness.* Boston: Beacon Press, 1976.

Gunaratana, Bante Henepola. *The Four Foundations of Mindfulness in Plain English.* Boston: Wisdom, 2012.

——. *Mindfulness in Plain English.* Somerville, MA: Wisdom, 2002.

Kabat-Zinn, Jon. *Mindfulness for Beginners: Reclaiming the Present Moment—and Your Life.* Boulder, CO: Sounds True, 2012.

——. *Coming to Our Senses: Healing Ourselves and the World Through Mindfulness.* New York: Hyperion, 2005.

——. *Wherever You Go, There You Are.* New York: Hyperion, 1994, 2005.

Kabat-Zinn, Jon, and Richard J. Davidson, eds. *The Mind's Own Physician: A Scientific Dialogue with the Dalai Lama on the Healing Power of Meditation.* Oakland, CA: New Harbinger, 2011.

Kabat-Zinn, Jon, with Hor Tuck Loon. *Letting Everything Become Your Teacher: 100 Lessons in Mindfulness—Excerpted from Full Catastrophe Living.* New York: Random House, 2009.

——. *Arriving at Your Own Door: 108 Lessons in Mindfulness—Excerpted from Coming to Our Senses.* New York: Hyperion, 2007.

Kabat-Zinn, Myla, and Jon Kabat-Zinn. *Everyday Blessings: The Inner Work of Mindful Parenting.* New York: Hyperion, 1997.

Kaiser-Greenland, Susan. *The Mindful Child: How to Help Your Kid Manage Stress and Become Happier, Kinder, and More Compassionate.* New York: Free Press, 2010.

Krishnamurti, J. *This Light in Oneself: True Meditation.* Boston: Shambhala, 1999.

Levine, Stephen. *A Gradual Awakening*. New York: Random House, 1989.

McCowan, Donald, Diane Reibel, and Marc S. Micozzi. *Teaching Mindfulness*. New York: Springer, 2010.

McQuaid, John R., and Paula E. Carmona. *Peaceful Mind: Using Mindfulness and Cognitive Behavioral Psychology to Overcome Depression*. Oakland, CA: New Harbinger, 2004.

Olendzki, Andrew. *Unlimiting Mind: The Radically Experiential Psychology of Buddhism*. Boston: Wisdom, 2010.

Orsillo, Susan, and Lizbeth Roemer. *The Mindful Way Through Anxiety*. New York: Guilford, 2011.

Packer, Toni. *The Silent Question: Meditating in the Stillness of Not-Knowing*. Boston: Shambhala, 2007.

Penman, Danny, and Vidyamala Burch. *Mindfulness for Health: A Practical Guide to Relieving Pain, Reducing Stress and Restoring Wellbeing*. London, UK: Piatkus, 2013.

Ricard, Matthieu. *Happiness: A Guide to Developing Life's Most Important Skill*. New York: Little, Brown, 2007.

———. *The Monk and the Philosopher*. New York: Schocken, 1998.

———. *Why Meditate? Working with Thoughts and Emotions*. New York: Hay House, 2010.

Mingyur, Rinpoche. *The Joy of Living*. New York: Three Rivers Press, 2007.

———. *Joyful Wisdom*. New York: Harmony Books, 2010.

Rosenberg, Larry. *Breath by Breath*. Boston: Shambhala, 1998.

———. *Living in the Light of Dying*. Boston: Shambhala, 2000.

Ryan, Tim. *A Mindful Nation*. New York: Hay House, 2012.

Salzberg, Sharon. *A Heart as Wide as the World*. Boston: Shambhala, 1997.

———. *Lovingkindness*. Boston: Shambhala, 1995.

———. *Real Happiness*. New York: Workman, 2011.

Santorelli, Saki. *Heal Thy Self: Lessons on Mindfulness in Medicine*. New York: Bell Tower, 1998.

Segal, Zindel V., Mark Williams, and John D. Teasdale. *Mindfulness-Based Cognitive Therapy for Depression: A New Approach to Preventing Relapse*.

2nd ed. New York: Guilford, 2012.

Semple, Randye J., and Jennifer Lee. *Mindfulness-Based Cognitive Therapy for Anxious Children*. Oakland, CA: New Harbinger, 2011.

Shapiro, Shauna, and Linda Carlson. *The Art and Science of Mindfulness: Integrating Mindfulness into Psychology and the Helping Professions*. Washington, DC: American Psychological Association, 2009.

Shen-Yen, with Dan Stevenson. *Hoofprints of the Ox: Principles of the Chan Buddhist Path as Taught by a Modern Chinese Master*. New York: Oxford University Press, 2001.

Siegel, Daniel J. *The Mindful Brain: Reflection and Attunement in the Cultivation of Well-Being*. New York: Norton, 2007.

Silverton, Sarah. *The Mindfulness Breakthrough: The Revolutionary Approach to Dealing with Stress, Anxiety, and Depression*. London UK: Watkins, 2012.

Smalley, Susan, and Diana Winston. *Fully Present: The Science, Art, and Practice of Mindfulness*. Philadelphia: Da Capo, 2010.

Snel, Eline. *Sitting Still Like a Frog: Mindfulness for Kids Aged Five Through Twelve and Their Parents*. Boston: Shambhala, 2013.

Spiegel, Jeremy. *The Mindful Medical Student*. Hanover, NH: Dartmouth College Press, 2009.

Sumedo, Ajahn. *The Mind and the Way*. Boston: Wisdom, 1995.

Suzuki, Shunru. *Zen Mind Beginner's Mind*. New York: Weatherhill, 1970.

Stahl, Bob, and Elisha Goldstein. *A Mindfulness-Based Stress Reduction Workbook*. Oakland, CA: New Harbinger, 2010.

Thera, Nyanoponika. *The Heart of Buddhist Meditation*. New York: Samuel Weiser, 1962.

Tolle, Eckhart. *The Power of Now*. Novato, CA: New World Library, 1999.

Trungpa, Chogyam. *Meditation in Action*. Boston: Shambhala, 1970.

Urgyen, Tulku. *Rainbow Painting*. Boudhanath, Nepal: Rangjung Yeshe, 1995.

Varela, Francisco J., Evan Thompson, and Eleanor Rosch. *The Embodied Mind: Cognitive Science and Human Experience*. Cambridge, MA: MIT Press, 1991.

Wallace, Alan B. *The Attention Revolution: Unlocking the Power of the Focused*

Mind. Boston: Wisdom, 2006.

———. *Minding Closely: The Four Applications of Mindfulness*. Ithaca, NY: Snow Lion, 2011.

Williams, J. Mark G. and Jon Kabat-Zinn, eds. *Mindfulness: Diverse Perspectives on Its Meaning, Origins, and Applications*. London: Routledge, 2013.

Williams, Mark, and Danny Penman. *Mindfulness: A Practical Guide to Finding Peace in a Frantic World*. London: Little, Brown, 2011.

Williams, Mark, John Teasdale, Zindel Segal, and Jon Kabat-Zinn. *The Mindful Way Through Depression*. New York: Guilford, 2007.

FURTHER APPLICATIONS OF MINDFULNESS AND OTHER BOOKS ON MEDITATION

Brown, Daniel P. *Pointing Out the Great Way: The Stages of Meditation in the Mahamudra Tradition*. Boston: Wisdom, 2006.

Loizzo, Joe. *Sustainable Happiness: The Mind Science of Well-Being, Altruism, and Inspiration*. New York: Routledge, 2012.

McLeod, Ken. *Wake Up to Your Life: Discovering the Buddhist Path of Attention*. San Francisco: HarperCollins, 2001.

HEALING

Bowen, Sarah, Neha Chawla, and G. Alan Marlatt. *Mindfulness-Based Relapse Prevention for Addictive Behaviors*. New York: Guilford, 2011.

Byock, Ira. *The Best Care Possible: A Physician's Quest to Transform Care Through the End of Life*. New York: Penguin, 2012.

———. *Dying Well: Peace and Possibilities at the End of Life*. New York: Riverhead Books, 1997.

Fosha, Diana, Daniel J. Siegel, and Marion F. Solomon, eds. *The Healing Power of Emotion: Affective Neuroscience, Development, and Clinical Practice*. New York: Norton, 2009.

Gyatso, Tenzen. *The Compassionate Life*. Boston: Wisdom, 2003.

———. *Ethics for a New Millennium*. New York: Riverhead Books, 1999.

Halpern, Susan. *The Etiquette of Illness: What to Say When You Can't Find the*

Words. New York: Bloomsbury, 2004.

Lerner, Michael. *Choices in Healing: Integrating the Best of Conventional and Complementary Approaches to Cancer.* Cambridge, MA: MIT Press, 1994.

McBee, Lucia. *Mindfulness-Based Elder Care: A CAM Model for Frail Elders and Their Caregivers.* New York: Springer, 2008.

Meili, Trisha. *I Am the Central Park Jogger: A Story of Hope and Possibility.* New York: Springer, 2003.

Moyers, Bill. *Healing and the Mind.* New York: Broadway Books, 1993.

Ornish, Dean. *Love and Survival: The Scientific Basis of the Healing Power of Intimacy.* New York: HarperCollins, 2008.

——. *The Spectrum: A Scientifically Proven Program to Feel Better, Live Longer, Lose Weight, and Gain Health.* New York: Ballantine Books, 2007.

Pelz, Larry. *The Mindful Path to Addiction Recovery: A Practical Guide to Regaining Control over Your Life.* Boston: Shambhala, 2013.

Remen, Rachel. *Kitchen Table Wisdom: Stories That Heal.* New York: Riverhead Books, 1997.

Simmons, Philip. *Learning to Fall: The Blessings of an Imperfect Life.* New York: Bantam, 2002.

Sternberg, Esther M. *The Balance Within: The Science Connecting Health and Emotions.* New York: W. H. Freeman, 2001.

——. *Healing Spaces: The Science of Place and Well-Being.* Cambridge, MA: Harvard University Press, 2009.

Tarrant, John. *The Light Inside the Dark: Zen, Soul, and the Spiritual Life.* New York: HarperCollins, 1998.

Wilson, Kelly. *Mindfulness for Two: An Acceptance and Commitment Therapy Approach to Mindfulness in Psychotherapy.* Oakland, CA: New Harbinger, 2008.

STRESS

LaRoche, Loretta. *Relax—You May Have Only a Few Minutes Left: Using the Power of Humor to Overcome Stress in Your Life and Work.* New York: Hay House, 2008.

Lazarus, Richard S., and Susan Folkman. *Stress, Appraisal, and Coping.* New

York: Springer, 1984.

McEwen, Bruce. *The End of Stress as We Know It.* Washington, DC: Joseph Henry Press, 2002.

Rechtschaffen, Stephen. *Time Shifting: Creating More Time to Enjoy Your Life.* New York: Random House, 1996.

Sapolsky, Robert M. *Why Zebras Don't Get Ulcers.* New York: St. Martins/Griffin, 2004.

Singer, Thea. *Stress Less: The New Science That Shows Women How to Rejuvenate the Body and the Mind.* New York: Hudson Street Press, 2010.

PAIN

Burch, Vidyamala. *Living Well with Pain and Illness: The Mindful Way to Free Yourself from Suffering.* London: Piatkus, 2008.

Cohen, Darlene. *Finding a Joyful Life in the Heart of Pain: A Meditative Approach to Living with Physical, Emotional, or Spiritual Suffering.* Boston: Shambhala, 2000.

Dillard, James M. *The Chronic Pain Solution: Your Personal Path to Pain Relief.* New York: Bantam, 2002.

Gardner-Nix, Jackie. *The Mindfulness Solution to Pain: Step-by-Step Techniques for Chronic Pain Management.* Oakland, CA: New Harbinger, 2009.

Levine, Peter, and Maggie Phillips. *Freedom from Pain: Discover Your Body's Power to Overcome Physical Pain.* Boulder, CO: Sounds True, 2012.

McManus, Carolyn A. *Group Wellness Programs for Chronic Pain and Disease Management.* St. Louis, MO: Butterworth-Heinemann, 2003.

Sarno, John E. *Healing Back Pain: The Mind-Body Connection.* New York: Warner, 2001.

TRAUMA

Emerson, David, and Elizabeth Hopper. *Overcoming Trauma Through Yoga: Reclaiming Your Body.* Berkeley, CA: North Atlantic Books, 2011.

Epstein, Mark. *The Trauma of Everyday Life.* New York: Penguin, 2013.

Karr-Morse, Robin, and Meredith S. Wiley. *Ghosts from the Nursery: Tracing* the Roots of Violence. New York: Atlantic Monthly Press, 1997.

———. Scared Sick: The Role of Childhood Trauma in Adult Disease. New York: Basic Books, 2012.

Levine, Peter. Healing Trauma: A Pioneering Program for Restoring the Wisdom of Your Body. Boulder, CO: Sounds True, 2008.

———. In an Unspoken Voice: How the Body Releases Trauma and Restores Goodness. Berkeley, CA: North Atlantic Books, 2010.

Ogden, Pat, Kekuni Minton, and Claire Pain. Trauma and the Body: A Sensorimotor Approach to Psychotherapy. New York: Norton, 2006.

Sanford, Matthew. Waking: A Memoir of Trauma and Transcendence. Emmaus, PA: Rodale, 2006.

van der Kolk, Bessel, Alexander McFarlane, and Lars Weisaeth, eds. Traumatic Stress: The Effects of Overwhelming Experience on Mind, Body, and Society. New York: Guilford, 1996.

POETRY

Bly, Robert. The Kabir Book. Boston: Beacon, 1971.

Bly, Robert, James Hillman, and Michael Meade. The Rag and Bone Shop of the Heart. New York: HarperCollins, 1992.

Eliot, T. S. Four Quartets. New York: Harcourt Brace, 1977.

Hass, Robert, ed. The Essential Haiku. Hopewell, NJ: Ecco Press, 1994.

Hafiz. The Gift: Poems by Hafiz. Trans. David Ladinsky. New York: Penguin, 1999.

Lao-Tsu. Tao Te Ching. Trans. Stephen Mitchell. New York: HarperCollins, 1988.

Mitchell, Stephen. The Enlightened Heart. New York: Harper and Row, 1989.

Neruda, Pablo. Five Decades: Poems 1925–1970. New York: Grove Weidenfeld, 1974.

Oliver, Mary. New and Selected Poems. Boston: Beacon, 1992.

Rilke, R. M. Selected Poems of Rainer Maria Rilke. New York: Harper and Row, 1981.

Rumi. The Essential Rumi. Trans. Coleman Barks. San Francisco: Harper,

1995.

Ryokan. *One Robe, One Bowl.* Trans. John Stevens. New York: Weatherhill, 1977.

Shihab Nye, Naomi. *Words Under the Words: Selected Poems.* Portland, OR: Far Corner Books, 1980.

Tanahashi, Kaz, *Sky Above, Great Wind: The Life and Poetry of Zen Master Ryokan.* Boston: Shambhala, 2012.

Whyte, David. *The Heart Aroused: Poetry and the Preservation of the Soul in Corporate America.* New York: Random House, 1994.

Yeats, William Butler. *The Collected Poems of W. B. Yeats.* New York: Macmillan, 1963.

OTHER BOOKS OF INTEREST, SOME MENTIONED IN THE TEXT

Abrams, David. *The Spell of the Sensuous.* New York: Vintage, 1996.

Blakeslee, Sandra, and Matthew Blakeslee. *The Body Has a Mind of Its Own: How Body Maps in Your Brain Help You Do (Almost) Everything Better.* New York: Random House, 2007.

Bohm, David. *Wholeness and the Implicate Order.* London: Routledge and Kegan Paul, 1980.

Chaskalson, Michael. *The Mindful Workplace: Developing Resilient Individuals and Resonant Organizations with MBSR.* Chichester, West Sussex: Wiley-Blackwell, 2011.

Doidge, Norman. *The Brain That Changes Itself: Stories of Personal Triumph from the Frontiers of Brain Science.* New York: Penguin, 2007.

Gilbert, Daniel. *Stumbling on Happiness.* New York: Vintage, 2007.

Goleman, Daniel. *Ecological Intelligence: How Knowing the Hidden Impacts of What We Buy Can Change Everything.* New York: Broadway Books, 2009.

———. *Emotional Intelligence: Why It Can Matter More than IQ.* New York: Bantam, 1995.

———. *Social Intelligence: The New Science of Human Relationships.* New York: Bantam, 2006.

Kaza, Stephanie. *Mindfully Green: A Personal and Spiritual Guide to Whole Earth Thinking.* Boston: Shambhala, 2008.

Kazanjian, Victor H., and Peter L. Laurence. *Education as Transformation: Religious Pluralism, Spirituality, and a New Vision for Higher Education in America*. New York: Peter Lang, 2000.

Lantieri, Linda. *Building Emotional Intelligence: Techniques to Cultivate Inner Strength in Children*. Boulder, CO: Sounds True, 2008.

Layard, Richard. *Happiness: Lessons from a New Science*. New York: Penguin, 2005.

Marturano, Janice. *Finding the Space to Lead: A Practical Guide to Mindful Leadership*. New York: Bloomsbury, 2014.

Nowak, Martin. *Super Cooperators: Altruism, Evolution, and Why We Need Each Other to Succeed*. New York: Free Press, 2011.

Osler, William. *Aequanimitas*. New York: McGraw-Hill, 2012.

———. *A Way of Life*. Springfield, IL: Charles C. Thomas, 2012.

Sachs, Jeffrey D. *The Price of Civilization: Reawakening American Virtue and Prosperity*. New York: Random House, 2011.

Snyder, Gary. *The Practice of the Wild*. San Francisco: North Point, 1990.

Watson, Guy, Stephen Batchelor, and Guy Claxton, eds. *The Psychology of Awakening: Buddhism, Science, and Our Day-to-Day Lives*. York Beach, ME: Weiser, 2000.